高等院校土建专业互联网+新形态创新系列教材

理论力学

(第4版)

董云峰　沙丽荣　主　编

李广博　方　娟　副主编

清華大学出版社

北　京

内 容 简 介

本书内容是以教育部制定的新工科发展战略为指导，依据基础力学课程教学指导委员会颁布的理论力学课程教学的基本要求编写的，适合 60～80 课时的教学。全书由静力学、运动学和动力学三部分组成，共分为 17 章，其中静力学(包括第 1～4 章)的内容有静力分析、平面简单力系、平面任意力系、空间力系；运动学(包括第 5～8 章)的内容有点的运动学、刚体基本运动、点的合成运动、刚体平面运动；动力学(包括第 9～17 章)的内容有质点动力学、动量定理、动量矩定理、动能定理、达朗贝尔原理、虚位移原理、分析力学基础、碰撞、机械振动基础。本书注重基本概念的传授，每章配有各种类型的习题及答案；精选了理论力学的典型例题和习题。在注重基本概念、基本方法的基础上，增强学生解决工程问题的能力。

本书可作为高等院校土木工程、机械工程、航空、水利、工程力学、交通工程等专业的理论力学课程教材，也可作为其他专业学生以及相关工程技术人员的参考用书。

图书在版编目(CIP)数据

理论力学/董云峰，沙丽荣主编. —4 版. —北京：清华大学出版社，2023.8
高等院校土建专业互联网+新形态创新系列教材
ISBN 978-7-302-64491-0

Ⅰ. ①理… Ⅱ. ①董… ②沙… Ⅲ. ①理论力学－高等学校－教材 Ⅳ. ①O31

中国国家版本馆 CIP 数据核字(2023)第 153683 号

责任编辑：石　伟
封面设计：刘孝琼
责任校对：徐彩虹
责任印制：沈　露
出版发行：清华大学出版社
　　网　　址：http://www.tup.com.cn, http://www.wqbook.com
　　地　　址：北京清华大学学研大厦 A 座　　　**邮　　编：**100084
　　社 总 机：010-83470000　　　**邮　　购：**010-62786544
　　投稿与读者服务：010-62776969, c-service@tup.tsinghua.edu.cn
　　质量反馈：010-62772015, zhiliang@tup.tsinghua.edu.cn
　　课件下载：http://www.tup.com.cn, 010-62791865
印 装 者：三河市龙大印装有限公司
经　　销：全国新华书店
开　　本：185mm×260mm　　**印　张：**19　　**字　数：**462 千字
版　　次：2006 年 9 月第 1 版　2023 年 9 月第 4 版　　**印　次：**2023 年 9 月第 1 次印刷
定　　价：59.00 元

产品编号：095937-01

前　　言

本次教材的修订是以习近平新时代中国特色社会主义思想铸魂育人、贯彻党的教育方针立德树人为根本任务，以教育部制定的新工科发展战略为指导，依据基础力学课程教学指导委员会颁布的理论力学课程教学基本要求在第 3 版教材的基础上修订而成。编者本着高等教育应是素质教育与创新意识培养相结合的教育理念，结合普通本科类院校的教学特点编写了这本理论力学教材。

本书汲取了国内优秀教材的长处，并在此基础上考虑到理论力学课程作为土木工程、机械工程、航空、水利、工程力学、交通工程等专业后续课程的基础，因此本书的特点是注重基础训练，由浅入深，在保持理论力学体系不变的前提下，遵循严谨性、实践性和创新性相结合的原则，并在此基础上适当地提高了起点。同时省略了与大学物理重复的部分，以保证在学时减少的情况下，完成理论力学的教学任务。

本书适合的教学学时为 60～80 学时，全书由静力学、运动学和动力学三部分组成，共分 17 章。静力学(包括第 1～4 章)的内容有静力分析、平面简单力系、平面任意力系、空间力系；运动学(包括第 5～8 章)的内容有点的运动学、刚体基本运动、点的合成运动、刚体平面运动；动力学(包括第 9～17 章)的内容有质点动力学、动量定理、动量矩定理、动能定理、达朗贝尔原理、虚位移原理、分析力学基础、碰撞、机械振动基础。在基本理论的运用方面，每章后面都配有填空题、判断题和计算题，书后配有参考答案。本书第 1～13 章可作为基础部分，第 14～17 章可作为专题部分。

本书由董云峰负责全书的组织与统稿，参加修订工作的有李广博(修订第 1～4 章)；沙丽荣(修订第 5～8 章)、方娟(修订第 9～12 章)、董云峰(修订绪论、第 13～17 章、课后习题)。本书从 2006 年的第 1 版到现在的第 4 版，得到了吉林大学的曲兴田教授、长春工业大学的刘凤山教授、吉林建筑大学的邹建奇、苏铁坚、崔亚平教授等对本书编写工作给予的指导与支持；一直以来还得到了吉林建筑大学各级领导及清华大学出版社同仁的大力支持，在此一并表示衷心感谢。

本次教材的修订，倾注了广大教师的智慧和汗水，衷心希望广大读者给予批评指正，使我们的教育教学水平步步高升。为培养具有新时代中国特色社会主义的有理想、敢担当、高水平专业技术人才，做出我们最大的贡献。

编　者

目　录

习题案例答案及课件获取方式.pdf

第2篇 运 动 学

第3篇 动 力 学

绪　论

1. 理论力学的研究对象和主要内容

结构物通常分为建筑结构和机械结构两种形式，它们通常都受到各种外力的作用，例如行驶的汽车受到重力、摩擦力和动力的作用，房屋要受到自然界的风力、自身重力的作用，吊车梁承受吊车和起吊物重力的作用等。力学主要研究工程中的结构物及一些自然现象中的物体受力后所表现的力学性质。理论力学课程是力学学科中重要的基础课程之一，理论力学是研究物体机械运动一般规律的科学。

物体的机械运动是指物体在空间的位置随时间变化而变化的过程。例如：汽车的行驶、飞机的飞行、轮船的航行，地球的公转和自转、机床的旋转以及建筑物的沉陷等都是机械运动。平衡是机械运动的特例。理论力学是经典力学，也称为古典力学，它是以牛顿三大定律为基础建立起来的，所谓“古典力学”是指它仅适合研究运动速度远小于光速的宏观物体的运动。若物体的速度接近光速，则由相对论力学来研究；若是微观粒子的运动，则由量子力学来研究。因此理论力学的研究范畴是宏观低速物体，在现代科技和工程中绝大多数物体运动都属于这个领域，所以理论力学一直发挥着它应有的作用。

理论力学按其研究内容可分为三个部分：静力学、运动学和动力学。

(1) 静力学主要研究力系的简化及物体在力的作用下满足的平衡条件。

(2) 运动学主要从几何方面研究物体所在空间的位置及其运动量之间的关系。

(3) 动力学主要研究物体的运动与作用在物体上的力之间的关系。

2. 理论力学的研究方法和学习理论力学的目的

理论力学的研究方法和其他学科一样，遵循辩证唯物主义的客观规律，即从实践到认识，再从认识到实践的过程。通过对生产和自然现象中物体所做机械运动的认识，建立起相应的力学模型，经过分析、归纳和综合，上升到理性认识，通过数学演绎形成反映机械运动规律的定理，再回到实践中去检验，这样反复进行的过程，形成了理论力学的理论体系。

理论力学属于经典力学的范畴，它与人类科学实践和对自然的认识是密不可分的。牛顿(1643—1727年，英国物理学家、数学家、天文学家)根据前人长期对机械运动的研究成果，总结出了牛顿三大定律，奠定了经典力学的基础。18世纪，随着欧洲工业革命的兴起，出现了更复杂的机械运动，在经典力学的基础上，拉格朗日(1736—1813年，法国数学家、力学家和天文学家)建立了研究非自由质点系体系的新方法——用广义坐标描述非自由质点系的运动，使所描述体系的变量的数目减少，并将物体运动的机械能与作用在物体上的力所做的功联系起来，用微积分的方法研究机械运动，人们通常称之为“分析力学”，从而拓宽了求解非自由质点系问题的途径。

理论力学是建筑工程和机械工程等专业必修的一门专业基础课程，学习理论力学一方面可以直接解决工程中的一些力学问题，另一方面是为后续课程打基础，例如材料力学和结构力学等课程，它们是在理论力学的基础上建立起来的，主要研究在力的作用下物体变形所表现的力学性质，而理论力学则是研究不变形的物体——刚体，因此理论力学也称为“刚体力学”。

理论力学是一门数学演绎和逻辑推理要求较高的课程，通过对理论力学的学习，可以提高我们对机械运动的认识，为学习后续课程打下坚实的理论基础，锻炼和提高我们的逻辑思维能力。同时也为人们如何用科学的方法解决工程实际问题提供了方法和手段，增强了人们解决问题的能力。

学习理论力学应当注意，理论力学是以牛顿三大定律为基础的，所研究的一些问题和物理课程相重叠，有的同学会以为已经学过了，不太重视这门课，其实理论力学的研究对象是来自工程中的问题，与物理学的研究对象是不同的，因而在研究方法和手段上有差别。学习理论力学还有“听课容易，做题难”的现象，这就要求同学必须做到：准确理解基本概念，掌握基本定理所要解决的问题是什么，一般方法是什么，各定理之间的关系等；做到抓住一般，带动一面，融会贯通。另外，必要的习题训练也是必不可少的。

第1篇

静　力　学

静力学是研究物体在力的作用下平衡规律的科学。

静力学的研究对象主要是刚体，刚体是指在力的作用下不变形的物体，它是理论力学理想化的力学模型，因此静力学又称为刚体静力学。事实上，在力的作用下不变形的物体是不存在的，物体或多或少地都要产生变形，但当其变形较小不影响所研究问题的性质时，可以忽略其变形。这就是抓住问题的主要矛盾、忽略次要矛盾的辩证唯物主义的观点。

静力学的主要研究内容有以下三个方面：

1. 物体的受力分析

物体的受力分析是分析物体受到哪些力的作用，位置如何，方向如何，并把它们用图表示出来。

2. 力系的等效与简化

力系是作用在物体上的一组(或一群)力的总称，如果两个力系使刚体产生相同的运动状态，那么这两个力系就互为等效力系。用一个简单力系等效地代替一个复杂力系的过程称为力系的简化。若一个力与一个力系等效，则将这个力称为这个力系的合力，这个力系中的各力均称为此合力的一个分力。

3. 力系的平衡条件

平衡是指物体相对地面(又称为惯性坐标系)保持静止或做匀速直线运动的状态，它是机械运动的特例。物体保持平衡状态所应满足的条件称为平衡条件，它是求解物体平衡问题的关键，也是静力学的核心。

静力学是结构设计的基础，因为建筑结构的主要表现特征是平衡，所以应该很好地学习静力学这部分内容。

静力学的研究内容有静力分析、平面简单力系、平面任意力系和空间力系。

第1章

静 力 分 析

1.1 力 的 概 念

力在我们的生产和生活中随处可见，例如物体的重力、摩擦力、水的压力等，人们对力的认识从感性认识到理性认识逐步深入，形成了力的抽象概念。力是物体间的机械作用，这种作用可以使物体处于机械运动状态或者形状发生改变。

从力的定义中可以看出，力是在物体间相互作用中产生的，这种作用至少是两个物体的相互作用，如果没有了这种作用，力也就不存在了，所以力具有物质性。物体间相互作用的形式有很多，大体可分为两类，一类是直接接触作用，例如物体间的拉力和压力；另一类是“场”的作用，例如地球引力场中的重力。力有两种效应：一是力的运动效应，即力使物体的机械运动状态发生变化，例如静止在地面的物体，当用力推它时，便开始运动；二是力的变形效应，即力使物体的形状发生变化，例如钢筋受到横向压力过大时将产生弯曲，混凝土受力过大时将开裂等。

描述力对物体的作用效应由力的三要素来决定，即力的大小、力的方向和力的作用点。力的大小表示物体间机械作用的强弱程度，采用国际单位制，力的单位是牛顿(N，简称牛)或者千牛顿(kN，简称千牛)，$1\text{kN}=10^3\text{N}$。力的方向表示物体间的机械作用具有方向性，它包括方位和指向。力的作用点表示物体间机械作用的位置。一般说来，力的作用位置不是一个几何点，而是有一定大小的一个范围。例如：重力是分布在物体整个体积上的，称为体积分布力；水对池壁的压力是分布在池壁表面上的，称为面分布力；分布在一条直线上的力，称为线分布力。当力的作用范围很小时，可以将它抽象为一个点，此点便是力的作用点，此力称为集中力。

由力的三要素可知，力是矢量，记作 $\boldsymbol{F}$(本教材中的粗体字母均表示矢量，外文字母用加粗表示黑体)，矢量可以用一条有向线段表示。如图1.1所示有向线段 AB 的长短表示力的大小；有向线段 AB 的指向表示力的方向；有向线段的起点或终点表示力的作用点。

图1.1 力的矢量表示

1.2　静力学公理

静力学公理是指人们在生产和生活实践中长期积累与总结出来并通过实践反复验证的在静力学研究领域中具有一般规律的定理及定律。它是静力学的理论基础，且无须加以数学推导。

公理1：力的平行四边形法则

作用在物体上同一点的两个力，可以合成为一个合力，此合力的大小和方向由此二力矢量所构成的平行四边形对角线来确定，合力的作用点仍在该点。如图1.2(a)所示，$\boldsymbol{F}$为$\boldsymbol{F}_1$和$\boldsymbol{F}_2$的合力，即合力等于两个分力的矢量和，表达式为

$$\boldsymbol{F}=\boldsymbol{F}_1+\boldsymbol{F}_2 \tag{1-1}$$

也可以采用三角形法则确定合力，如图1.2(b)所示。力的平行四边形法则是最简单的力系简化，同时此法则也是力的分解法则。

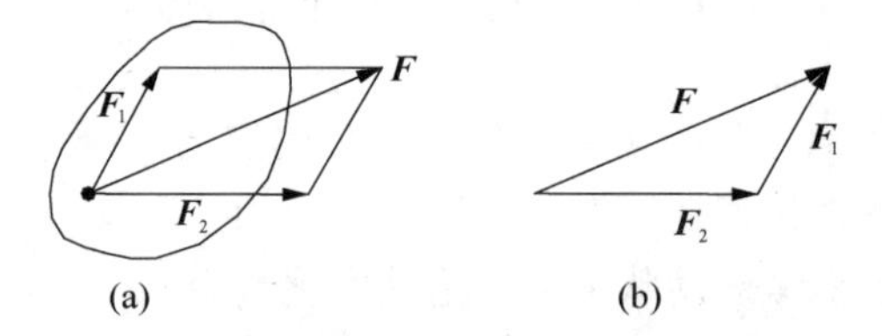

图1.2　力的平行四边形法则和三角形法则

公理2：二力平衡条件

作用在刚体上的两个力，使刚体保持平衡的必要和充分条件是：此二力必大小相等，方向相反，且作用在同一条直线上，如图1.3所示。用矢量表示为

$$\boldsymbol{F}_1=-\boldsymbol{F}_2 \tag{1-2}$$

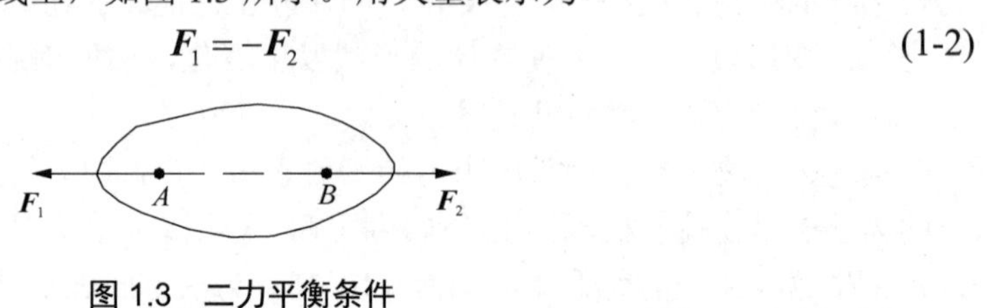

图1.3　二力平衡条件

应当指出：二力平衡条件对刚体是必要且充分的，对变形体则是必要的，但不是充分的。

利用此公理可以确定力的作用线位置，例如刚体在两个力的作用下平衡，若已知两个力的作用点，则此作用点的连线可以确定该二力的作用线；同时，二力平衡力是最简单的平衡力系。

公理3：加减平衡力系原理

在作用于刚体的力系中加上或减去任意的平衡力系，并不改变原来力系对刚体的作用。

此公理表明平衡力系对刚体不产生运动效应，其适用条件只是刚体，根据此公理可有下面推论。

推论1：力具有可传性

将作用在刚体上的力沿其作用线任意移动到作用线的另一点，而不改变它对刚体的作用效应。

证明：如图 1.4 所示，设力 $\boldsymbol{F}$ 作用在 A 点，在其作用线的另一点 B 点上加上一对沿作用线的平衡力 $\boldsymbol{F}_1$ 和 $\boldsymbol{F}_2$，且有 $\boldsymbol{F}_1=-\boldsymbol{F}_2=\boldsymbol{F}$，则 $\boldsymbol{F}$、$\boldsymbol{F}_1$ 和 $\boldsymbol{F}_2$ 构成新的力系，由加减平衡力系原理减去 $\boldsymbol{F}$ 和 $\boldsymbol{F}_2$ 构成的二力平衡力，从而将力 $\boldsymbol{F}$ 移动到作用线的另一点 B 上。

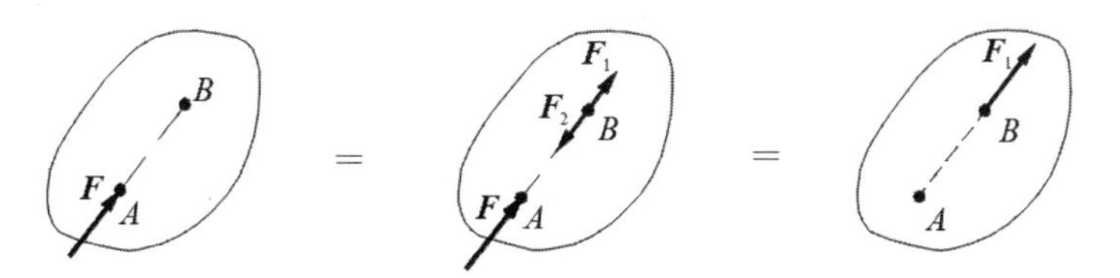

图 1.4　力的可传性示意

推论 2：三力平衡汇交定理

刚体在三力作用下处于平衡，若其中两个力汇交于一点，则第三个力必汇交于该点。

证明：如图 1.5 所示，设刚体在三力 $\boldsymbol{F}_1$、$\boldsymbol{F}_2$ 和 $\boldsymbol{F}_3$ 的作用下处于平衡，若 $\boldsymbol{F}_1$ 和 $\boldsymbol{F}_2$ 汇交于 O 点，将此二力沿其作用线移动到汇交点 O 处(即为 $\boldsymbol{F}_1'$、$\boldsymbol{F}_2'$)，并将其合成为 $\boldsymbol{F}_{12}$，则 $\boldsymbol{F}_{12}$ 和 $\boldsymbol{F}_3$ 构成二力平衡力，所以 $\boldsymbol{F}_3$ 必通过汇交点 O，且三力必共面。

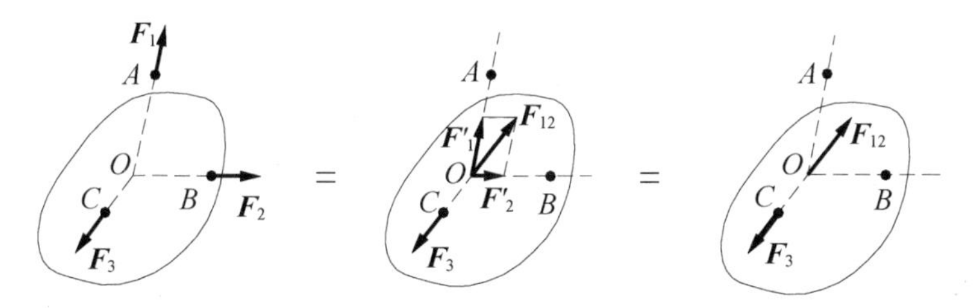

图 1.5　三力平衡汇交定理示意

应当指出，三力平衡汇交定理的条件是必要条件，不是充分条件。同时它也是确定力的作用线的方法之一，即刚体在三个力的作用下处于平衡。若已知其中两个力的作用线汇交于一点，则第三个力的作用点与该汇交点的连线为第三个力的作用线，其指向再由二力平衡条件来确定。

公理 4：作用力与反作用力定律

物体间的作用力与反作用力总是成对出现的，其大小相等，方向相反，沿着同一条直线，且分别作用在两个相互作用的物体上。如图 1.6 所示，C 铰处 $\boldsymbol{F}_C$ 与 $\boldsymbol{F}_C'$ 为一对作用力与反作用力。

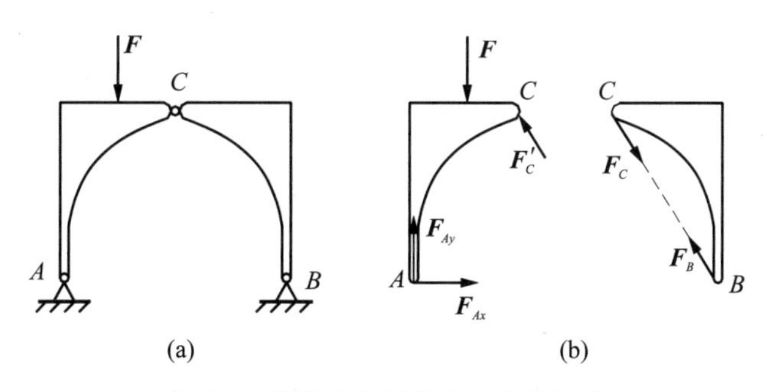

(a)　　(b)

图 1.6　作用力与反作用力定律示意

应当指出，作用力与反作用力不是平衡力系，此定律不但适用于静力学，还适用于动力学。

1.3 约束与约束力

从运动学的角度将所研究的物体分为两类：一类是物体的运动不受它周围物体的限制，这样的物体称为自由体，例如飞行中的飞机、炮弹、卫星等；另一类是物体的运动受到它周围物体的限制，这样的物体称为非自由体，例如建筑结构中的水平梁受到支撑它的柱子的限制，火车只能在轨道上行驶等。因此，我们将限制非自由体某种运动的周围物体称为约束，上述的柱子是水平梁的约束，轨道是火车的约束。约束是通过直接接触实现的，当物体沿着约束所能阻止的运动方向有运动或运动趋势时，对它形成约束的物体必有能阻止其运动的力作用于它，这种力称为该物体的约束力，即约束力是约束对物体的作用，约束力的方向恒与约束所能阻止的运动方向相反。事实上，约束力是一种被动力，与之相对应的力是主动力，即主动地使物体有运动或有运动趋势的力称为主动力，例如重力、拉力、牵引力等，在工程中将主动力称为荷载(也称为载荷)。

工程中大部分研究对象都是非自由体，它们所受的约束是多种多样的，其约束力的形式也是多种多样的，因此在理论力学中，保留物体所受约束的主要性质，忽略次要因素，得到下面几种工程中常见的约束及约束力。

1.3.1 光滑面接触约束

若物体接触面之间的摩擦可以忽略，则认为接触面是光滑的，这种约束不能限制物体沿接触点公切面的运动，只能阻止物体沿接触点公法线 N 的运动。因此光滑表面接触约束的约束特点是接触点为约束力的作用点，方向沿接触点的公法线，指向被约束的物体，用 $\boldsymbol{F}_{\mathrm{N}}$ 表示，如图 1.7(a)和图 1.7(b)所示。

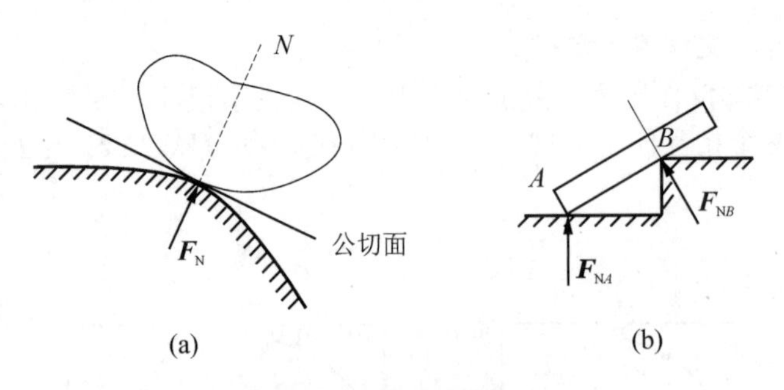

图 1.7 光滑表面接触约束

1.3.2 柔体约束

工程中的绳索、链条、皮带均属于柔体约束，这类约束的特点是作用点就是接触点，方向沿着柔体背离物体。如图 1.8(a)所示，力 $\boldsymbol{F}_{\mathrm{T}}$ 沿绳索中心线，作用点在接触点 A，方向背离物体；如图 1.8(b)所示的皮带为拉力 $\boldsymbol{F}_{\mathrm{T1}}$、$\boldsymbol{F}_{\mathrm{T2}}$、$\boldsymbol{F}'_{\mathrm{T1}}$、$\boldsymbol{F}'_{\mathrm{T2}}$ 沿轮的切线，方向背离物体。

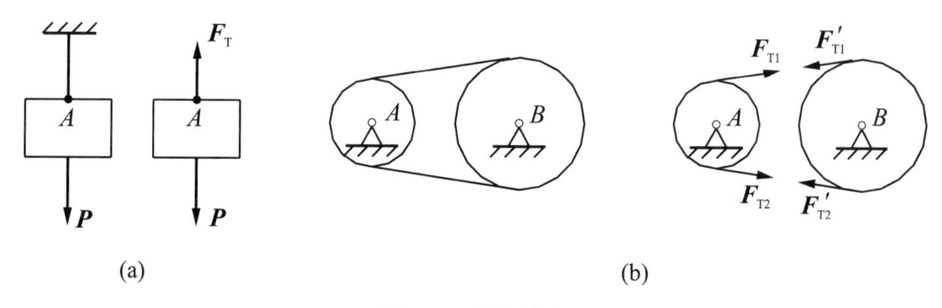

图 1.8　柔体约束

1.3.3　光滑铰链约束

光滑铰链约束包括光滑圆柱形铰链约束、固定铰支座约束、可动铰支座约束(又称为滚动铰支座)三种。

1. 光滑圆柱形铰链约束

如图 1.9 所示，将两个物体穿成直径相同的圆孔，用直径略小的圆柱体(称为销子)将两个物体连接上，形成的装置称为圆柱形铰链。若圆孔间的摩擦忽略不计，则称为光滑圆柱形铰链，简称铰链。其约束特点是不能阻止物体绕圆孔的转动，但能阻止物体沿圆孔径向离去的运动，约束力作用点(即作用线穿过接触点和圆孔中心，但由于圆孔较小，忽略其半径)在圆孔中心，且指向不定。如图 1.10 所示的 $\boldsymbol{F}_A$，用正交分量表示为 $\boldsymbol{F}_{Ax}$、$\boldsymbol{F}_{Ay}$。

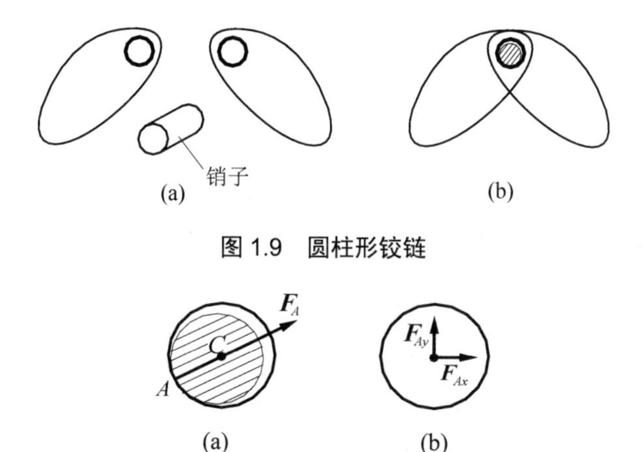

图 1.9　圆柱形铰链

图 1.10　圆柱形铰链的约束力

2. 固定铰支座约束

将上面圆柱形铰链中的一个物体固定在不动的支撑平面上，形成的装置为固定铰支座，如图 1.11(a)所示。其简图如图 1.11(b)所示，约束特点与圆柱形铰链一样。

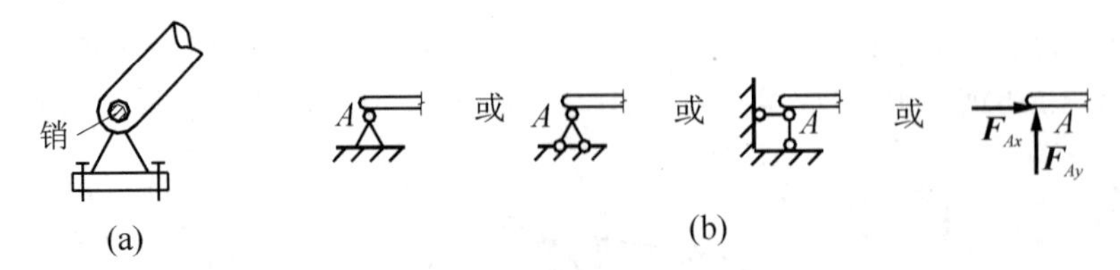

图 1.11　固定铰支座及约束力

3. 可动铰支座约束

将上面的圆柱形铰链中的一个物体下面放上滚轴，此装置可在其支撑表面上移动，且摩擦不计，这样的装置称为可动铰支座或滚动铰支座。如图 1.12(a)所示，其简图如图 1.12(b)所示。它可以允许由于温度改变而引起结构跨度的自由伸长或缩短，即沿支承面可以有微小位移。约束特点是约束力沿支撑表面的法线，作用线通过铰链中心，且指向不定。

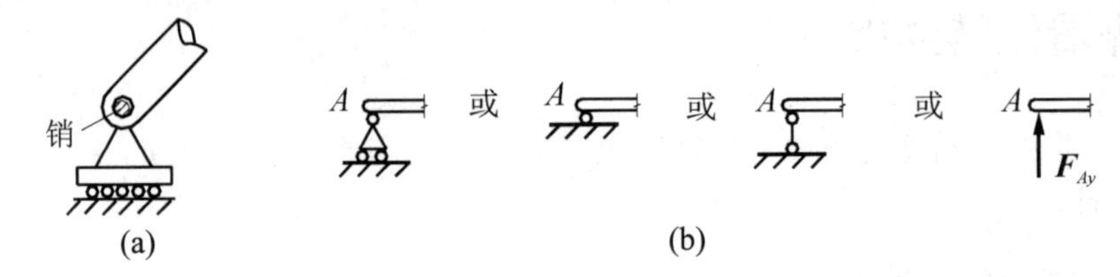

图 1.12　可动铰支座及约束力

1.3.4　链杆约束

两端用铰链与其他物体相连，中间不受力的直杆称为链杆(又称为二力杆)，约束特点是约束力的作用线沿链杆轴线，且指向不定，如图 1.13 和图 1.14 所示。

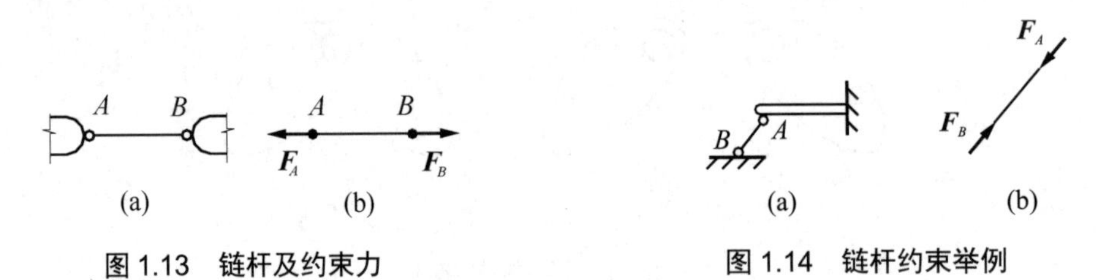

图 1.13　链杆及约束力

图 1.14　链杆约束举例

1.3.5　轴承约束

轴承包括向心轴承和止推轴承两种形式。

1. 向心轴承

向心轴承是工程中常见的约束，如图 1.15(a)所示。其简图如图 1.15(b)所示，约束特点与圆柱形铰链约束相同，常用正交分量表示，如图 1.15(c)所示的 $\boldsymbol{F}_{Ax}$、 $\boldsymbol{F}_{Ay}$。

2. 止推轴承

用一光滑的面将向心轴承的一端封闭而形成的装置，称为止推轴承，如图 1.16(a)所示。

约束特点是除了具有向心轴承的受力特点以外，还受沿封闭面的法线方向的约束力，如图 1.16(b)所示，用三个正交分量 $\boldsymbol{F}_{Ax}$、$\boldsymbol{F}_{Ay}$ 和 $\boldsymbol{F}_{Az}$ 表示。

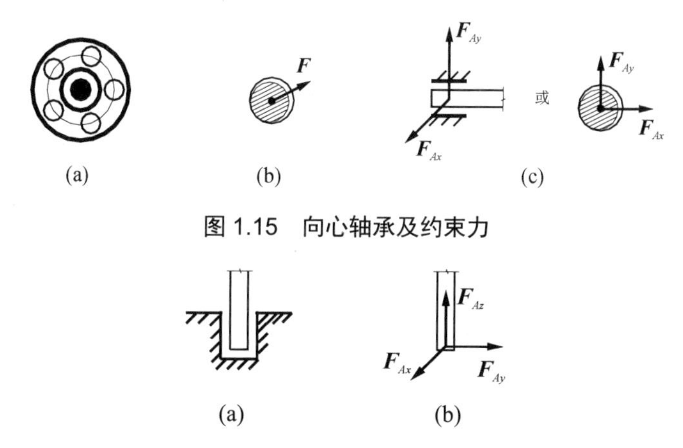

图 1.15　向心轴承及约束力

图 1.16　止推轴承及约束力

1.3.6　球铰链约束

将固结于物体一端的球体置于球窝形支座中，就形成了球铰链约束，如图 1.17(a)所示，其简图如图 1.17(b)所示。忽略球体与球窝间的摩擦，约束特点是约束力的作用线沿接触点和球心的连线，且指向不定，如图 1.17(c)所示，一般用三个正交分量 $\boldsymbol{F}_{Ax}$、$\boldsymbol{F}_{Ay}$ 和 $\boldsymbol{F}_{Az}$ 表示。

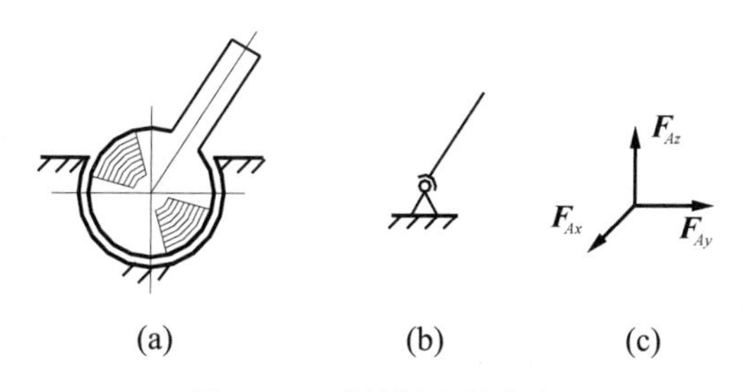

图 1.17　球铰链及约束力

以上是工程中几种常见的约束及约束力，这些约束只是工程中的理想约束。在处理实际问题时，应根据其受力特点，将复杂约束通过保留其主要因素、忽略次要因素加以简化来实现。

1.4　物体的受力分析和受力图

在力学计算中，首先要分析物体受到哪些力的作用，每个力的作用位置如何，力的方向如何，这个过程称为对物体进行受力分析，将所分析的全部力用图形表示出来称为画受力图。

正确地对物体进行受力分析和画受力图是力学计算的前提与关键，其步骤如下。

(1) 确定研究对象：将研究对象从周围物体中分离出来，并画出其力学简图，称为画分离体图。研究对象既可以是一个，也可以由几个物体组成，但必须将它们的约束全部解除。

(2) 画出全部的主动力和约束力：主动力一般是已知的，故必须画出，不能遗漏；约束力一般是未知的，要从解除约束处分析，不能凭空捏造。

(3) 不画内力，只画外力：内力是研究对象内部各物体之间的相互作用力，对研究对象的整体运动效应没有影响，因此不画。但外力必须画出，一个也不能少，外力是研究对象以外的物体对该物体的作用，它包括作用在研究对象上全部的主动力和约束力。研究对象的运动效应取决于外力，与内力无关，这一点初学者应当注意。

(4) 要正确地分析物体间的作用力与反作用力：作用力的方向一经假定，反作用力的方向就必须与之相反。当画由几个物体组成的研究对象时，物体间的相互作用力是内力，且成对出现，组成平衡力系，因此也无须画内力。若想分析物体间的相互作用力，则必须将其分离出来，单独画受力图，内力就变成了外力。

【例 1.1】 重为 $\boldsymbol{P}$ 的混凝土圆管，放在光滑的斜面上，并在 A 处用绳索拉住，如图 1.18(a)所示，试画出混凝土圆管的受力图。

解： 画受力图的步骤如下：

(1) 取混凝土圆管为研究对象，将它从周围物体中分离出来，并画分离体图。

(2) 混凝土圆管所受的主动力为重力 $\boldsymbol{P}$，约束力为绳索拉力 $\boldsymbol{F}_{\mathrm{T}A}$ 和斜面 B 点的法向约束力 $\boldsymbol{F}_{\mathrm{N}B}$。

(3) 画混凝土圆管的受力图，如图 1.18(b)所示。

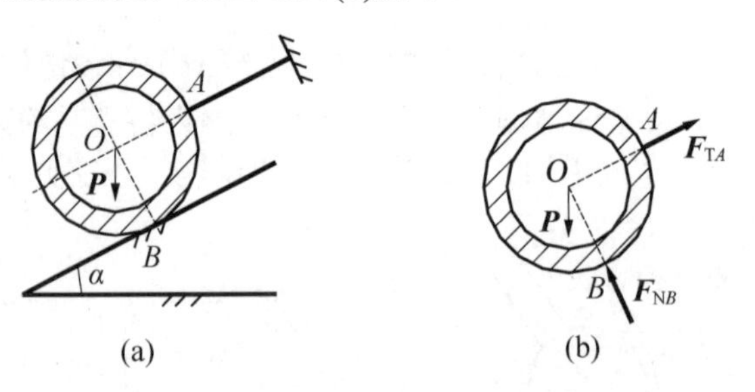

图 1.18 例 1.1 图

【例 1.2】 水平梁 AB 受均匀分布的荷载 q(N/m)的作用，梁的 A 端为固定铰支座，B 端为可动铰支座，如图 1.19(a)所示，试画出梁 AB 的受力图。

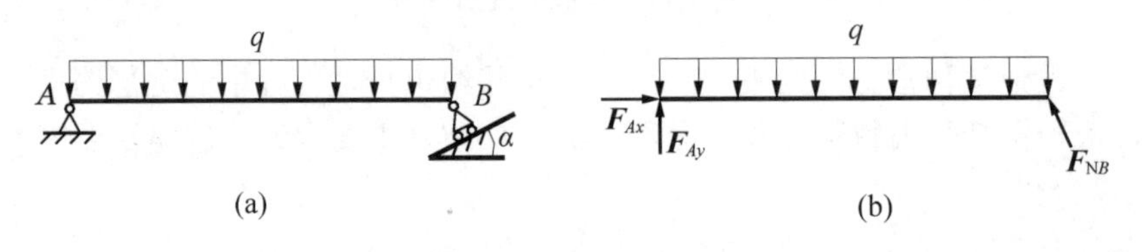

图 1.19 例 1.2 图

解： 画受力图的步骤如下：

(1) 取水平梁 AB 为研究对象，将它从周围物体中分离出来，并画分离体图。

(2) 水平梁 AB 所受的主动力为均匀分布的荷载 q (沿直线分布的荷载称为线分布荷载，q 称为荷载集度)，约束力为固定铰支座 A 端的正交分力 $\boldsymbol{F}_{Ax}$ 和 $\boldsymbol{F}_{Ay}$，可动铰支座 B 端的法向约束力 $\boldsymbol{F}_{\mathrm{N}B}$。

(3) 画梁 AB 的受力图，如图 1.19(b)所示。

【例 1.3】管道支架由水平梁 AB 和斜杆 CD 组成，如图 1.20(a)所示，其上放置一根重为 $\boldsymbol{P}$ 的混凝土圆管。A、D 为固定铰支座，C 处为铰链连接，不计各杆自重和各处摩擦，试画出水平梁 AB、斜杆 CD 以及整体的受力图。

解：画受力图的步骤如下：

(1) 取斜杆 CD 为研究对象，由于杆 CD 只在 C 端和 D 端受到约束而处于平衡，其中间不受任何力的作用，由二力平衡条件知，C、D 两点连线为杆 CD 受的约束力方向，受力如图 1.20(b)所示，这样的杆称为二力杆。若是有形的物体则称为二力构件(即只受两点力作用，中间不受任何力作用的物体)。

(2) 取混凝土圆管和水平梁 AB 为研究对象，所受的主动力为圆管的重力 $\boldsymbol{P}$，固定铰支座 A 端的约束力为正交分力 $\boldsymbol{F}_{Ax}$ 和 $\boldsymbol{F}_{Ay}$，铰链 C 处的约束力由作用力与反作用力知 $\boldsymbol{F}_C' = -\boldsymbol{F}_C$，受力如图 1.20(c)所示。

(3) 取整体为研究对象，受力图只画外力，不画内力。因此整体所受的力为重力 $\boldsymbol{P}$，A 端的约束力 $\boldsymbol{F}_{Ax}$ 和 $\boldsymbol{F}_{Ay}$，D 端的约束力 $\boldsymbol{F}_D$ (或者正交分力 $\boldsymbol{F}_{Dx}$ 和 $\boldsymbol{F}_{Dy}$)，受力如图 1.20(d)所示。

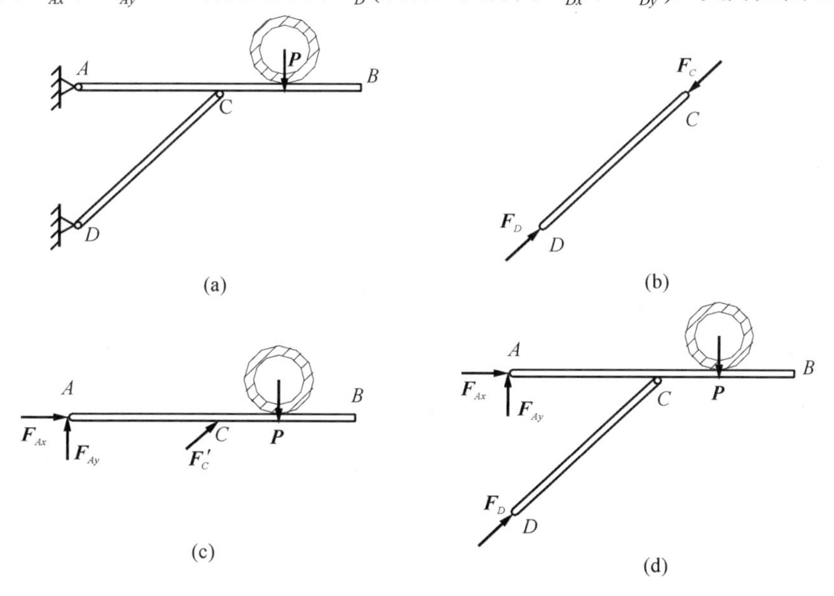

图 1.20 例 1.3 图

【例 1.4】梁 ABC 和 CD 用铰链 C 连接，梁的 A 端为固定铰支座，B、D 端为可动铰支座，如图 1.21(a)所示。受力 $\boldsymbol{F}_1$、$\boldsymbol{F}_2$ 的作用，试画出梁 ABC 和 CD 以及整体的受力图。

解：画受力图的步骤如下：

(1) 取梁 CD 为研究对象，由于 D 端为滚动铰支座，D 端受有垂直斜面的法向约束力 $\boldsymbol{F}_{ND}$，由三力平衡汇交定理得 $\boldsymbol{F}_2$ 与 $\boldsymbol{F}_{ND}$ 汇交于一点 O，C 与 O 点连线便可以确定 C 点力 $\boldsymbol{F}_C$ 的作用线，受力如图 1.21(b)所示。

(2) 取梁 ABC 为研究对象，由于梁的 A 端为固定铰支座，其约束力分解为正交分力 $\boldsymbol{F}_{Ax}$ 和 $\boldsymbol{F}_{Ay}$，B 端受有垂直于水平面的法向约束力 $\boldsymbol{F}_{NB}$，由作用力与反作用力定律知，C 点的受力为 $\boldsymbol{F}_C' = -\boldsymbol{F}_C$，受力如图 1.21(c)所示。

(3) 取整体为研究对象，所受的主动力为 $\boldsymbol{F}_1$、$\boldsymbol{F}_2$，约束力为 A 端的正交分力 $\boldsymbol{F}_{Ax}$ 和 $\boldsymbol{F}_{Ay}$，

B 端的垂直于水平面的法向约束力 $\boldsymbol{F}_{NB}$ 以及 D 端垂直于斜面的法向约束力 $\boldsymbol{F}_{ND}$，受力情况如图 1.21(d)所示。

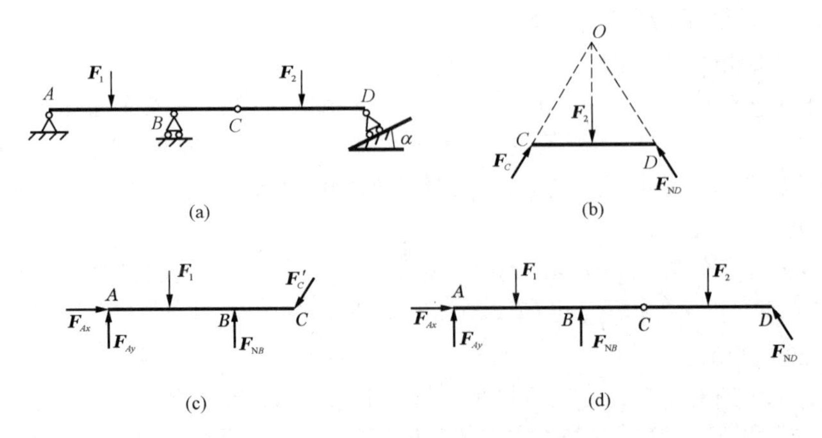

图 1.21　例 1.4 图

【例 1.5】如图 1.22(a)所示的拱式结构，其上受有荷载 $\boldsymbol{F}_1$、$\boldsymbol{F}_2$ 和均布荷载 q，试画出各个构件及整体的受力图。

解：画受力图的步骤如下：

(1) 取整体为研究对象，受力如图 1.22(b)所示。或者利用二力构件，受力如图 1.22(c)所示。

(2) 取 AB 和 FG 为研究对象，受力如图 1.22(d)、(g)所示。

(3) 取 BCD 和 DEF 为研究对象，受力如图 1.22(e)、(f)所示。

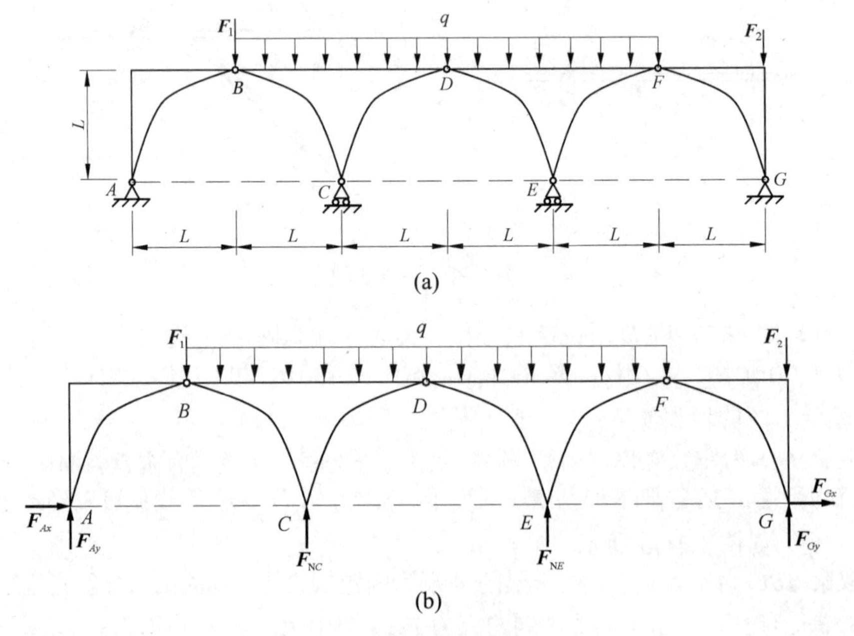

图 1.22　例 1.5 图

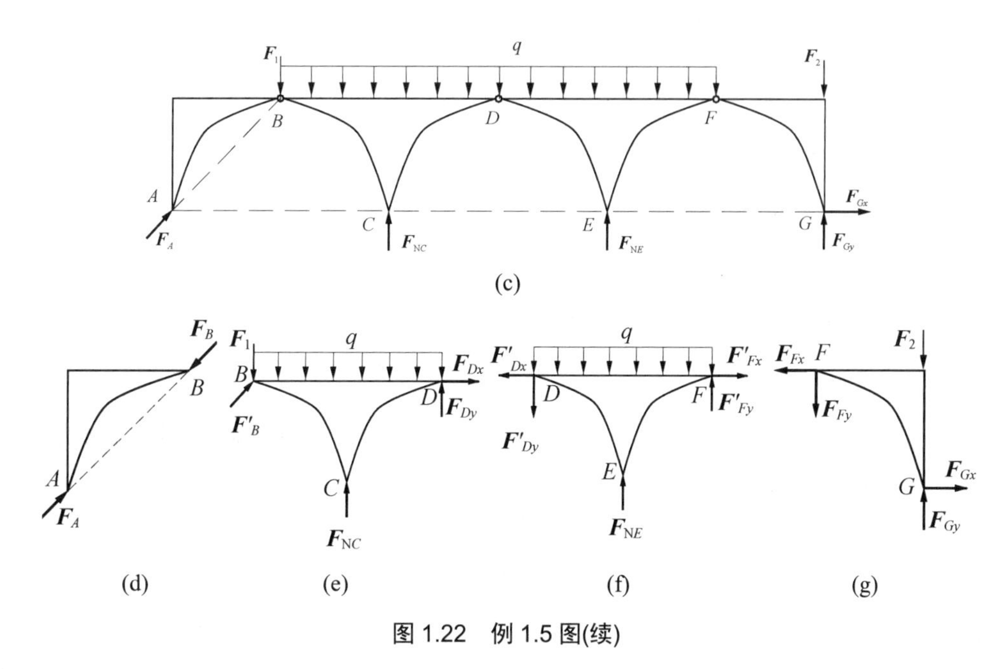

图 1.22　例 1.5 图(续)

注意： 由上述几个例题可知，正确地画出物体的受力图，是分析和解决力学问题的基础，画物体的受力图时应注意以下几点。

(1) 必须明确研究对象，将所研究的物体分离出来，画分离体图。研究对象既可以取单独物体，也可以取由几个物体组成的系统为研究对象。研究对象不同，受力也不同。

(2) 画出全部的主动力和约束力，应根据连接处的受力特点进行受力分析，既不能凭空造力，也不能漏掉一个力。

(3) 正确运用静力学公理，例如二力平衡条件、作用力与反作用力定律、三力平衡汇交定理等。当分析物体间相互作用时，作用力的方向一经被假定，反作用力的方向就必须与之相反。

(4) 画受力图时，要分清系统的外力和内力，且只画外力不画内力。

本 章 小 结

小结的具体内容请扫描右侧二维码获取。

习　题　1

1-1　是非题(正确的画√，错误的画×)

(1) 凡在二力作用下的物体称为二力构件。　(　　)

(2) 在两个力的作用下，使刚体处于平衡的必要条件与充分条件是这两个力等值、反向、共线。　(　　)

(3) 力的可传性适用于一般物体。 ( )

(4) 合力比分力大。 ( )

(5) 凡是矢量都可以用平行四边形法则合成。 ( )

(6) 汇交的三个力是平衡力系。 ( )

(7) 约束力是与主动力有关的力系。 ( )

(8) 作用力与反作用力是平衡力系。 ( )

(9) 画受力图时，对一般物体力可沿作用线任意地滑动。 ( )

(10) 受力图中不应出现内力。 ( )

1-2 填空题(把正确的答案写在横线上)

(1) 如图1.23所示，均质杆在 A、B 两点分别与矩形光滑槽接触，分析 A 点的受力方向为_________，B 点的受力方向为_________。

(2) 如图1.24所示，AB 杆自重不计，在5个已知力作用下处于平衡，则作用于 B 点的4个力的合力的大小为_______________，方向沿______________。

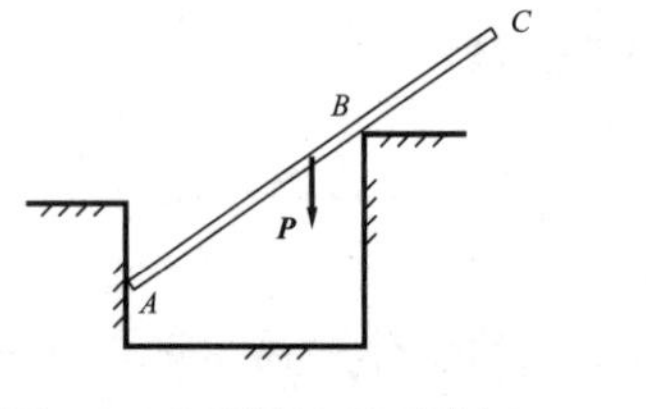

图1.23 习题1-2(1)图

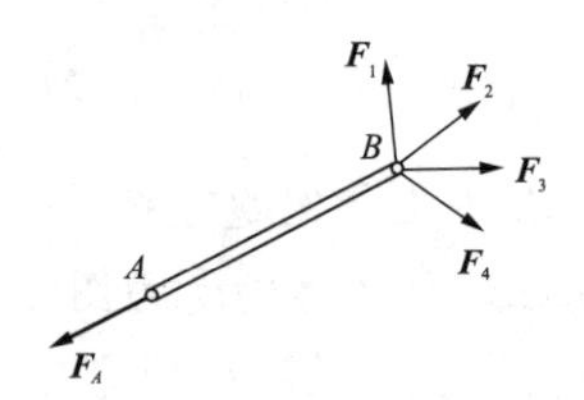

图1.24 习题1-2(2)图

1-3 简答题

(1) 如图1.25所示的刚体 A、B，自重不计，在光滑斜面上接触。其中分别作用两等值、反向、共线的力 $\boldsymbol{F}_1$ 和 $\boldsymbol{F}_2$，问 A、B 是否平衡？若能平衡，则平衡斜面是光滑的吗？

(2) 如图1.26所示，已知在 A 点处受到作用力 $\boldsymbol{F}$，能否在 B 点加一力使 AB 杆平衡？若能平衡，则 A 点的力 $\boldsymbol{F}$ 的方向应如何？

(3) 如图1.27所示的刚架 AC 和 BC，在 C 处用销钉连接，在 A、B 处分别用铰链支座支承构件形成一个三铰刚架。现将作用在刚体 BC 上的力 $\boldsymbol{F}$ 沿着其作用线移至刚体 AC 上。不计三铰刚架自重。试问移动后对 A、B、C 约束力有没有影响？为什么？

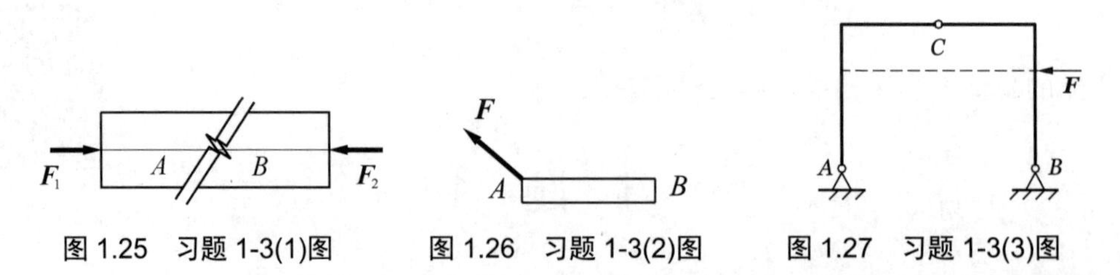

图1.25 习题1-3(1)图　图1.26 习题1-3(2)图　图1.27 习题1-3(3)图

(4) 在刚体上加上任意个平衡力系，能改变原来力系对刚体的作用吗？对于变形体而言又如何？

(5) 为什么说二力平衡条件、加减平衡力系原理和力的可传性等只能适用于刚体？

(6) 如何区分二力为平衡力和作用力与反作用力？

(7) 为什么受力图中不画内力？如何理解？

(8) 如何判定二力构件或者二力杆？

1-4 受力分析题

(1) 如图 1.28 所示，画出各图中用字母标注的物体的受力图，未画重力的各物体其自重不计，所有接触面均光滑。

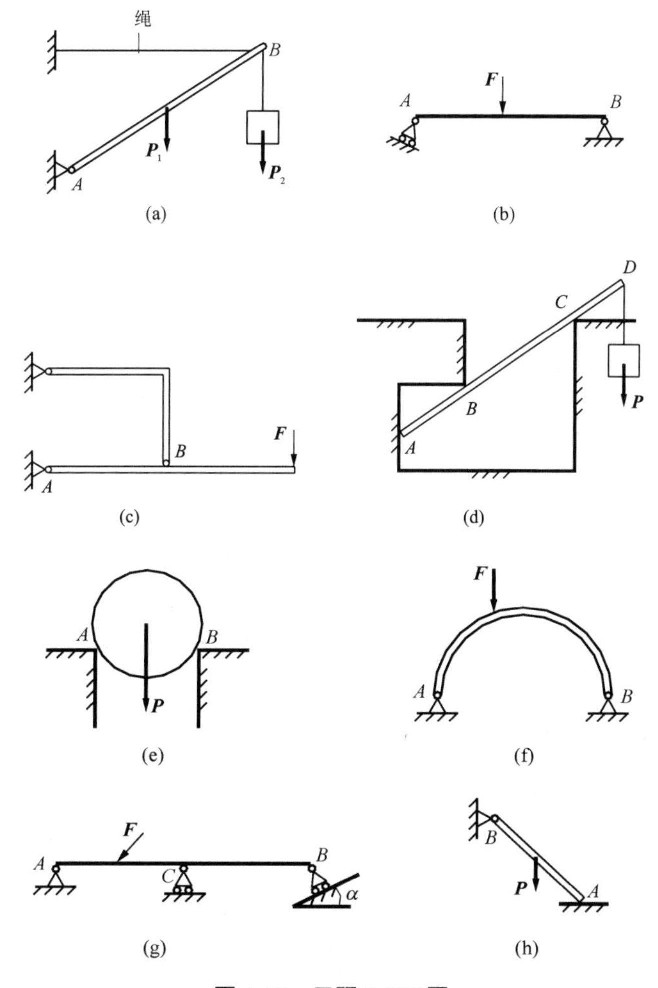

图 1.28 习题 1-4(1)图

(2) 如图 1.29 所示，画出其中标注字母物体的受力图及系统整体的受力图，未画重力的各物体其自重不计，所有接触面均光滑。

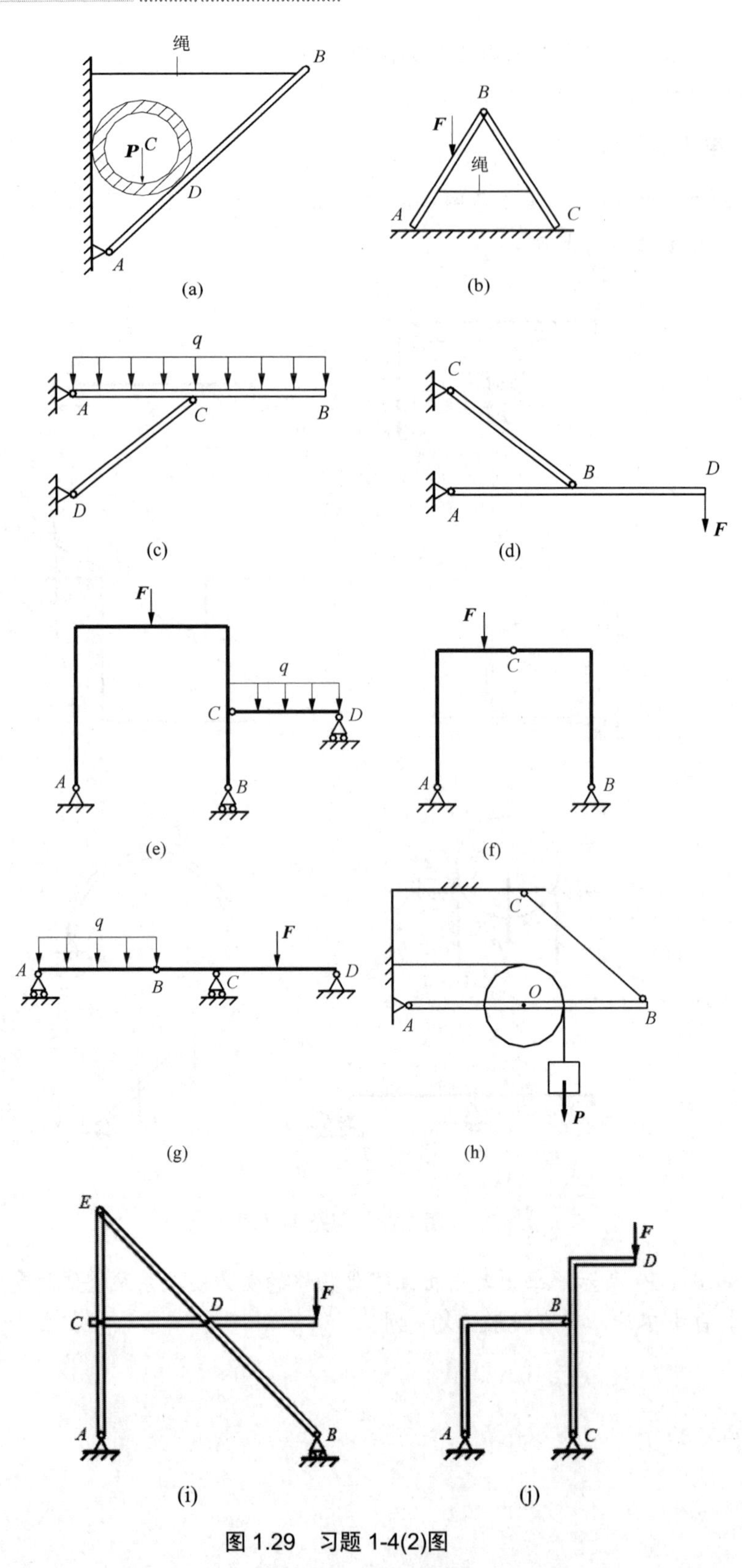

绳
B
P
C
D
A
(a)
B
F
绳
A
C
(b)
q
A
C
B
D
(c)
C
B
D
A
F
(d)
F
q
C
D
A
B
(e)
F
C
A
B
(f)
q
F
A
B
C
D
(g)
C
O
A
B
P
(h)
E
F
C
D
A
B
(i)
F
D
B
A
C
(j)

图 1.29　习题 1-4(2)图

第 2 章

平面简单力系

作用在物体上的力系是多种多样的，为了更好地研究这些复杂力系，应将力系进行分类。若将力系按其作用线是否位于同一平面分类，则当力的作用线位于同一平面时，称此力系为平面力系，否则为空间力系。若将力系按作用线是否汇交或者平行分类，则可分为汇交力系、力偶力系、平行力系和任意力系。力系的分类如图 2.1 所示。

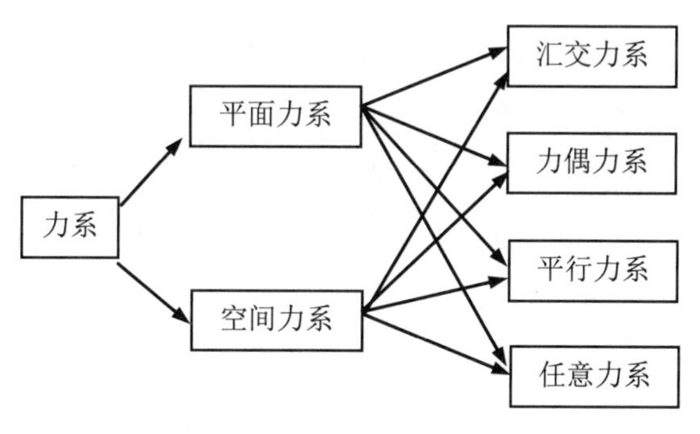

图 2.1　力系的分类

这一章将学习两种简单力系，即平面汇交力系和平面力偶力系。

2.1　平面汇交力系

2.1.1　平面汇交力系合成与平衡的几何法

1. 平面汇交力系合成的几何法——力的多边形法则

合成的理论依据是力的平行四边形法则或三角形法则。

设作用在刚体上汇交于 O 点的力系 $\boldsymbol{F}_1$、$\boldsymbol{F}_2$、$\boldsymbol{F}_3$ 和 $\boldsymbol{F}_4$ 如图 2.2(a)所示，求其合力。首先将 $\boldsymbol{F}_1$ 和 $\boldsymbol{F}_2$ 两个力进行合成，将这两个力矢量的大小利用长度比例尺转换成长度单位，依原力矢量方向将两力矢量进行首尾相连，得一条折线 abc，再由折线起点向折线终点作有向

线段 ac，即将折线 abc 封闭，得合力 $\boldsymbol{F}_{12}$，有向线段 ac 的大小为合力的大小，指向为合力的方向。同理，力 $\boldsymbol{F}_{12}$ 与 $\boldsymbol{F}_3$ 的合力为 $\boldsymbol{F}_{123}$，依次得力系的合力 $\boldsymbol{F}_{\mathrm{R}}$，如图 2.2(b)所示，可以省略中间求合力的过程，将力矢量 $\boldsymbol{F}_1$、$\boldsymbol{F}_2$、$\boldsymbol{F}_3$ 和 $\boldsymbol{F}_4$ 依次首尾相连，得折线 $abcde$，由折线起点向折线终点作有向线段 ae，封闭边 ae 表示其力系合力的大小和方向，且合力的作用线汇交于 O 点，多边形 $abcde$ 称为力的多边形，此方法称为力的多边形法则。作图时力的顺序可以是任意的，力的多边形形状将会发生变化，但并不影响合力的大小和方向，如图 2.2(c)所示。

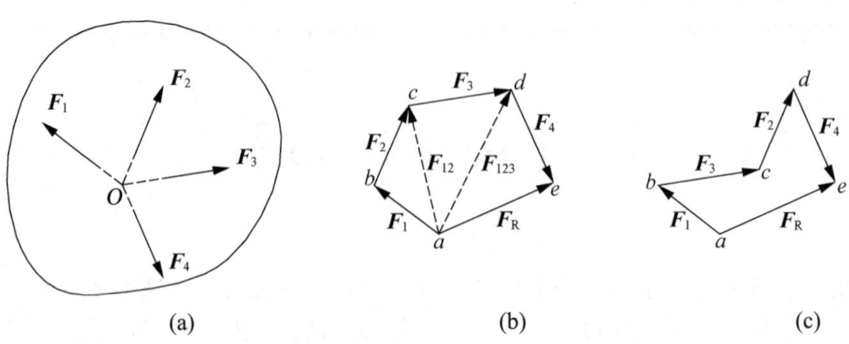

图 2.2 平面汇交力系合成的几何法

推广到由 n 个力 $\boldsymbol{F}_1$、$\boldsymbol{F}_2$、…、$\boldsymbol{F}_n$ 组成的平面汇交力系，可得如下结论：平面汇交力系的合力是将力系中各力矢量依次首尾相连得折线，并将折线由起点向终点作有向线段，该有向线段(称封闭边)表示该力系合力的大小和方向，且合力的作用线通过汇交点。即平面汇交力系的合力等于力系中各力矢量和(也称为几何和)，表达式为

$$\boldsymbol{F}_{\mathrm{R}} = \boldsymbol{F}_1 + \boldsymbol{F}_2 + \cdots + \boldsymbol{F}_n = \sum_{i=1}^{n} \boldsymbol{F}_i \tag{2-1}$$

此结论也可以推广到空间汇交力系，但由于空间力的多边形不是平面图形，且空间图形较复杂，所以一般不采用几何法，应采用解析法。

若力系是共线的，则它是平面汇交力系的特殊情况，假设沿直线的某一方向规定为力的正方向，与之相反的力为负，其合力应等于力系中各力的代数和，即

$$F_{\mathrm{R}} = \sum_{i=1}^{n} F_i \tag{2-2}$$

【例 2.1】吊车钢索连接处有 3 个共面的绳索，它们分别受拉力 F_{T1}=3kN，F_{T2}=6kN，F_{T3}= 15kN，各力的方向如图 2.3(a)所示，试用几何法求力系的合力。

解：由于三个力汇交于 O 点，所以构成平面汇交力系。选比例尺，将各力的大小转换成长度单位，令 $ab=F_{\mathrm{T1}}$，$bc=F_{\mathrm{T2}}$，$cd=F_{\mathrm{T3}}$。在平面上选一点 a 作为力多边形的起点，将各力矢量按其方向进行依次首尾相连，得折线 $abcd$，并将该折线封闭，便可求得力系合力的大小和方向。合力的大小量取折线 ad 的长度，再通过比例尺转换成力的单位，则有

$$F_{\mathrm{R}} = 16.50\mathrm{kN}$$

合力的方向为过 d 点作一条铅垂线，用量角器量取合力与铅垂线的夹角 α，即

$$\alpha = 16^{\circ}10'$$

合力的作用线通过汇交点 O。

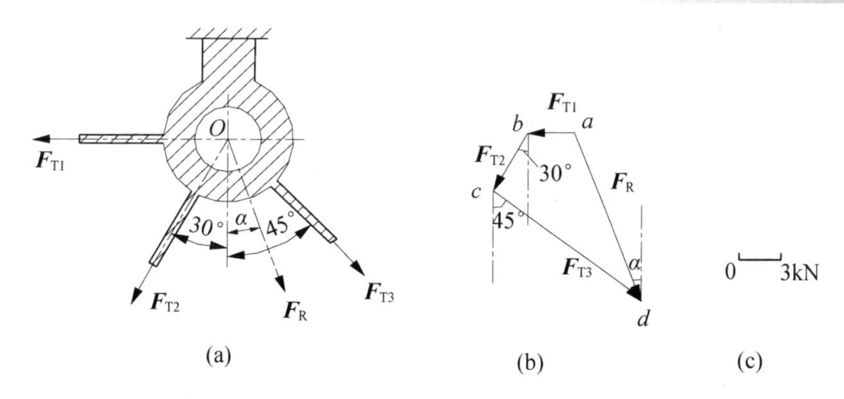

图 2.3 例 2.1 图

2. 平面汇交力系平衡的几何法

平面汇交力系平衡的必要与充分条件：力系的合力为零。即

$$\sum_{i=1}^{n} \boldsymbol{F}_i = 0 \tag{2-3}$$

由此得力的多边形封闭，即力的多边形中第一个力矢量的起点与最后一个力矢量的终点重合。力的多边形封闭是平面汇交力系平衡的几何条件。

求解平面汇交力系平衡时，可以用比例尺进行几何作图，量取未知力的大小，还可以利用三角关系计算求未知力的大小。

【例 2.2】一根钢管放置在 V 形槽内，如图 2.4(a)所示，已知：管重 P=5kN，钢管与槽面间的摩擦不计，求槽面对钢管的约束力。

解：取钢管为研究对象，它所受到的主动力为重力 $\boldsymbol{P}$ 和约束力 $\boldsymbol{F}_{NA}$ 和 $\boldsymbol{F}_{NB}$，汇交于 O 点，如图 2.4(b)所示。

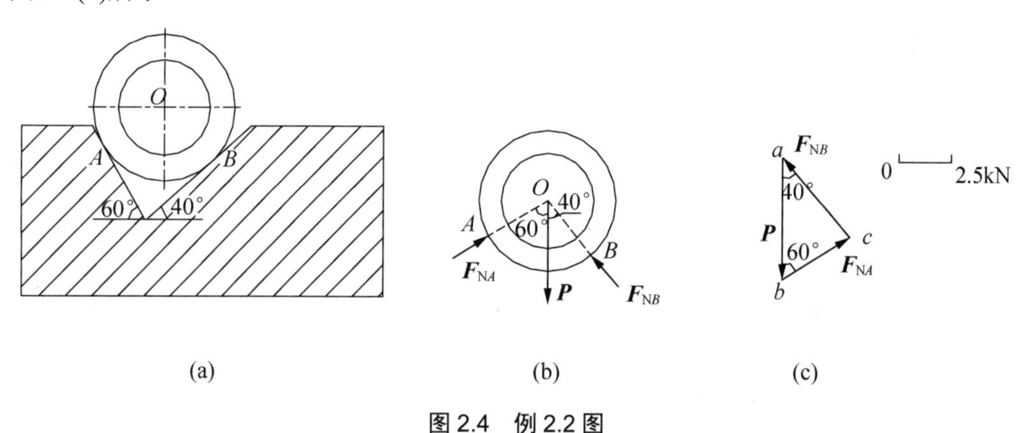

图 2.4 例 2.2 图

选比例尺，令 $ab=P$，$bc=F_{NA}$，$ca=F_{NB}$，将各力矢量按其方向依次首尾相连得封闭的三角形 abc，如图 2.4(c)所示。量取 bc 边和 ca 边的边长，按照比例尺转换成力的单位，则槽面对钢管的约束力为

$$F_{NA}=bc=3.26\text{kN} \qquad F_{NB}=ca=4.40\text{kN}$$

另一种解法：利用三角关系的正弦定理得

$$\frac{F_{NA}}{\sin 40^\circ} = \frac{F_{NB}}{\sin 60^\circ} = \frac{P}{\sin 80^\circ}$$

则约束力为

$$F_{NA} = bc = 3.26\text{kN} \qquad F_{NB} = ca = 4.40\text{kN}$$

2.1.2 平面汇交力系合成与平衡的解析法

1. 力的投影

力在坐标轴上的投影定义为力矢量与该坐标轴单位矢量的标量积。设任意坐标轴的单位矢量为 $\boldsymbol{e}$，力 $\boldsymbol{F}$ 在该坐标轴上的投影为

$$F_e = \boldsymbol{F} \cdot \boldsymbol{e} \tag{2-4}$$

在力 $\boldsymbol{F}$ 所在的平面内建立直角坐标系 Oxy 如图 2.5 所示，x 轴和 y 轴的单位矢量为 $\boldsymbol{i}$、$\boldsymbol{j}$，由力的投影定义得力 $\boldsymbol{F}$ 在 x 轴和 y 轴上的投影为

$$\begin{cases} F_x = \boldsymbol{F} \cdot \boldsymbol{i} = F\cos(\boldsymbol{F}, \boldsymbol{i}) \\ F_y = \boldsymbol{F} \cdot \boldsymbol{j} = F\cos(\boldsymbol{F}, \boldsymbol{j}) \end{cases} \tag{2-5}$$

其中 $\cos(\boldsymbol{F},\boldsymbol{i})$、$\cos(\boldsymbol{F},\boldsymbol{j})$ 分别是力 $\boldsymbol{F}$ 与坐标轴的单位矢量 $\boldsymbol{i}$、$\boldsymbol{j}$ 的夹角的余弦，称为方向余弦，$(\boldsymbol{F},\boldsymbol{i}) = \alpha$、$(\boldsymbol{F},\boldsymbol{j}) = \beta$ 称为方向角。力的投影可推广到空间坐标系。

如图 2.5 所示，若将力 $\boldsymbol{F}$ 沿直角坐标轴 x 和 y 分解得分力 $\boldsymbol{F}_x$ 和 $\boldsymbol{F}_y$，则力 $\boldsymbol{F}$ 在直角坐标系上投影的绝对值与分力的大小相等，但应注意投影和分力是两种不同的物理量，不能混淆。投影是代数量，对物体不产生运动效应；分力是矢量，能对物体产生运动效应。同时，在斜坐标系中投影与分力的大小是不相等的，如图 2.6 所示。

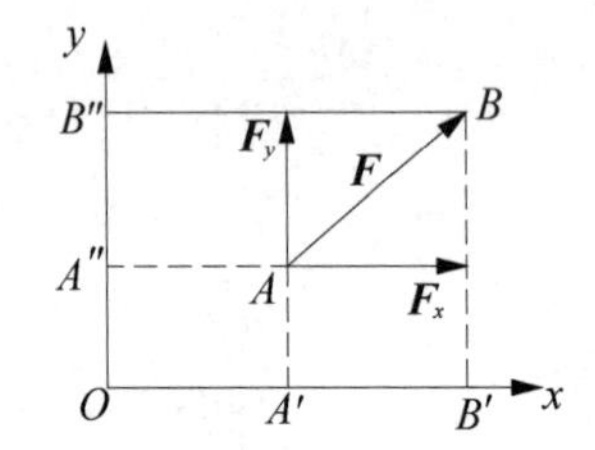

图 2.5　直角坐标系中力的投影

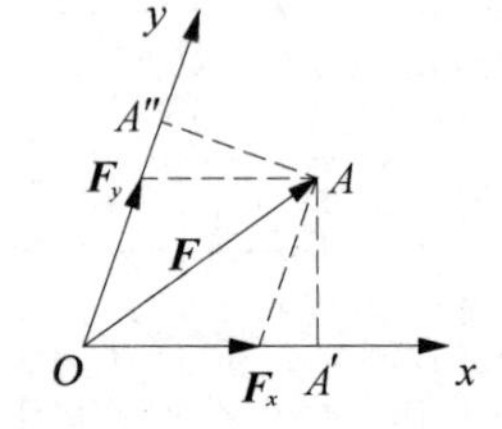

图 2.6　斜坐标系中投影和分力的关系

力 $\boldsymbol{F}$ 在平面直角坐标系中的解析式为

$$\boldsymbol{F} = F_x\boldsymbol{i} + F_y\boldsymbol{j} \tag{2-6}$$

若已知力 $\boldsymbol{F}$ 在平面直角坐标轴上的投影 F_x 和 F_y，则力 $\boldsymbol{F}$ 的大小和方向为

$$\begin{cases} F = \sqrt{F_x^2 + F_y^2} \\ \cos(\boldsymbol{F}, \boldsymbol{i}) = \dfrac{F_x}{F}，\cos(\boldsymbol{F}, \boldsymbol{j}) = \dfrac{F_y}{F} \end{cases} \tag{2-7}$$

2. 合矢量投影定理

合矢量在某一轴上的投影等于各分矢量在同一轴上投影的代数和。由此定理得平面汇

交力系的合力在直角坐标轴上的投影，即

$$\begin{cases} F_{Rx} = F_{x1} + F_{x2} + \cdots + F_{xn} = \sum_{i=1}^{n} F_{xi} \\ F_{Ry} = F_{y1} + F_{y2} + \cdots + F_{yn} = \sum_{i=1}^{n} F_{yi} \end{cases} \tag{2-8}$$

其中 F_{Rx}、F_{Ry} 为合力 $\boldsymbol{F}_R$ 在 x 轴和 y 轴上的投影，F_{xi}、F_{yi} 为第 i 个分力 $\boldsymbol{F}_i$ 在 x 轴和 y 轴上的投影。

3. 汇交力系合成和平衡的解析法

若已知分力在平面直角坐标轴上的投影 F_{xi}、F_{yi}，则合力 $\boldsymbol{F}_R$ 的大小和方向为

$$\begin{cases} F_R = \sqrt{F_{Rx}^2 + F_{Ry}^2} = \sqrt{\left(\sum_{i=1}^{n} F_{xi}\right)^2 + \left(\sum_{i=1}^{n} F_{yi}\right)^2} \\ \cos(\boldsymbol{F}_R, \boldsymbol{i}) = \dfrac{F_{Rx}}{F_R} = \dfrac{\sum_{i=1}^{n} F_{xi}}{F_R}, \cos(\boldsymbol{F}_R, \boldsymbol{j}) = \dfrac{F_{Ry}}{F_R} = \dfrac{\sum_{i=1}^{n} F_{yi}}{F_R} \end{cases} \tag{2-9}$$

平面汇交力系平衡的必要与充分条件是平面汇交力系的合力为零。由式(2-9)得

$$F_R = \sqrt{F_{Rx}^2 + F_{Ry}^2} = \sqrt{\left(\sum_{i=1}^{n} F_{xi}\right)^2 + \left(\sum_{i=1}^{n} F_{yi}\right)^2} = 0$$

即得平面汇交力系平衡方程：

$$\begin{cases} \sum_{i=1}^{n} F_{xi} = 0 \\ \sum_{i=1}^{n} F_{yi} = 0 \end{cases} \tag{2-10}$$

平面汇交力系平衡的解析条件：力系中各力在直角坐标轴上投影的代数和均为零。此方程式(2-10)为两个独立的方程，可求解两个未知力。

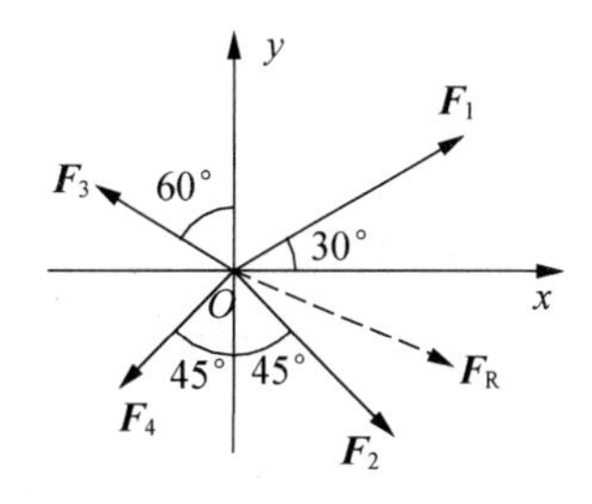

图 2.7　例 2.3 图

【例 2.3】 已知：F_1=200N，F_2=200N，F_3=100N，F_4=100N，如图 2.7 所示，求此平面汇交力系的合力。

解： 根据式(2-8)得

$$F_{Rx} = \sum_{i=1}^{n} F_{xi} = F_1\cos30° + F_2\cos45° - F_3\cos30° - F_4\cos45° = 157.31(\text{N})$$

$$F_{Ry} = \sum_{i=1}^{n} F_{yi} = F_1\cos60° - F_2\cos45° + F_3\cos60° - F_4\cos45° = -62.13(\text{N})$$

$$F_R = \sqrt{F_{Rx}^2 + F_{Ry}^2} = \sqrt{\left(\sum_{i=1}^{n} F_{xi}\right)^2 + \left(\sum_{i=1}^{n} F_{yi}\right)^2} = 169.13\,(\text{N})$$

$$\cos(\boldsymbol{F}_R, \boldsymbol{i}) = \frac{F_{Rx}}{F_R} = \frac{\sum_{i=1}^{n} F_{xi}}{F_R} = \frac{157.31}{169.13} = 0.9301$$

$$\cos(\boldsymbol{F}_R, \boldsymbol{j}) = \frac{F_{Ry}}{F_R} = \frac{-62.13}{169.13} = -0.3674$$

方向角 $\alpha=(\boldsymbol{F}_{\mathrm{R}},\boldsymbol{i})=\pm21.55^{\circ}$，$\beta=(\boldsymbol{F}_{\mathrm{R}},\boldsymbol{j})=180^{\circ}\pm68.45^{\circ}$，合力的指向为第Ⅳ象限，与 x 轴夹角为 -21.55°。

【例 2.4】 支架 ABC 的 B 端用绳子悬挂滑轮，如图 2.8(a)所示，滑轮的一端起吊重为 P=20kN 的物体，绳子的另一端接在绞车 D 上。设滑轮的大小、AB 杆与 CB 杆的自重及摩擦均不计，当物体处于平衡状态时，求拉杆 AB 和支杆 CB 所受的力。

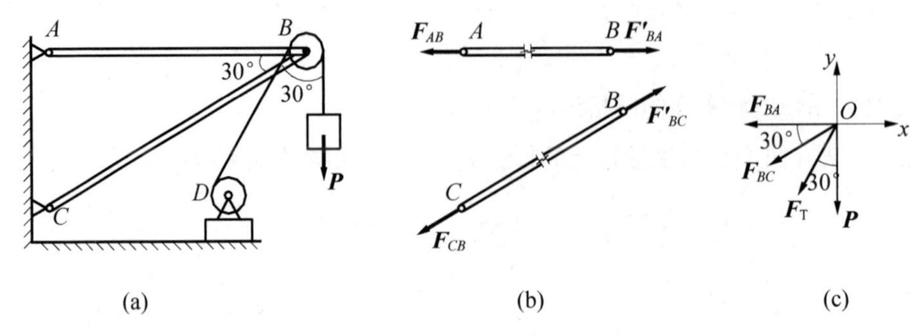

图 2.8 例 2.4 图

解：(1) 确定研究对象进行受力分析。由于滑轮的大小、AB 杆与 CB 杆的自重均不计，因此 AB 杆与 CB 杆为二力杆，可以看出在 B 点构成平面汇交力系，如图 2.8(c)所示。

(2) 建立坐标系，列平衡方程。绳子的拉力 $F_{\mathrm{T}}=P$，未知力为作用在 B 点的 $\boldsymbol{F}_{BA}$ 和 $\boldsymbol{F}_{BC}$，由平衡方程式(2-10)得

$$\sum_{i=1}^{n}F_{xi}=0:\quad -F_{BA}-F_{BC}\cos30^{\circ}-F_{\mathrm{T}}\cos60^{\circ}=0 \tag{a}$$

$$\sum_{i=1}^{n}F_{yi}=0:\quad -F_{BC}\cos60^{\circ}-F_{\mathrm{T}}\cos30^{\circ}-P=0 \tag{b}$$

(3) 解方程。

由式(a)和式(b)解得

$$F_{BA}=54.64\text{kN}\qquad F_{BC}=-74.64\text{kN}$$

$\boldsymbol{F}_{BA}$ 为正值，说明原假设与实际方向相同，即为拉力；$\boldsymbol{F}_{BC}$ 为负值，说明原假设与实际方向相反，即为压力。由作用力与反作用力定律知，拉杆 AB 和支杆 CB 所受到的力与 B 点所受到的力 $\boldsymbol{F}_{BA}$ 和 $\boldsymbol{F}_{BC}$ 数值相等，方向相反。

2.2 力对点之矩与平面力偶系

力对刚体的作用使刚体产生两种运动效应，即移动效应和转动效应。在平面力系中描述力对刚体的转动效应有两种物理量，它们是力对点之矩和力偶矩。

2.2.1 力对点之矩的概念

如图 2.9 所示，在力 $\boldsymbol{F}$ 所在的平面内，力 $\boldsymbol{F}$ 对平面内任意点 O 的矩定义为力 $\boldsymbol{F}$ 的大小与矩心点 O 到力 $\boldsymbol{F}$ 作用线的距离 h 的乘积，它是代数量(其符号规定：力使物体绕矩心逆时

针转动时为正，顺时针转动时为负；h 称为力臂)，用 $M_O(\boldsymbol{F})$ 表示，即

$$M_O(\boldsymbol{F}) = \pm Fh = \pm 2A_{\triangle OAB} \tag{2-11}$$

单位：N·m 或 kN·m。

特殊情况如下：

(1) 当 $M_O(\boldsymbol{F}) = 0$ 时：力的作用线通过矩心即力臂 h=0 或 $\boldsymbol{F}$=0。

(2) 当力臂 h 为常量时：$M_O(\boldsymbol{F})$ 值为常数，即力 $\boldsymbol{F}$ 沿其作用线滑动，对同一点的矩为常数。

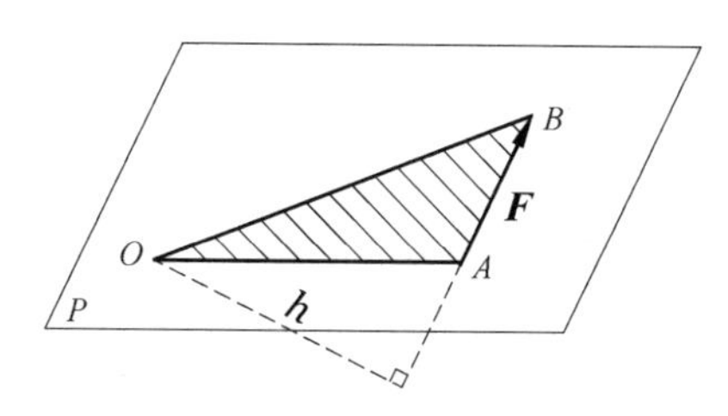

图 2.9　力对点之矩

应当指出，力对点之矩与矩心的位置有关，计算力对点之矩时应指出矩心点。

合力矩定理：平面汇交力系的合力对力系所在平面内任一点之矩等于力系中各力对同一点矩的代数和。即

$$M_O(\boldsymbol{F}_{\mathrm{R}}) = \sum_{i=1}^{n} M_O(\boldsymbol{F}_i) \tag{2-12}$$

根据此定理，如图 2.10 所示，将力 $\boldsymbol{F}$ 沿坐标轴分解得分力 $\boldsymbol{F}_x$、$\boldsymbol{F}_y$，则力对点之矩的解析表达式为

$$M_O(\boldsymbol{F}) = xF_y - yF_x \tag{2-13}$$

合力对点之矩的解析表达式为

$$M_O(\boldsymbol{F}_{\mathrm{R}}) = \sum_{i=1}^{n} (x_i F_{yi} - y_i F_{xi}) \tag{2-14}$$

【例 2.5】如图 2.11 所示挡土墙所受的力为 P=200kN，F=150kN，试求力系的合力对 O 的矩。

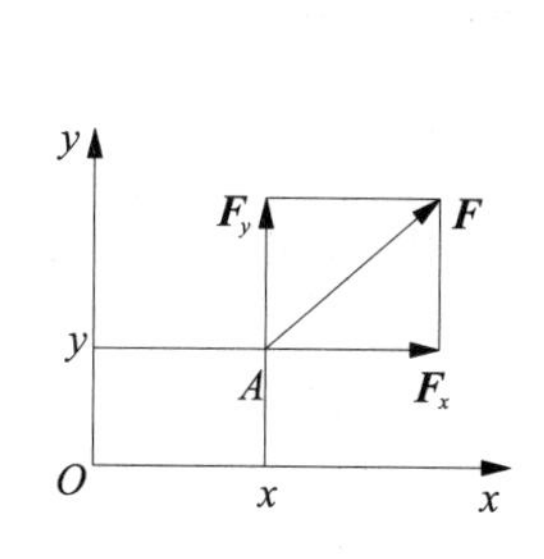

图 2.10　力 $\boldsymbol{F}$ 沿坐标的分力

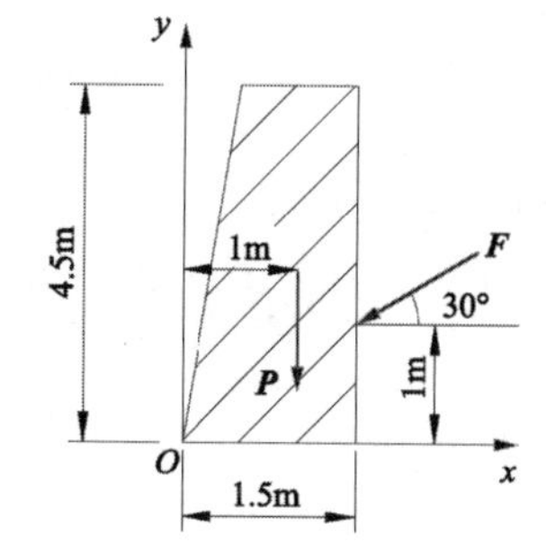

图 2.11　例 2.5 图

解：根据式(2-14)得

$$M_O(\boldsymbol{F}_R)=\sum_{i=1}^{n}(x_iF_{yi}-y_iF_{xi})$$
$$=-200\times1+150\cos30^\circ\times1-150\sin30^\circ\times1.5$$
$$=-182.6(\text{kN}\cdot\text{m})$$

2.2.2 平面力偶系

1. 力偶与力偶矩

定义：由两个大小相等、方向相反且不共线的平行力组成的力系称为力偶，记作$(\boldsymbol{F},\boldsymbol{F}')$，如图2.12所示(力偶是一种特殊的力系)。力偶所在的平面称为力偶的作用面，力偶中的两个力之间的垂直距离d称为力偶臂。

在实际中，我们双手握方向盘(见图2.13)、两个手指拧钢笔帽等都是力偶的作用。力偶对物体的转动效应用力偶矩来描述。

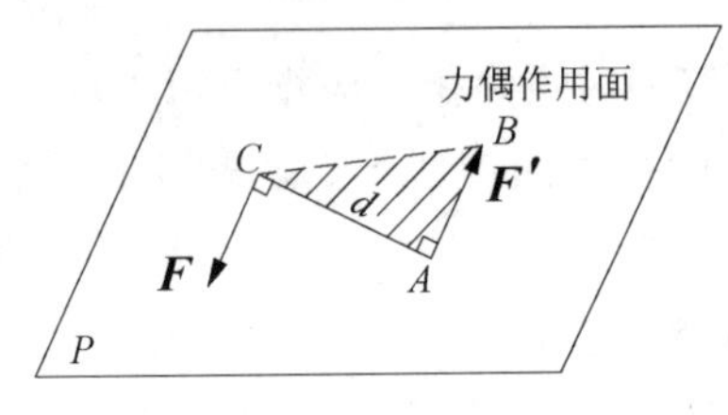

图2.12 力偶的定义

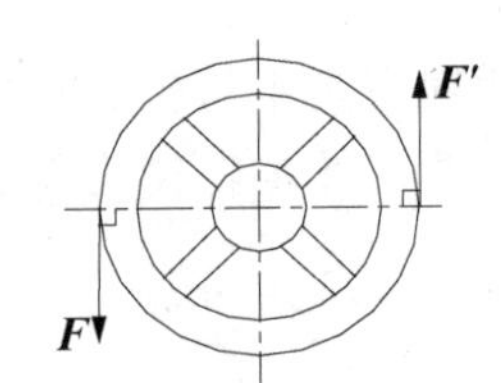

图2.13 作用在方向盘上的力偶

力偶矩等于力偶中力的大小与力偶臂的乘积，它是代数量。其符号规定：力偶使物体逆时针转动时为正，顺时针转动时为负，用M表示，即

$$M=\pm Fd=\pm2A_{\triangle ABC} \tag{2-15}$$

力偶矩的单位：$\text{N}\cdot\text{m}$或$\text{kN}\cdot\text{m}$。

2. 平面力偶性质与力偶等效定理

平面力偶性质是力偶没有合力，因此不能与一个力等效；力偶只能与力偶等效；力偶矩与矩心点位置无关。

平面力偶的等效定理：作用在刚体上同一平面内的两个力偶等效的必要与充分条件是此二力偶矩相等。

由此定理可得如下推论：

(1) 当保持力偶矩不变的情况下，力偶可在其作用面内任意移转，而不改变它对刚体的作用。

(2) 当保持力偶矩不变的情况下，可以同时改变力偶中力的大小和力偶臂的长度，而不改变它对刚体的作用。

对力偶而言，无须知道力偶中力的大小和力偶臂的长度，只需知道力偶矩就可以了。由此可见力偶是自由矢量，力和力偶是力的两个基本要素。力偶矩的表达如图2.14所示。

图 2.14　力偶矩的表达

3. 平面力偶系的合成与平衡条件

(1) 平面力偶系的合成

作用在同一平面上的一组力偶称为平面力偶系。设在同一平面内有两个力偶$(\boldsymbol{F}_1,\boldsymbol{F}_1')$、$(\boldsymbol{F}_2,\boldsymbol{F}_2')$，如图 2.15(a)所示，它们的力偶臂分别为$d_1$和$d_2$，其力偶矩分别为$M_1=F_1d_1$、$M_2=-F_2d_2$。根据力偶的等效定理，将两个力偶移到同一位置，使其保持相同的力偶臂d，如图 2.15(b)所示，得到新的力偶$(\boldsymbol{F}_3,\boldsymbol{F}_3')$、$(\boldsymbol{F}_4,\boldsymbol{F}_4')$，其力偶矩为

$$M_1=F_1d_1=F_3d$$

$$M_2=-F_2d_2=-F_4d$$

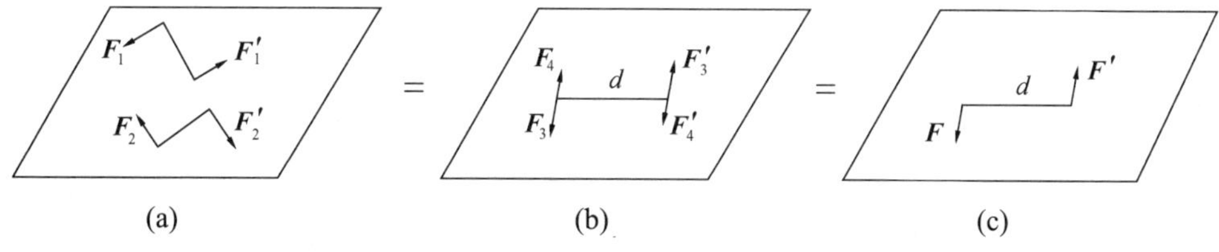

图 2.15　同一平面力偶矩的合成

若设$F_3>F_4$，则在点A、B将力合成得新的力偶$(\boldsymbol{F},\boldsymbol{F}')$，如图 2.15(c)所示，其力偶矩为

$$M=Fd=(F_3-F_4)d=F_3d-F_4d=M_1+M_2$$

得同一平面内的两个力偶可以合成一个合力偶，其力偶矩等于力偶系中各力偶矩的代数和。若同一平面内有n个力偶，则可以合成一个合力偶，其矩为

$$M=\sum_{i=1}^{n}M_i \tag{2-16}$$

(2) 平面力偶系的平衡条件

平面力偶系平衡的必要与充分条件：合力偶矩等于零。力偶系中各力偶矩的代数和等于零，即

$$\sum_{i=1}^{n}M_i=0 \tag{2-17}$$

式(2-17)为平面力偶系的平衡方程。由于只有一个平衡方程，所以只能求解一个未知量。

【例 2.6】如图 2.16(a)所示，在杆AB上作用力偶矩M_1=8kN·m，杆AB的长度为 1m，杆CD的长度为 0.8m，要使机构保持平衡，试求作用在杆CD上的力偶矩M_2。

解：(1) 选杆AB为研究对象，由于BC是二力杆，因此杆AB的两端受有沿BC的约束力$\boldsymbol{F}_A$和$\boldsymbol{F}_B$，构成力偶，如图 2.16(b)所示。列力偶的平衡方程为

$$\sum_{i=1}^{n}M_i=0：\ F_A\cdot 1\cdot\sin 60^\circ-M_1=0 \tag{a}$$

得
$$F_B = F_A = \frac{M_1}{1 \cdot \sin 60^\circ} = \frac{8 \times 2}{\sqrt{3}} = 9.24(\text{kN})$$

(2) 选杆 CD 为研究对象，受力如图 2.16(c)所示，列力偶的平衡方程

$$\sum_{i=1}^{n} M_i = 0: \quad M_2 - F_C \cdot 0.8 \cdot \sin 30^\circ = 0 \tag{b}$$

由于 $F_A = F_B = F_B' = F_C' = F_C = F_D$，则得

$$M_2 = F_C \cdot 0.8 \cdot \sin 30^\circ = 9.24 \times 0.8 \times 0.5 = 3.7\ (\text{kN·m})$$

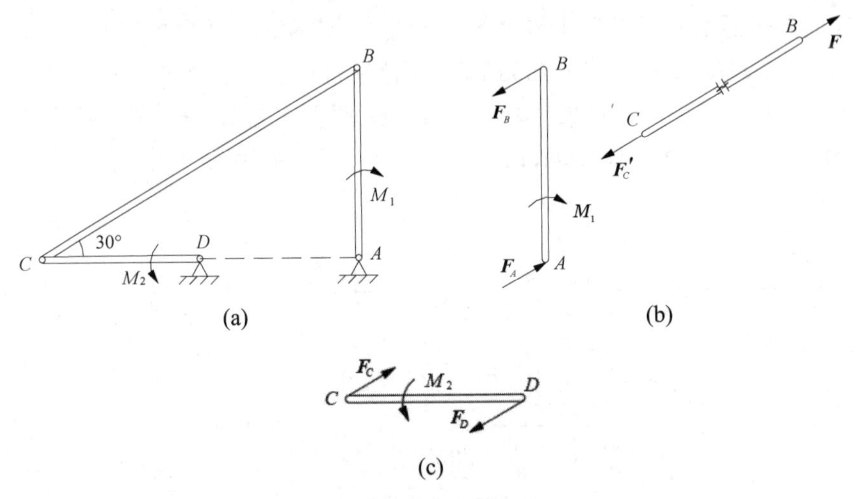

图 2.16 例 2.6 图

【例 2.7】如图 2.17(a)所示的结构中，由直角弯杆 ACE、BCD 和直杆 DE 铰接而成，不计各杆自重，已知在直杆 DE 上作用力偶矩为 M，几何尺寸如图，试求 A、B、C、D、E 的约束力。

解: (1) 取整体为研究对象，由于 B 铰为可动支座，故有水平方向的约束力 $\boldsymbol{F}_B$，因此 $\boldsymbol{F}_B$ 与 A 处的约束力 $\boldsymbol{F}_A$ 构成一个力偶，如图 2.17(a)所示。列力偶的平衡方程为

$$\sum_{i=1}^{n} M_i = 0: \ F_A \cdot a - M = 0 \tag{a}$$

解得

$$F_A = F_B = \frac{M}{a}$$

(2) 取直角弯杆 BCD 为研究对象，由于力 $\boldsymbol{F}_B$ 的作用线通过点 C，由三力平衡汇交定理得点 D 的力 $\boldsymbol{F}_D'$ 的作用线也通过点 C，受力如图 2.17(b)所示。

(3) 取直杆 DE 为研究对象，受力如图 2.17(c)所示。列力偶的平衡方程为

$$\sum_{i=1}^{n} M_i = 0: \ F_D a \sin 45^\circ - M = 0 \tag{b}$$

解得

$$F_D = F_E = \frac{\sqrt{2}M}{a}$$

(4) 取直角弯杆 ACE 为研究对象，受力如图 2.17(d)所示。列平面汇交力系的平衡方

程为

$$\sum_{i=1}^{n} F_{yi} = 0：F_C \sin\alpha - F_E' \cos 45^\circ = 0 \tag{c}$$

其中

$$\sin\alpha = \frac{1}{\sqrt{5}}$$

解得

$$F_C = \frac{\sqrt{5}M}{a}$$

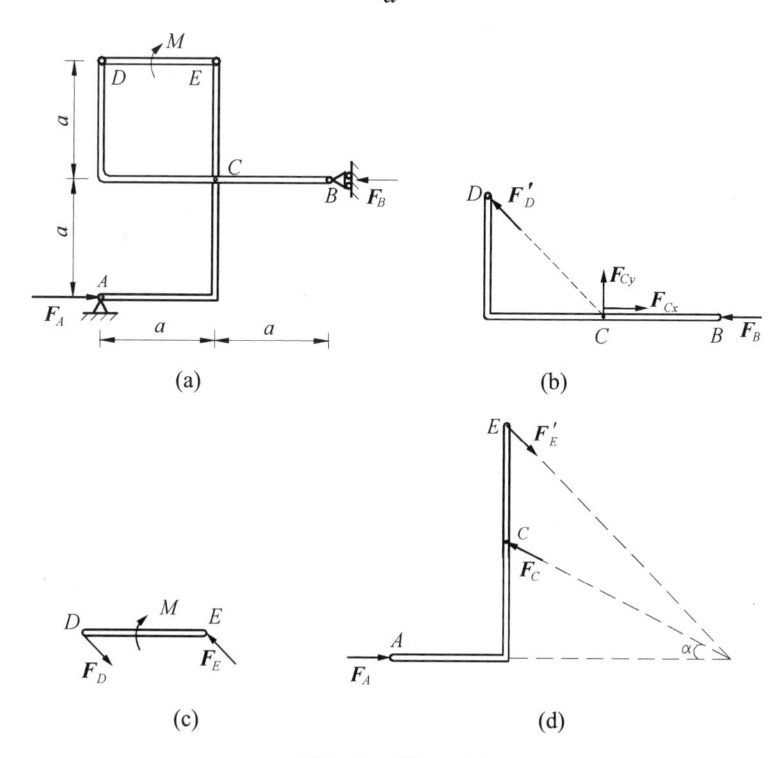

图 2.17 例 2.7 图

本 章 小 结

小结的具体内容请扫描右侧二维码获取。

习 题 2

2-1 是非题(正确的画√，错误的画×)

(1) 汇交力系平衡的几何条件是力的多边形封闭。 ( )

(2) 两个力 $\boldsymbol{F}_1$、$\boldsymbol{F}_2$ 在同一轴上的投影相等，则这两个力大小一定相等。 ( )

(3) 力 $\boldsymbol{F}$ 在某一轴上的投影等于零，则该力一定为零。 ( )

(4) 合力总是大于分力。 ( )

(5) 平面汇交力系求合力时，作图时力序可以不同，其合力不变。 ( )

(6) 力偶使刚体只能转动，而不能移动。 (　　)

(7) 任意两个力都可以合成为一个合力。 (　　)

(8) 力偶中的两个力在任意直线段上投影的代数和恒为零。 (　　)

(9) 平面力偶矩的大小与矩心点的位置有关。 (　　)

(10) 力沿其作用线任意滑动不改变它对同一点的矩。 (　　)

2-2　填空题(把正确的答案写在横线上)

(1) 作用在刚体上的三个力使刚体处于平衡状态，若其中两个力汇交于一点，则第三个力的作用线________________。

(2) 力的多边形封闭是平面汇交力系平衡的________________。

(3) 不计重量的直杆 AB 与折杆 CD 在 B 处用光滑铰链连接，如图 2.18 所示，若结构受力 $\boldsymbol{F}$ 作用，则支座 C 处的约束力大小为______________，方向______________。

(4) 如图 2.19 所示，不计重量的直杆 AB 与折杆 CD 在 B 处用光滑铰链连接，若结构受力 $\boldsymbol{F}$ 作用，则支座 C 处的约束力大小____________，方向____________。

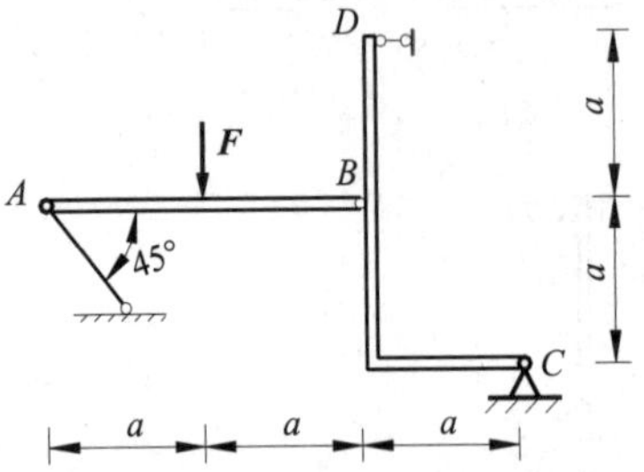

图 2.18　习题 2-2(3)图

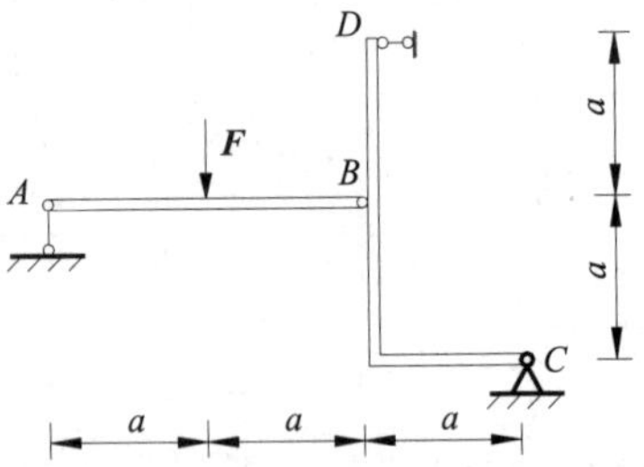

图 2.19　习题 2-2(4)图

(5) 用解析法求汇交力系合力时，若采用的坐标系不同，则所求的合力__________。

(6) 力偶是由__________、__________、___________的两个力组成。

(7) 作用在刚体上同平面的两个力偶，只要____________相等，则这两个力偶等效。

(8) 平面系统受力偶矩 $M=10\text{kN}\cdot\text{m}$ 的作用，如图 2.20 所示，杆 AC、BC 自重不计，A 支座约束力大小为__________，B 支座约束力大小为______________。

(9) 如图 2.21 所示，梁 A 支座约束力大小为________________，B 支座约束力的大小为______________。

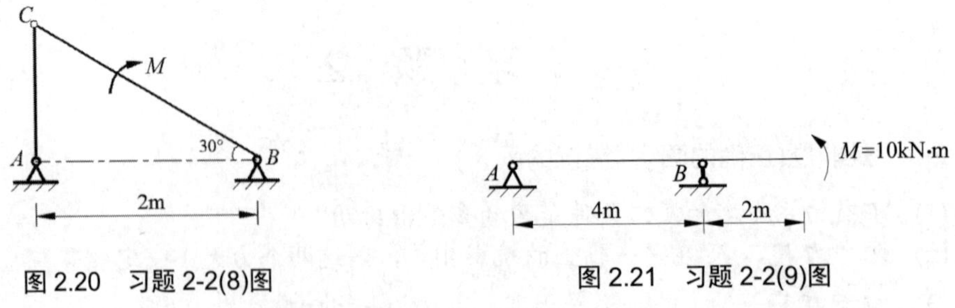

图 2.20　习题 2-2(8)图　　图 2.21　习题 2-2(9)图

(10) 平面力偶力系的平衡条件是________________。

2-3 简答题

(1) 用解析法求平面汇交力系的平衡问题时，x 轴和 y 轴是否一定相互垂直？当 x 轴和 y 轴不垂直时，对平衡方程 $\sum_{i=1}^{n} F_{xi}=0$、$\sum_{i=1}^{n} F_{yi}=0$ 有何限制条件？为什么？

(2) 在刚体的 A、B、C、D 四点作用有四个大小相等、两两平行的力，如图 2.22 所示，这四个力组成封闭的力的多边形，试问此刚体平衡吗？若要使刚体平衡，则应如何改变力系中力的方向？

(3) 力偶不能单独与一个力相平衡，为什么如图 2.23 所示的轮子又能平衡呢？

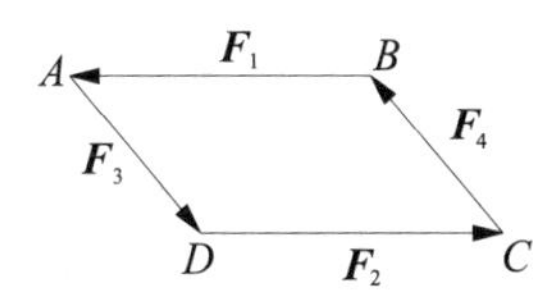

图 2.22 习题 2-3(2)图

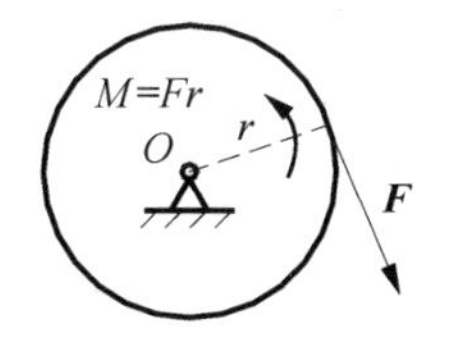

图 2.23 习题 2-3(3)图

(4) 在保持力偶矩大小、转向不变的情况下如图 2.24 所示，可否将力偶矩 M 移动到 AC 上？移动后 A、B 支座的约束力又如何？

(5) 如何正确理解投影和分力、力对点的矩和力偶矩的概念？

2-4 计算题

(1) 如图 2.25 所示，固定在墙壁上的圆环受 3 根绳子的拉力作用，力 $\boldsymbol{F}_1$ 沿水平方向，$\boldsymbol{F}_3$ 沿铅直方向，$\boldsymbol{F}_2$ 与水平成 40° 角，三个力的大小分别为 F_1=2kN，F_2=2.5kN，F_3=1.5kN，试求力系的合力。

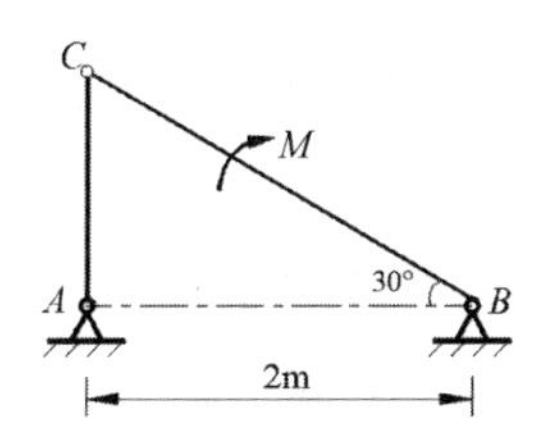

图 2.24 习题 2-3(4)图

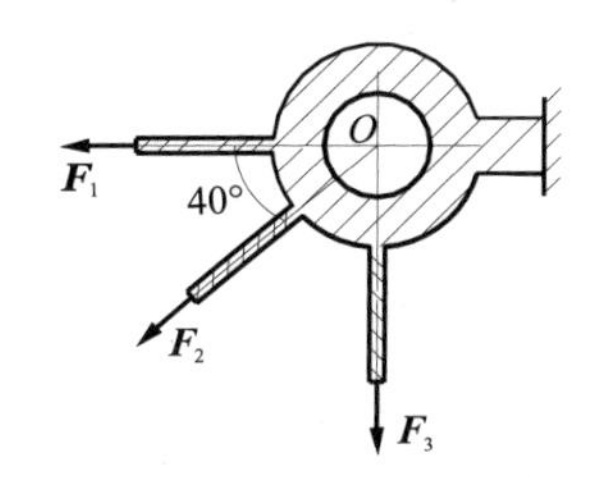

图 2.25 习题 2-4(1)图

(2) 如图 2.26 所示的简易起重机用钢丝绳吊起重量 P=2kN 的重物，不计各杆的自重，摩擦及滑轮的大小不计，A、B、C 三处均为铰链连接。试求杆 AB、AC 所受的力。

(3) 如图 2.27 所示均质杆 AB 重 P、长为 l，两端放置在相互垂直的光滑斜面上。已知一斜面与水平面的夹角 α，试求平衡时杆与水平面所成的夹角 φ 及 OA 的距离。

(4) 如图 2.28 所示的刚架上，在点 B 处作用一水平力 $\boldsymbol{F}$，刚架自重不计，试求支座 A、D 处的约束力。

(5) 如图 2.29 所示的机构中，在铰链 A、B 处作用有力 $\boldsymbol{F}_1$、$\boldsymbol{F}_2$ 并处于平衡，不计各杆的自重，试求力 $\boldsymbol{F}_1$ 与 $\boldsymbol{F}_2$ 的关系。

(6) 直角杆 CDA 和 BDE 在 D 处铰接如图 2.30 所示，系统受力偶矩 M 作用，各杆自重不计，试求支座 A、B 处的约束力。

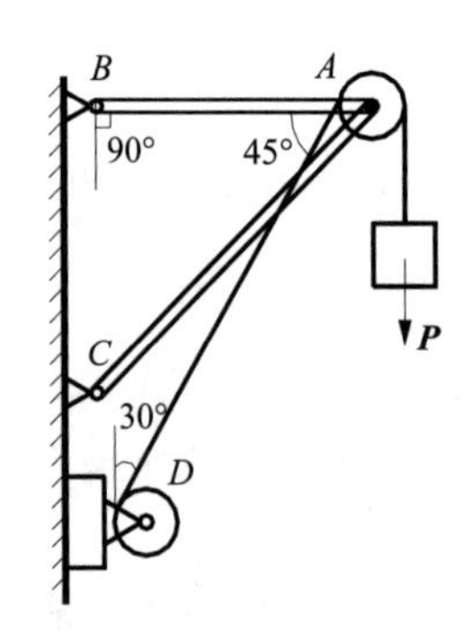

图 2.26　习题 2-4(2)图

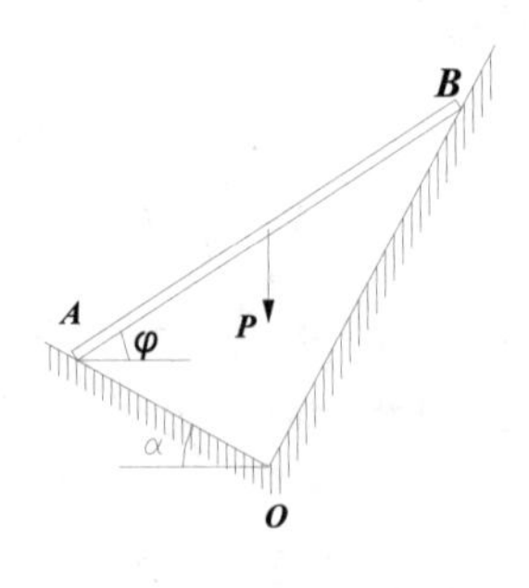

图 2.27　习题 2-4(3)图

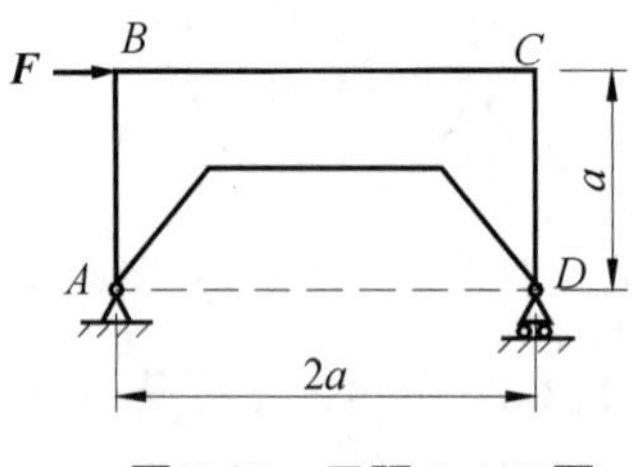

图 2.28　习题 2-4(4)图

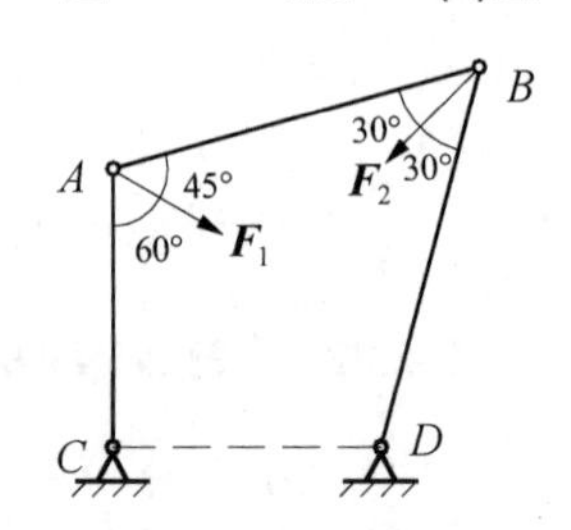

图 2.29　习题 2-4(5)图

(7) 由 *AB*、*CD*、*CE*、*BF* 四杆铰接而成的构架上，作用一铅直荷载 $\boldsymbol{F}$ 如图 2.31 所示，各杆的自重不计，试求支座 *A*、*D* 处的约束力。

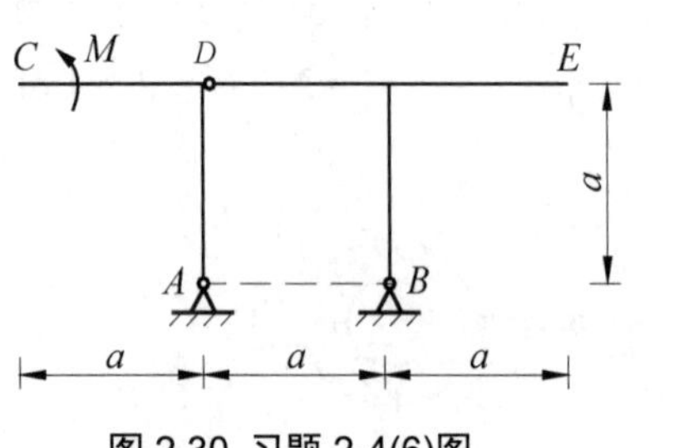

图 2.30 习题 2-4(6)图

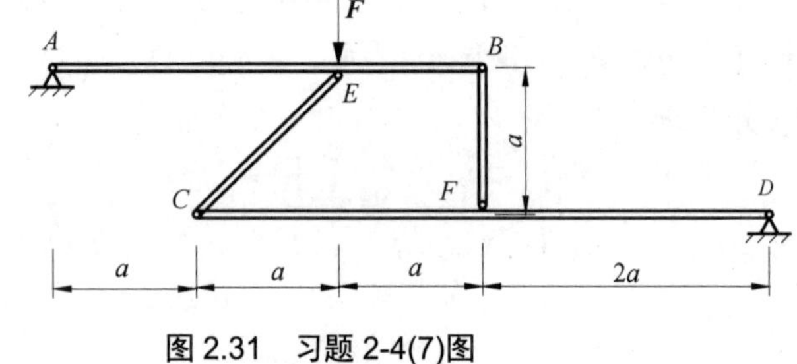

图 2.31　习题 2-4(7)图

(8) 如图 2.32 所示的曲轴冲床，由连杆 *AB* 和冲头 *B* 组成。*A*、*B* 两处为铰链连接，*OA*=*R*、*AB*=*l*，忽略摩擦和物体的自重，当 *OA* 在水平位置时，冲头的压力为 $\boldsymbol{F}$ 时，试求：①作用在轮 *I* 上的力偶矩 *M* 的大小；②轴承 *O* 处的约束力；③连杆 *AB* 所受的力；④冲头给导轨的侧压力。

(9) 如图 2.33 所示铰链三连杆机构 *ABCD* 受两个力偶作用处于平衡状态，已知力偶矩 $M_1 = 1\text{N}\cdot\text{m}$，*CD*=0.4m，*AB*=0.6m，各杆自重不计，试求力偶矩 M_2 及杆 *BC* 所受的力。

(10) 如图 2.34 所示的构架中，在杆 *BE* 上作用一力偶，其力偶矩为 *M*，*C*、*D* 在 *AE*、*BE* 杆的中点，各杆的自重不计，试求支座 *A* 和铰链 *E* 处的约束力。

(11) 由杆 *AB*、轮 *C* 和绳子 *AC* 组成的物体系统如图 2.35 所示，作用在杆上的力偶矩为 *M*，*AC*=2*R*，*R* 为轮 *C* 的半径，各物体自重及接触处摩擦均不计。试求铰链 *A* 处的约束力、绳子 *AC* 的拉力及地面对轮 *C* 的约束力。

(12) 挂架由均质杆 *AB* 及 *CD* 组成，如图 2.36 所示，已知 *AD*=*DB*，*A*、*C*、*D* 均为光滑铰链。各杆自重不计，挂在 *B* 端的重物 *M* 重 *P*=10kN，试求图示位置铰链 *A*、*C* 的约束力。

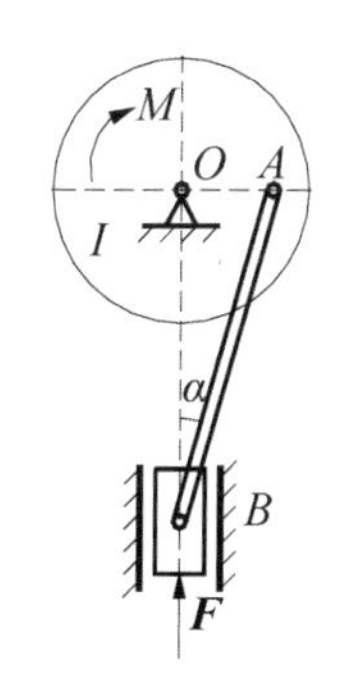

图 2.32　习题 2-4(8)图

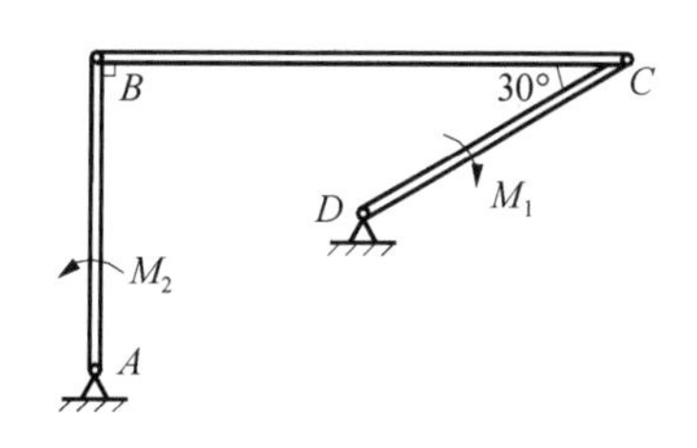

图 2.33　习题 2-4(9)图

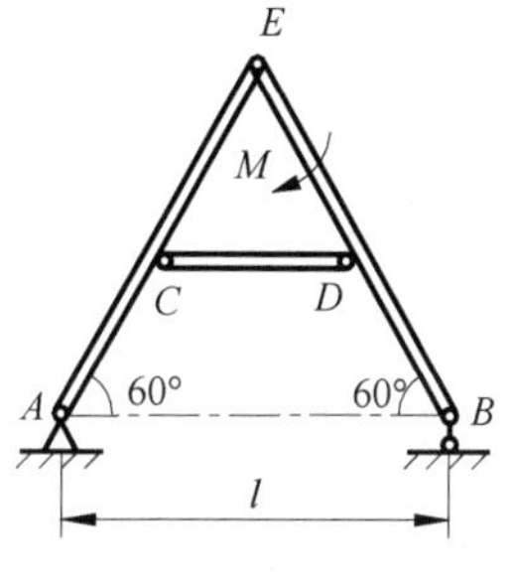

图 2.34　习题 2-4(10)图

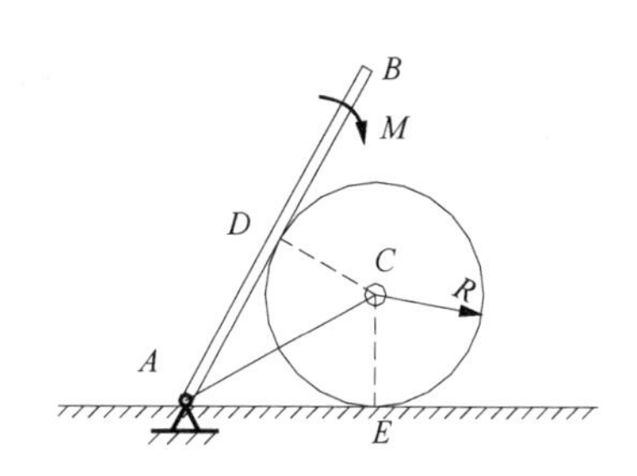

图 2.35　习题 2-4(11)图

(13) 如图 2.37 所示输电线 ACB 架在两电杆之间形成一条下垂曲线，下垂距离 $CD=f=$ 1m，两电杆间距为 AB=40m，设电线 ACB 的自重沿 AB 均匀分布，总重 P=400N。试求电线中 C 点和两端 A、B 的张力。

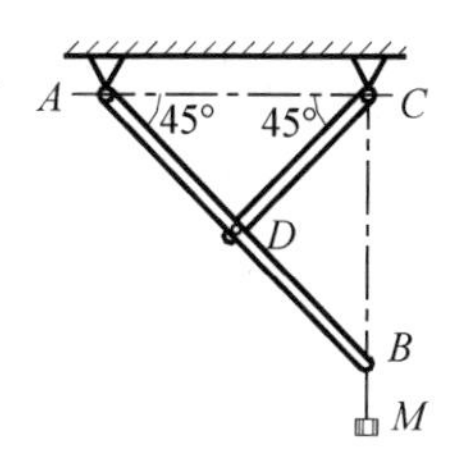

图 2.36　习题 2-4(12)图

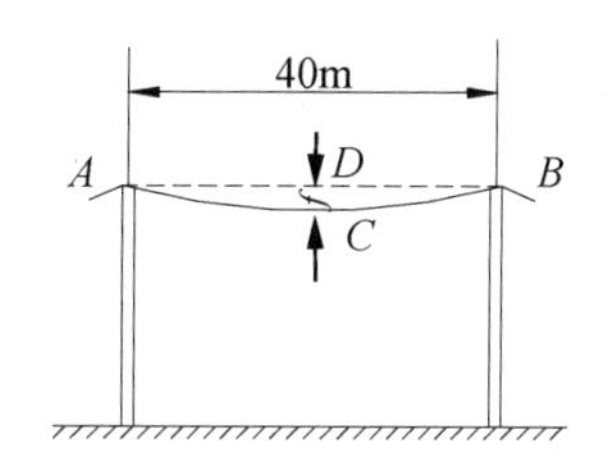

图 2.37　习题 2-4(13)图

(14) 如图 2.38 所示的组合梁由 AB 和 BC 两个梁用铰链 B 连接而成，并以固定铰支座 A 及连杆 EG、CH 支持。梁及各杆自重不计，当作用其上的力 F=6kN 时，试求固定铰支座 A 及连杆 EG、CH 的约束力。

(15) 如图 2.39 所示的结构中，在构件 BC 上作用一力偶矩为 M 的力偶，几何尺寸如图中所示。试求固定铰支座 A 的约束力。

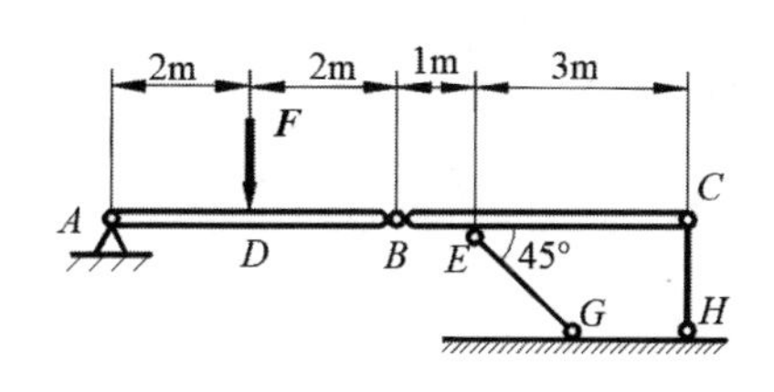

图 2.38　习题 2-4(14)图

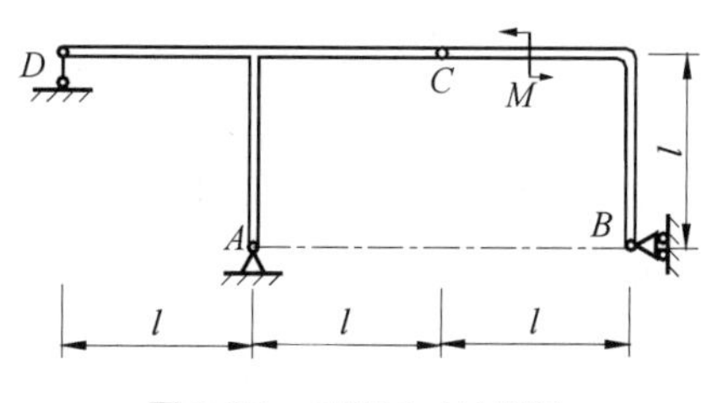

图 2.39　习题 2-4(15)图

第3章

平面任意力系

在工程实际中，作用在结构上的力系有多种形式，其中力的作用线可以简化在同一平面上的力系称为平面力系，平面力系中力的作用线既不全交于一点，也不完全平行的力系称为平面任意力系。本章通过力系的简化研究平面任意力系，建立平面任意力系的平衡条件。

3.1 力的平移定理

定理：作用在刚体上任意点 A 的力 $\boldsymbol{F}$ 可以平行移到另一点 B，只需附加一个力偶，此力偶的矩等于原来的力 $\boldsymbol{F}$ 对平移点 B 的矩。

证明：如图 3.1(a)所示作用在刚体上任意点 A 的力 $\boldsymbol{F}$，由加减平衡力系原理，在刚体的另一点 B 加上平衡力系 $\boldsymbol{F}'=-\boldsymbol{F}''$，并令 $\boldsymbol{F}=\boldsymbol{F}'$，如图 3.1(b)所示，则 $\boldsymbol{F}$ 和 $\boldsymbol{F}''$ 构成一个力偶，其矩为

$$M=\pm Fd=M_B(\boldsymbol{F}) \tag{3-1}$$

则力 $\boldsymbol{F}$ 可以平行移到另一点 B，如图 3.1(c)所示。

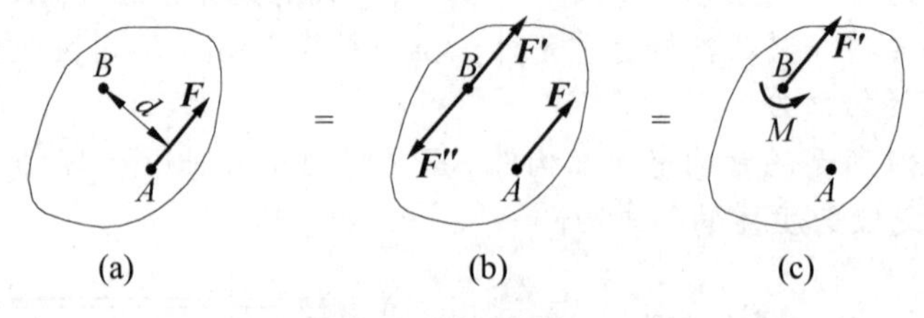

图 3.1　力的平移

此定理的逆过程为作用在刚体上一点的一个力和一个力偶可以与一个力等效，此力为原来力系的合力。

3.2　力系的简化

3.2.1　平面任意力系向一点简化——主矢与主矩

设刚体上作用有 n 个力 $\boldsymbol{F}_1$、$\boldsymbol{F}_2$、…、$\boldsymbol{F}_n$ 组成的平面任意力系如图 3.2(a)所示，在力系所在的平面内任取点 O 作为简化中心，则由力的平移定理将力系中各力矢量向点 O 平移，如图 3.2(b)所示，得到作用于简化中心点 O 的平面汇交力系 $\boldsymbol{F}_1'$、$\boldsymbol{F}_2'$、…、$\boldsymbol{F}_n'$ 和附加平面力偶系，其矩为 M_1、M_2、…、M_n。

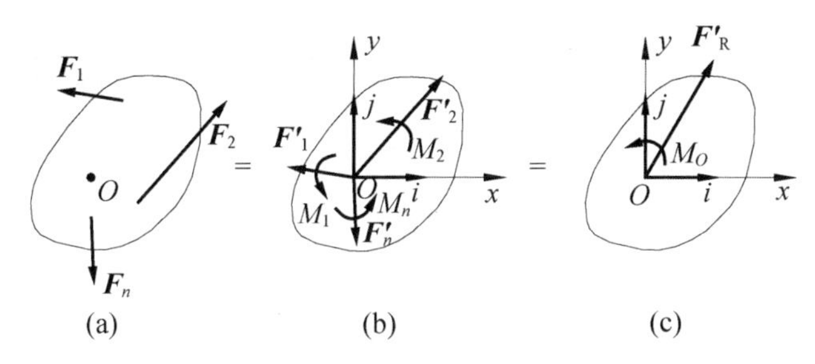

图 3.2　平面任意力系向一点简化

平面汇交力系 $\boldsymbol{F}_1'$、$\boldsymbol{F}_2'$、…、$\boldsymbol{F}_n'$ 合成为作用线通过简化中心 O 的一个力 $\boldsymbol{F}_{\mathrm{R}}'$，此力称为原力系的主矢，即主矢等于力系中各力的矢量和。有

$$\boldsymbol{F}_{\mathrm{R}}' = \boldsymbol{F}_1' + \boldsymbol{F}_2' + \cdots + \boldsymbol{F}_n' = \boldsymbol{F}_1 + \boldsymbol{F}_2 + \cdots + \boldsymbol{F}_n = \sum_{i=1}^{n} \boldsymbol{F}_i \tag{3-2}$$

平面力偶系 M_1、M_2、…、M_n 合成为一个力偶，其矩为 M_O，此力偶矩称为原力系的主矩，即主矩等于力系中各力矢量对简化中心取矩的代数和。有

$$M_O = M_1 + M_2 + \cdots + M_n = \sum_{i=1}^{n} M_O(\boldsymbol{F}_i) \tag{3-3}$$

结论：平面任意力系向力系所在平面内任意点简化，得到一个力和一个力偶，如图 3.2(c)所示，此力称为原力系的主矢，与简化中心的位置无关；此力偶矩称为原力系的主矩，与简化中心的位置有关。

利用平面汇交力系和平面力偶系的合成方法，可求出力系的主矢和主矩。如图 3.2(c)所示建立直角坐标系 Oxy，主矢的大小和方向余弦为

$$F_{\mathrm{R}}' = \sqrt{F_{\mathrm{R}x}'^{2} + F_{\mathrm{R}y}'^{2}} = \sqrt{\left(\sum_{i=1}^{n} F_{xi}\right)^2 + \left(\sum_{i=1}^{n} F_{yi}\right)^2} \tag{3-4}$$

$$\cos(\boldsymbol{F}_{\mathrm{R}}', \boldsymbol{i}) = \frac{F_{\mathrm{R}x}'}{F_{\mathrm{R}}'} = \frac{\sum_{i=1}^{n} F_{xi}}{F_{\mathrm{R}}'},\ \cos(\boldsymbol{F}_{\mathrm{R}}', \boldsymbol{j}) = \frac{F_{\mathrm{R}y}'}{F_{\mathrm{R}}'} = \frac{\sum_{i=1}^{n} F_{yi}}{F_{\mathrm{R}}'} \tag{3-5}$$

主矩的解析表达式为

$$M_O(\boldsymbol{F}_{\mathrm{R}}') = \sum_{i=1}^{n} (x_i F_{yi} - y_i F_{xi}) \tag{3-6}$$

3.2.2 平面任意力系简化的应用

作为平面任意力系简化的应用，工程中常见的是物体的一端插入另一个物体中。如图3.3(a)所示为工程中的悬臂梁，A 端称为固定端约束。固定端约束的受力特点：它使被约束的物体既不能沿某一方向移动，又不能绕某一点转动(见图3.3(b))。因此由平面任意力系简化理论，将固定端处的约束力向固定端点 A 处简化，得到一个力 $\boldsymbol{F}_A$ 和一个力偶 M_A，如图3.3(c)所示。一般将力 $\boldsymbol{F}_A$ 分解为正交分量 F_{Ax} 和 F_{Ay}，如图3.3(d)所示。

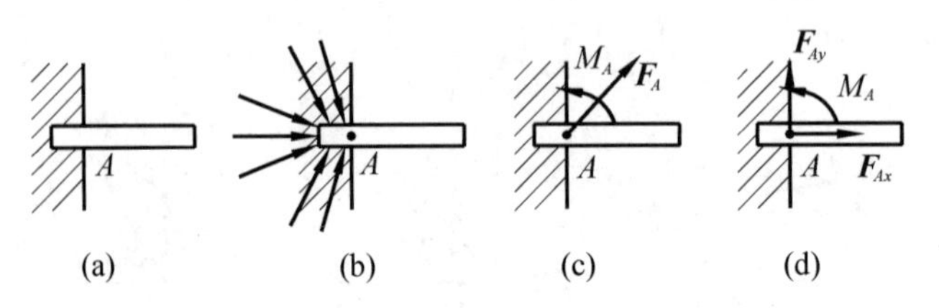

图3.3 固定端及约束力

3.2.3 平面任意力系简化结果的讨论

(1) 当 $\boldsymbol{F}'_\mathrm{R}=0$，$M_O \neq 0$ 时简化为一个力偶，此时的力偶矩与简化中心的位置无关，主矩 M_O 为原力系的合力偶矩。

(2) 当 $\boldsymbol{F}'_\mathrm{R} \neq 0$，$M_O = 0$ 时简化为一个力，此时的主矢为原力系的合力，合力的作用线通过简化中心。

(3) 当 $\boldsymbol{F}'_\mathrm{R} \neq 0$，$M_O \neq 0$ 时简化为一个力，此时的主矢为原力系的合力，合力的作用线到点 O 的距离 d 为

$$d=\frac{M_O}{F'_\mathrm{R}}$$

如图3.4所示，将主矩 M_O 表示成力偶中的力和力偶臂，令 $\boldsymbol{F}_\mathrm{R}=\boldsymbol{F}'_\mathrm{R}=-\boldsymbol{F}''_\mathrm{R}$，力偶臂由上式可得，则合力对 O 点的矩为

$$M_O(\boldsymbol{F}_\mathrm{R})=F_\mathrm{R}d=M_O=\sum_{i=1}^{n}M_O(F_i) \tag{3-7}$$

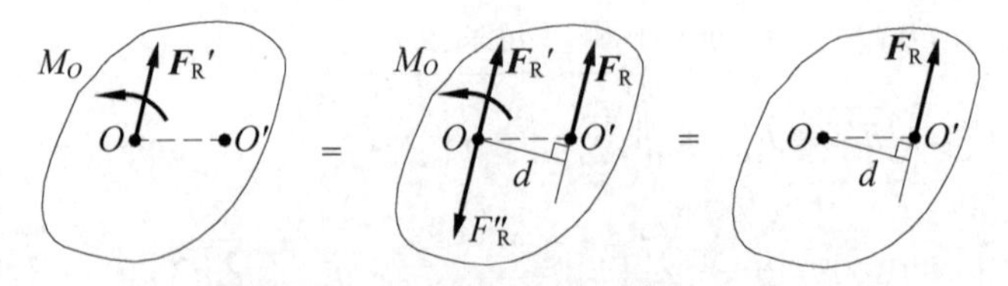

图3.4 平面任意力系简化为一个力

合力矩定理：平面任意力系的合力对力系所在平面内任意点的矩等于力系中各力对同一点的矩的代数和。

(4) 当 $F'_R=0$，$M_O=0$ 时，平面任意力系为平衡力系。

由上面(2)、(3)可以看出，不管主矩是否等于零，只要主矢不等于零，力系最终简化为一个合力。

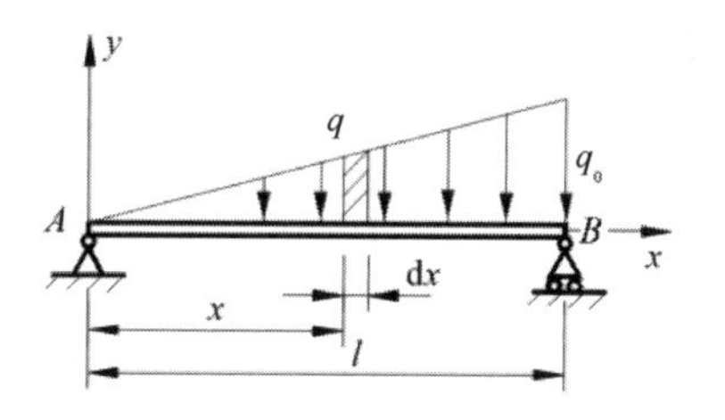

图 3.5　例 3.1 图

【例 3.1】简支梁受三角形荷载作用，最大荷载集度为 q_0 (单位：N/m)，如图 3.5 所示，求其合力的大小和作用线的位置。

解：设梁距 A 端 x 处的荷载集度为 q，其值为 $q=\frac{x}{l}q_0$，微段 dx 上所受的力为

$$\mathrm{d}F=q\mathrm{d}x=\frac{x}{l}q_0\mathrm{d}x$$

则简支梁所受三角形荷载的合力为

$$F=\int_0^l q\mathrm{d}x=\int_0^l \frac{x}{l}q_0\mathrm{d}x=\frac{1}{2}q_0 l \tag{a}$$

设合力作用线距 A 端为 d，由合力矩定理得

$$Fd=\int_0^l qx\mathrm{d}x=\int_0^l \frac{x}{l}q_0 x\mathrm{d}x \tag{b}$$

将式(a)代入式(b)得合力作用线距 A 端的距离为

$$d=\frac{2}{3}l \tag{c}$$

【例 3.2】重力水坝受力情况及几何尺寸如图 3.6(a)所示。已知 $P_1=300\text{kN}$，$P_2=100\text{kN}$，$q_0=100\text{kN/m}$，试求力系向 O 点简化的结果以及合力作用线的位置。

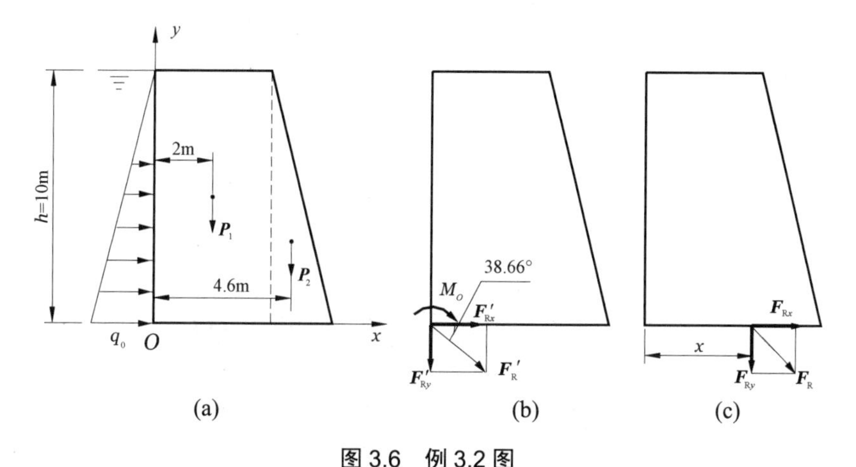

图 3.6　例 3.2 图

解：(1) 将力系向 O 简化，求得主矢 F'_R 和主矩 M_O。即

主矢 F'_R 在 x 轴、y 轴上的投影为

$$F'_{Rx}=\sum_{i=1}^{n}F_{xi}=\frac{1}{2}q_0 h=\frac{1}{2}\times100\times10=500(\text{kN})$$

$$F'_{Ry}=\sum_{i=1}^{n}F_{yi}=-P_1-P_2=-300-100=-400(\text{kN})$$

主矢 $\boldsymbol{F}_R'$ 的大小为

$$F_R' = \sqrt{F_{Rx}'^2 + F_{Ry}'^2} = \sqrt{500^2 + (-400)^2} = 640.3(\text{kN})$$

主矢 $\boldsymbol{F}_R'$ 的方向余弦为

$$\cos(\boldsymbol{F}_R', \boldsymbol{i}) = \frac{F_{Rx}'}{F_R'} = \frac{\sum_{i=1}^{n} F_{xi}}{F_R'} = \frac{500}{640.3} = 0.7809$$

$$\cos(\boldsymbol{F}_R', \boldsymbol{j}) = \frac{F_{Ry}'}{F_R'} = \frac{\sum_{i=1}^{n} F_{yi}}{F_R'} = \frac{-400}{640.3} = -0.6247$$

则方向角为

$$\angle(\boldsymbol{F}_R', \boldsymbol{i}) = \pm 38.66^\circ \qquad \angle(\boldsymbol{F}_R', \boldsymbol{j}) = 180^\circ \pm 51.34^\circ$$

故主矢 $\boldsymbol{F}_R'$ 在第Ⅳ象限内，与 x 轴的夹角为 -38.66°。

力系对简化中心 O 点的主矩 M_O 为

$$\begin{aligned} M_O(\boldsymbol{F}_R) &= \sum_{i=1}^{n} M_O(F_i) = -\frac{1}{2} q_0 h \cdot \frac{1}{3} h - 2P_1 - 4.6P_2 \\ &= -\frac{1}{2} \times 100 \times 10 \times \frac{1}{3} \times 10 - 2 \times 300 - 4.6 \times 100 \\ &= -2726.7(\text{kN} \cdot \text{m}) \end{aligned}$$

主矢 $\boldsymbol{F}_R'$ 和主矩 M_O 方向如图 3.6(b)所示。

(2) 求合力 $\boldsymbol{F}_R$ 作用线的位置。由于合力 $\boldsymbol{F}_R$ 与主矢 $\boldsymbol{F}_R'$ 大小相等，方向相同，则可根据合力矩定理求得其合力 $\boldsymbol{F}_R$ 作用线与 x 轴交点坐标，如图 3.6(c)所示，即

$$M_O = M_O(\boldsymbol{F}_R) = M_O(\boldsymbol{F}_{Rx}) + M_O(\boldsymbol{F}_{Ry}) = \boldsymbol{F}_{Ry} \cdot x$$

解得

$$x = \frac{M_O}{F_{Ry}} = \frac{-2726.7}{-400} = 6.8(\text{m})$$

合力 $\boldsymbol{F}_R$ 作用线的位置如图 3.6(c)所示。

3.3 平面任意力系的平衡

平面任意力系平衡的必要与充分条件：力系的主矢和对任意点的主矩均等于零，即

$$\boldsymbol{F}_R' = 0, \quad M_O = 0 \tag{3-8}$$

由式(3-3)和式(3-4)得

$$\sum_{i=1}^{n} M_O(\boldsymbol{F}_i) = 0, \quad \sum_{i=1}^{n} F_{xi} = 0, \quad \sum_{i=1}^{n} F_{yi} = 0 \tag{3-9}$$

平面任意力系平衡的解析条件：平面任意力系中各力向力系所在平面的两个相互垂直的直角坐标轴投影上的代数和均为零，各力对任意点取矩的代数和也为零。式(3-9)为平面任意力系的平衡方程，是 3 个独立方程，最多只能解 3 个未知力。

式(3-9)为平面任意力系平衡方程的基本形式，还有其他两种形式的方程。即

$$\sum_{i=1}^{n} M_A(\boldsymbol{F}_i)=0\text{，}\sum_{i=1}^{n} M_B(\boldsymbol{F}_i)=0\text{，}\sum_{i=1}^{n} \boldsymbol{F}_{xi}=0 \tag{3-10}$$

式(3-10)为二力矩式，要求 x 轴不能与 A、B 连线垂直。如图 3.7 所示，式(3-10)前两式为合力矩等于零，说明合力的作用线通过 A、B 两点连线，但 x 轴不与 A、B 连线垂直，以保证力系中的合力为零。

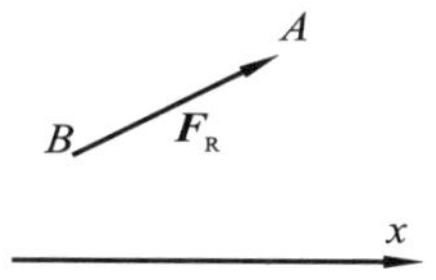

图 3.7　二力矩式条件

$$\sum_{i=1}^{n} M_A(\boldsymbol{F}_i)=0\text{，}\sum_{i=1}^{n} M_B(\boldsymbol{F}_i)=0\text{，}\sum_{i=1}^{n} M_C(\boldsymbol{F}_i)=0 \tag{3-11}$$

式(3-11)为三力矩式，要求 A、B、C 三点不共线。

总之，共有 3 种形式的平衡方程，但求解时应根据具体问题而定，只能选择其中的一种形式，且列 3 个平衡方程，求解 3 个未知力。若列第 4 个方程，则它是不独立的，是前 3 个方程的线性组合。同时，在求解时应尽可能地使一个方程含有一个未知力，避免联立求解。

【例 3.3】水平梁 AB，A 端为固定铰支座，B 端为水平面上的可动铰支座，左边受力 q，$M=qa^2$，几何尺寸如图 3.8(a)所示，试求 A、B 端的约束力。

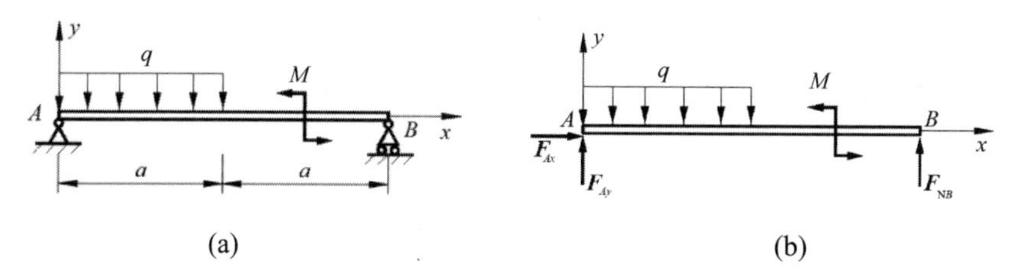

图 3.8　例 3.3 图

解：(1) 选梁 AB 为研究对象，作用于它的主动力有均布荷载 q，力偶矩为 M；约束力有固定铰支座 A 端的两个正交分力 $\boldsymbol{F}_{Ax}$、$\boldsymbol{F}_{Ay}$，可动铰支座 B 端的法向力 $\boldsymbol{F}_{NB}$，如图 3.8(b)所示。

(2) 建立坐标系，列平衡方程

$$\sum_{i=1}^{n} M_A(\boldsymbol{F}_i)=0\text{，}\quad F_{NB}\cdot 2a+M-\frac{1}{2}qa^2=0 \tag{a}$$

$$\sum_{i=1}^{n} F_{xi}=0\text{，}\quad F_{Ax}=0 \tag{b}$$

$$\sum_{i=1}^{n} F_{yi}=0\text{，}\quad F_{Ay}+F_{NB}-qa=0 \tag{c}$$

由式(a)、式(b)、式(c)解得 A、B 端的约束力为

$$F_{NB}=-\frac{qa}{4}(\downarrow)\text{，}\quad F_{Ax}=0\text{，}\quad F_{Ay}=\frac{5qa}{4}(\uparrow)$$

负号说明假设方向与实际方向相反。

【例 3.4】如图 3.9(a)所示的刚架，已知：$q=3\text{kN/m}$，$F=6\sqrt{2}\text{kN}$，$M=10\text{kN}\cdot\text{m}$，不计刚架的自重，试求固定端 A 的约束力。

解：(1) 选刚架 AB 为研究对象，作用于它的主动力有三角形荷载 q、集中荷载 $\boldsymbol{F}$、力偶矩 M；约束力有固定端 A 两个正交分力 $\boldsymbol{F}_{Ax}$、$\boldsymbol{F}_{Ay}$ 和力偶矩 M_A，如图 3.9(b)所示。

(2) 建立坐标系，列平衡方程。

$$\sum_{i=1}^{n} M_A(\boldsymbol{F}_i)=0\text{，}\quad \mathrm{M}_A-\frac{1}{2}q\times4\times\frac{1}{3}\times4+M-3F\sin45^\circ+4F\cos45^\circ=0 \tag{a}$$

$$\sum_{i=1}^{n} F_{xi}=0\text{，}\qquad F_{Ax}+\frac{1}{2}q\times4-F\cos45^\circ=0 \tag{b}$$

$$\sum_{i=1}^{n} F_{yi}=0\text{，}\qquad F_{Ay}-F\sin45^\circ=0 \tag{c}$$

由式(a)、式(b)、式(c)解得固定端 A 的约束力为

$$F_{Ax}=0\text{，}\ F_{Ay}=6\text{kN}(\uparrow)\text{，}\ M_A=-8\text{kN}\cdot\text{m}\ \ (\text{顺时针})$$

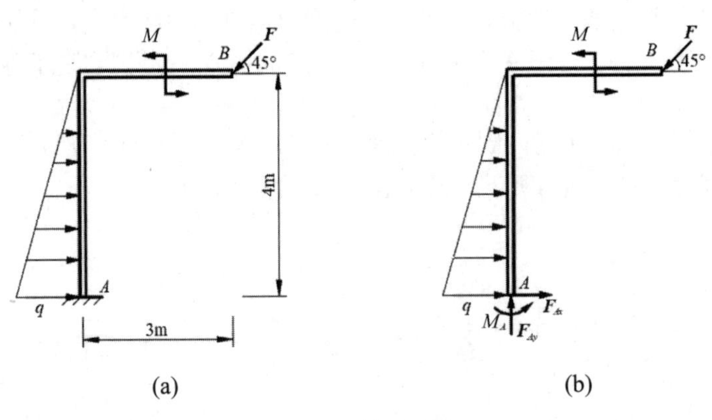

图 3.9　例 3.4 图

【**例 3.5**】如图 3.10(a)所示的起重机平面简图，A 端为止推轴承，B 端为向心轴承，其自重为 $P_1=40\text{kN}$，起吊重物的重量为 $P_2=100\text{kN}$，几何尺寸如图，试求 A、B 端的约束力。

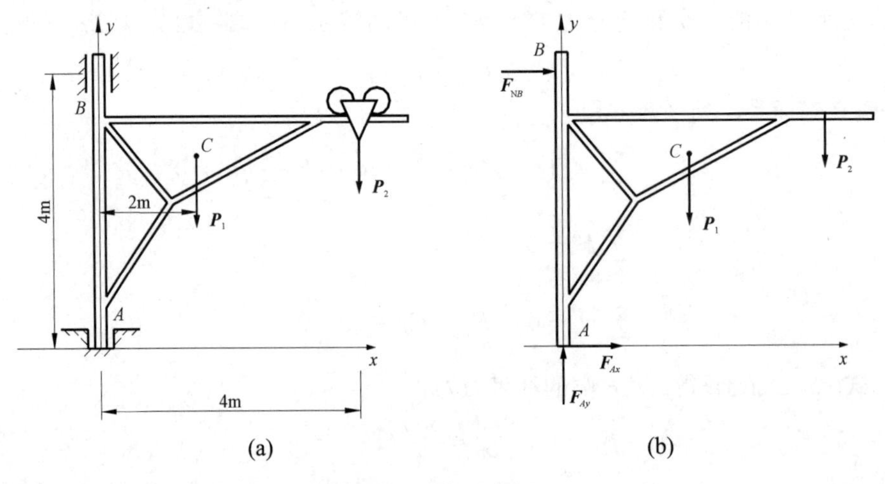

图 3.10　例 3.5 图

解：(1) 选起重机 AB 为研究对象，作用在其上的主动力有起重机的重力 P_1 和起吊重物的重力 P_2；约束力有止推轴承 A 端的 $\boldsymbol{F}_{Ax}$、$\boldsymbol{F}_{Ay}$ 两个分力，向心轴承 B 端的垂直轴的力 $\boldsymbol{F}_{NB}$，

如图 3.10(b)所示。

(2) 建立坐标系，列平衡方程。

$$\sum_{i=1}^{n} M_A(\boldsymbol{F}_i)=0\text{，}\qquad -4F_{NB}-2P_1-4P_2=0 \tag{a}$$

$$\sum_{i=1}^{n} F_{xi}=0\text{，}\qquad F_{NB}+F_{Ax}=0 \tag{b}$$

$$\sum_{i=1}^{n} F_{yi}=0\text{，}\qquad F_{Ay}-P_1-P_2=0 \tag{c}$$

由式(a)、式(b)、式(c)解得 A、B 端的约束力为

$$F_{NB}=-120\text{kN}(\leftarrow)\text{，}\quad F_{Ax}=120\text{kN}(\rightarrow)\text{，}\quad F_{Ay}=140\text{kN}(\uparrow)$$

3.4　平面平行力系的平衡

如图 3.11 所示，设在 Oxy 坐标下，有一组力的作用线均与 y 轴平行的力系 $\boldsymbol{F}_1$、$\boldsymbol{F}_2$、…、$\boldsymbol{F}_n$，此力系称为平面平行力系，若力系平衡，则由式(3-9)得

$$\sum_{i=1}^{n} M_O(\boldsymbol{F}_i)=0\text{；}\quad \sum_{i=1}^{n} F_{yi}=0 \tag{3-12}$$

则由式(3-10)得

$$\sum_{i=1}^{n} M_A(\boldsymbol{F}_i)=0\text{；}\quad \sum_{i=1}^{n} M_B(\boldsymbol{F}_i)=0 \tag{3-13}$$

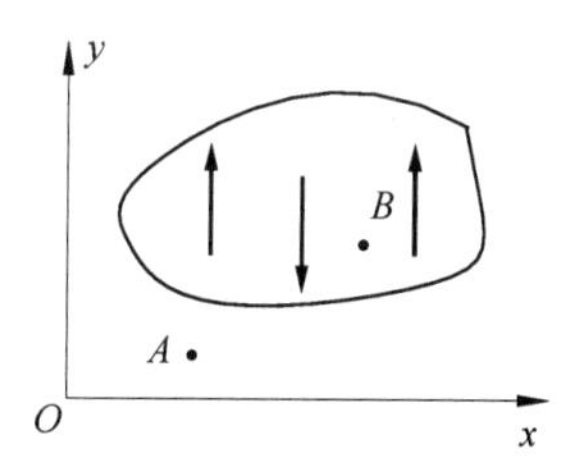

图 3.11　平面平行力系

其中，要求 A、B 连线不能与力的作用线平行。

平面平行力系的平衡方程共有两种形式，每种形式只能列两个方程，可解两个未知力。

【例 3.6】行走式起重机如图 3.12(a)所示，设机身的重量为 $P_1=500\text{kN}$，其作用线距右轨的距离为 e=1m，起吊的最大重量为 $P_2=200\text{kN}$，其作用线距右轨的最远距离为 $l=10\text{m}$，两个轮距为 $b=3\text{m}$，平衡重 $\boldsymbol{P}$ 的作用线距左轨的距离为 $a=4\text{m}$。试求使起重机满载和空载不至于翻倒时，起重机平衡重 $\boldsymbol{P}$ 的值。

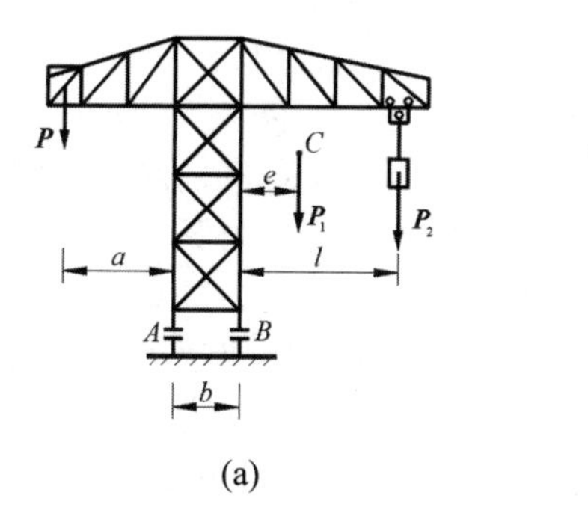

(a)

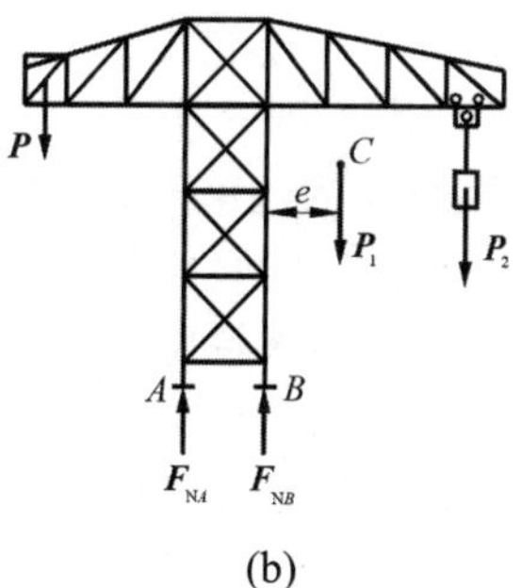

(b)

图 3.12　例 3.6 图

解：(1) 选起重机为研究对象，作用在其上的主动力有起重机机身的重力 $\boldsymbol{P}_1$ 和起吊重物的重力 $\boldsymbol{P}_2$，平衡重 $\boldsymbol{P}$；约束力有 A 端 $\boldsymbol{F}_{NA}$，B 端 $\boldsymbol{F}_{NB}$，如图 3.12(b)所示。

(2) 建立坐标系，列平衡方程。

当满载时：

$$\sum_{i=1}^{n} M_B(\boldsymbol{F}_i)=0\text{，}\quad (a+b)P-eP_1-lP_2-bF_{\mathrm{N}A}=0 \tag{a}$$

使起重机满载不至于翻倒的条件为

$$F_{\mathrm{N}A}\geqslant 0$$

从而由式(a)有

$$F_{\mathrm{N}A}=\frac{1}{b}[(a+b)P-eP_1-lP_2]\geqslant 0$$

解得平衡重 **P**

$$P\geqslant\frac{eP_1+lP_2}{a+b}=\frac{1\times 500+10\times 200}{4+3}\mathrm{kN}=357.14\mathrm{kN} \tag{b}$$

当空载时：

$$\sum_{i=1}^{n} M_A(\boldsymbol{F}_i)=0\text{，}\quad aP-(e+b)P_1+bF_{\mathrm{N}B}=0 \tag{c}$$

使起重机空载不至于翻倒的条件为

$$F_{\mathrm{N}B}\geqslant 0$$

由式(c)有

$$F_{\mathrm{N}B}=\frac{1}{b}[(e+b)P_1-aP]\geqslant 0$$

解得平衡重 **P**

$$P\leqslant\frac{(e+b)P_1}{a}=\frac{(1+3)\times 500}{4}\mathrm{kN}=500\mathrm{kN} \tag{d}$$

由式(b)和式(d)得起重机平衡重 **P** 的值为

$$357.14\mathrm{kN}\leqslant P\leqslant 500\mathrm{kN}$$

3.5　平面刚体系的平衡问题

在工程中，刚架、三铰拱、桁架等结构都是由几个物体通过某种连接方式组成的稳定整体，若能将这些结构简化成平面结构，则称为平面刚体系。求解刚体系的平衡问题时，首先要看组成刚体系的单一物体的数目(假设为 n 个)；其次以每一个物体为研究对象，假设受到平面任意力系的作用可列 3 个平衡方程；最后 n 个物体共列 $3n$ 个平衡方程，可解 $3n$ 个未知力(包括刚体系所受的约束力和组成刚体系的单一物体间的相互作用力)。同时，从数学观点上看，所列平衡方程的数目与平衡方程中的未知力数目是否相等，若相等，则其全部未知力可以从平衡方程中求解出，此类问题称为静定问题，理论力学的静力学部分均为静定问题；反之，若刚体系的全部未知力的数目多于所列的平衡方程的数目，则此类问题称为超静定问题。求解超静定问题时，需要引入相应的变形与力之间关系的补充方程才能求解，这已超出理论力学的研究范畴，将在后续材料力学、结构力学等课程中学习。

如图 3.13(a)所示悬臂梁 AB，若作用在它上面的力是平面任意力系，则固定端的约束力有 3 个，可列 3 个平衡方程，解 3 个未知力，故是静定问题。但由于自由端可能产生较大的变形，影响梁的稳定性，所以需在此处增加一个支撑以减少变形，如图 3.13(b)所示，结构抗破坏能力(称为强度)提高了，但未知力的数目也随之增加，共为 4 个，3 个平衡方程不能求解全部的未知力，此时由静定问题转变为超静定问题。

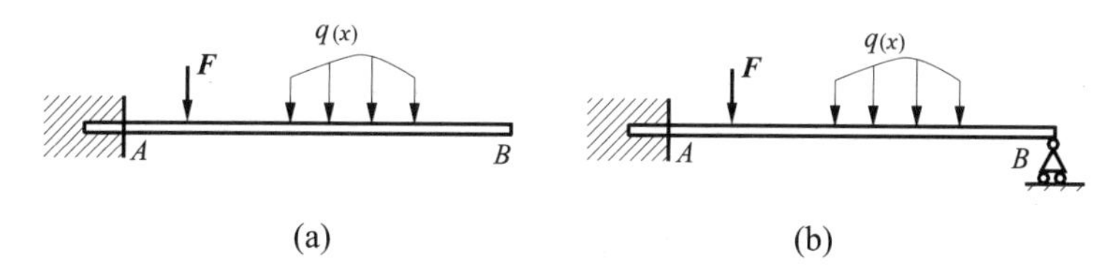

图 3.13 悬臂梁

求解平面静定体系的平衡问题，将分为下面两种形式。

3.5.1 平面静定刚体系

平面静定刚体系一般都是用铰链连接的，对它们的计算可以有两种方式：①将每个刚体从它们的连接处拆开，对每个刚体建立相应的平衡方程，但这样做的缺点是工作量较大。②根据求解问题的要求，首先选整体为研究对象列相应的平衡方程，其次选某一部分为研究对象列相应的平衡方程，最后选单一物体为研究对象进行求解；或者单一、部分、整体等，这样做可以减少不需要求解的未知力，工作量比第一种少。静定刚体系的计算多采用后一种方式。

【例 3.7】水平梁是由 AB、BC 两部分组成的，A 处为固定端约束，B 处为铰链连接，C 端为滚动铰支座，已知，$F=10\text{kN}$，$q=20\text{kN/m}$，$M=10\text{kN}\cdot\text{m}$，几何尺寸如图 3.14(a)所示，试求 A、C 处的约束力。

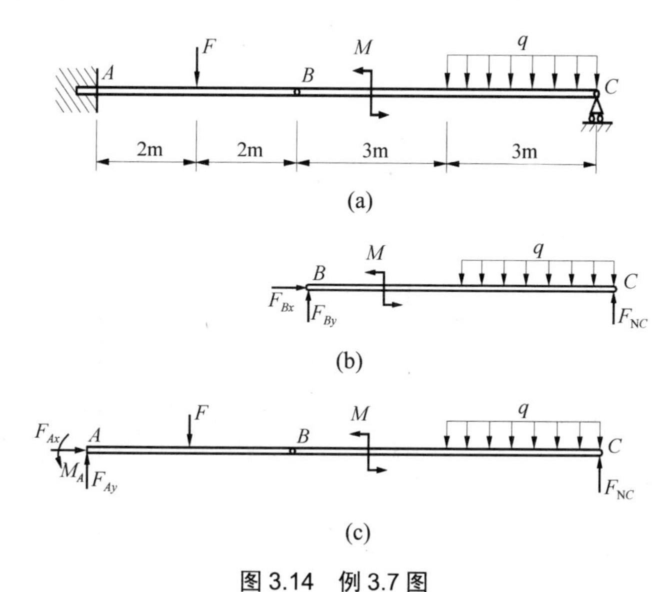

图 3.14 例 3.7 图

解：(1) 选梁 BC 为研究对象，作用于它的主动力有力偶矩 M 和均布荷载 q；约束力有 B 处的两个正交分力 $\boldsymbol{F}_{Bx}$、$\boldsymbol{F}_{By}$，C 处的法向力 $\boldsymbol{F}_{\text{NC}}$，如图 3.14(b)所示。列平衡方程为

$$\sum_{i=1}^{n} M_B(\boldsymbol{F}_i)=0,\quad 6F_{\text{NC}}+M-3q\times\left(3+\frac{3}{2}\right)=0 \tag{a}$$

解得 $$F_{NC} = 43.33\text{kN}(\uparrow)$$

(2) 选整体为研究对象，作用在它上面的主动力有集中力 $\boldsymbol{F}$，力偶矩 $\boldsymbol{M}$ 和均布荷载 q；约束力有固定端 A 处的两个正交分力 $\boldsymbol{F}_{Ax}$、$\boldsymbol{F}_{Ay}$ 和力偶矩 M_A，以及 C 处的法向力 $\boldsymbol{F}_{NC}$，如图 3.14(c)所示。列平衡方程为

$$\sum_{i=1}^{n} M_A(\boldsymbol{F}_i) = 0\,,\quad M_A - 2F + 10F_{NC} + M - 3q \times \left(7 + \frac{3}{2}\right) = 0 \tag{b}$$

$$\sum_{i=1}^{n} F_{xi} = 0\,,\qquad F_{Ax} = 0 \tag{c}$$

$$\sum_{i=1}^{n} F_{yi} = 0\,,\qquad F_{Ay} - F - 3q + F_{NC} = 0 \tag{d}$$

由式(b)、式(c)、式(d)解得 A、C 端的约束力为

$$F_{Ax} = 0\,,\quad F_{Ay} = 26.67\text{kN}(\uparrow)\,,\quad M_A = 86.7\text{kN}\cdot\text{m}\ (\text{逆时针})$$

【例 3.8】刚架结构由 3 个部分组成，其中 A、D 为固定铰支座，E 为滚动铰支座，B、C 为铰链，受力及几何尺寸如图 3.15(a)所示，A、D、E 三点在同一水平线上。试求 A、D、E 处的约束力。

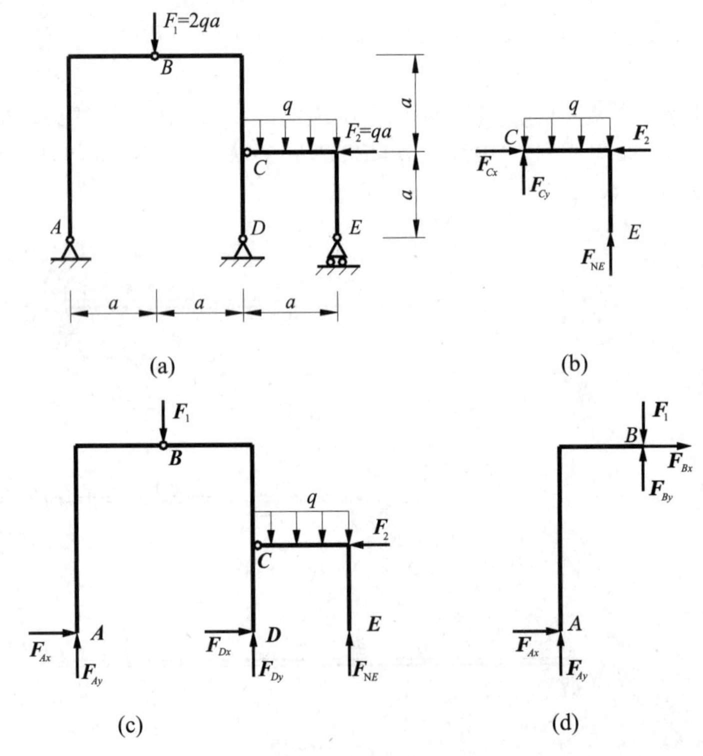

图 3.15　例 3.8 图

解：(1) 选 CE 为研究对象，作用于它的主动力有均布荷载 $\boldsymbol{q}$ 和集中荷载 $F_2 = qa$；约束力有滚动铰支座 E 处的法向力 $\boldsymbol{F}_{NE}$ 及铰链 C 处的两个正交分力 $\boldsymbol{F}_{Cx}$、$\boldsymbol{F}_{Cy}$，如图 3.15(b)所示。列平衡方程为

$$\sum_{i=1}^{n} M_C(\boldsymbol{F}_i)=0, \quad aF_{NE}-\frac{1}{2}qa^2=0 \tag{a}$$

解得
$$F_{NE}=\frac{1}{2}qa(\uparrow)$$

(2) 选整体为研究对象，作用于它的主动力有均布荷载 q 和集中荷载 $F_1=2qa$、$F_2=qa$；约束力有滚动铰支座 E 处的法向力 $\boldsymbol{F}_{NE}$ 及固定铰支座 A、D 处的正交分力 $\boldsymbol{F}_{Ax}$、$\boldsymbol{F}_{Ay}$、$\boldsymbol{F}_{Dx}$、$\boldsymbol{F}_{Dy}$，如图 3.15(c)所示。列平衡方程为

$$\sum_{i=1}^{n} M_A(\boldsymbol{F}_i)=0, \quad 2aF_{Dy}+3aF_{NE}+aF_2-2.5aqa-aF_1=0 \tag{b}$$

$$\sum_{i=1}^{n} F_{xi}=0, \quad F_{Ax}+F_{Dx}-F_2=0 \tag{c}$$

$$\sum_{i=1}^{n} F_{yi}=0, \quad F_{Ay}+F_{Dy}+F_{NE}-F_1-qa=0 \tag{d}$$

将 F_{NE} 代入式(b)和式(d)中得 $\quad F_{Dy}=qa(\uparrow) \qquad F_{Ay}=\frac{3}{2}qa(\uparrow)$

(3) 选 AB 为研究对象，假设集中荷载 $F_1=2qa$ 作用在 B 点，受力如图 3.15(d)所示。列平衡方程为

$$\sum_{i=1}^{n} M_B(\boldsymbol{F}_i)=0 \quad 2aF_{Ax}-aF_{Ay}=0 \tag{e}$$

解得
$$F_{Ax}=\frac{1}{2}F_{Ay}=\frac{3}{4}qa(\rightarrow) \tag{f}$$

将式(f)代入式(c)中解得 $\quad F_{Dx}=\frac{1}{4}qa(\rightarrow)$

【例 3.9】构架由杆 AB、AC 和 DF 组成，如图 3.16(a)所示。在 DF 杆上的销子 E 可在杆 AC 的光滑槽内滑动，不计各杆的自重，在水平杆 DF 的一端作用一个铅直力 $\boldsymbol{F}$，试求铅直杆 AB 上的铰链 A、D 和固定铰 B 所受的力。

解：(1) 选整体为研究对象，作用在其上的主动力是在点 F 的集中荷载 $\boldsymbol{F}$，约束力为固定铰支座 B、C 的正交分力 $\boldsymbol{F}_{Bx}$、$\boldsymbol{F}_{By}$ 和 $\boldsymbol{F}_{Cx}$、$\boldsymbol{F}_{Cy}$，如图 3.16(b)所示。列平衡方程为

$$\sum_{i=1}^{n} M_C(\boldsymbol{F}_i)=0, \qquad -2aF_{By}=0 \tag{a}$$

则
$$F_{By}=0$$

(2) 选杆 DF 为研究对象，作用在其上的主动力是在点 F 的集中荷载 $\boldsymbol{F}$，约束力为 D 铰处的正交分力 $\boldsymbol{F}_{Dx}$、$\boldsymbol{F}_{Dy}$ 和销子 E 处垂直于杆 AC 的法向力 $\boldsymbol{F}_{NE}$，如图 3.16(c)所示。列平衡方程为

$$\sum_{i=1}^{n} M_D(\boldsymbol{F}_i)=0, \qquad aF_{NE}\sin 45^\circ-2aF=0 \tag{b}$$

$$\sum_{i=1}^{n} F_{xi}=0, \qquad F_{Dx}+F_{NE}\cos 45^\circ=0 \tag{c}$$

$$\sum_{i=1}^{n} F_{yi}=0, \qquad F_{Dy}+F_{NE}\sin 45^\circ-F=0 \tag{d}$$

由式(b)解得 $F_{NE}=2\sqrt{2}F$

代入式(c)和式(d)得 $F_{Dx}=-2F(\leftarrow)$，$F_{Dy}=-F(\downarrow)$

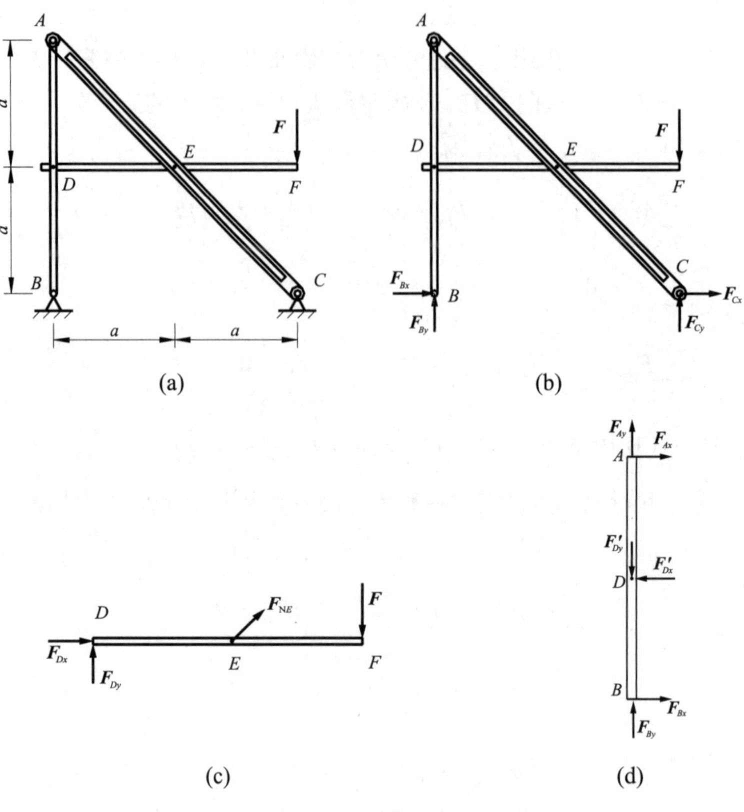

图3.16　例3.9图

(3) 选杆 AB 为研究对象，受力如图3.16 (d)所示。列平衡方程为

$$\sum_{i=1}^{n}M_A(\boldsymbol{F}_i)=0\text{，}\quad 2aF_{Bx}-aF'_{Dx}=0 \tag{e}$$

$$\sum_{i=1}^{n}F_{xi}=0\text{，}\quad F_{Ax}-F'_{Dx}+F_{Bx}=0 \tag{f}$$

$$\sum_{i=1}^{n}F_{yi}=0\text{，}\quad F_{Ay}-F'_{Dy}+F_{By}=0 \tag{g}$$

将 $F'_{Dx}=F_{Dx}=-2F$ 代入式(e)和式(f)以及联立式(g)得

$$F_{Bx}=-F(\leftarrow)\text{，}\quad F_{Ax}=-F(\leftarrow)\text{，}\quad F_{Ay}=-F(\downarrow)$$

总之，求解平面刚体系的平衡问题时，应注意作用力与反作用力的关系，当所选的研究对象的作用力方向一经假定，则反作用力的方向必相反，这一点学生要注意。

3.5.2　平面简单桁架

两端用铰链彼此相连且受力后几何形状不变的杆系结构称为桁架。桁架中的铰链称为节点。例如工程中屋架结构、场馆的网状结构、桥梁以及电视塔架等均可视为桁架结构。

这里只研究简单静定桁架结构的内力计算问题。实际的桁架结构受力情况较为复杂，为了便于工程计算，常采用以下假设。

(1) 桁架所受力(包括重力、风力等外荷载)均简化在节点上。

(2) 桁架中的杆件是直杆，主要承受拉力或压力。

(3) 桁架中的铰链忽略摩擦，可视为光滑铰链。

将这样的桁架称为理想桁架。若桁架的杆件位于同一平面内，则称为平面桁架。以三角形为基础组成的平面桁架，称为平面简单静定桁架，如图 3.17 所示的屋架结构。

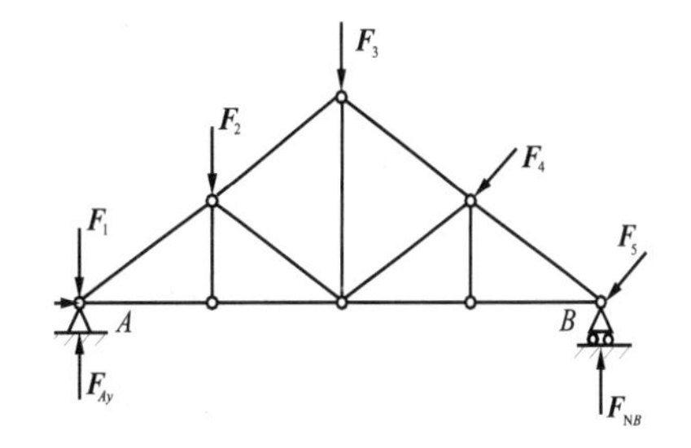

图 3.17　屋架结构

平面简单静定桁架的内力计算有两种方法：节点法和截面法。桁架中的杆件均视为二力杆，通常假设拉力为正，压力为负。

1. 节点法

以每个节点为研究对象，构成平面汇交力系，列两个平衡方程。计算时应从两个杆件连接的节点进行求解，每次只能求解两个未知力，逐一对节点进行求解，直到全部杆件内力求解完毕，此法称为节点法。

【例 3.10】求平面桁架各杆的内力，其受力及几何尺寸如图 3.18(a)所示。

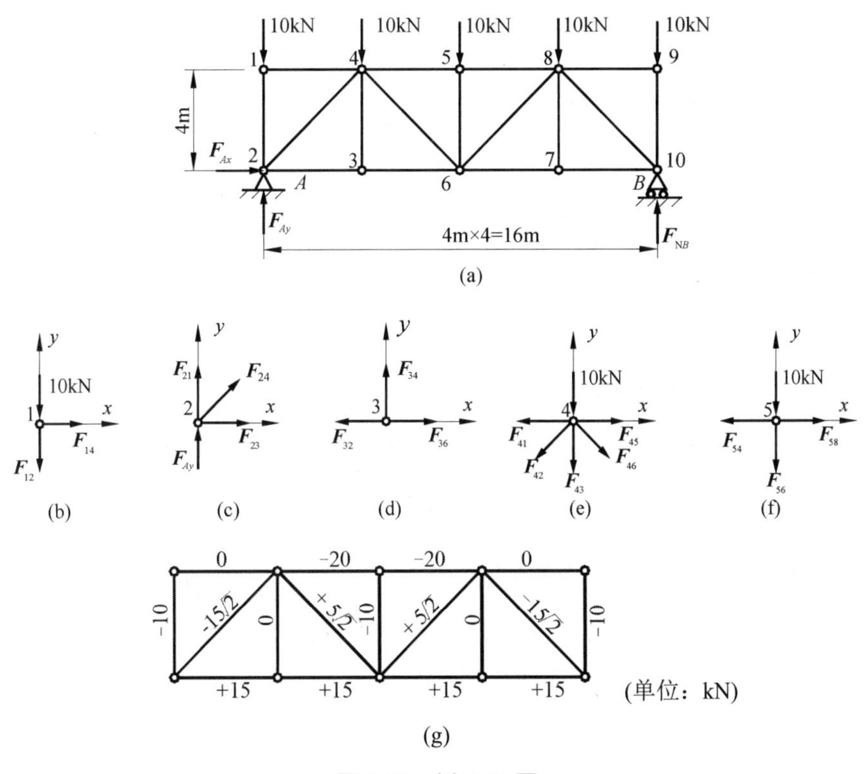

图 3.18　例 3.10 图

解：(1) 求平面桁架的支座约束力，受力如图 3.18(a)所示。列平衡方程为

$$\sum_{i=1}^{n} M_A(\boldsymbol{F}_i)=0\text{，}\quad 16F_{NB}-4\times10-8\times10-12\times10-16\times10=0$$

$$\sum_{i=1}^{n} F_{xi}=0\text{，}\qquad F_{Ax}=0$$

$$\sum_{i=1}^{n} F_{yi}=0\text{，}\qquad F_{Ay}+F_{NB}-5\times10=0$$

解得 $$F_{Ay}=F_{NB}=25\text{kN}$$

(2) 求平面桁架各杆的内力，假设各杆的内力为拉力。

节点 1：受力如图 3.18(b)所示，列平衡方程为

$$\sum_{i=1}^{n} F_{xi}=0\text{，}\quad F_{14}=0$$

$$\sum_{i=1}^{n} F_{yi}=0\text{，}\quad -F_{12}-10=0$$

解得 $$F_{14}=0\text{，}\quad F_{12}=-10\text{kN}\ (\text{压})$$

节点 2：受力如图 3.18(c)所示，列平衡方程

$$\sum_{i=1}^{n} F_{xi}=0\text{，}\quad F_{23}+F_{24}\cos45^\circ=0$$

$$\sum_{i=1}^{n} F_{yi}=0\text{，}\quad F_{21}+F_{24}\sin45^\circ+F_{Ay}=0$$

由于 $F_{21}=F_{12}=-10\text{kN}$，代入上式得

$$F_{24}=-15\sqrt{2}\text{kN}\ (\text{压})\qquad F_{23}=15\text{kN}\ (\text{拉})$$

节点 3：受力如图 3.18(d)所示，列平衡方程为

$$\sum_{i=1}^{n} F_{xi}=0\text{，}\quad F_{36}-F_{32}=0$$

$$\sum_{i=1}^{n} F_{yi}=0\text{，}\quad F_{34}=0$$

由于 $F_{32}=F_{23}=15\text{kN}$，代入上式得

$$F_{36}=15\text{kN}\ (\text{拉})\qquad F_{34}=0$$

节点 4：受力如图 3.18(e)所示，列平衡方程为

$$\sum_{i=1}^{n} F_{xi}=0\text{，}\quad F_{45}+F_{46}\cos45^\circ-F_{41}-F_{42}\cos45^\circ=0$$

$$\sum_{i=1}^{n} F_{yi}=0\text{，}\quad -F_{43}-F_{46}\sin45^\circ-F_{42}\sin45^\circ-10=0$$

由于 $F_{41}=F_{14}=0$、$F_{42}=F_{24}=-15\sqrt{2}\text{kN}$、$F_{43}=F_{34}=0$，代入上式得

$$F_{45}=-20\text{kN}\ (\text{压})\qquad F_{46}=5\sqrt{2}\text{kN}\ (\text{拉})$$

节点 5：受力如图 3.18(f)所示，列平衡方程为

$$\sum_{i=1}^{n} F_{xi}=0\text{，}\quad F_{58}-F_{54}=0$$

$$\sum_{i=1}^{n} F_{yi} = 0\text{，}\quad -F_{56} - 10 = 0$$

由于 $F_{54} = F_{45} = -20\text{kN}$，代入上式得

$$F_{58} = -20\text{kN (压)} \qquad F_{56} = -10\text{kN (压)}$$

由于对称性，剩下部分不用再求。将内力表示在图上，如图 3.18(g)所示。

由上面的例子可见，桁架中存在内力为零的杆，通常将内力等于零的杆称为零力杆。如果能在进行内力计算之前根据节点平衡的一些特点，将桁架中的零力杆找出来，就可以节省这部分计算工作量。下面给出一些特殊情况判断零力杆的法则。

(1) 一个节点连着两个杆，当该节点无荷载作用时，这两个杆的内力均为零。

(2) 三个杆汇交的节点上，当该节点无荷载作用，且其中两个杆在一条直线上，则第三个杆的内力为零，在一条直线上的两个杆内力大小相同，符号相同。

此外，若四个杆汇交的节点上无荷载作用，且其中两个杆在一条直线上，另外两个杆在另一条直线上，则共线的两杆内力大小相等，符号相同。

2. 截面法

当只求桁架中部分杆件的内力时，选择一个截面假想地将要求的杆件截开，使桁架成为两部分，并选其中一部分作为研究对象，所受力一般为平面任意力系，列相应的平衡方程求解，此法称为截面法。

【例 3.11】一平面桁架的受力及几何尺寸如图 3.19(a)所示，试求 1、2、3 杆的内力。

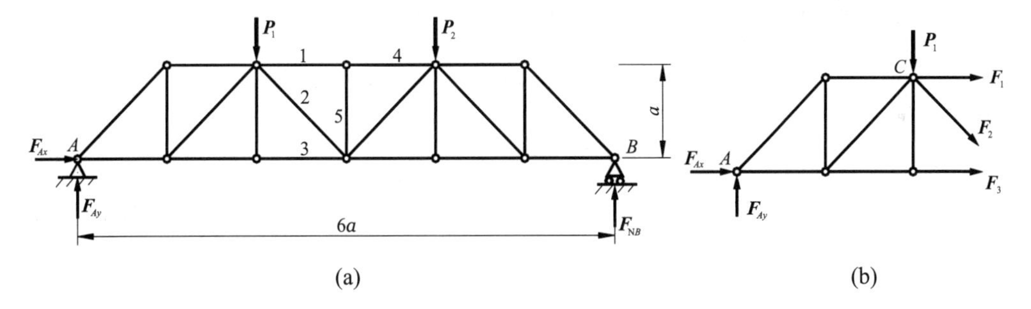

图 3.19　例 3.11 图

解：(1) 求平面桁架的支座约束力，受力如图 3.19(a)所示。列平衡方程为

$$\sum_{i=1}^{n} M_A(\boldsymbol{F}_i) = 0\text{，}\quad 6aF_{NB} - 2aP_1 - 4aP_2 = 0 \tag{a}$$

$$\sum_{i=1}^{n} F_{xi} = 0\text{，}\qquad F_{Ax} = 0 \tag{b}$$

$$\sum_{i=1}^{n} F_{yi} = 0\text{，}\qquad F_{Ay} + F_{NB} - P_1 - P_2 = 0 \tag{c}$$

则由式(a)、式(b)、式(c)解得

$$F_{NB} = \frac{P_1 + 2P_2}{3} \qquad F_{Ay} = \frac{2P_1 + P_2}{3}$$

(2) 求 1、2、3 杆的内力，假想将 1、2、3 杆截开，取其中一部分，如图 3.19(b)所示。

列平衡方程为

$$\sum_{i=1}^{n} M_C(\boldsymbol{F}_i)=0\text{，}\quad -2aF_{Ay}+aF_3=0 \tag{d}$$

$$\sum_{i=1}^{n} F_{xi}=0\text{，}\qquad F_1+F_3+F_2\cos 45^\circ=0 \tag{e}$$

$$\sum_{i=1}^{n} F_{yi}=0\text{，}\qquad F_{Ay}-P_1-F_2\cos 45^\circ=0 \tag{f}$$

则由式(d)、式(e)、式(f)解得

$$F_1=-(P_1+P_2)\text{，}\quad F_2=\frac{\sqrt{2}}{3}(P_2-P_1)\text{，}\quad F_3=\frac{1}{3}(4P_1+2P_2)$$

3. 节点法和截面法的联合

在桁架计算中，有时将节点法和截面法联合应用，计算将会更方便。

【例3.12】在例3.11中，试求1、2、3、4杆的内力。

解：(1) 求1、2、3杆的内力，用截面法。

(2) 求4杆的内力，用节点法即可全部求出。

3.6 滑动摩擦

3.6.1 滑动摩擦与摩擦因数

当两个表面粗糙的物体在其接触面有相对滑动趋势或相对滑动时，它们都会沿接触面的公切面方向产生阻碍其相对滑动的阻力，此力称为滑动摩擦力。当物体间有相对滑动趋势时，此阻力称为静滑动摩擦力，简称静摩擦力，以 $\boldsymbol{F}_s$ 表示；当物体间有相对滑动时，此阻力称为动滑动摩擦力，简称动摩擦力，以 $\boldsymbol{F}$ 表示。滑动摩擦力的方向总是与物体的运动趋势或运动方向相反。

实验表明，静摩擦力的大小随主动力的增大而增大，当主动力达到一定的数值时，物体处于平衡的临界状态，此时静摩擦力达到最大值，即为最大静摩擦力，以 $\boldsymbol{F}_{max}$ 表示。最大静摩擦力的大小与两个物体间的法向约束力成正比，表示为

$$\boldsymbol{F}_{max}=f_S\boldsymbol{F}_N \tag{3-14}$$

式(3-14)称为静摩擦力方程。其中，f_s 为静摩擦因数，它与接触面的大小无关，与接触物体的材料和表面情况有关，静摩擦因数的数据需由试验测定才能得到，通常可查工程手册；$\boldsymbol{F}_N$ 为支撑面的法向约束力。

动摩擦力与静摩擦力类似，也有与式(3-14)类似的关系，即

$$\boldsymbol{F}=f\boldsymbol{F}_N \tag{3-15}$$

其中，f 为动摩擦因数，它与静摩擦因数性质一样，同时还与运动的速度有关，一般情况下动摩擦因数略小于静摩擦因数，即 $f < f_s$。材料的摩擦因数见表3.1。

表 3.1　常见材料的摩擦因数

接触物的材料	静摩擦因数	动摩擦因数	接触物的材料	静摩擦因数	动摩擦因数
钢与钢	0.15	0.15	皮革与铸铁	0.4	0.6
钢与青铜	0.15	0.15	木材与木材	0.6	0.2～0.5
钢与铸铁	0.3	0.18	砖与混凝土	0.76	

3.6.2　摩擦角与自锁

1. 摩擦角

如图 3.20(a)所示，当两个物体间有滑动趋势时，静摩擦力的大小随主动力的增大而增大，来自支撑面的全约束力 $\boldsymbol{F}_{RA}=\boldsymbol{F}_N+\boldsymbol{F}_S$ 与法线间的夹角 φ 随之增大，当物块处于临界状态时，静摩擦力达到最大，夹角 φ 也达到最大值 φ_f，如图 3.20(b)所示。摩擦角表示支撑面全约束力与支撑面法向线间夹角的最大值。即有

$$\tan\varphi_f=\frac{F_{max}}{F_N}=\frac{f_S F_N}{F_N}=f_S \tag{3-16}$$

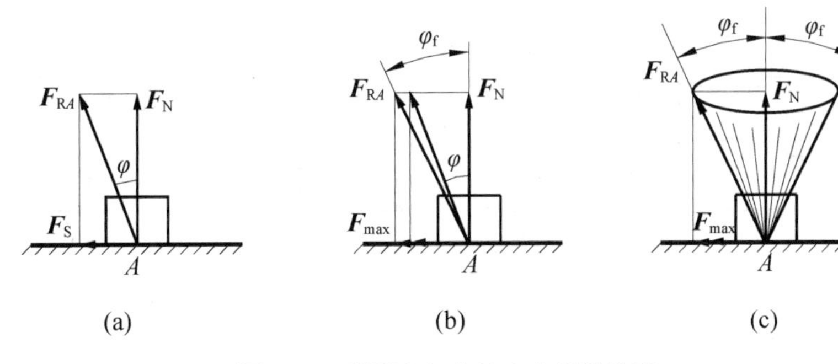

图 3.20　摩擦角与全约束力间的关系

式(3-16)表明摩擦角的正切值等于静摩擦因数。摩擦角也是表示材料表面性质的物理量。

当物块的滑动趋势改变时，全约束力作用线的方位也随之改变，在临界状态时，全约束力 $\boldsymbol{F}_{RA}$ 的作用线以接触点 A 为顶点画出一个锥面，如图 3.20(c)所示，称为摩擦锥。

2. 自锁

如图 3.20(b)所示，当物块平衡时，静摩擦力不一定达到最大值，即在 $0\leqslant \boldsymbol{F}_S\leqslant \boldsymbol{F}_{max}$ 之间变化，所以全约束力与法向间的夹角 φ 也在 $0\leqslant\varphi\leqslant\varphi_f$ 之间变化。由于静摩擦力不能超过最大值，所以全约束力的作用线必在摩擦角 φ_f 之内，则有以下情形。

(1) 当全部主动力的合力作用线位于摩擦角 φ_f 之内时，则无论主动力如何变大，物块都将保持平衡，这个现象称为自锁。此时主动力的合力与全约束力构成二力平衡力，例如螺旋千斤顶、圆锥销等就是利用这个原理工作的。

(2) 当全部主动力的合力作用线位于摩擦角 φ_f 之外时，则无论主动力如何变小，物块都

将会滑动。此时主动力的合力与全约束力不能构成二力平衡力，对于工程中避免出现自锁现象的问题，是利用这个原理工作的。

3.6.3 考虑滑动摩擦时的平衡问题

有滑动摩擦时的平衡问题，除了要列相应的平衡方程以外，还要补充静摩擦力方程。由于静摩擦力 $\boldsymbol{F}_\mathrm{S}$ 是一个范围值，即 $0 \leqslant F_\mathrm{S} \leqslant F_{\max}$，所以其解答也应该是一个范围值。但为了便于计算，总是以物体处于临界状态来计算，然后再考虑解答的范围值。还应注意计算时不能任意假定静摩擦力方向，要与物体的运动趋势相反。

【例 3.13】一个物块重为 $\boldsymbol{P}$，放在倾角为 θ 的斜面上，它与斜面间的摩擦因数为 f_s，如图 3.21(a)所示。当物块处于平衡时，试求作用在它上面的水平力 $\boldsymbol{F}$ 的大小。

解：由经验知，水平力 $\boldsymbol{F}$ 过大，物块沿斜面向上滑动；水平力 $\boldsymbol{F}$ 过小，物块沿斜面向下滑动，因此计算水平力 $\boldsymbol{F}$ 应在这两个状态之间。

(1) 求当物块处于沿斜面向上滑动的临界状态时，所需的水平力 $\boldsymbol{F}$ 为物块处于平衡时的最大值，受力及建立的坐标如图 3.21(a)所示，列平衡方程为

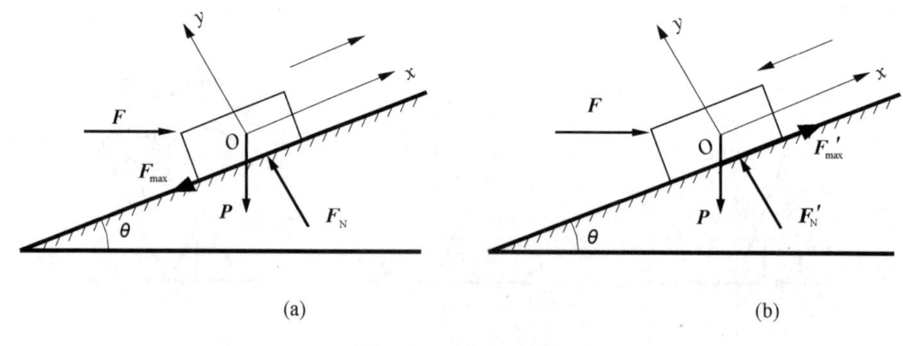

图 3.21 例 3.13 图

$$\sum_{i=1}^{n} F_{xi} = 0, \quad F\cos\theta - P\sin\theta - F_{\max} = 0 \tag{a}$$

$$\sum_{i=1}^{n} F_{yi} = 0, \quad F_\mathrm{N} - F\sin\theta - P\cos\theta = 0 \tag{b}$$

摩擦力方程

$$F_{\max} = f_\mathrm{S} F_\mathrm{N} \tag{c}$$

由式(a)、式(b)和式(c)联立，得最大的水平力为

$$F = \frac{\sin\theta + f_\mathrm{S}\cos\theta}{\cos\theta - f_\mathrm{S}\sin\theta} P \tag{d}$$

(2) 求当物块处于沿斜面向下滑动的临界状态时，所需的水平力 $\boldsymbol{F}$ 为物块处于平衡时的最小值。受力及建立的坐标如图 3.21(b)所示，列平衡方程为

$$\sum_{i=1}^{n} F_{xi} = 0 \qquad F\cos\theta - P\sin\theta + F'_{\max} = 0 \tag{e}$$

$$\sum_{i=1}^{n} F_{yi} = 0 \qquad F'_\mathrm{N} - F\sin\theta - P\cos\theta = 0 \tag{f}$$

摩擦力方程
$$F'_{max} = f_S F'_N \tag{g}$$
由式(e)、式(f)和式(g)联立，得最小的水平力为
$$F = \frac{\sin\theta - f_s\cos\theta}{\cos\theta + f_s\sin\theta}P \tag{h}$$
由式(1)、式(2)得，使物块处于平衡的水平力为
$$\frac{\sin\theta - f_s\cos\theta}{\cos\theta + f_s\sin\theta}P \leqslant F \leqslant \frac{\sin\theta + f_s\cos\theta}{\cos\theta - f_s\sin\theta}P \tag{i}$$

(3) 讨论。

① 若不计摩擦，静摩擦因数 $f_s=0$，则由式(i)得唯一的水平推力 $F = P\tan\theta$。

② 若引用摩擦角，则将式(3-16)代入式(i)得
$$P\tan(\theta - \varphi_f) \leqslant F \leqslant P\tan(\theta + \varphi_f) \tag{j}$$

当斜面的倾角小于摩擦角时，即 $\theta < \varphi_f$ 时，最小水平力 F 为负值，这说明此时不需要推力维持平衡，物块的重力 $\boldsymbol{P}$ 与斜面的全约束力构成二力平衡力，无论物块的重力 $\boldsymbol{P}$ 值多大，只要不把斜面压坏，物块都将静止于斜面上，这就是自锁。反之，当斜面的倾角 $\theta \geqslant \varphi_f$ 时，自锁将被打破。

本 章 小 结

小结的具体内容请扫描右侧二维码获取。

习　题　3

3-1　是非题(正确的画√，错误的画×)

(1) 平面任意力系的主矢 $\boldsymbol{F}'_R = \sum_{i=1}^{n}\boldsymbol{F}_i = 0$ 时，则力系一定简化为一个力偶。　(　　)

(2) 平面任意力系中只要主矢 $\boldsymbol{F}'_R = \sum_{i=1}^{n}\boldsymbol{F}_i \neq 0$，力系总可以简化为一个力。　(　　)

(3) 平面任意力系中主矢的大小与简化中心的位置有关。　(　　)

(4) 平面任意力系中主矩的大小与简化中心的位置无关。　(　　)

(5) 作用在刚体上的力可以任意移动，不需要附加任何条件。　(　　)

(6) 作用在刚体上的任意力系若力的多边形自行封闭，则该力系一定平衡。　(　　)

(7) 平面任意力系向任意点简化的结果相同，则该力系一定平衡。　(　　)

(8) 求平面任意力系的平衡时，每选一次研究对象，平衡方程的数目不受限制。　(　　)

(9) 桁架中的杆是二力杆。　(　　)

(10) 静滑动摩擦力 $\boldsymbol{F}_s$ 应是一个范围值。　(　　)

3-2　填空题(把正确的答案写在横线上)

(1) 平面平行力系的平衡方程 $\sum_{i=1}^{n}M_A(\boldsymbol{F}_i) = 0$，$\sum_{i=1}^{n}M_B(\boldsymbol{F}_i) = 0$，其限制条件是________。

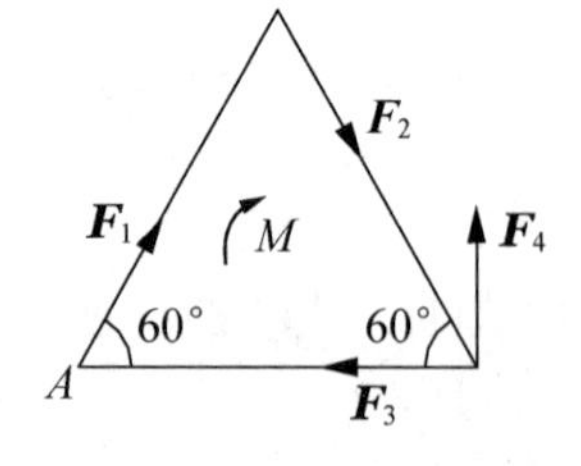

图 3.22　习题 3-2(2)图

(2) 如图 3.22 所示的平面力系，已知：$F_1=F_2=F_3=F_4=F$，$M=Fa$，a 为三角形边长，如以 A 为简化中心，则其最后的结果：大小_____，方向_____，合力的作用线到 A 的距离_____。

(3) 平面任意力系向任意点简化，除了简化中心以外，力系向_____简化，其主矩不变。

(4) 平面任意力系三种形式的平衡方程：______________、___________、____________。

(5) 判断如图 3.23 所示桁架的零力杆。图 3.23(a)：_______、图 3.23(b)：__________。

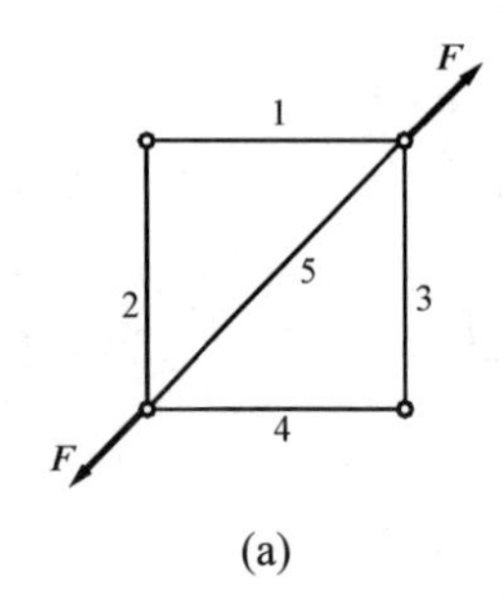

(a)

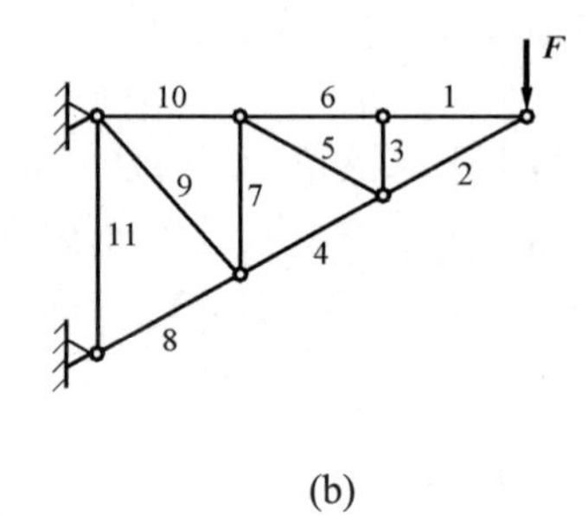

(b)

图 3.23　习题 2-2(5)图

3-3　简答题

(1) 平面汇交力系向汇交点以外一点简化，是一个力还是一个力偶？或者是一个力和一个力偶？

(2) 平面力系向任意点简化的结果相同，则此力系的最终结果是什么？

(3) 为什么平面汇交力系的平衡方程可以取两个力矩方程或者是一个投影方程和一个力矩方程？矩心和投影轴的选择有什么限制条件？

(4) 如何理解桁架求解时的两种方法？其平衡方程如何选取？

(5) 摩擦角与摩擦因数的关系是什么？在有摩擦的平衡问题时应如何求解？

3-4　计算题

(1) 如图 3.24 所示，已知 F_1=150N，F_2=200N，F_3=300N，$F=-F'=200\text{N}$，求力系向点 O 简化的结果、合力的大小及到原点 O 的距离。

(2) 求如图 3.25 所示各物体的支座约束力。

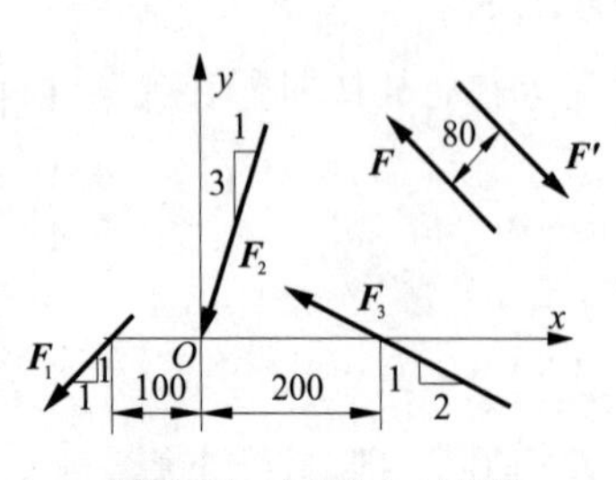

图 3.24　习题 3-4(1)图

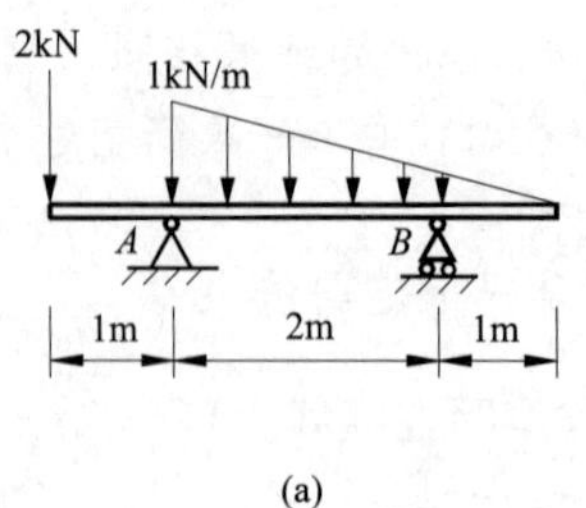

(a)

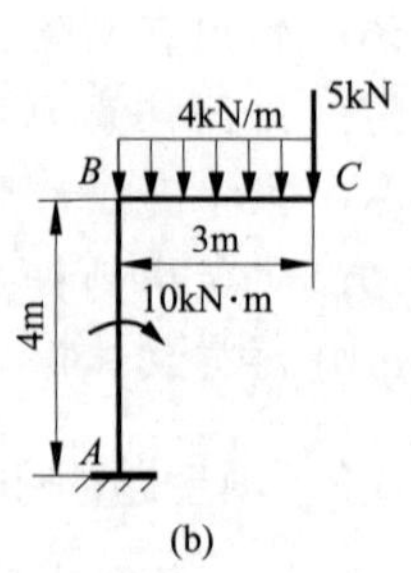

(b)

图 3.25　习题 3-4(2)图

(3) 如图 3.26 所示的行走式起重机，重为 P=500kN，其重心到右轨的距离为 1.5m，起重机起重的重量为 P_1=250kN，到右轨的距离为 10m，跑车自重不计，使跑车满载和空载起重机不至于翻倒，求平衡锤的最小重量 P_2 以及平衡锤到左轨的最大距离 x。

(4) 水平梁 AB 由铰链 A 和杆 BC 支持，如图 3.27 所示。在梁的 D 处用销子安装半径为 r=0.1m 的滑轮。有一根跨过滑轮的绳子，其一端水平地系在墙上，另一端悬挂有重为 P=1800N 的重物。如果 AD=0.2m，BD=0.4m，φ=45°，且不计梁、滑轮和绳子的自重。求固定铰支座 A 和杆 BC 的约束力。

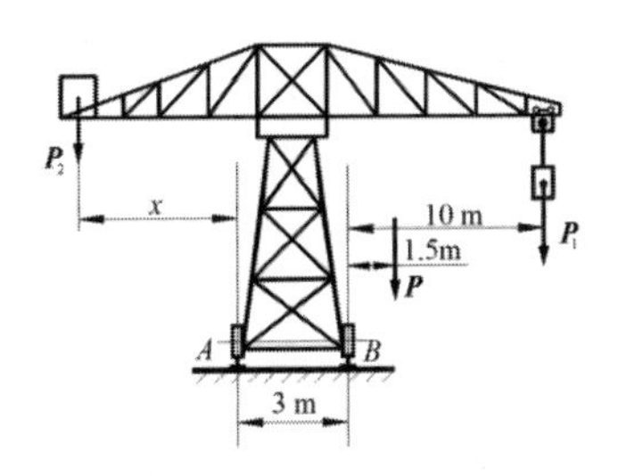

图 3.26　习题 3-4(3)图

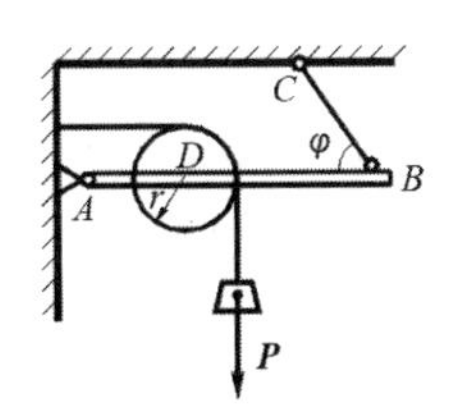

图 3.27　习题 3-4(4)图

(5) 求如图 3.28 所示的多跨静定梁的支座约束力。

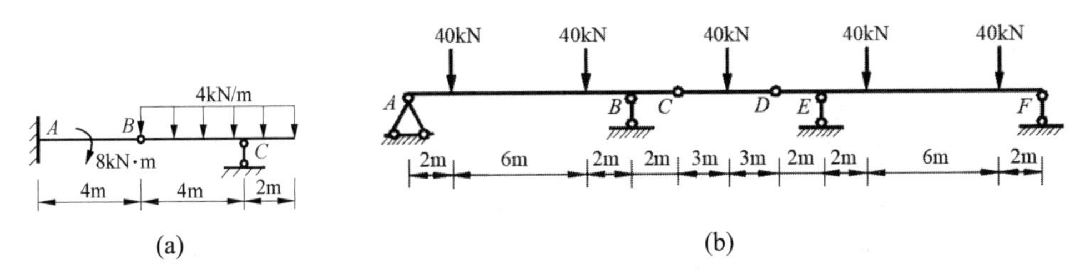

图 3.28　习题 3-4(5)图

(6) 在如图 3.29 所示的两连续梁中，已知均布荷载 q、力偶矩 M、长度 a 及倾角 θ，不计梁的自重。试求各梁在 A、B、C 处的约束力。

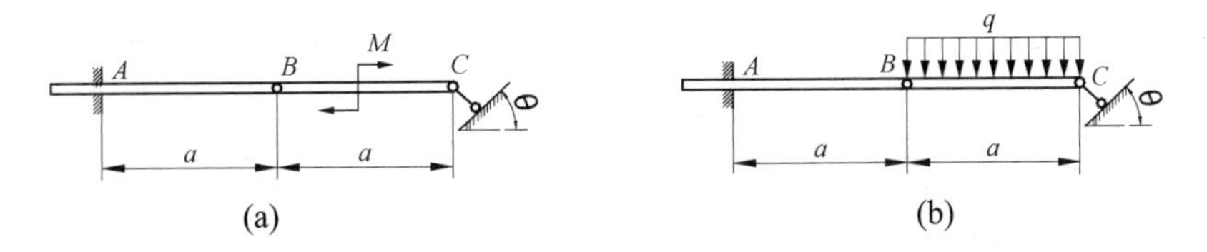

图 3.29　习题 3-4(6)图

(7) 求如图 3.30 所示的三铰拱式屋架拉杆 AB 及中间 C 铰所受的力，屋架所受的力及几何尺寸如图所示，屋架自重不计。

(8) 如图 3.31 所示，均质杆 AB 重为 P_1，一端用铰链 A 支于墙面上，并用滚动铰支座 C 维持平衡，另一端又与重为 P_2 的均质杆 BD 铰接，杆 BD 靠于光滑的台阶 E 上，且倾角为 α，设 $AC=\dfrac{2}{3}AB$，$BE=\dfrac{2}{3}BD$。试求 A、C 和 E 三处的约束力。

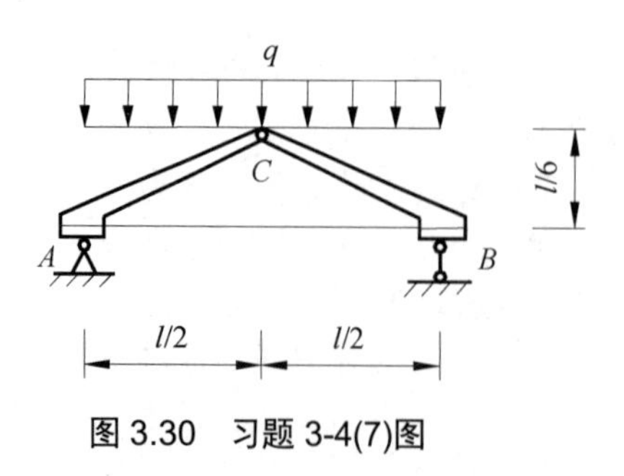

图 3.30 习题 3-4(7)图

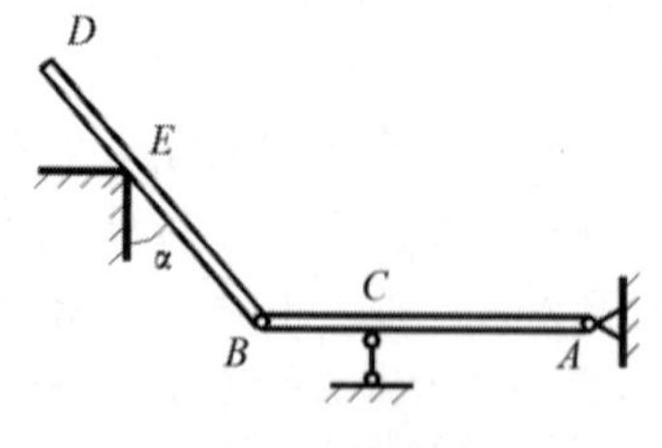

图 3.31 习题 3-4(8)图

(9) 如图 3.32 所示的组合梁由 AC 和 CD 铰接而成，起重机放在梁上，已知起重机重为 P_1=50kN，重心在铅直线 EC 上，起重荷载为 P=10kN，不计梁的自重，试求支座 A、D 处的约束力。

(10) 构架由杆 AB、AC 和 DF 铰接而成，如图 3.33 所示。在杆 DEF 上作用一力偶矩为 M 的力偶，不计各杆的自重。试求杆 AB 上的铰链 A、D、B 处所受的力。

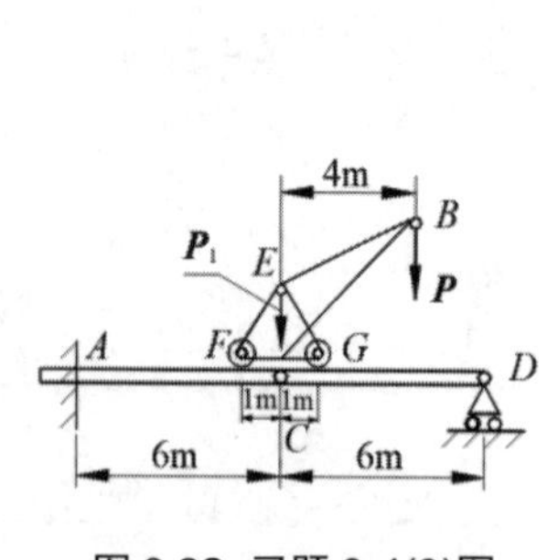

图 3.32 习题 3-4(9)图

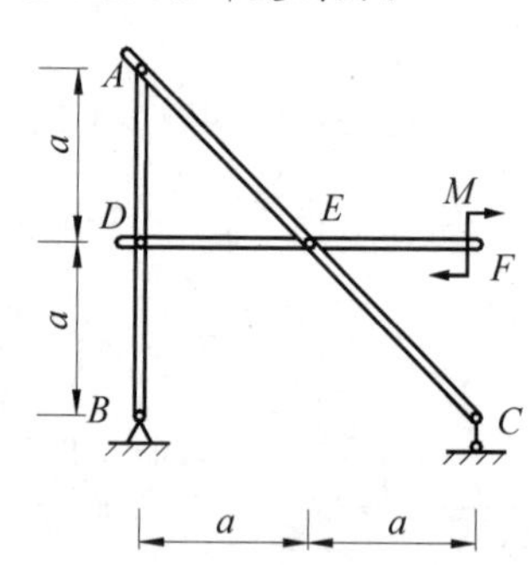

图 3.33 习题 3-4(10)图

(11) 构架由杆 ACE、DE、BCD 铰接而成，所受的力及几何尺寸如图 3.34 所示，各杆的自重不计，试求杆 BCD 在铰链 C 处给杆 ACE 的力。

(12) 起吊重物的重为 P=1200N，细绳跨过滑轮水平系于墙面上，不计滑轮和杆的自重，几何尺寸如图 3.35 所示，试求支座 A、B 处的约束力，以及杆 BC 的内力。

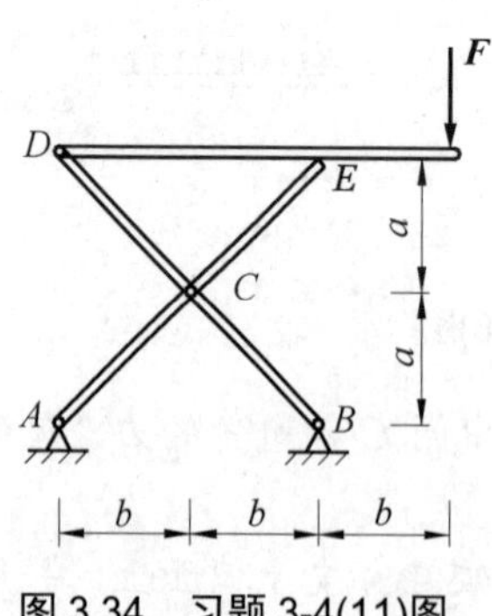

图 3.34 习题 3-4(11)图

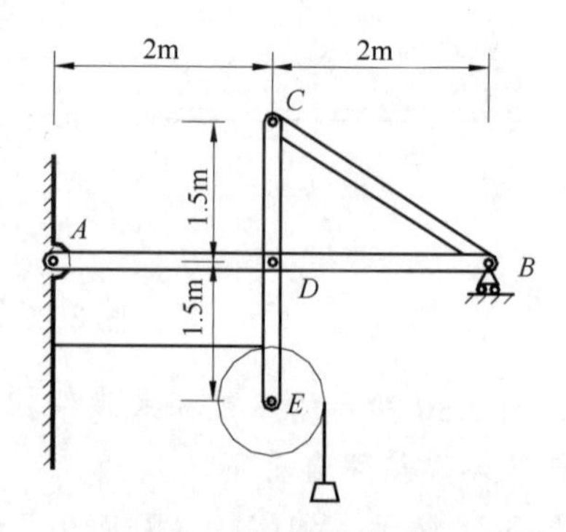

图 3.35 习题 3-4(12)图

(13) 三铰拱结构受力及几何尺寸如图 3.36 所示，试求支座 A、B 处的约束力。

(14) 如图 3.37 所示的结构由直角弯杆 DAB 与直杆 BC、CD 铰接而成，并在 A、B 处用固定铰支座和可动铰支座支撑。杆 DC 受均布荷载 q 的作用，杆 BC 受矩为 $M=qa^2$ 的力偶作用。不计各构件的自重。试求铰链 D 所受的力。

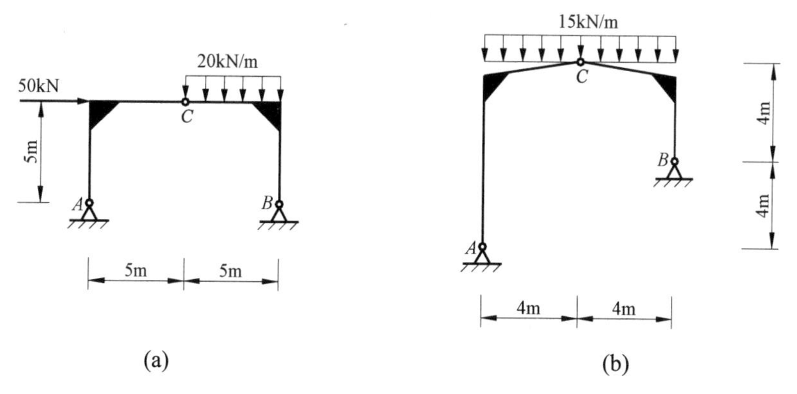

图 3.36 习题 3-4(13)图

(15) 构架受荷载 F=60kN 的作用，几何尺寸如图 3.38 所示，不计各杆自重。试求固定铰支座 A、E 处的约束力及杆 BD、杆 BC 的内力。

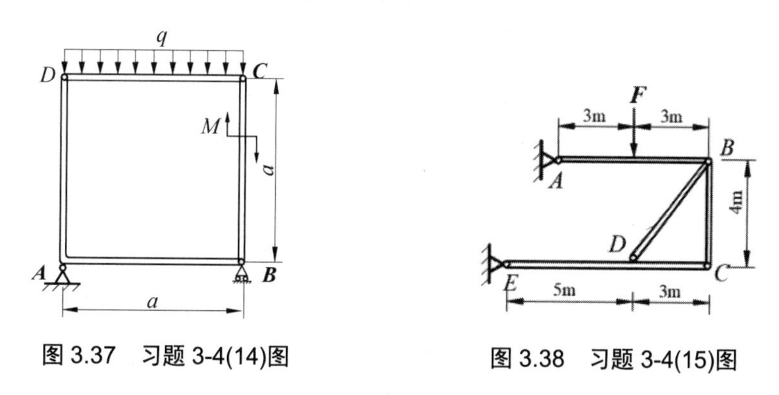

图 3.37 习题 3-4(14)图

图 3.38 习题 3-4(15)图

(16) 平面桁架荷载及尺寸如图 3.39 所示，试求桁架中各杆的内力。

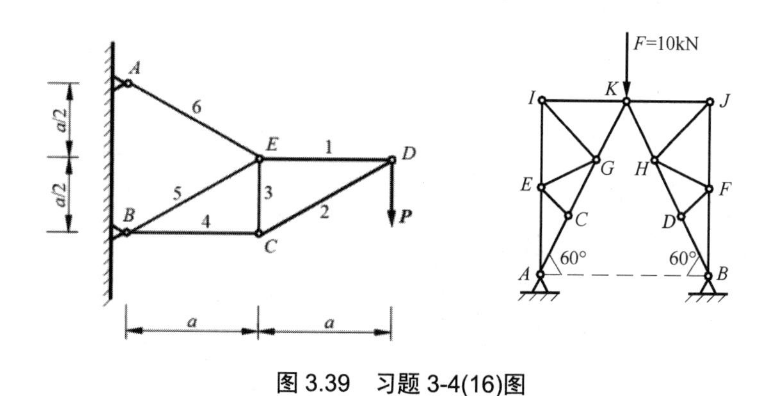

图 3.39 习题 3-4(16)图

(17) 平面桁架受力如图 3.40 所示，ABC 为等边三角形，且 AD=DB。试求杆 CD 的内力。

(18) 平面桁架受力如图 3.41 所示，试求杆 1、2、3 的内力。

(19) 桁架的受力及尺寸如图 3.42 所示，求杆 1、2、3 的内力。

(20) 平面桁架如图 3.43 所示，已知 $F_1 = 10\,\text{kN}$，$F_2 = F_3 = 20\,\text{kN}$，试求杆 4、5、7、10

的内力。

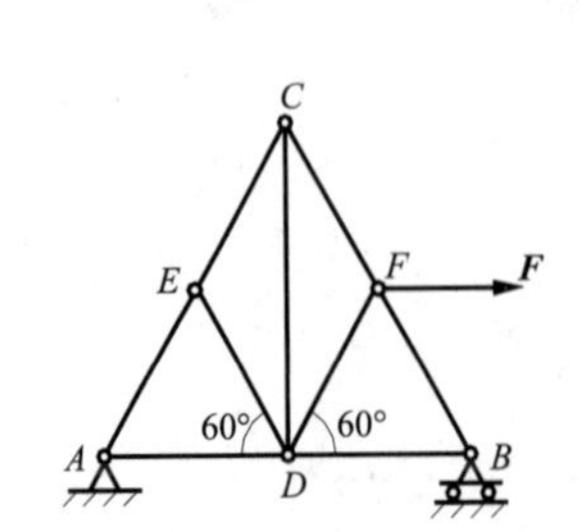

图 3.40　习题 3-4(17)图

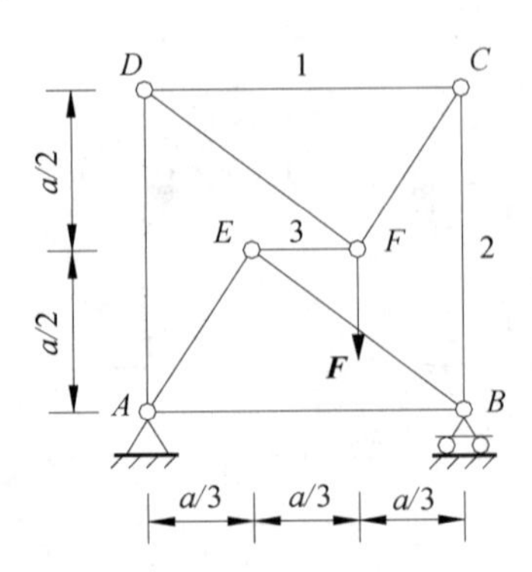

图 3.41　习题 3-4(18)图

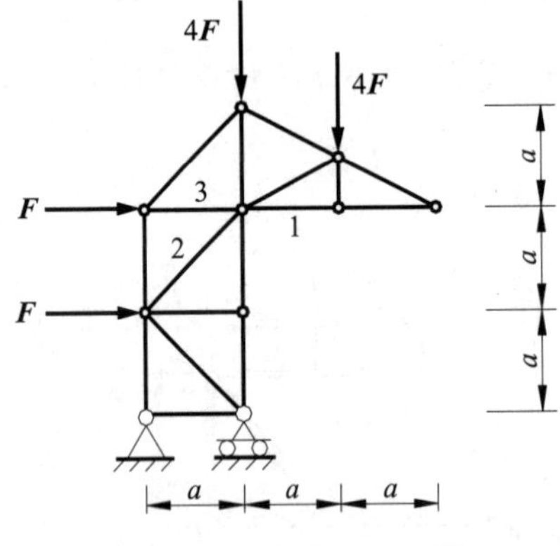

图 3.42　习题 3-4(19)图

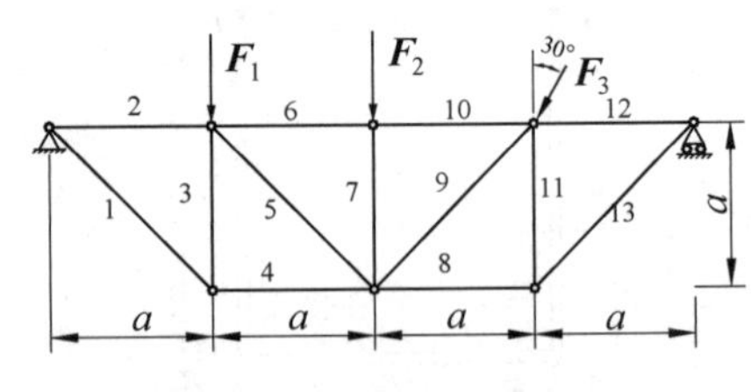

图 3.43　习题 3-4(20)图

(21) 平面桁架由 ADF 及 FHK 两部分用三个铰链 A、F、K 组成，如图 3.44 所示，试求杆 EF 和 CF 的内力。

(22) 梁 AE 由直角杆连接支承于墙面上，受均布荷载 $q=10\text{kN/m}$ 的作用，结构几何尺寸如图 3.45 所示。不计杆的自重，试求固定铰支座 A 和 B 的约束力以及杆 1、2、3 的内力。

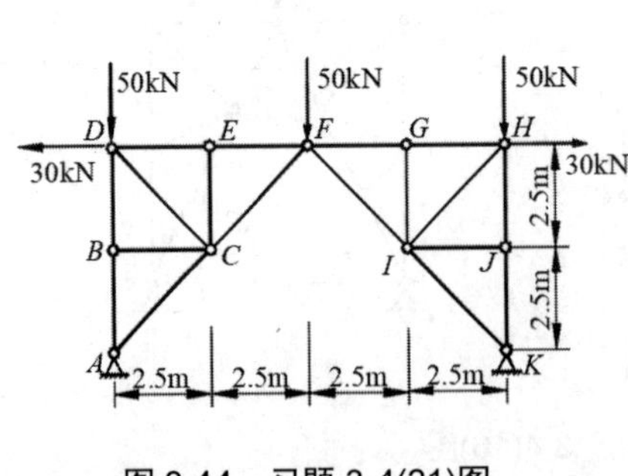

图 3.44　习题 3-4(21)图

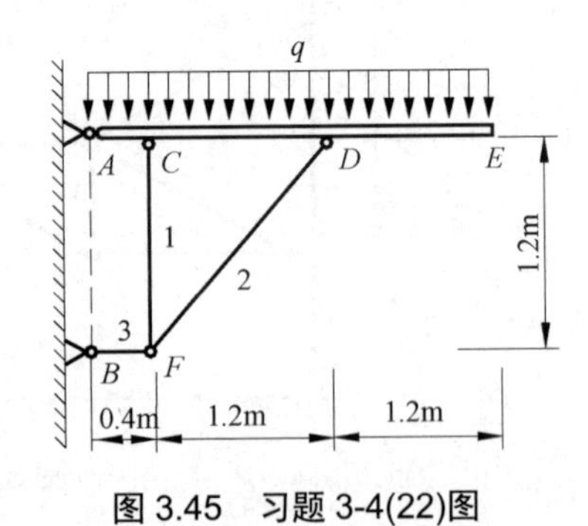

图 3.45　习题 3-4(22)图

(23) 一组合梁结构，由横梁 AC、BC 及 5 根杆支承。受力及几何尺寸如图 3.46 所示，各杆自重不计。试求杆 1、2、3 的内力。

(24) 一组合梁结构，受力及几何尺寸如图 3.47 所示。已知 F=10kN，$q=6\text{kN/m}$，M=188kN·m，梁及各杆的自重不计。试求固定端 C 处的约束力。

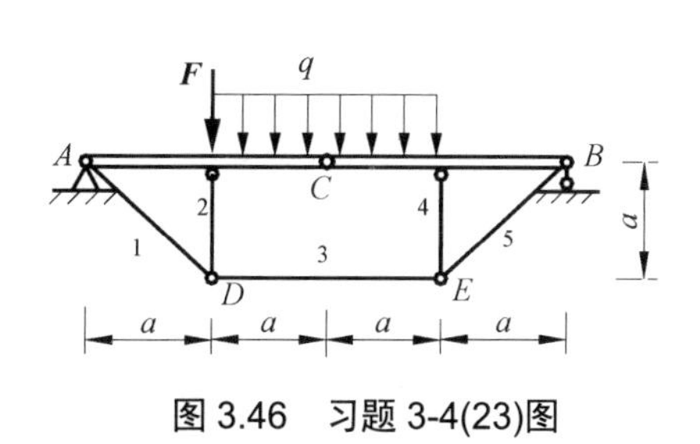

图 3.46　习题 3-4(23)图

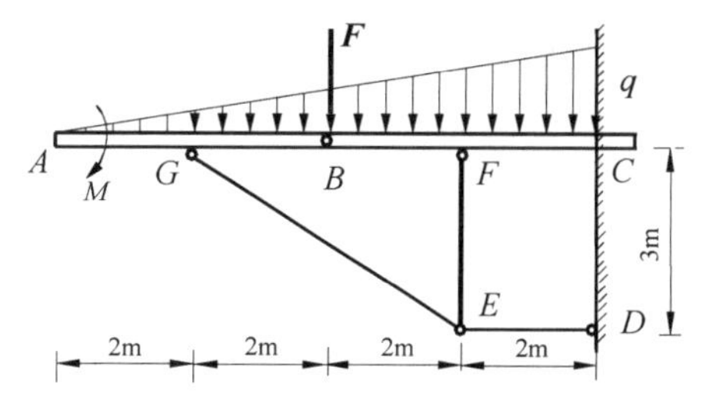

图 3.47　习题 3-4(24)图

(25) 尖劈起重装置尺寸如图 3.48 所示，物块 A 的顶角为 α，物块 B 受力 $\boldsymbol{F}_1$ 的作用，物块 A、B 间的摩擦因数为 f_S(有滚珠处的摩擦忽略不计)，物块 A、B 的自重不计，试求使系统保持平衡的力 $\boldsymbol{F}_2$ 的范围。

(26) 如图 3.49 所示的圆柱重 P=5kN，半径 r=60mm，在水平力 $\boldsymbol{F}$ 的作用下登台阶。台阶棱边处无滑动，静摩擦因数 $f_S = 0.3$。试求所登台阶的最大高度。

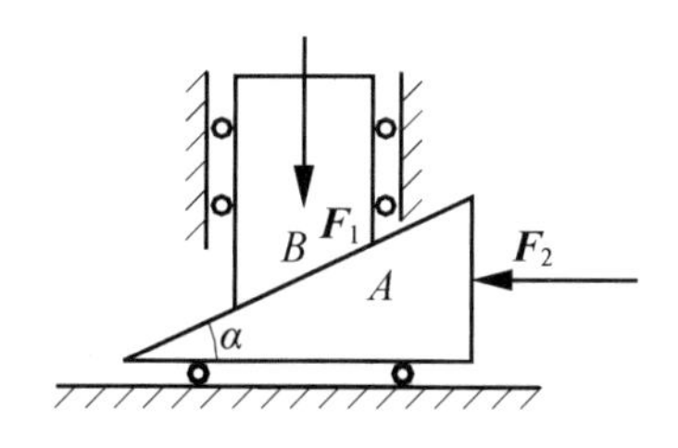

图 3.48　习题 3-4(25)图

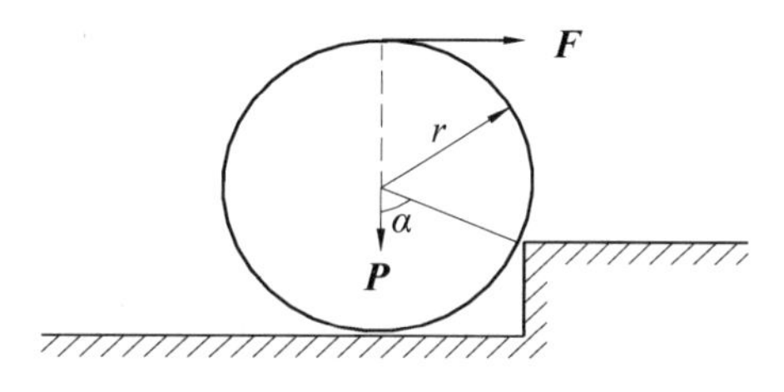

图 3.49　习题 3-4(26)图

第4章

空 间 力 系

空间力系是力的作用线不在同一平面内的力系。它是力学计算中最一般的力系，分为汇交力系、平行力系、力偶力系和任意力系。与平面力系一样，这一章将学习空间力系的简化与平衡问题。

4.1 力在空间直角坐标系上的投影

如图4.1所示，力 $\boldsymbol{F}$ 在空间直角坐标系上的投影有两种方法。

4.1.1 直接投影法

由投影的定义式(2-4)，力 $\boldsymbol{F}$ 在空间直角坐标上的投影为

$$\begin{cases} F_x = \boldsymbol{F}\cdot\boldsymbol{i} = F\cos(\boldsymbol{F},\boldsymbol{i}) \\ F_y = \boldsymbol{F}\cdot\boldsymbol{j} = F\cos(\boldsymbol{F},\boldsymbol{j}) \\ F_z = \boldsymbol{F}\cdot\boldsymbol{k} = F\cos(\boldsymbol{F},\boldsymbol{k}) \end{cases} \tag{4-1}$$

其中 $\boldsymbol{i}$、$\boldsymbol{j}$、$\boldsymbol{k}$ 为坐标轴正向单位矢量。

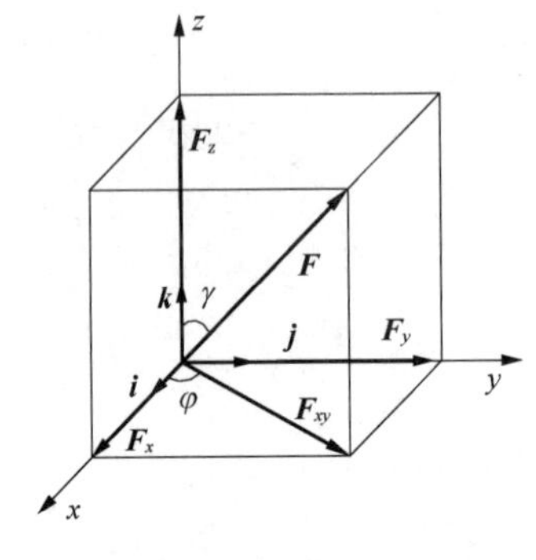

图4.1 力在空间直角坐标系上的投影

4.1.2 间接投影法

设力 $\boldsymbol{F}$ 与 z 轴的夹角为γ，将力 $\boldsymbol{F}$ 向 xy 面上投影得到分力 $\boldsymbol{F}_{xy}$，同时设 $\boldsymbol{F}_{xy}$ 与 x 轴的夹角为φ，再将分力 $\boldsymbol{F}_{xy}$ 投影到 x 轴和 y 轴上，这样的投影称为间接投影法，即

$$\begin{cases} F_x = F_{xy}\cos\varphi = F\sin\gamma\cos\varphi \\ F_y = F_{xy}\sin\varphi = F\sin\gamma\sin\varphi \\ F_z = F\cos\gamma \end{cases} \tag{4-2}$$

【例 4.1】在正方体的角点 A、B 处作用力 $\boldsymbol{F}_1$、$\boldsymbol{F}_2$ 如图 4.2 所示。试求此二力在 x 轴、y 轴、z 轴上的投影。

解：(1) 对力 $\boldsymbol{F}_1$ 采用间接投影法

设 $\boldsymbol{F}_1$ 与 xy 面的夹角为 α，其余弦值和正弦值分别为

$$\cos\alpha=\frac{\sqrt{2}a}{\sqrt{3}a}=\frac{\sqrt{2}}{\sqrt{3}},\qquad \sin\alpha=\frac{a}{\sqrt{3}a}=\frac{1}{\sqrt{3}} \tag{a}$$

其中，a 为正方体的边长。则 $\boldsymbol{F}_1$ 在 xy 面上的投影为

$$F_{1xy}=F_1\cos\alpha=F_1\frac{\sqrt{2}}{\sqrt{3}} \tag{b}$$

力 $\boldsymbol{F}_1$ 在 x 轴、y 轴、z 轴上的投影为

$$\begin{cases}F_{1x}=F_{1xy}\cos45^\circ=\dfrac{F_1}{\sqrt{3}}\\ F_{1y}=-F_{1xy}\cos45^\circ=-\dfrac{F_1}{\sqrt{3}}\\ F_{1z}=F_1\sin\alpha=\dfrac{F_1}{\sqrt{3}}\end{cases} \tag{c}$$

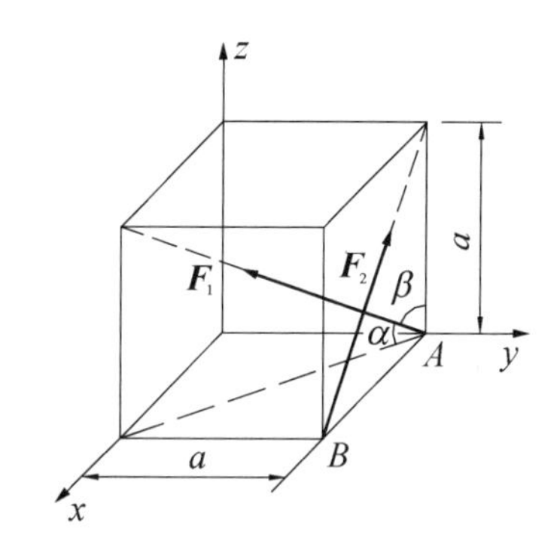

图 4.2 例 4.1 图

(2) 对力 $\boldsymbol{F}_2$ 采用直接投影法

$$\begin{cases}F_{2x}=-F_2\cos45^\circ=-\dfrac{\sqrt{2}F_2}{2}\\ F_{2y}=0\\ F_{2z}=F_2\sin45^\circ=\dfrac{\sqrt{2}F_2}{2}\end{cases} \tag{d}$$

4.2 空间力对点的矩和空间力对轴的矩

4.2.1 空间力对点的矩

在平面中，力对点之矩用代数量就可以完全表示力对物体的转动效应，但在空间中，由于各力矢量不在同一平面内，矩心和力的作用线构成的平面均不在同一平面内，再用代数量无法表示各力对物体的转动效应，因此应采用力对点之矩的矢量表示。

如图 4.3 所示，由坐标原点 O 向力 $\boldsymbol{F}$ 的作用点 A 作矢径 $\boldsymbol{r}$，则定义力 $\boldsymbol{F}$ 对坐标原点 O 的矩的矢量表示为 $\boldsymbol{r}$ 与 $\boldsymbol{F}$ 的矢量积，简称力矩矢。即

$$\boldsymbol{M}_O(\boldsymbol{F})=\boldsymbol{r}\times\boldsymbol{F} \tag{4-3}$$

力矩矢 $\boldsymbol{M}_O(\boldsymbol{F})$ 的方向由右手螺旋法则来确定；力矩矢 $\boldsymbol{M}_O(\boldsymbol{F})$ 的大小为

$$\left|\boldsymbol{M}_O(\boldsymbol{F})\right|=\left|\boldsymbol{r}\times\boldsymbol{F}\right|=rF\sin\alpha=Fh=2A_{\Delta OAB}$$

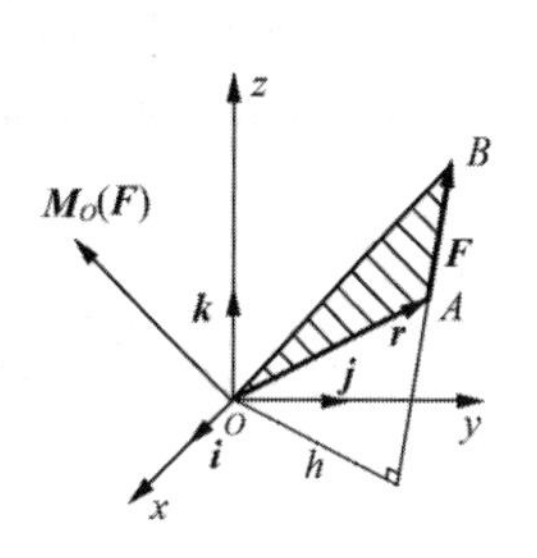

图 4.3 空间力对点的矩的矢量表示

其中，α 为 $\boldsymbol{r}$ 与 $\boldsymbol{F}$ 间的夹角，h 为 O 点到力的作用线的垂直距离，即力臂。

若将如图 4.3 所示的矢径 $\boldsymbol{r}$ 和力 $\boldsymbol{F}$ 表示成解析式，即

$$\begin{cases}\boldsymbol{r}=x\boldsymbol{i}+y\boldsymbol{j}+z\boldsymbol{k}\\ \boldsymbol{F}=F_x\boldsymbol{i}+F_y\boldsymbol{j}+F_z\boldsymbol{k}\end{cases} \tag{4-4}$$

将式(4-4)代入式(4-3)，得空间力对点的矩的解析表达式为

$$\boldsymbol{M}_O(\boldsymbol{F})=\boldsymbol{r}\times\boldsymbol{F}=\begin{vmatrix}\boldsymbol{i} & \boldsymbol{j} & \boldsymbol{k}\\ x & y & z\\ F_x & F_y & F_z\end{vmatrix}$$

$$=(yF_z-zF_y)\boldsymbol{i}+(zF_x-xF_z)\boldsymbol{j}+(xF_y-yF_x)\boldsymbol{k} \tag{4-5}$$

则力矩矢 $\boldsymbol{M}_O(\boldsymbol{F})$ 在坐标轴 x 轴、y 轴、z 轴上的投影为

$$\begin{cases}[M_O(\boldsymbol{F})]_x=yF_z-zF_y\\ [M_O(\boldsymbol{F})]_y=zF_x-xF_z\\ [M_O(\boldsymbol{F})]_z=xF_y-yF_x\end{cases} \tag{4-6}$$

力矩矢 $\boldsymbol{M}_O(\boldsymbol{F})$ 是定位矢量。

4.2.2 空间力对轴的矩

在实际生活中，例如门绕门轴转动、飞轮绕转轴转动等均为物体绕定轴转动，描述力对轴的转动效应时用力对轴的矩。

如图 4.4 所示，作用在门上点 A 的力 $\boldsymbol{F}$，将力 $\boldsymbol{F}$ 沿平行于门轴 z 和垂直于门轴 z 的平面这两个方向进行分解，得分力 $\boldsymbol{F}_{xy}$ 和 $\boldsymbol{F}_z$。实践表明 $\boldsymbol{F}_z$ 对门不产生转动效应，只有 $\boldsymbol{F}_{xy}$ 才对门产生转动效应。因此，定义力 $\boldsymbol{F}$ 对门轴 z 的矩为分力 $\boldsymbol{F}_{xy}$ 对其所在的平面与门轴 z 交点 O 的矩，用 $M_z(\boldsymbol{F})$ 表示，即

$$M_z(\boldsymbol{F})=M_O(\boldsymbol{F}_{xy})=\pm F_{xy}h=\pm 2A_{\triangle OAB} \tag{4-7}$$

力对轴的矩是描述刚体绕轴转动效应的物理量，它是一个代数量，其大小等于这个力在垂直于该轴的平面上的投影对于这个平面与该轴交点的矩。其符号规定：从 z 轴的正向看若力使物体逆时针旋转，则取为正号；反之为负。或用右手螺旋法则来确定。

特殊情况：当 $M_z(\boldsymbol{F})=0$ 时，则① $F_{xy}=0$，此时力 $\boldsymbol{F}$ 与转轴平行；② h=0，此时力 $\boldsymbol{F}$ 与转轴相交。即当力的作用线与转轴共面时，对该轴的矩等于零。

力对轴的矩和对点的矩的单位为牛顿·米(N·m)或千牛顿·米(kN·m)。

将分力 $\boldsymbol{F}_{xy}$ 在 Oxy 平面内分解如图 4.5 所示，由合力矩定理得空间力对轴的矩的解析表达式为

$$M_z=M_O(\boldsymbol{F}_{xy})=M_O(\boldsymbol{F}_x)+M_O(\boldsymbol{F}_y)=xF_y-yF_x \tag{4-8}$$

将式(4-8)和式(4-6)的第三式进行比较，得

$$M_z(\boldsymbol{F})=[M_O(\boldsymbol{F})]_z$$

推广有下面的关系(参见 4.2.3 小节)。

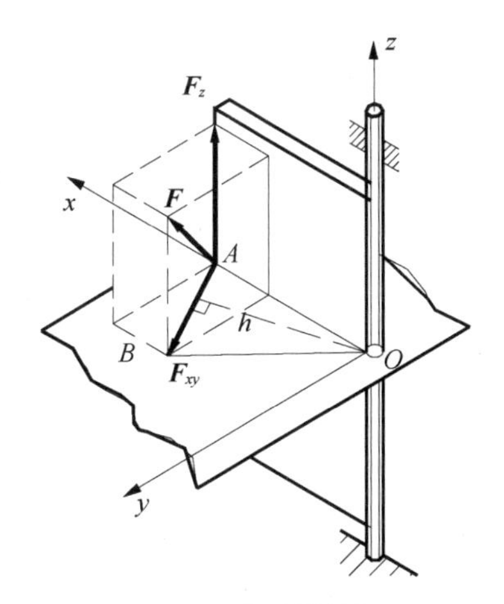

图 4.4 力对轴的矩

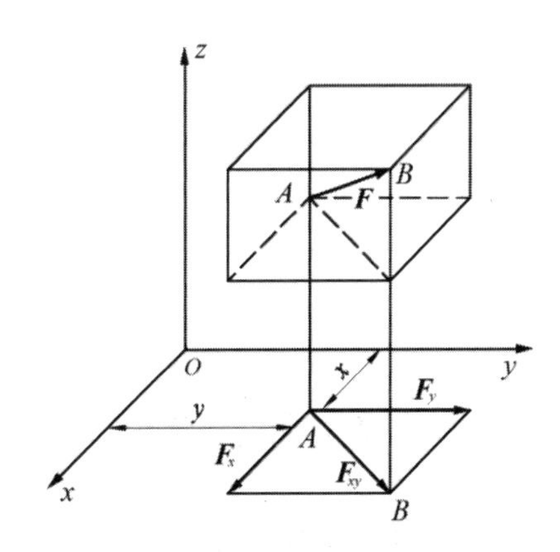

图 4.5 F_{xy} 在 Oxy 平面内分解图

4.2.3 空间力对点的矩与空间力对轴的矩的关系

空间力对点的矩与空间力对轴的矩的关系可用下式表示：

$$\begin{cases} [M_O(\boldsymbol{F})]_x = yF_z - zF_y = M_x(\boldsymbol{F}) \\ [M_O(\boldsymbol{F})]_y = zF_x - xF_z = M_y(\boldsymbol{F}) \\ [M_O(\boldsymbol{F})]_z = xF_y - yF_x = M_z(\boldsymbol{F}) \end{cases} \tag{4-9}$$

式(4-9)表明力对点的矩矢在通过该点的某轴上的投影等于力对该轴的矩。

若已知力对直角坐标轴 x 轴、y 轴、z 轴的矩，则力对坐标原点 O 的矩为

大小：$$|M_O(\boldsymbol{F})| = \sqrt{[M_x(\boldsymbol{F})]^2 + [M_y(\boldsymbol{F})]^2 + [M_z(\boldsymbol{F})]^2} \tag{4-10}$$

方向：$$\cos(\boldsymbol{M}_O(\boldsymbol{F}),\boldsymbol{i}) = \frac{M_x(\boldsymbol{F})}{M_O(\boldsymbol{F})},\quad \cos(\boldsymbol{M}_O(\boldsymbol{F}),\boldsymbol{j}) = \frac{M_y(\boldsymbol{F})}{M_O(\boldsymbol{F})},\quad \cos(\boldsymbol{M}_O(\boldsymbol{F}),\boldsymbol{k}) = \frac{M_z(\boldsymbol{F})}{M_O(\boldsymbol{F})} \tag{4-11}$$

【例 4.2】求例 4.1 中力 $\boldsymbol{F}_1$、$\boldsymbol{F}_2$ 对 x 轴、y 轴、z 轴的矩。

解：点 A 的直角坐标为 $x_A = 0$，$y_A = a$，$z_A = 0$，则由式(4-9)得力 $\boldsymbol{F}_1$ 对 x 轴、y 轴、z 轴的矩，即

$$M_x(\boldsymbol{F}_1) = y_A F_{1z} - z_A F_{1y} = \frac{F_1 a}{\sqrt{3}}$$

$$M_y(\boldsymbol{F}_1) = z_A F_{1x} - x_A F_{1z} = 0$$

$$M_z(\boldsymbol{F}_1) = x_A F_{1y} - y_A F_{1x} = -\frac{F_1 a}{\sqrt{3}}$$

点 B 的直角坐标为 $x_B = a$，$y_B = a$，$z_B = 0$，则由式(4-9)得力 $\boldsymbol{F}_2$ 对 x 轴、y 轴、z 轴的矩，即

$$M_x(\boldsymbol{F}_2) = y_B F_{2z} - z_B F_{2y} = \frac{\sqrt{2}F_2 a}{2}$$

$$M_y(\boldsymbol{F}_2) = z_B F_{2x} - x_B F_{2z} = -\frac{\sqrt{2}F_2 a}{2}$$

$$M_z(\boldsymbol{F}_2) = x_A F_{2y} - y_A F_{2x} = \frac{\sqrt{2} F_2 a}{2}$$

注意： 力 $\boldsymbol{F}_1$、$\boldsymbol{F}_2$ 对 x 轴、y 轴、z 轴的矩也可以用力对轴的矩的定义计算，请读者自行练习。

4.3 空间汇交力系

4.3.1 空间汇交力系的合成

根据合矢量投影定理，得汇交力系的合力在直角坐标轴 x、y、z 上的投影为

$$\begin{cases} F_{Rx} = \sum_{i=1}^{n} F_{xi} \\ F_{Ry} = \sum_{i=1}^{n} F_{yi} \\ F_{Rz} = \sum_{i=1}^{n} F_{zi} \end{cases} \tag{4-12}$$

合力 $\boldsymbol{F}_R$ 在空间直角坐标系中的解析式为

$$\boldsymbol{F}_R = F_{Rx}\boldsymbol{i} + F_{Ry}\boldsymbol{j} + F_{Rz}\boldsymbol{k} = \sum_{i=1}^{n} F_{xi}\boldsymbol{i} + \sum_{i=1}^{n} F_{yi}\boldsymbol{j} + \sum_{i=1}^{n} F_{zi}\boldsymbol{k} \tag{4-13}$$

且合力的作用线通过汇交点。

若已知力系中的各分力在直角坐标轴 x、y、z 上的投影，则合力的大小和方向为

$$\begin{cases} F_R = \sqrt{F_{Rx}^2 + F_{Ry}^2 + F_{Rz}^2} = \sqrt{\left(\sum_{i=1}^{n} F_{xi}\right)^2 + \left(\sum_{i=1}^{n} F_{yi}\right)^2 + \left(\sum_{i=1}^{n} F_{zi}\right)^2} \\ \cos(\boldsymbol{F}_R, \boldsymbol{i}) = \frac{F_{Rx}}{F_R} = \frac{\sum_{i=1}^{n} F_{xi}}{F_R}, \cos(\boldsymbol{F}_R, \boldsymbol{j}) = \frac{F_{Ry}}{F_R} = \frac{\sum_{i=1}^{n} F_{yi}}{F_R}, \cos(\boldsymbol{F}_R, \boldsymbol{k}) = \frac{F_{Rz}}{F_R} = \frac{\sum_{i=1}^{n} F_{zi}}{F_R} \end{cases} \tag{4-14}$$

4.3.2 空间汇交力系的平衡

空间汇交力系平衡的必要与充分条件是此力系的合力为零。由式(4-14)得

$$F_R = \sqrt{F_{Rx}^2 + F_{Ry}^2 + F_{Rz}^2} = \sqrt{\left(\sum_{i=1}^{n} F_{xi}\right)^2 + \left(\sum_{i=1}^{n} F_{yi}\right)^2 + \left(\sum_{i=1}^{n} F_{zi}\right)^2} = 0 \tag{4-15}$$

空间汇交力系平衡的方程：

$$\begin{cases} \sum_{i=1}^{n} F_{xi} = 0 \\ \sum_{i=1}^{n} F_{yi} = 0 \\ \sum_{i=1}^{n} F_{zi} = 0 \end{cases} \tag{4-16}$$

空间汇交力系平衡的解析条件：力系中各力在直角坐标轴上投影的代数和均为零。此方程式为3个独立方程，可求解3个未知力。

【例4.3】 沿正方体3个面的对角线有3个杆铰接于A点，并在此作用有沿竖直方向的力$\boldsymbol{F}$，如图4.6所示，3个杆的自重不计，试求杆1、2、3的内力。

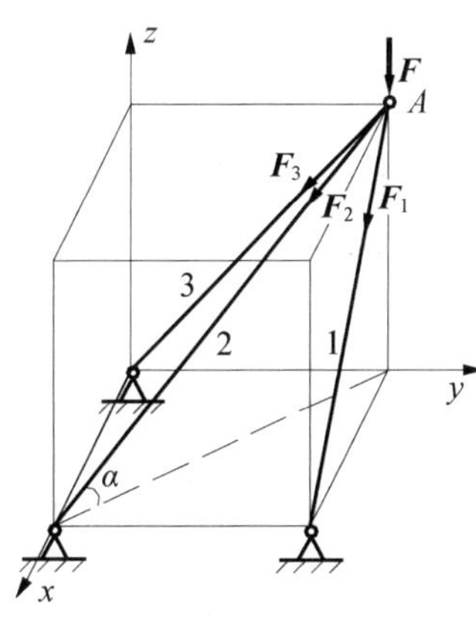

图4.6 例4.3图

解： 受力如图4.6所示，假设杆受拉力，且杆1、2、3与作用在点A的已知力$\boldsymbol{F}$构成空间汇交力系。列平衡方程为

$$\sum_{i=1}^{n} F_{xi}=0\text{，}\quad F_1\cos 45^\circ+F_2\cos\alpha\cos 45^\circ=0 \tag{a}$$

$$\sum_{i=1}^{n} F_{yi}=0\text{，}\quad -F_2\cos\alpha\cos 45^\circ-F_3\cos 45^\circ=0 \tag{b}$$

$$\sum_{i=1}^{n} F_{zi}=0\text{，}\quad -F_1\cos 45^\circ-F_3\cos 45^\circ-F_2\sin\alpha-F=0 \tag{c}$$

其中，$\cos\alpha=\dfrac{\sqrt{2}}{\sqrt{3}}$，$\sin\alpha=\dfrac{1}{\sqrt{3}}$。

由式(a)、式(b)、式(c)解得杆1、2、3的内力为

$$F_1=F_3=\frac{2}{\sqrt{3}}F\ (\text{拉力}) \qquad F_2=-\sqrt{2}F\ (\text{压力})$$

4.4 空间力偶

4.4.1 力偶矩矢

空间力偶对物体的转动效应用力偶矩矢量表示。如图4.7(a)所示，设空间力偶$(\boldsymbol{F},\boldsymbol{F}')$，力偶臂为$d$，空间力偶$(\boldsymbol{F},\boldsymbol{F}')$中的力对空间任一点$O$的矩的矢量表示为

$$\boldsymbol{M}_O(\boldsymbol{F},\boldsymbol{F}')=\boldsymbol{M}_O(\boldsymbol{F})+\boldsymbol{M}_O(\boldsymbol{F}')=\boldsymbol{r}_A\times\boldsymbol{F}+\boldsymbol{r}_B\times\boldsymbol{F}'$$

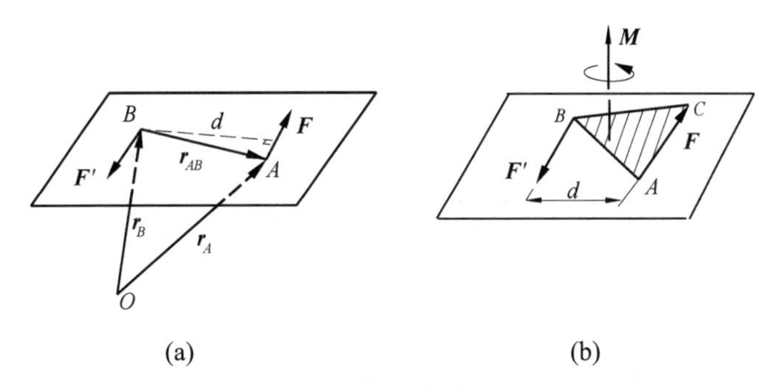

图4.7 空间力偶矩矢量表示

由于$\boldsymbol{F}'=-\boldsymbol{F}$，所以上式为

$$\boldsymbol{M}_O(\boldsymbol{F},\boldsymbol{F}')=(\boldsymbol{r}_A-\boldsymbol{r}_B)\times\boldsymbol{F}=\boldsymbol{r}_{AB}\times\boldsymbol{F}$$

上式表示空间力偶$(\boldsymbol{F},\boldsymbol{F}')$对空间任一点的矩与矩心的位置无关。即空间力偶矩矢用

$\boldsymbol{M}(\boldsymbol{F}, \boldsymbol{F}')$ 表示为

$$\boldsymbol{M}(\boldsymbol{F}, \boldsymbol{F}') = \boldsymbol{r}_{AB} \times \boldsymbol{F} \tag{4-17}$$

力偶矩矢 $\boldsymbol{M}(\boldsymbol{F}, \boldsymbol{F}')$ 的方向由右手螺旋法则来确定。力偶矩矢 $\boldsymbol{M}(\boldsymbol{F}, \boldsymbol{F}')$ 的大小为

$$|\boldsymbol{M}(\boldsymbol{F}, \boldsymbol{F}')| = |\boldsymbol{r}_{AB} \times \boldsymbol{F}| = r_{AB} F \sin\alpha = Fd = \pm 2A_{\triangle ABC}$$

由力偶的定义知，力偶矩矢 $\boldsymbol{M}(\boldsymbol{F}, \boldsymbol{F}')$ 是自由矢量，如图 4.7(b)所示。

4.4.2 力偶矩矢的性质与力偶矩矢的等效定理

空间力偶的性质与平面力偶性质相似，只需将力偶矩的代数量表示转换成矢量表示。力偶没有合力，因此不能与一个力等效；力偶只能与力偶等效；力偶矩与矩心点的位置无关。

力偶矩矢的等效定理：若空间两个力偶等效，则此二力偶矩矢必相等。

在保持力偶矩矢不变的情况下，力偶可在其作用面内(或与作用面相平行的平面内)任意移转，而不改变它对刚体的作用；或同时改变力偶中力的大小和力偶臂的长度，而不改变它对刚体的作用。

4.4.3 空间力偶系的合成与平衡条件

1. 空间力偶系的合成

设在平面Ⅰ、Ⅱ上各有一个力偶，其矩分别为 $\boldsymbol{M}_1$、$\boldsymbol{M}_2$，根据力偶的等效定理，将两个力偶调整为具有相同的力偶臂 d，并将此二力偶移到两个平面的交线处，如图 4.8 所示，生成新的力偶 $(\boldsymbol{F}_1, \boldsymbol{F}_1')$、$(\boldsymbol{F}_2, \boldsymbol{F}_2')$，两个力偶的力汇交于 A、B 两点。求其合力得 $\boldsymbol{F} = \boldsymbol{F}_1 + \boldsymbol{F}_2$，$\boldsymbol{F}' = \boldsymbol{F}_1' + \boldsymbol{F}_2'$，且 $\boldsymbol{F} = -\boldsymbol{F}'$，生成一个合力偶 $(\boldsymbol{F}, \boldsymbol{F}')$ 位于平面Ⅲ。同时令三个力偶矩为 $\boldsymbol{M}_1 = \boldsymbol{M}_1(\boldsymbol{F}_1, \boldsymbol{F}_1')$，$\boldsymbol{M}_2 = \boldsymbol{M}_2(\boldsymbol{F}_2, \boldsymbol{F}_2')$，$\boldsymbol{M} = \boldsymbol{M}(\boldsymbol{F}, \boldsymbol{F}')$，则合力偶 $(\boldsymbol{F}, \boldsymbol{F}')$ 的矩矢为

$$\boldsymbol{M}(\boldsymbol{F}, \boldsymbol{F}') = \boldsymbol{r}_{AB} \times \boldsymbol{F} = \boldsymbol{r}_{AB} \times (\boldsymbol{F}_1 + \boldsymbol{F}_2) = \boldsymbol{M}_1 + \boldsymbol{M}_2$$

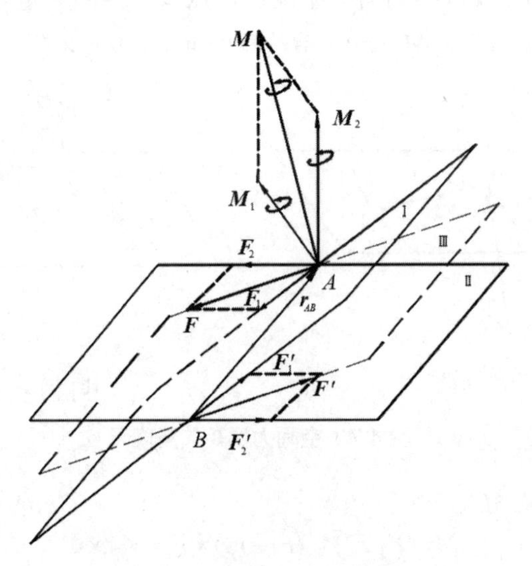

图 4.8　空间力偶系的合成

其中 $\boldsymbol{M}_1=\boldsymbol{r}_{AB}\times\boldsymbol{F}_1$， $\boldsymbol{M}_2=\boldsymbol{r}_{AB}\times\boldsymbol{F}_2$。

推广至空间力偶系中有 n 个力偶，可以合成一个合力偶，其矩矢等于力偶系中各力偶矩矢的矢量和。即

$$\boldsymbol{M}=\sum_{i=1}^{n}\boldsymbol{M}_i \tag{4-18}$$

合力偶矩矢的解析式为

$$\begin{aligned}\boldsymbol{M}&=\sum_{i=1}^{n}\boldsymbol{M}_i=M_x\boldsymbol{i}+M_x\boldsymbol{j}+M_z\boldsymbol{k}\\&=\left(\sum_{i=1}^{n}M_{xi}\right)\boldsymbol{i}+\left(\sum_{i=1}^{n}M_{yi}\right)\boldsymbol{j}+\left(\sum_{i=1}^{n}M_{zi}\right)\boldsymbol{k}\end{aligned} \tag{4-19}$$

求合力偶矩矢 $\boldsymbol{M}$ 的大小和方向与求力系的合力是一样的。它在坐标轴 x、y、z 上的投影为

$$\begin{cases}M_x=\sum_{i=1}^{n}M_{xi}\\M_y=\sum_{i=1}^{n}M_{yi}\\M_z=\sum_{i=1}^{n}M_{zi}\end{cases} \tag{4-20}$$

2. 空间力偶系的平衡条件

空间力偶系平衡的必要与充分条件：合力偶矩矢等于零。即

$$\boldsymbol{M}=\sum_{i=1}^{n}\boldsymbol{M}_i=0 \tag{4-21}$$

由式(4-19)或式(4-21)，得空间力偶系的平衡方程为

$$\begin{cases}\sum_{i=1}^{n}M_{xi}=0\\\sum_{i=1}^{n}M_{yi}=0\\\sum_{i=1}^{n}M_{zi}=0\end{cases} \tag{4-22}$$

空间力偶系平衡的解析条件：空间力偶系各力偶矩矢在三个直角坐标轴上投影的代数和均为零。3 个平衡方程，能求解 3 个未知量。

4.5　空间任意力系

4.5.1　空间任意力系向一点简化——主矢与主矩

与平面力系一样，空间任意力系向一点简化得到一个力和一个力偶，如图 4.9 所示。此力 $\boldsymbol{F}'_{\mathrm{R}}$ 即为原力系的主矢，即主矢等于力系中各力矢量和。有

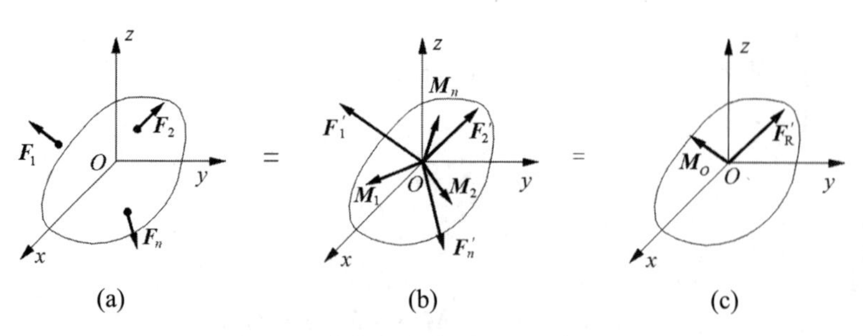

图 4.9　空间任意力系向一点简化

$$\begin{aligned}\boldsymbol{F}_{\mathrm{R}}' &= \boldsymbol{F}_1' + \boldsymbol{F}_2' + \cdots + \boldsymbol{F}_n' = \boldsymbol{F}_1 + \boldsymbol{F}_2 + \cdots + \boldsymbol{F}_n = \sum_{i=1}^{n} \boldsymbol{F}_i \\ &= \left(\sum_{i=1}^{n} F_{xi}\right)\boldsymbol{i} + \left(\sum_{i=1}^{n} F_{yi}\right)\boldsymbol{j} + \left(\sum_{i=1}^{n} F_{zi}\right)\boldsymbol{k}\end{aligned} \tag{4-23}$$

此力偶矩矢 $\boldsymbol{M}_O(\boldsymbol{F})$ 称为原力系的主矩，即主矩等于力系中各力对简化中心的矩的矢量和。有

$$\begin{aligned}\boldsymbol{M}_O &= \sum_{i=1}^{n} \boldsymbol{M}_i = \sum_{i=1}^{n} \boldsymbol{M}_O(\boldsymbol{F}_i) = \sum_{i=1}^{n} (\boldsymbol{r}_i \times \boldsymbol{F}_i) \\ &= \left(\sum_{i=1}^{n} M_{xi}\right)\boldsymbol{i} + \left(\sum_{i=1}^{n} M_{yi}\right)\boldsymbol{j} + \left(\sum_{i=1}^{n} M_{zi}\right)\boldsymbol{k}\end{aligned} \tag{4-24}$$

结论：空间任意力系向力系所在空间内任意一点简化，得到一个力和一个力偶，如图 4.9(c)所示。此力称为原力系的主矢，与简化中心的位置无关；此力偶矩矢称为原力系的主矩，与简化中心的位置有关。

合力矩定理：空间任意力系的合力对任意一点的矩等于力系中各力对同一点的矩的矢量和。即

$$\boldsymbol{M}_O = \sum_{i=1}^{n} \boldsymbol{M}_O(\boldsymbol{F}_i) \tag{4-25}$$

这里不作证明，读者可根据矢量代数知识自行推导。

由式(4-24)在直角坐标轴 x 、 y 、 z 的投影，得对某轴的合力矩定理：空间任意力系的合力对某轴的矩等于力系中各力对同一轴的矩的代数和。即

$$\begin{cases} M_x = \sum_{i=1}^{n} M_x(\boldsymbol{F}_i) \\ M_y = \sum_{i=1}^{n} M_y(\boldsymbol{F}_i) \\ M_z = \sum_{i=1}^{n} M_z(\boldsymbol{F}_i) \end{cases} \tag{4-26}$$

4.5.2　空间任意力系简化的应用

空间任意力系的简化结果讨论与平面任意力系简化结果讨论相似。将其应用于空间固定端约束上，如图 4.10 所示，空间固定端约束共有 6 个约束力：3 个正交分力 $\boldsymbol{F}_x$ 、$\boldsymbol{F}_y$ 和 $\boldsymbol{F}_z$ ，

绕3个轴的约束力矩 M_x、M_y 和 M_z。

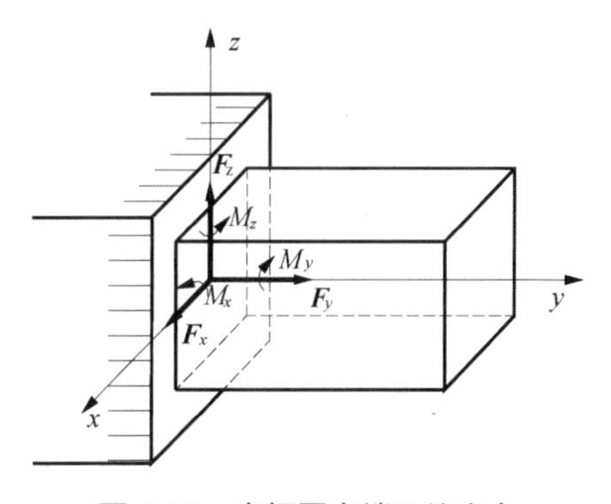

图 4.10 空间固定端及约束力

4.5.3 空间任意力系的平衡

1. 空间任意力系的平衡条件

空间任意力系平衡的必要与充分条件：力系的主矢和对任意一点的主矩均等于零。即

$$\boldsymbol{F}_{\mathrm{R}}'=0,\ \boldsymbol{M}_O=0 \tag{4-27}$$

由式(4-23)和式(4-24)得空间任意力系平衡的方程为

$$\begin{cases}\sum\limits_{i=1}^{n}F_{xi}=0,\ \sum\limits_{i=1}^{n}F_{yi}=0,\ \sum\limits_{i=1}^{n}F_{zi}=0\\ \sum\limits_{i=1}^{n}M_{xi}(\boldsymbol{F}_i)=0,\ \sum\limits_{i=1}^{n}M_{yi}(\boldsymbol{F}_i)=0,\ \sum\limits_{i=1}^{n}M_{zi}(\boldsymbol{F}_i)=0\end{cases} \tag{4-28}$$

空间任意力系平衡的解析条件：空间任意力系中各力向3个垂直的坐标轴投影的代数和均为零，各力对3个坐标轴的矩的代数和也均为零。

方程组(4-28)为6个独立的方程，可解6个未知力。它包含静力学的所有平衡方程。例如空间平行力系的平衡方程如图4.11所示，z 轴与力的作用线平行，则力系中各力向 x 轴和 y 轴的投影恒为零，对 z 轴的矩恒为零，即空间平行力系的平衡方程为

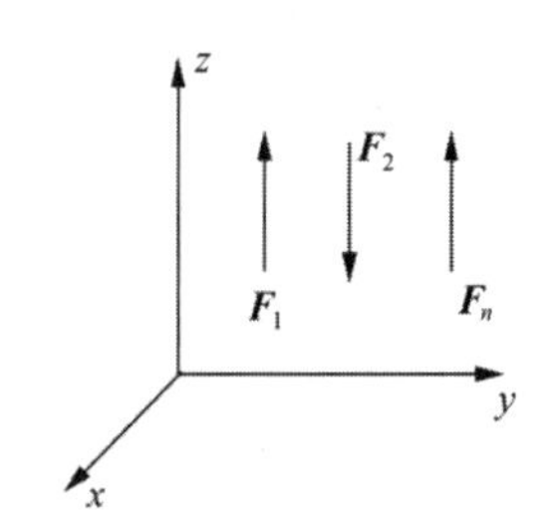

图 4.11 空间平行力系

$$\begin{cases}\sum\limits_{i=1}^{n}F_{zi}=0\\ \sum\limits_{i=1}^{n}M_{xi}(\boldsymbol{F}_i)=0\\ \sum\limits_{i=1}^{n}M_{yi}(\boldsymbol{F}_i)=0\end{cases} \tag{4-29}$$

由于空间任意力系的平衡方程有6个，所以在求解时应注意：①选择适当的投影轴，使更多的未知力尽可能与该轴垂直；②力矩轴应选择与未知力相交或平行的轴；③投影轴和力矩轴不一定是同一轴，所选择的轴也不一定都是正交的；只有这样才能做到一个方程含有一个未知力，避免联立方程。

2. 空间约束类型举例

在空间问题中，所研究问题的约束最多只能有6个，这样上述的平衡方程才能求解；否则为超静定问题，在后续课程的学习过程中才能求解。同时由于实际物体受力较为复杂，所以应抓住物体受力的主要因素，忽略次要因素，才能将复杂问题加以简化。下面给出空间约束类型及其受力举例，见表4.1。

表 4.1　空间约束类型及其受力举例

序号	约束力未知量	约束类型
1	F_{Az}	光滑表面　可动铰支座　绳索　二力杆
2	F_{Az}、F_{Ay}	径向轴承　圆柱铰链　轨道　蝶形铰链
3	F_{Az}、F_{Ay}、F_{Ax}	球形铰链　止推轴承
4	F_{Az}、M_{Az}、M_{Ax}、F_{Ay}、M_{Ay}、F_{Ax}	空间固定端支座

【例 4.4】如图 4.12 所示的三轮车，自重 P=10kN，作用在 E 点，载重 P_1=20kN，作用在 C 点，设三轮车为静止状态，试求地面对车轮的约束力。

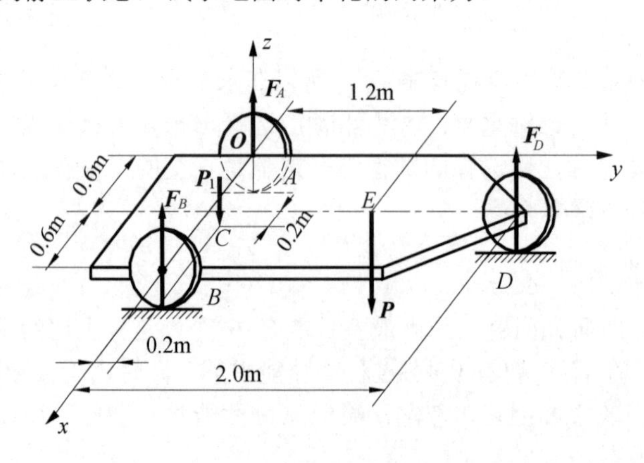

图 4.12　例 4.4 图

解：以三轮车为研究对象，受力如图 4.12 所示，主动力为 $\boldsymbol{P}$、$\boldsymbol{P}_1$，约束力为 $\boldsymbol{F}_A$、$\boldsymbol{F}_B$、

$\boldsymbol{F}_D$，构成空间平行力系。建立坐标系 *Oxyz*，列平衡方程为

$$\sum_{i=1}^{n} F_{zi} = 0, \quad F_A + F_B + F_D - P - P_1 = 0 \tag{a}$$

$$\sum_{i=1}^{n} M_{xi}(\boldsymbol{F}_i) = 0, \quad 2F_D - 0.2P_1 - 1.2P = 0 \tag{b}$$

$$\sum_{i=1}^{n} M_{yi}(\boldsymbol{F}_i) = 0, \quad -0.6F_D - 1.2F_B + 0.8P_1 + 0.6P = 0 \tag{c}$$

由式(a)、式(b)、式(c)解得　$F_A = 4\text{kN}$，$F_B = 18\text{kN}$，$F_D = 8\text{kN}$

【例 4.5】 均质的正方形薄板，重 *P*=100N，用球铰链 *A* 和蝶铰链 *B* 沿水平方向固定在竖直墙面上，并用绳索 *CE* 使板保持水平位置，如图 4.13 所示，绳索的自重忽略不计，试求绳索的拉力和支座 *A*、*B* 的约束力。

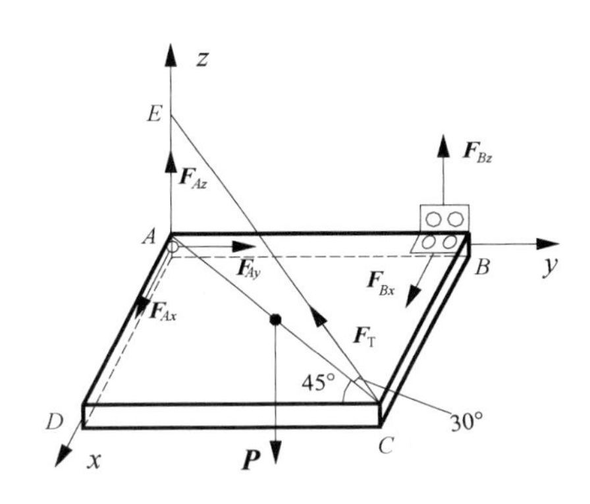

图 4.13　例 4.5 图

解： 取正方形板为研究对象，受力如图 4.13 所示，主动力为 $\boldsymbol{P}$，约束力为球铰链 *A* 处的 3 个正交分力 $\boldsymbol{F}_{Ax}$、$\boldsymbol{F}_{Ay}$、$\boldsymbol{F}_{Az}$。蝶铰链 *B* 由于沿轴向无约束，故存在垂直轴的力 $\boldsymbol{F}_{Bx}$、$\boldsymbol{F}_{Bz}$，绳索的拉力为 $\boldsymbol{F}_T$。设正方形的板边长为 *a*，建立坐标系 *Oxyz*，列平衡方程为

$$\sum_{i=1}^{n} M_{zi}(\boldsymbol{F}_i) = 0, \quad F_{Bx} = 0 \tag{a}$$

$$\sum_{i=1}^{n} M_{yi}(\boldsymbol{F}_i) = 0, \quad P\frac{a}{2} - aF_T \sin 30^\circ = 0 \tag{b}$$

$$\sum_{i=1}^{n} M_{xi}(\boldsymbol{F}_i) = 0, \quad F_{Bz}a - P\frac{a}{2} + aF_T \sin 30^\circ = 0 \tag{c}$$

$$\sum_{i=1}^{n} F_{xi} = 0, \quad F_{Ax} + F_{Bx} - F_T \cos 30^\circ \cos 45^\circ = 0 \tag{d}$$

$$\sum_{i=1}^{n} F_{yi} = 0, \quad F_{Ay} - F_T \cos 30^\circ \cos 45^\circ = 0 \tag{e}$$

$$\sum_{i=1}^{n} F_{zi} = 0, \quad F_{Az} + F_{Bz} + F_T \sin 30^\circ - P = 0 \tag{f}$$

由上面 6 个方程解得，绳索的拉力和支座 *A*、*B* 的约束力为

$$F_T = 100\text{N}, \quad F_{Ax} = F_{Ay} = 61.24\text{kN}, \quad F_{Az} = 50\text{kN}, \quad F_{Bx} = F_{Bz} = 0$$

【例 4.6】 绞车的轴承 *A*、*B* 水平放置，轴上固定有胶带轮 *D* 和鼓轮 *C*，胶带轮 *D* 的直径 *d*=100mm，鼓轮 *C* 的直径 *D*=200mm，胶带轮 *D* 的两侧拉力 $\boldsymbol{F}_1$、$\boldsymbol{F}_2$ 与铅垂线的夹角为 $\alpha = 60^\circ$，$\beta = 30^\circ$ 且 $F_1 = 2F_2$；鼓轮 *C* 上缠绕绳索并悬挂 *P*=100kN 的重物，绞车结构处于平衡状态，结构的几何尺寸如图 4.14 所示。试求胶带的拉力和轴承 *A*、*B* 的约束力。

解： 取整个系统为研究对象，受力如图 4.14 所示。主动力为 $\boldsymbol{P}$，约束力为轴承 *A* 上的 $\boldsymbol{F}_{Ax}$、$\boldsymbol{F}_{Az}$，轴承 *B* 上的 $\boldsymbol{F}_{Bx}$、$\boldsymbol{F}_{Bz}$，胶带的拉力 $\boldsymbol{F}_1$、$\boldsymbol{F}_2$。建立坐标系 *Oxyz*，列平衡方程为

$$\sum_{i=1}^{n} F_{xi} = 0\text{，} \qquad F_{Ax} + F_{Bx} + F_1 \sin\alpha + F_2 \sin\beta = 0 \tag{a}$$

$$\sum_{i=1}^{n} F_{yi} = 0\text{，} \qquad 0 = 0 \tag{b}$$

$$\sum_{i=1}^{n} F_{zi} = 0\text{，} \qquad F_{Az} + F_{Bz} - F_1 \cos\alpha - F_2 \cos\beta - P = 0 \tag{c}$$

$$\sum_{i=1}^{n} M_{xi}(\boldsymbol{F}_i) = 0\text{，} \qquad 200F_{Az} - 300F_1 \cos\alpha - 300F_2 \cos\beta - 100P = 0 \tag{d}$$

$$\sum_{i=1}^{n} M_{yi}(\boldsymbol{F}_i) = 0\text{，} \qquad \frac{d}{2}F_2 - \frac{d}{2}F_1 + \frac{D}{2}P = 0 \tag{e}$$

$$\sum_{i=1}^{n} M_{zi}(\boldsymbol{F}_i) = 0\text{，} \qquad -200F_{Ax} - 300F_1 \sin\alpha - 300F_2 \sin\beta = 0 \tag{f}$$

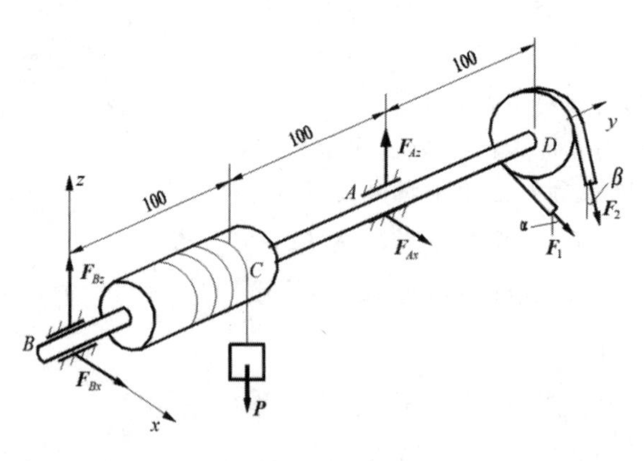

图 4.14　例 4.6 图

其中，将 $F_1 = 2F_2$ 代入式(e)，解得胶带的拉力

$$F_1 = 400\text{kN}\text{，} \quad F_2 = 200\text{kN}$$

将胶带的拉力代入式(a)、式(c)、式(d)、式(f)解得轴承 A、B 的约束力为

$$F_{Ax} = -1189.23\text{kN}\text{，} \quad F_{Az} = 919.62\text{kN}\text{，}$$

$$F_{Bx} = 742.82\text{kN}\text{，} \quad F_{Bz} = -446.41\text{kN}$$

由于 $\sum_{i=1}^{n} F_{yi} = 0$ 方程为恒等式，轴承方向上无约束，因此本例只有 5 个独立的平衡方程。

【例 4.7】 正方形板由 6 根杆支持于水平位置，在正方形板面内作用一个力偶矩为 $\boldsymbol{M}$ 的力偶，并沿板的边作用一个力 $\boldsymbol{F}$，板及各杆自重忽略不计，板的边长及杆长如图 4.15 所示，试求各杆的内力。

解： 取正方形板为研究对象，由于各杆自重忽略不计，所以各杆均为二力杆。假设它们受拉力，受力如图 4.15 所示，列平衡方程为

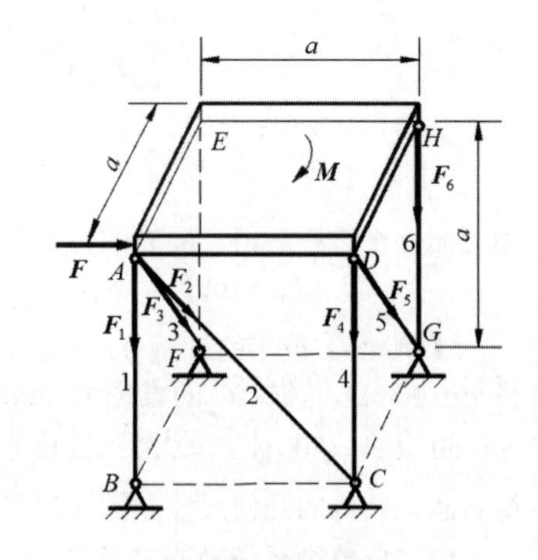

图 4.15　例 4.7 图

$$\sum_{i=1}^{n} M_{AB}(\boldsymbol{F}_i)=0\ ,\quad aF_5\cos 45^\circ - M = 0$$

解得

$$F_5 = \frac{\sqrt{2}M}{a}$$

$$\sum_{i=1}^{n} M_{AD}(\boldsymbol{F}_i)=0\ ,\quad F_6 = 0$$

$$\sum_{i=1}^{n} M_{AE}(\boldsymbol{F}_i)=0\ ,\quad aF_4 + aF_5\cos 45^\circ = 0$$

解得

$$F_4 = -\frac{M}{a}$$

$$\sum_{i=1}^{n} M_{BC}(\boldsymbol{F}_i)=0\ ,\quad aF_3\cos 45^\circ + aF_5\cos 45^\circ = 0$$

解得

$$F_3 = -F_5 = -\frac{\sqrt{2}M}{a}$$

$$\sum_{i=1}^{n} M_{CG}(\boldsymbol{F}_i)=0\ ,\quad aF_1 + aF_3\cos 45^\circ - Fa = 0$$

解得

$$F_1 = \frac{M}{a} + F$$

$$\sum_{i=1}^{n} M_{DH}(\boldsymbol{F}_i)=0\ ,\quad aF_1 + aF_2\cos 45^\circ + aF_3\cos 45^\circ = 0$$

解得

$$F_2 = -\sqrt{2}F$$

从上面的例子可以看出，空间任意力系的平衡方程有 6 个独立平衡方程，可求解 6 个未知力，在求解时应做到以下几点。

(1) 正确地对所研究的物体进行受力分析，分析受哪些力的作用，即哪些是主动力，哪些是要求的未知力，它们构成怎样的力系(平行力系、力偶力系、汇交力系、任意力系)。

(2) 选择适当的平衡方程进行求解。求解所遵循的原则是尽量使一个方程含有一个未知力，避免联立求解。方程的选择不局限于式(4-28)，例如例 4.7 的解法。选择的力矩轴尽量使未知力的作用线与该轴平行或者相交，投影轴尽量与未知力的作用线垂直等，以减少平衡方程中未知力的数目。

(3) 解方程。

本 章 小 结

小结的具体内容请扫描右侧二维码获取。

习 题 4

4-1 是非题(正确的画√，错误的画×)

(1) 空间力偶中的两个力对任意投影轴的代数和恒为零。 ( )

(2) 空间力对点的矩在任意轴上的投影等于力对该轴的矩。 ( )

(3) 空间力系的主矢是力系的合力。 (　　)

(4) 空间力系的主矩是力系的合力偶矩。 (　　)

(5) 空间力系向一点简化所得的主矢和主矩与原力系等效。 (　　)

(6) 空间力系的主矢为零，则力系简化为力偶。 (　　)

(7) 空间汇交力系的平衡方程只有3个投影形式的方程。 (　　)

(8) 空间汇交力系的三个投影形式的平衡方程对投影轴没有任何限制。 (　　)

(9) 空间力偶等效只需力偶矩矢相等。 (　　)

(10) 空间力偶系可以合成一个合力。 (　　)

4-2　填空题(把正确的答案写在横线上)

(1) 空间汇交力系的平衡方程________________。

(2) 空间力偶系的平衡方程________________。

(3) 空间平行力系的平衡方程________________。

(4) 空间力偶的等效条件____________。

(5) 空间力系向一点简化得主矢与简化中心的位置______；得主矩与简化中心的位置______。

(6) 如图4.16所示，已知一个正方体，各边长为a，沿对角线BH作用一个力$\boldsymbol{F}$，则该力在x轴、y轴、z轴上的投影$F_x=$________、$F_y=$________、$F_z=$________。

(7) 如图4.17所示，已知一个正方体，各边长为a，沿对角线BD作用一个力$\boldsymbol{F}$，则该力对x轴、y轴、z轴的矩$M_x=$________、$M_y=$________、$M_z=$________。

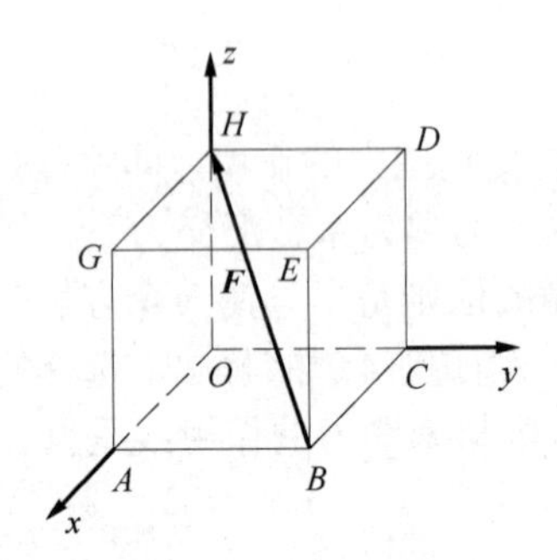

图4.16　习题4-2(6)图

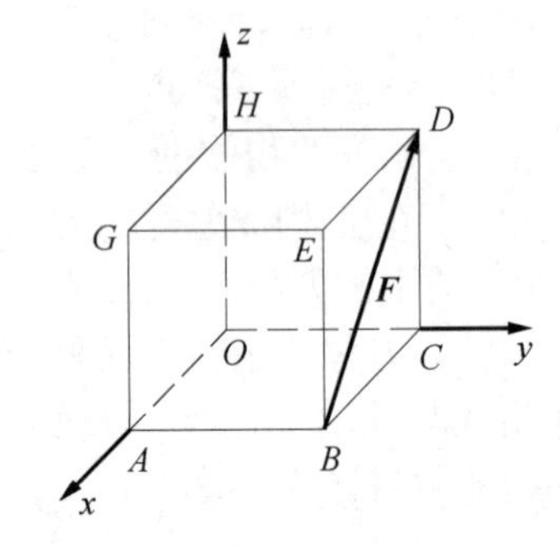

图4.17　习题4-2(7)图

4-3　简答题

(1) 空间力对点的矩矢为$\boldsymbol{M}_O(\boldsymbol{F})=\boldsymbol{r}\times\boldsymbol{F}$，当力$\boldsymbol{F}$沿其作用线滑动时，力$\boldsymbol{F}$对原来点的矩矢改变吗？为什么？

(2) 下述各空间力系中，独立的平衡方程的个数分别是几个？

① 各力的作用线都通过某一点。

② 各力的作用线都垂直于某个固定平面。

③ 各力的作用线分别通过两个固定点。

④ 各力的作用线位于与某个固定平面平行的平面内。

⑤ 各力的作用线为任意位置。

(3) 若空间力系对某两点 A、B 的力矩为零，即

$$\sum_{i=1}^{n}\boldsymbol{M}_A(\boldsymbol{F}_i)=0,\quad \sum_{i=1}^{n}\boldsymbol{M}_B(\boldsymbol{F}_i)=0$$

则此两力矩方程可以得到6个对轴的力矩方程，此力系平衡吗？

4-4 计算题

(1) 长方体长、宽、高分别为 a=4m，b=3m，c=5m，受力如图4.18所示，$F_1=\sqrt{2}F$，$F_2=F_3=F$，求力系向 O 点简化的最终结果。

(2) 长方体长 $a=0.5\text{m}$，宽 b=0.4m，高 c=0.3m，沿对角线作用力 F=80N，如图4.19所示，试分别计算：①力 $\boldsymbol{F}$ 在 x 轴、y 轴、z 轴上的投影；②力 $\boldsymbol{F}$ 在 z_1 轴上的投影。

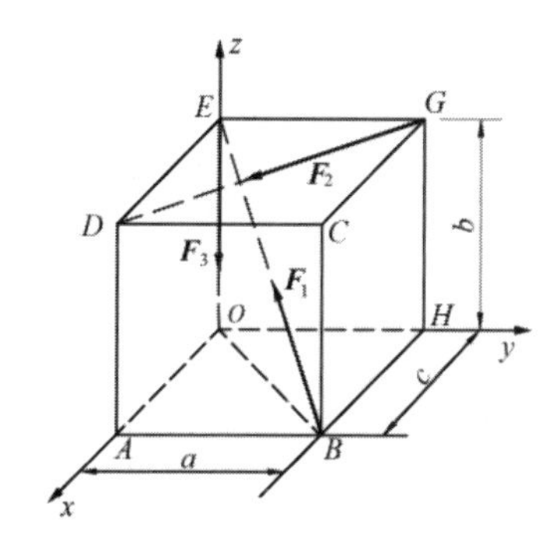

图4.18 习题4-4(1)图

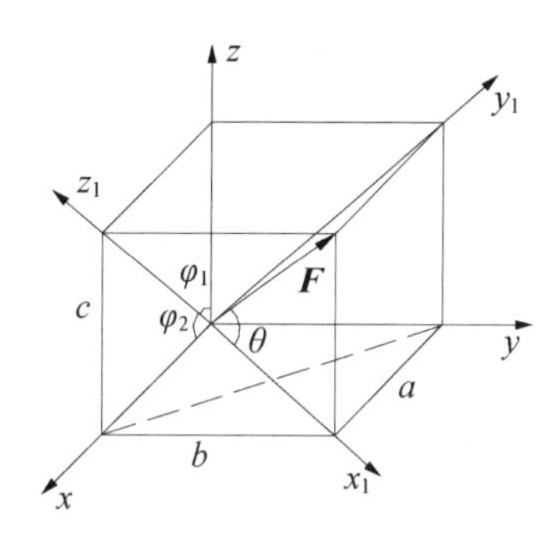

图4.19 习题4-4(2)图

(3) 如图4.20所示，力 F=1kN，试求力 $\boldsymbol{F}$ 对 z 轴的矩。

(4) 如图4.21所示，空间构架由三根直杆 AD、BD 和 CD 用铰链 D 连接，起吊重物的重量为 P=10kN，各杆自重不计，试求三根直杆 AD、BD 和 CD 所受的约束力。

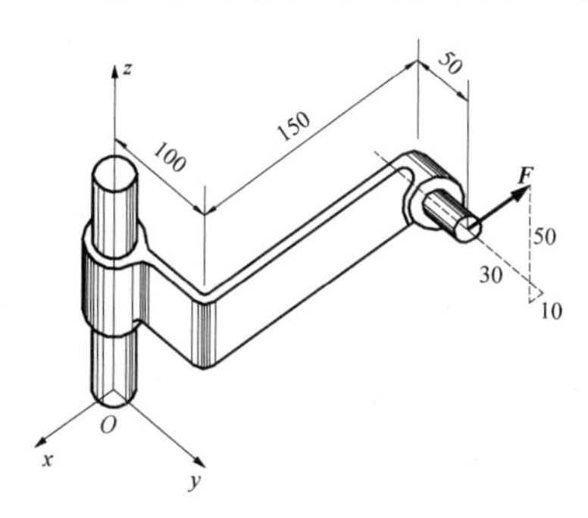

图4.20 习题4-4(3)图

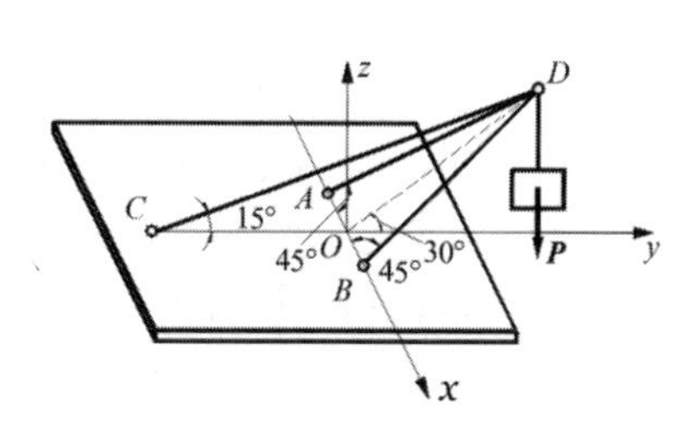

图4.21 习题4-4(4)图

(5) 如图4.22所示三脚架，三根无重的杆 AD、BD、CD 用滑轮 D 连接，它们分别与水平面成60°角，且 AB=AC=BC，绳索绕过滑轮 D 点并由电动机 E 牵引，起吊重物的重量为 $P=30\text{kN}$，重物被匀速地吊起，绳索 DE 与水平面成60°角，试求三根杆 AD、BD、CD 所受的约束力。

(6) 起重机装在三轮小车 ABC 上，如图4.23所示。已知 AD=BD=1m，CD=1.5m，CM=1m，起重机由平衡重力 $\boldsymbol{F}$ 维持平衡。机身和平衡重的重量为 $P=100\text{kN}$，作用于点 E 处，点 E 在平面 LMN 内，点 E 到轴线 MN 的距离 EH=0.5m，吊起的重物重量为 $P_1=30\text{kN}$。

试求起重机平面 *LMN* 平行于 *AB* 位置时，小车的三轮 *A*、*B*、*C* 所受的约束力。

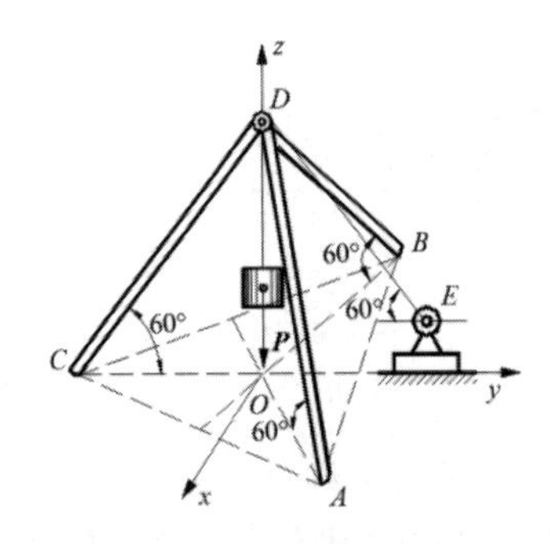

图 4.22　习题 4-4(5)图

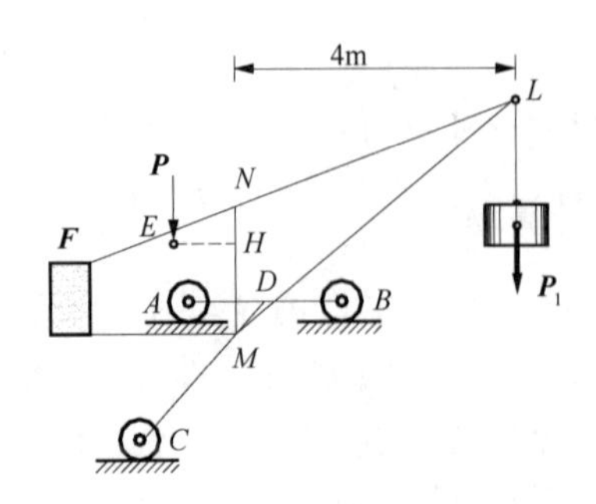

图 4.23　习题 4-4(6)图

(7) 绞车的轴 *AB* 上绕有绳子，绳子挂重物 P_1，轮 *C* 装在轴上，轮的半径为轴的半径的 6 倍，其他尺寸如图 4.24 所示。绕在轮 *C* 上的绳子沿轮与水平线成 30° 角的切线引出，绳跨过轮 *D* 后挂一个重物 *P*=60N。试求平衡时，重物 P_1 的重量和轴承 *A*、*B* 的约束力。轮及绳子的重量不计，各处的摩擦不计。

(8) 如图 4.25 所示的工件，已知力 $F_x = 150\text{N}$，$F_y = 75\text{N}$，$F_z = 500\text{N}$，位于 *Oxyz* 坐标系内，其坐标为 $x = 75\text{mm}$，$y = 200\text{mm}$，*z*=0，试求固定端 *O* 处的约束力。

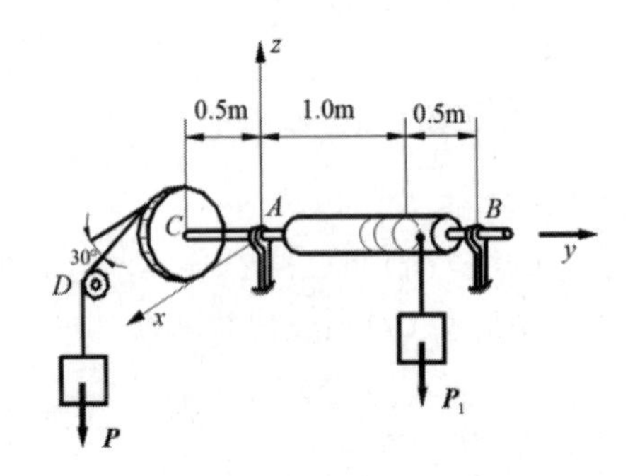

图 4.24　习题 4-4(7)图

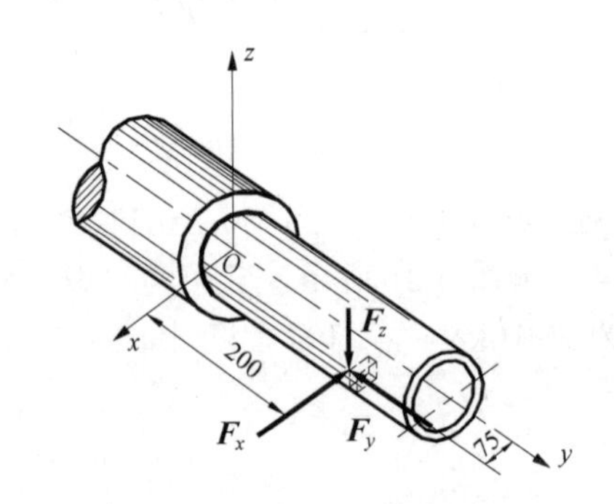

图 4.25　习题 4-4(8)图

(9) 如图 4.26 所示，用 6 根杆支撑一块矩形方板，在板的角点处受到铅直力 **F** 的作用，不计杆和板的重量，试求 6 根杆所受的力。

(10) 如图 4.27 所示，用 6 根杆支撑一块正方形平板，在板的角点处受到水平力 **F** 的作用，板边长和杆的长均为 *a*，不计杆和板的重量，试求 6 根杆所受的力。

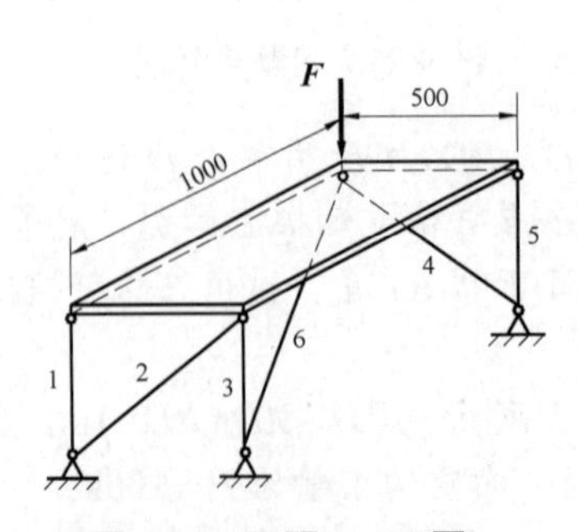

图 4.26　习题 4-4(9)图

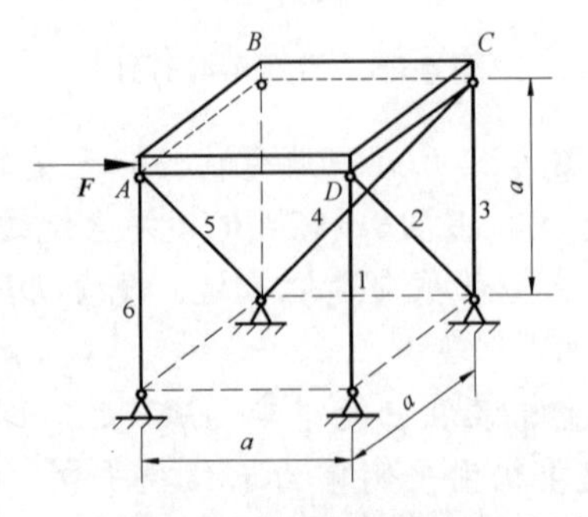

图 4.27　习题 4-4(10)图

(11) 如图 4.28 所示，三个圆盘 A、B、C 的半径分别为 150mm、100mm、50mm。在这三个圆盘边缘上有作用力偶，组成各力偶的力的大小分别为 100N、200N 和 $\boldsymbol{F}$。轴 OA、OB 和 OC 在同一水平面上，$\angle AOB$ 为直角。若使系统处于平衡状态，试求力 $\boldsymbol{F}$ 和 $\angle\theta=\angle BOC$ 应为多少？

(12) 具有两个直角的曲轴水平地放在轴承 A 和 B 上，在曲轴的 C 端用铅锤绳 CE 拉住，而在轴的自由端 D 上作用铅锤荷载 $\boldsymbol{F}$，尺寸如图 4.29 所示。试求绳的拉力和轴承的约束力。

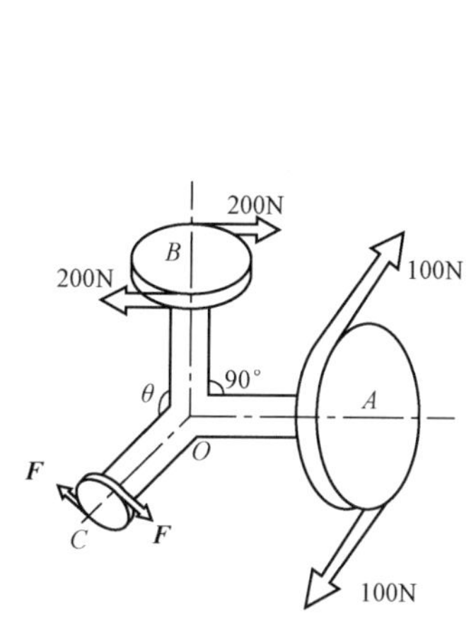

图 4.28　习题 4-4(11)图

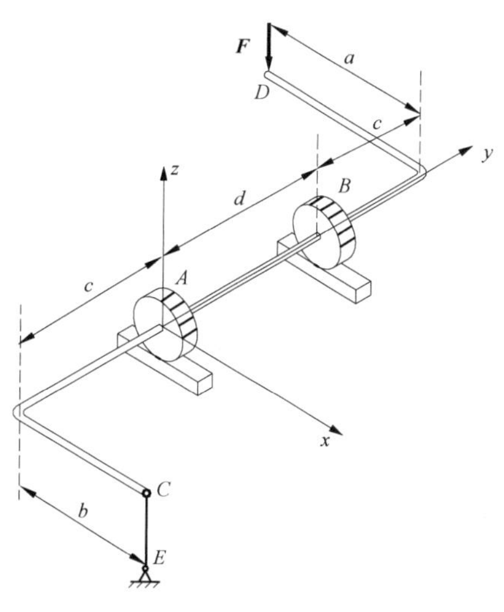

图 4.29　习题 4-4(12)图

(13) 如图 4.30 所示，水平传动轴装有两个轮 C、D，可绕 AB 轴转动。带轮半径各为 r_1=200mm 和 r_2=250mm；带轮与轴承间的距离为 $a=b$=500mm；两个带轮的间距为 c=1000mm。套在 C 轮上的胶带是水平的，其拉力 $F_{T1}=2F_{T2}$=5000N；套在 D 轮上的胶带和铅垂线夹角 $\theta=30^\circ$，其拉力 $F_{T3}=2F_{T4}$。试求系统处于平衡时的拉力 F_{T3}、F_{T4}，并求由胶带拉力引起的轴承 A、B 的约束力。

(14) 如图 4.31 所示的起重装置，已知重物 M 重 P=1000N，鼓轮的半径 R=50mm，手柄长 KD=400mm，DA=300mm，AC=400mm，BC=600mm；绕在鼓轮上的绳子与鼓轮的水平切线成 60° 角，并和鼓轮在同一铅垂平面内；又 $KD\perp DA$。试求当手柄 KD 处于水平位置时，作用在手柄上的压力 $\boldsymbol{F}$ 以及支座 A、B 的约束力。

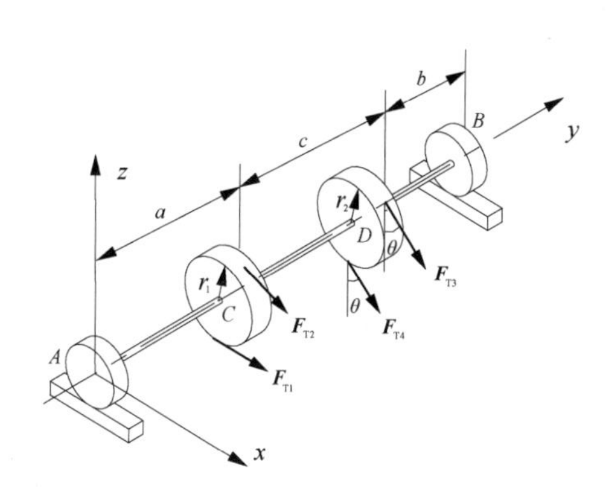

图 4.30　习题 4-4(13)图

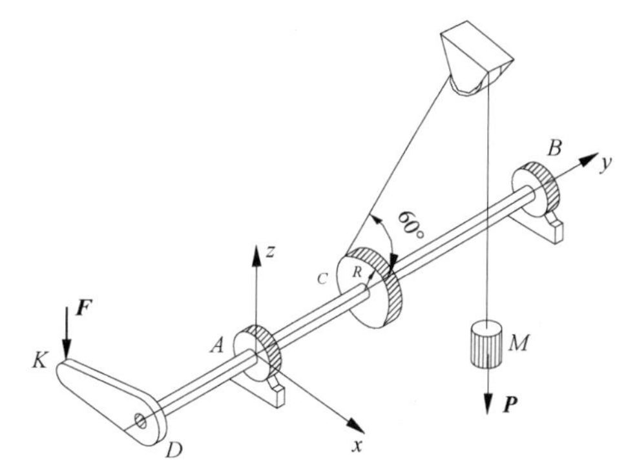

图 4.31　习题 4-4(14)图

第2篇

运　动　学

静力学是研究物体平衡问题的科学，但当物体的平衡状态被打破时，物体便开始做机械运动。物体的运动状态不仅与作用在物体上的力有关，还与物体的初始运动情况有关。在这一篇里先撇开作用在物体上的力，只从几何角度来研究物体运动的轨迹、速度和加速度等，所以运动学是研究物体运动几何性质的科学。

物体的运动是绝对的，但我们对物体运动的描述是相对的，描述物体的运动必须有另外一个物体作为参考，这个物体称为参考体，例如我们在地面看到行驶的汽车，是以地面为参考体。因此，描述物体的运动必须指明参考体，对于同一种运动，如果参考体不同，对它的描述也就不同。在参考体上建立的坐标系称为参考坐标系，如果不特别指出，一般都是以地面为参考体，在其上建立参考坐标系。

运动学的研究对象是点和刚体，也称作运动学的力学模型。要根据所研究问题的性质来选择研究对象的形式，例如火车虽然长，但要研究它的运动轨迹时应将其看成一个点。运动学的点是指无大小、无质量的几何点，即当所研究对象的大小和形状对物体的运动不起主要作用时，应忽略其大小和形状而抽象为点，称为动点；反之，视为刚体。

学习运动学应注意两个时间概念：瞬时(或时刻)和时间间隔。瞬时是指物体运动的一刹那；时间间隔是指物体从一个位置运动到另一个位置所经历的时间。

运动学的研究内容有点的运动、刚体的基本运动、点的合成运动和刚体平面运动。

运动学问题的求解可分为两类：

① 已知运动，求速度和加速度(或角速度和角加速度)；

② 已知速度或加速度(或角速度和角加速度)，求运动。

第 5 章

点的运动学

本章以点作为研究对象，用矢量法、直角坐标法和自然轴系法来研究点相对于某参考系运动时的轨迹、速度和加速度之间的关系。

5.1　点运动的矢量法

5.1.1　点的运动方程

在参考体上选一个固定点 O 作为参考点，由点 O 向动点 M 作矢径 $\boldsymbol{r}$ ，如图 5.1(a)所示，当动点 M 运动时，矢径 $\boldsymbol{r}$ 的大小和方向随时间的变化而变化，矢径 $\boldsymbol{r}$ 是时间的单值连续函数。即

$$\boldsymbol{r}=\boldsymbol{r}(t) \tag{5-1}$$

式(5-1)称为动点矢量形式的运动函数。

当动点 M 运动时，矢径端点 $\boldsymbol{r}$ 所描出的曲线称为动点 M 的运动轨迹或矢径端迹。

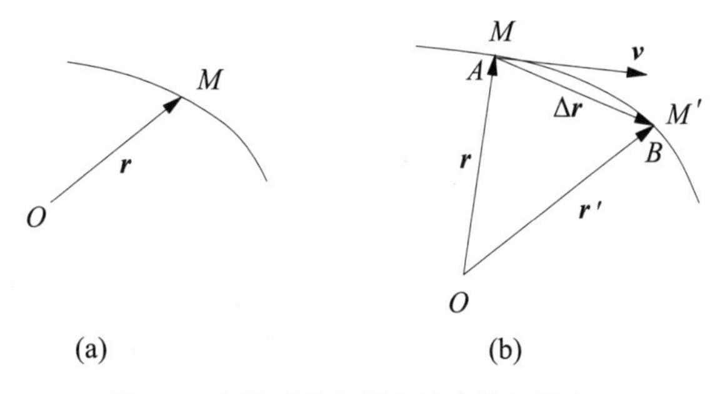

图 5.1　点运动的矢径和速度的矢量表示

5.1.2　点的速度

点的速度是描述点的运动快慢和方向的物理量。

如图 5.1(b)所示，设某瞬时 t 动点 M 位于点 A，矢径为 $\boldsymbol{r}$，经过时间间隔 Δt 时的瞬时为 t'，动点 M 位于点 B，矢径为 $\boldsymbol{r}'$，矢径的变化为 $\Delta\boldsymbol{r}=\boldsymbol{r}'-\boldsymbol{r}$，称为动点 M 经过时间间隔 Δt 的位移。动点 M 经过时间间隔 Δt 的平均速度，用 $\boldsymbol{v}^*$ 表示，即

$$\boldsymbol{v}^*=\frac{\Delta\boldsymbol{r}}{\Delta t}$$

平均速度 $\boldsymbol{v}^*$ 与 $\Delta\boldsymbol{r}$ 同向。

平均速度的极限为动点在 t 瞬时的速度，即

$$\boldsymbol{v}=\lim_{\Delta t\to 0}\boldsymbol{v}^*=\frac{\mathrm{d}\boldsymbol{r}}{\mathrm{d}t} \tag{5-2}$$

点的速度等于动点的矢径 $\boldsymbol{r}$ 对时间的一阶导数。它是矢量，其大小表示动点运动的快慢，方向沿轨迹曲线的切线，并指向前进一侧。速度的单位为 m/s。

5.1.3　点的加速度

与点的速度一样，点的加速度是描述点的速度大小和方向变化的物理量。即

$$\boldsymbol{a}=\lim_{\Delta t\to 0}\boldsymbol{a}^*=\frac{\mathrm{d}\boldsymbol{v}}{\mathrm{d}t}=\frac{\mathrm{d}^2\boldsymbol{r}}{\mathrm{d}t^2} \tag{5-3}$$

式中，$\boldsymbol{a}^*$ 为动点的平均加速度，$\boldsymbol{a}$ 为动点在瞬时 t 的加速度。

点的加速度等于动点的速度对时间的一阶导数，也等于动点的矢径对时间的二阶导数。它是矢量，方向沿速度矢端曲线的切线如图 5.2(a)所示，恒指向轨迹曲线凹的一侧，如图 5.2(b)所示。加速度的单位为 $\mathrm{m/s^2}$。

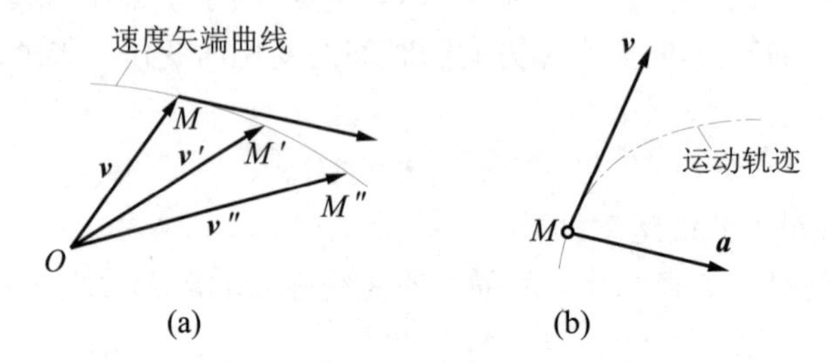

图 5.2　速度矢端曲线及速度和加速度的关系

为了方便书写，常采用简写方法，即一阶导数用字母上方加“·”表示，二阶导数用字母上方加“··”表示，即上面式(5-2)和式(5-3)所表示的物理量可记为

$$\boldsymbol{v}=\dot{\boldsymbol{r}} \qquad \boldsymbol{a}=\dot{\boldsymbol{v}}=\ddot{\boldsymbol{r}} \tag{5-4}$$

5.2　点运动的直角坐标法

5.2.1　点的运动方程

在固定点 O 建立直角坐标系 $Oxyz$，则动点 M 的位置可用其直角坐标 x、y、z 表示，如图 5.3 所示。当动点 M 运动时，坐标 x、y、z 是时间 t 的单值连续函数，即

$$\begin{cases} x = f_1(t) \\ y = f_2(t) \\ z = f_3(t) \end{cases} \tag{5-5}$$

式(5-5)称为动点直角坐标形式的运动方程。

轨迹方程是由式(5-5)消去时间得两个柱面方程 $f_1(x,y)=0$、$f_2(y,z)=0$，其交线为动点的轨迹曲线，如图 5.4 所示。若动点在平面内运动，则其轨迹方程为 $f(x,y)=0$。若动点做直线运动，则其轨迹方程为运动方程 $x=f(t)$。

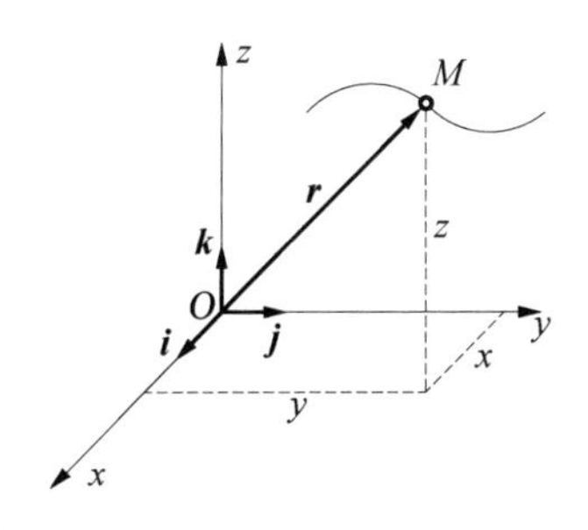

图 5.3　动点的矢径与直角坐标的关系

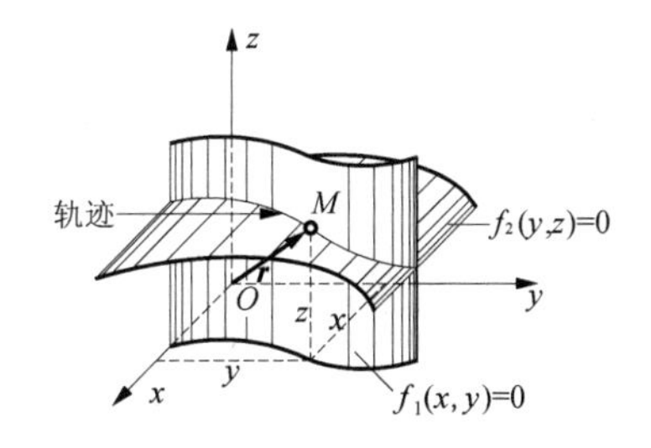

图 5.4　动点的轨迹

动点运动方程的矢量形式与直角坐标形式之间的关系为

$$r(t) = x(t)\boldsymbol{i} + y(t)\boldsymbol{j} + z(t)\boldsymbol{k} \tag{5-6}$$

其中，$\boldsymbol{i}$、$\boldsymbol{j}$、$\boldsymbol{k}$ 为沿直角坐标轴正向的单位矢量。

5.2.2　点的速度

由式(5-2)得动点的速度为

$$\boldsymbol{v} = \dot{x}(t)\boldsymbol{i} + \dot{y}(t)\boldsymbol{j} + \dot{z}(t)\boldsymbol{k} \tag{5-7}$$

则速度的解析形式为

$$\boldsymbol{v} = v_x\boldsymbol{i} + v_y\boldsymbol{j} + v_z\boldsymbol{k} \tag{5-8}$$

比较式(5-7)和式(5-8)，得速度在直角坐标轴上的投影为

$$v_x = \frac{\mathrm{d}x}{\mathrm{d}t} = \dot{x}(t) \quad v_y = \frac{\mathrm{d}y}{\mathrm{d}t} = \dot{y}(t) \quad v_z = \frac{\mathrm{d}z}{\mathrm{d}t} = \dot{z}(t) \tag{5-9}$$

速度在直角坐标轴上的投影等于动点所对应的坐标对时间的一阶导数。

若已知速度的投影，则速度的大小和方向为

$$\begin{cases} v = \sqrt{v_x^2 + v_y^2 + v_z^2} \\ \cos(\boldsymbol{v},\boldsymbol{i}) = \dfrac{v_x}{v}, \cos(\boldsymbol{v},\boldsymbol{j}) = \dfrac{v_y}{v}, \cos(\boldsymbol{v},\boldsymbol{k}) = \dfrac{v_z}{v} \end{cases} \tag{5-10}$$

5.2.3　点的加速度

由式(5-8)得动点的加速度为

$$\boldsymbol{a}=\frac{\mathrm{d}\boldsymbol{v}}{\mathrm{d}t}=\dot{v}_x\boldsymbol{i}+\dot{v}_y\boldsymbol{j}+\dot{v}_z\boldsymbol{k} \tag{5-11}$$

则加速度的解析形式为

$$\boldsymbol{a}=a_x\boldsymbol{i}+a_y\boldsymbol{j}+a_z\boldsymbol{k} \tag{5-12}$$

加速度在直角坐标轴上的投影为

$$a_x=\frac{\mathrm{d}v_x}{\mathrm{d}t}=\dot{v}_x=\ddot{x}(t) \quad a_y=\frac{\mathrm{d}v_y}{\mathrm{d}t}=\dot{v}_y=\ddot{y}(t) \quad a_z=\frac{\mathrm{d}v_z}{\mathrm{d}t}=\dot{v}_z=\ddot{z}(t) \tag{5-13}$$

加速度在直角坐标轴上的投影等于动点的速度在同一坐标轴上的投影对时间的一阶导数，也等于动点所对应的坐标对时间的二阶导数。

若已知加速度的投影，则加速度的大小和方向为

$$\begin{cases} a=\sqrt{a_x^2+a_y^2+a_z^2} \\ \cos(\boldsymbol{a},\boldsymbol{i})=\dfrac{a_x}{a},\cos(\boldsymbol{a},\boldsymbol{j})=\dfrac{a_y}{a},\ \cos(\boldsymbol{a},\boldsymbol{k})=\dfrac{a_z}{a} \end{cases} \tag{5-14}$$

上面是按动点做空间曲线运动来研究的。若点做平面曲线运动，则令坐标 $z=0$ 。若点做直线运动，则令坐标 $y=0$ 、 $z=0$ 。

求解点的运动学问题大体可分为两类：第一类是已知动点的运动，求动点的速度和加速度，它是求导的过程；第二类是已知动点的速度或加速度，求动点的运动，它是求解微分方程的过程。

【例 5.1】曲柄连杆机构如图 5.5 所示，设曲柄 OA 长为 r，绕轴 O 匀速转动，曲柄与 x 轴的夹角为 $\varphi=\omega t$，t 为时间，连杆 AB 长为 l，滑块 B 在水平的滑道上运动，试求滑块 B 的运动方程、速度和加速度。

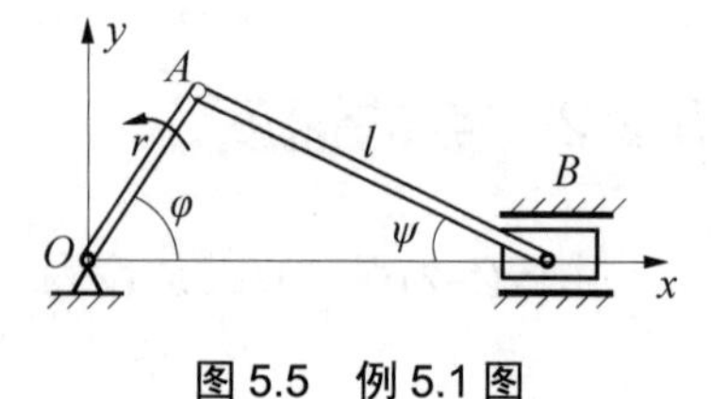

图 5.5　例 5.1 图

解：建立直角坐标系 Oxy，滑块 B 的运动方程为

$$x=r\cos\varphi+l\cos\psi \tag{a}$$

由几何关系得

$$r\sin\varphi=l\sin\psi$$

则有

$$\cos\psi=\sqrt{1-\sin^2\psi}=\sqrt{1-\left(\frac{r}{l}\sin\varphi\right)^2} \tag{b}$$

将式(b)代入式(a)，得滑块 B 的运动方程为

$$x=r\cos\varphi+l\sqrt{1-\left(\frac{r}{l}\sin\varphi\right)^2}=r\cos\omega t+l\sqrt{1-\left(\frac{r}{l}\sin\omega t\right)^2} \tag{c}$$

对式(b)求导，得滑块 B 的速度和加速度为

$$v=\dot{x}=-r\omega\sin\omega t-\frac{r^2\omega\sin2\omega t}{2l\sqrt{1-\left(\dfrac{r}{l}\sin\omega t\right)^2}}$$

$$a=\dot{v}=-r\omega^2\cos\omega t-\frac{r^2\omega^2\left\{4\cos2\omega t\left[1-\left(\frac{r}{l}\sin\omega t\right)^2\right]+\frac{r^2}{l^2}\sin^2 2\omega t\right\}}{4l\left[1-\left(\frac{r}{l}\sin\omega t\right)^2\right]^{\frac{3}{2}}}$$

【例 5.2】已知动点的运动方程为 $x=r\cos\omega t$ ， $y=r\sin\omega t$ ， $z=ut$ ， r、u、 ω 为常数，试求动点的轨迹、速度和加速度。

解：由运动方程消去时间 t，得动点的轨迹方程为

$$x^2+y^2=r^2, \quad y=r\sin\frac{\omega z}{u}$$

动点的轨迹曲线是沿半径为 r 的柱面上的一条螺旋线，如图 5.6(a)所示。

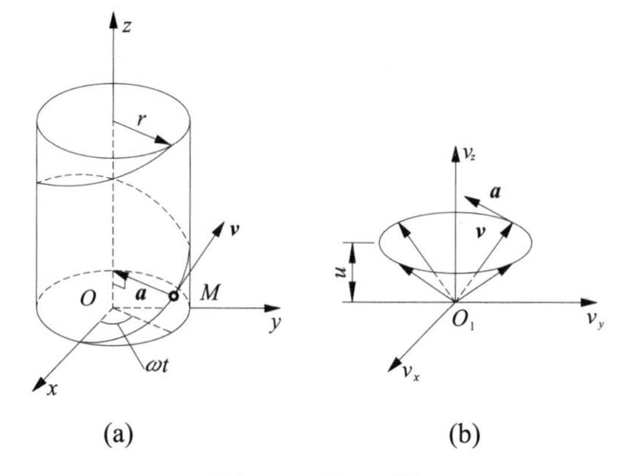

图 5.6　例 5.2 图

动点的速度在直角坐标轴上的投影为

$$v_x=\dot{x}=-r\omega\sin\omega t$$

$$v_y=\dot{y}=r\omega\cos\omega t$$

$$v_z=\dot{z}=u$$

速度的大小和方向余弦为

$$v=\sqrt{v_x^2+v_y^2+v_z^2}=\sqrt{r^2\omega^2+u^2}$$

$$\cos(\boldsymbol{v},\boldsymbol{i})=\frac{v_x}{v}=\frac{-r\omega\sin\omega t}{\sqrt{r^2\omega^2+u^2}}$$

$$\cos(\boldsymbol{v},\boldsymbol{j})=\frac{v_y}{v}=\frac{r\omega\cos\omega t}{\sqrt{r^2\omega^2+u^2}}$$

$$\cos(\boldsymbol{v},\boldsymbol{k})=\frac{v_z}{v}=\frac{u}{\sqrt{r^2\omega^2+u^2}}$$

由上式知，速度大小为常数，其方向与 z 轴的夹角为常数，故速度矢端轨迹为平行于 Oxy 坐标面的圆，如图 5.6(b)所示。

动点的加速度在直角坐标轴上的投影为

$$a_x=\dot{v}_x=-r\omega^2\cos\omega t$$

$$a_y = \dot{v}_y = -r\omega^2 \sin\omega t$$

$$a_z = \dot{v}_z = 0$$

加速度的大小和方向余弦为

$$a = \sqrt{a_x^2 + a_y^2 + a_z^2} = r\omega^2$$

$$\cos(\boldsymbol{a}, \boldsymbol{i}) = \frac{a_x}{a} = \frac{-r\omega^2 \cos\omega t}{r\omega^2} = -\cos\omega t$$

$$\cos(\boldsymbol{a}, \boldsymbol{j}) = \frac{a_y}{a} = \frac{-r\omega^2 \sin\omega t}{r\omega^2} = -\sin\omega t$$

$$\cos(\boldsymbol{a}, \boldsymbol{k}) = \frac{a_z}{a} = \frac{0}{r\omega^2} = 0$$

则动点的加速度大小也为常数，其方向垂直于 z 轴，并恒指向 z 轴，如图 5.6(b)所示。

【例 5.3】如图 5.7 所示为液压减震器简图。当液压减震器工作时，其活塞 M 在套筒内做直线往复运动，设活塞 M 的加速度为 $\boldsymbol{a} = -k\boldsymbol{v}$，$\boldsymbol{v}$ 为活塞 M 的速度，k 为常数，初速度为 v_0，试求活塞 M 的速度和运动方程。

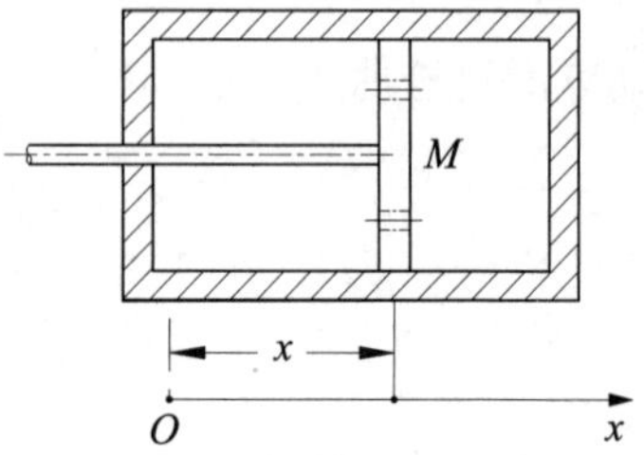

图 5.7　例 5.3 图

解：因活塞 M 做直线往复运动，则建立 x 轴表示活塞 M 的运动规律，活塞 M 的速度、加速度与 x 坐标的关系为

$$a = \dot{v} = \ddot{x}(t)$$

代入已知条件，则有

$$-kv = \frac{\mathrm{d}v}{\mathrm{d}t} \tag{a}$$

将式(a)进行变量分离，并积分

$$-k\int_0^t \mathrm{d}t = \int_{v_0}^{v} \frac{\mathrm{d}v}{v}$$

得

$$-kt = \ln\frac{v}{v_0}$$

则活塞 M 的速度为

$$v = v_0 e^{-kt} \tag{b}$$

即 $\frac{\mathrm{d}x}{\mathrm{d}t} = v$，再对式(b)进行变量分离

$$\mathrm{d}x = v_0 e^{-kt}\mathrm{d}t$$

积分

$$\int_{x_0}^{x} \mathrm{d}x = v_0 \int_0^t e^{-kt}\mathrm{d}t$$

得活塞 M 的运动方程为

$$x = x_0 + \frac{v_0}{k}(1 - e^{-kt}) \tag{c}$$

5.3　点运动的自然轴系法

5.3.1　点的运动方程

在实际工程问题中，例如运行的列车是在已知的轨道上行驶，而列车的运行状况也是沿其运行的轨迹路线来确定的。这种沿已知轨迹路线来确定动点的位置及运动状态的方法通常称为自然轴系法，简称自然法。如图 5.8 所示，确定动点的位置应在已知的轨迹曲线上选择一个点 O 作为参考点，设定运动的正负方向，量取 OM 的弧长 s，弧长 s 称为弧坐标。当动点运动时，弧坐标 s 随时间而发生变化，即弧坐标 s 是时间 t 的单值连续函数，即

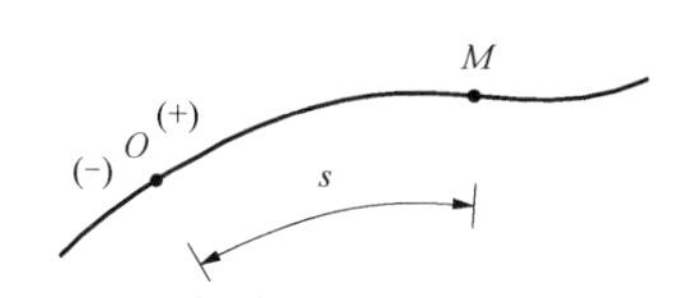

图 5.8　动点的弧坐标

$$s = f(t) \tag{5-15}$$

式(5-15)称为点的弧坐标形式的运动方程。

5.3.2　自然轴系

为了学习速度和加速度，先学习随动点运动的动坐标系即自然轴系的有关知识。如图 5.9 所示，设某瞬时 t 动点位于轨迹曲线上的点 M，并在点 M 作切线，沿其前进方向给出单位矢量 $\boldsymbol{\tau}$，下一个瞬时 t' 动点位于轨迹曲线上的点 M' 处，并沿其前进的方向给出单位矢量 $\boldsymbol{\tau}'$，为描述曲线上的点 M 处的弯曲程度，引入曲率的概念，即单位矢量 $\boldsymbol{\tau}$ 与 $\boldsymbol{\tau}'$ 的夹角 θ 对弧长 s 的变化率，用(κ 表示)为

$$\kappa = \left|\frac{\mathrm{d}\theta}{\mathrm{d}s}\right|$$

M 处的曲率半径为

$$\rho = \frac{1}{\kappa} \tag{5-16}$$

如图 5.10 所示，在点 M 处作单位矢量 $\boldsymbol{\tau}'$ 的平行线 MA，单位矢量 $\boldsymbol{\tau}$ 与 MA 构成一个平面 P，当时间间隔 Δt 趋于零时，MA 靠近单位矢量 $\boldsymbol{\tau}$，M' 趋于点 M，平面 P 趋于极限平面 P_0，此平面称为密切平面，过点 M 作密切平面的垂直平面 N，N 称为点 M 的法平面。在密切平面与法平面的交线处，取其单位矢量 $\boldsymbol{n}$，并恒指向轨迹曲线的曲率中心一侧，$\boldsymbol{n}$ 称为点 M 的主法线。按右手螺旋系生成点 M 处的次法线 $\boldsymbol{b}$，使 $\boldsymbol{b} = \boldsymbol{\tau} \times \boldsymbol{n}$，从而得到由 $\boldsymbol{b}$、$\boldsymbol{\tau}$、$\boldsymbol{n}$ 构成的自然轴系。由于动点在运动，所以 $\boldsymbol{b}$、$\boldsymbol{\tau}$、$\boldsymbol{n}$ 的方向随动点的运动而变化，则由 $\boldsymbol{b}$、$\boldsymbol{\tau}$、$\boldsymbol{n}$ 构成的坐标系为动坐标系。

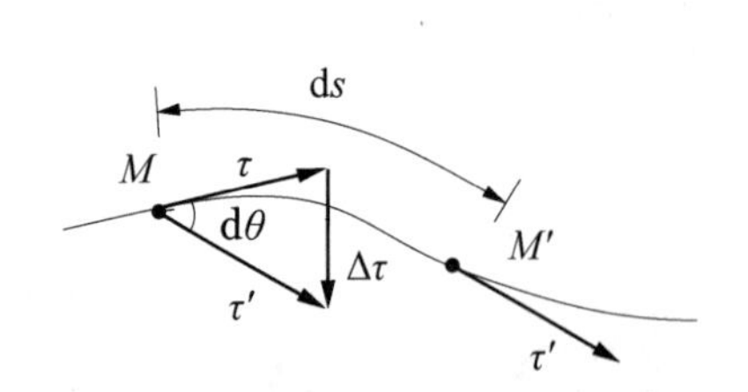

图 5.9　动点运动曲线切线的矢量关系

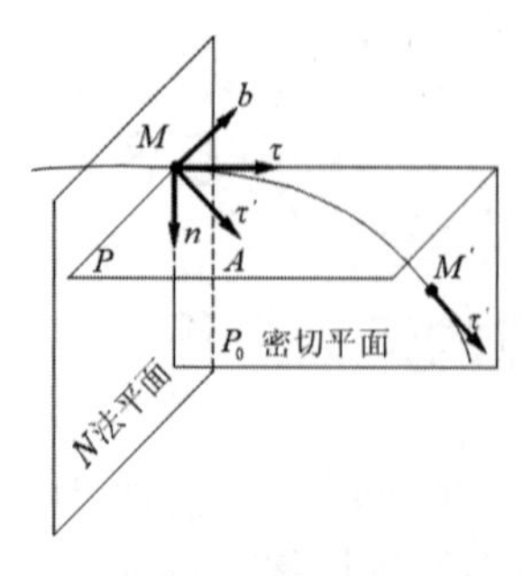

图 5.10　自然轴系图

5.3.3　点的速度

如图 5.11 所示，由矢量法知动点的速度大小为

$$|\boldsymbol{v}|=\left|\frac{\mathrm{d}\boldsymbol{r}}{\mathrm{d}t}\right|=\lim_{\Delta t\to 0}\left|\frac{\Delta\boldsymbol{r}}{\Delta t}\right|=\lim_{\Delta t\to 0}\left|\frac{\Delta\boldsymbol{r}}{\Delta s}\frac{\Delta s}{\Delta t}\right|=\lim_{\Delta s\to 0}\left|\frac{\Delta\boldsymbol{r}}{\Delta s}\right|\lim_{\Delta t\to 0}\left|\frac{\Delta s}{\Delta t}\right|=|v| \tag{5-17}$$

其中，$\lim\limits_{\Delta s\to 0}\left|\dfrac{\Delta\boldsymbol{r}}{\Delta s}\right|=1$，$\lim\limits_{\Delta t\to 0}\dfrac{\Delta s}{\Delta t}=v$，$v$ 定义为速度代数量，当动点沿轨迹曲线的正向运动时 $\Delta s>0$，$v>0$; 反之 $\Delta s<0$，$v<0$。

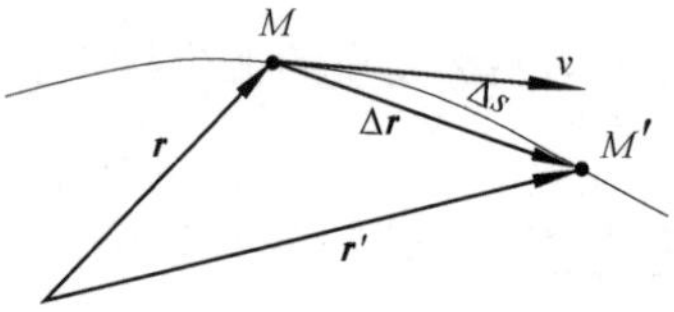

图 5.11　弧坐标与矢径的关系

动点速度的方向沿轨迹曲线切线，并指向前进一侧，即点速度矢量的自然法表示为

$$\boldsymbol{v}=v\boldsymbol{\tau} \tag{5-18}$$

$\boldsymbol{\tau}$ 为沿轨迹曲线切线的单位矢量，恒指向 $\Delta s>0$ 的方向。

5.3.4　点的加速度

由矢量法知动点的加速度为

$$\boldsymbol{a}=\frac{\mathrm{d}\boldsymbol{v}}{\mathrm{d}t}=\frac{\mathrm{d}}{\mathrm{d}t}(v\boldsymbol{\tau})=\frac{\mathrm{d}v}{\mathrm{d}t}\boldsymbol{\tau}+v\frac{\mathrm{d}\boldsymbol{\tau}}{\mathrm{d}t} \tag{5-19}$$

式(5-19)表示的加速度分为两项，一项表示速度大小对时间的变化率，用 a_τ 表示，称为切向加速度，其方向沿轨迹曲线切线，当 a_τ 与 v 同号时动点做加速运动，反之做减速运动；另一项表示速度方向对时间的变化率，用 a_n 表示，称为法向加速度。

由图 5.9 求 $\dfrac{\mathrm{d}\boldsymbol{\tau}}{\mathrm{d}t}$。

(1) $\dfrac{\mathrm{d}\boldsymbol{\tau}}{\mathrm{d}t}$ 的大小：

$$\left|\frac{\mathrm{d}\boldsymbol{\tau}}{\mathrm{d}t}\right|=\lim_{\Delta t\to 0}\left|\frac{\Delta\boldsymbol{\tau}}{\Delta t}\right|=\lim_{\Delta t\to 0}\frac{2\cdot 1\cdot\sin\dfrac{\Delta\theta}{2}}{\Delta t}=\lim_{\Delta\theta\to 0}\frac{\sin\dfrac{\Delta\theta}{2}}{\dfrac{\Delta\theta}{2}}\lim_{\Delta s\to 0}\frac{\Delta\theta}{\Delta s}\lim_{\Delta t\to 0}\frac{\Delta s}{\Delta t}=\frac{v}{\rho}$$

(2) $\dfrac{\mathrm{d}\boldsymbol{\tau}}{\mathrm{d}t}$ 的方向：

沿轨迹曲线的主法线，恒指向曲率中心一侧。

式(5-19)成为

$$\boldsymbol{a} = a_{\tau}\boldsymbol{\tau} + \boldsymbol{a}_{\mathrm{n}}\boldsymbol{n} \tag{5-20}$$

其中，$a_{\tau} = \dfrac{\mathrm{d}v}{\mathrm{d}t} = \dfrac{\mathrm{d}^2 s}{\mathrm{d}t^2}$(或 $= \dot{v} = \ddot{s}$)，$a_{\mathrm{n}} = \dfrac{v^2}{\rho}$。

若将动点的全加速度 $\boldsymbol{a}$ 向自然坐标系 $\boldsymbol{b}$、$\boldsymbol{\tau}$、$\boldsymbol{n}$ 上投影，则有

$$\begin{cases} a_{\tau} = \dfrac{\mathrm{d}v}{\mathrm{d}t} = \dfrac{\mathrm{d}^2 s}{\mathrm{d}t^2} \\ a_{\mathrm{n}} = \dfrac{v^2}{\rho} \\ a_{\mathrm{b}} = 0 \end{cases} \tag{5-21}$$

其中，a_{b} 为次法向加速度。

若已知动点的切向加速度 a_{τ} 和法向加速度 a_{n}，则动点的全加速度大小为

$$a = \sqrt{a_{\tau}^2 + a_{\mathrm{n}}^2}$$

全加速度与法线间的夹角为

$$\alpha = \mathrm{arctg}\frac{|a_{\tau}|}{a_{\mathrm{n}}}$$

如图 5.12 所示。

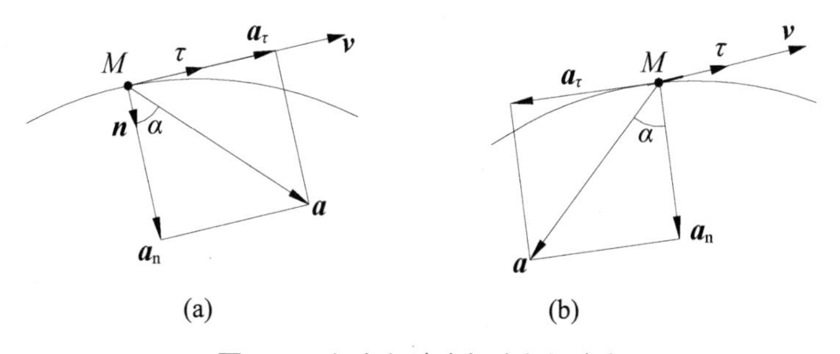

图 5.12　切向加速度与法向加速度

5.3.5　几种常见的运动

由以上点的运动学微分关系，不难得出点做匀变速曲线运动和直线运动的关系(见表 5.1)。

表 5.1　几种特殊的点的运动

匀变速曲线运动	匀速曲线运动	直线运动
切向加速度： $a_\tau=\dfrac{\mathrm{d}v}{\mathrm{d}t}=\dfrac{\mathrm{d}^2s}{\mathrm{d}t^2}=$恒量　(a) 积分： $v=v_0+a_\tau t$　(b) 再积分： $s=s_0+v_0t+\dfrac{1}{2}a_\tau t^2$　(c) 由(b)式、(c)式消去时间 t 得 $v^2=v_0^2+2a_\tau(s-s_0)$　(d) 法向加速度： $a_n=\dfrac{v^2}{\rho}$	速度：$v=$恒量　(a) 切向加速度：$a_\tau=0$ 积分： $s=s_0+v_0t$　(b) 全加速度：$a=a_n=\dfrac{v^2}{\rho}$	曲率半径：$\rho\to\infty$ 法向加速度：$a_n=0$ 全加速度：$a=a_\tau$

【例 5.4】飞轮边缘上的点按 $s=4\sin\dfrac{\pi}{4}t$ (cm) 的规律运动，飞轮的半径 $r=20$(cm)。试求时间 $t=1$(s) 时，该点的速度和加速度。

解：当时间 $t=1$ (s)时，飞轮边缘上点的速度为

$$v=\frac{\mathrm{d}s}{\mathrm{d}t}=\pi\cos\frac{\pi}{4}t=2.22(\mathrm{cm/s})$$

方向沿轨迹曲线的切线。

飞轮边缘上点的切向加速度为

$$a_\tau=\frac{\mathrm{d}v}{\mathrm{d}t}=-\frac{\pi^2}{4}\sin\frac{\pi}{4}t=-1.74(\mathrm{cm/s^2})$$

法向加速度为

$$a_n=\frac{v^2}{\rho}=\frac{2.22^2}{20}=0.246(\mathrm{cm/s^2})$$

飞轮边缘上点的全加速度大小和方向为

$$a=\sqrt{a_\tau^2+a_n^2}=1.91(\mathrm{cm/s^2})$$

$$\tan\alpha=\frac{|a_\tau|}{a_n}=7.073$$

全加速度与法线间的夹角 $\alpha=81.95^\circ$。

【例 5.5】已知动点的运动方程为 $x=20t$，$y=5t^2-10$，式中 x、y 以 m 计，t 以 s 计，试求当 $t=0$ 时，动点的曲率半径 ρ。

解：动点的速度和加速度在直角坐标 x、y 上的投影为

$$v_x=\dot{x}=20(\mathrm{m/s})$$

$$v_y = \dot{y} = 10t(\text{m/s})$$
$$a_x = \dot{v}_x = 0$$
$$a_y = \dot{v}_y = 10(\text{m/s}^2)$$

动点的速度和全加速度的大小为

$$v = \sqrt{v_x^2 + v_y^2} = \sqrt{400 + 100t^2} = 10\sqrt{4 + t^2}$$
$$a = \sqrt{a_x^2 + a_y^2} = 10(\text{m/s}^2)$$

当 $t = 0$ 时，动点的切向加速度为

$$a_\tau = \dot{v} = \frac{10t}{\sqrt{4 + t^2}} = 0$$

法向加速度为

$$a_\text{n} = \frac{v^2}{\rho} = \frac{400}{\rho}$$

全加速度的大小为

$$a = \sqrt{a_x^2 + a_y^2} = \sqrt{a_\tau^2 + a_\text{n}^2} = a_\text{n}$$

则当 $t = 0$ 时，动点的曲率半径为

$$\rho = \frac{400}{a} = \frac{400}{10} = 40\ (\text{m})$$

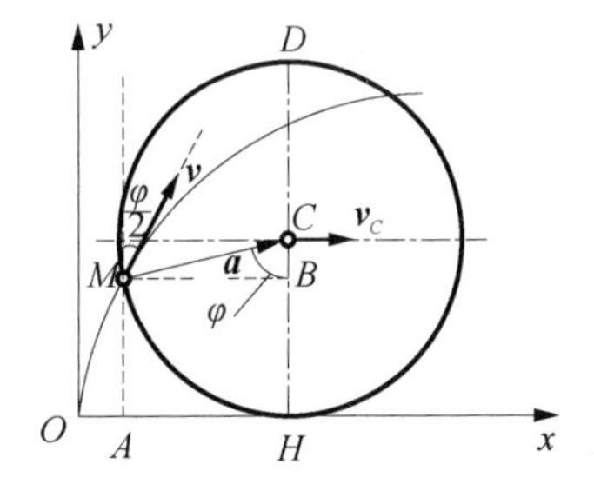

图 5.13　例 5.6 图

【例 5.6】半径为 r 的轮子沿直线轨道做无滑动的滚动，如图 5.13 所示。已知轮心 C 的速度为 $\boldsymbol{v}_C$，试求轮缘上的点 M 的速度、加速度、沿轨迹曲线的运动方程及轨迹的曲率半径 ρ。

解：沿轮子滚动的方向建立直角坐标系 Oxy，初始时设轮缘上的点 M 位于坐标原点 O 处。在图示瞬时，点 M 和轮心 C 的连线与 CH 所成的夹角为

$$\varphi = \frac{MH}{r} = \frac{v_C t}{r}$$

点 M 的运动方程为

$$\begin{cases} x = HO - AH = v_C t - r\sin\varphi = v_C t - r\sin\dfrac{v_C t}{r} \\ y = CH - CB = r - r\cos\varphi = r - r\cos\dfrac{v_C t}{r} \end{cases} \tag{a}$$

点 M 的速度在坐标轴上的投影为

$$\begin{cases} v_x = \dot{x} = v_C - v_C\cos\dfrac{v_C t}{r} = v_C\left(1 - \cos\dfrac{v_C t}{r}\right) = 2v_C\sin^2\dfrac{v_C t}{2r} \\ v_y = \dot{y} = v_C\sin\dfrac{v_C t}{r} = 2v_C\sin\dfrac{v_C t}{2r}\cos\dfrac{v_C t}{2r} \end{cases} \tag{b}$$

点 M 的速度大小为

$$v = \sqrt{v_x^2 + v_y^2} = 2v_C\sin\frac{v_C t}{2r} \tag{c}$$

点 M 的速度方向余弦为

$$\cos(\boldsymbol{v},\boldsymbol{i})=\frac{v_x}{v}=\sin\frac{v_C t}{2r}=\cos\left(\frac{\pi}{2}-\frac{\varphi}{2}\right),\quad \cos(\boldsymbol{v},\boldsymbol{j})=\frac{v_y}{v}=\cos\frac{v_C t}{2r}=\cos\frac{\varphi}{2}$$

则速度的方向角为

$$\alpha=(\boldsymbol{v},\boldsymbol{i})=\frac{\pi}{2}-\frac{\varphi}{2},\quad \beta=(\boldsymbol{v},\boldsymbol{j})=\frac{\varphi}{2}$$

即点 M 速度沿 $\angle MCH$ 的角平分线。

轮缘上的点 M 沿轨迹曲线的运动方程，由式(c)积分得

$$s=\int_0^t v\mathrm{d}t=\int_0^t 2v_C\sin\frac{v_C t}{2r}\mathrm{d}t=4r\left(1-\cos\frac{v_C t}{2r}\right) \tag{d}$$

点 M 的加速度在坐标轴上的投影，由式(b)得

$$\begin{cases}a_x=\dot{v}_x=\dfrac{v_C^2}{r}\sin\dfrac{v_C t}{r}\\ a_y=\dot{v}_y=\dfrac{v_C^2}{r}\cos\dfrac{v_C t}{r}\end{cases}$$

点 M 的加速度大小和方向余弦为

$$\begin{cases}a=\sqrt{a_x^2+a_y^2}=\dfrac{v_C^2}{r}\\ \cos(\boldsymbol{a},\boldsymbol{i})=\dfrac{a_x}{a}=\sin\dfrac{v_C t}{r}=\cos\left(\dfrac{\pi}{2}-\varphi\right),\cos(\boldsymbol{a},\boldsymbol{j})=\dfrac{a_y}{a}=\cos\dfrac{v_C t}{r}=\cos\varphi\end{cases} \tag{e}$$

则加速度的方向角为

$$\alpha=(\boldsymbol{a},\boldsymbol{i})=\frac{\pi}{2}-\varphi,\qquad \beta=(\boldsymbol{a},\boldsymbol{j})=\varphi$$

即点 M 的加速度方向沿半径，且恒指向轮心点 C。

点 M 的切向加速度和法向加速度为

$$\begin{cases}a_\tau=\dot{v}=\dfrac{v_C^2}{r}\cos\dfrac{v_C t}{2r}\\ a_\mathrm{n}=\sqrt{a^2-a_\tau^2}=\dfrac{v_C^2}{r}\sin\dfrac{v_C t}{2r}\end{cases}$$

轨迹的曲率半径为

$$\rho=\frac{v^2}{a_\mathrm{n}}=4r\sin\frac{v_C t}{2r} \tag{f}$$

讨论：

(1) 点 M 与地面接触时，$\varphi=0$，点 M 的速度 $v=0$，即圆轮沿直线轨道无滑动地滚动时与地面接触点的速度为零。

(2) 轮缘上各点加速度大小为 $a=\dfrac{v_C^2}{r}$，方向恒指向轮心。

【例 5.7】 列车沿半径为 $R=400\text{m}$ 的圆弧轨道做匀加速运动，设初速度 $v_0=10\text{m/s}$，经过 $t=40\text{s}$ 后，其速度达到 $v=20\text{m/s}$，试求列车在 $t=0$ 、$t=40\text{s}$ 时的加速度。

解： 由于列车做匀加速运动，切向加速度 $a_\tau=$ 常数，有

$$v=v_0+a_\tau t$$

则切向加速度为

$$a_\tau=\frac{v-v_0}{t}=\frac{20-10}{40}=0.25(\mathrm{m/s^2})$$

(1) 当 $t=0$ 时，法向加速度为

$$a_\mathrm{n}=\frac{{v_0}^2}{\rho}=\frac{100}{400}=0.25(\mathrm{m/s^2})$$

全加速度为

$$a=\sqrt{a_\tau^2+a_\mathrm{n}^2}=\sqrt{0.25^2+0.25^2}=0.35(\mathrm{m/s^2})$$

全加速度与法线间的夹角为

$$\tan\alpha=\frac{|a_\tau|}{a_\mathrm{n}}=1$$

即 $\alpha=45^\circ$。

(2) 当 $t=40\mathrm{s}$ 时，法向加速度为

$$a_\mathrm{n}=\frac{v^2}{\rho}=\frac{400}{400}=1(\mathrm{m/s^2})$$

全加速度为

$$a=\sqrt{a_\tau^2+a_\mathrm{n}^2}=\sqrt{0.25^2+1^2}=1.03(\mathrm{m/s^2})$$

全加速度与法线间的夹角为

$$\tan\alpha=\frac{|a_\tau|}{a_\mathrm{n}}=\frac{0.25}{1}=0.25$$

即 $\alpha=14^\circ$。

描述点的运动的方法有很多，除了本章所研究的方法以外，还有极坐标法、柱坐标法和球坐标法等，应根据所研究的问题选择适当的方法研究点的运动。例如，研究行星的运动，一般选择球坐标法等。

本 章 小 结

小结的具体内容请扫描右侧二维码获取。

习 题 5

5-1 是非题(正确的画√，错误的画×)

(1) 某瞬时动点的速度为零，则动点的加速度必为零。 (　　)

(2) 某瞬时动点的加速度为零，则动点的速度必为零。 (　　)

(3) 切向加速度是表示动点速度方向对时间的导数。 (　　)

(4) 法向加速度是表示动点速度大小对时间的导数。 (　　)

(5) 点做曲线运动时，法向加速度是不等于零的。 ( )

(6) 点做直线运动时，法向加速度是等于零的。 ( )

(7) 点做直线运动时，切向加速度是等于零的。 ( )

(8) 轨迹曲线的曲率半径为无穷大时，点做直线运动。 ( )

(9) 点做匀变速运动时，切向加速度大小保持不变。 ( )

(10) 法向加速度的方向是恒指向轨迹曲线的曲率中心。 ( )

5-2 填空题(把正确的答案写在横线上)

(1) 点做直线运动时，法向加速度等于____________。

(2) 点做匀速曲线运动时，切向加速度等于____________。

(3) 点运动方程 $x=r\cos\omega t$、$y=r\sin\omega t$，点的轨迹方程为________________。

(4) 点运动方程 $x=2\cos 2t^2$、$y=2\sin 2t^2$，当 $t=\sqrt{\dfrac{\pi}{6}}$ 时，点的速度 $v=$____________；点的加速度 $a=$____________；轨迹的曲率半径 $\rho=$__________。

(5) 点做曲线运动时，其点的加速度在____________面内。

(6) 点的次法向加速度 $a_{\mathrm{b}}=$________________。

5-3 简答题

(1) 点在下述情况下做何种运动？

① $a_\tau=0$，$a_{\mathrm{n}}=0$；② $a_\tau\neq 0$，$a_{\mathrm{n}}=0$；③ $a_\tau=0$，$a_{\mathrm{n}}\neq 0$；④ $a_\tau\neq 0$，$a_{\mathrm{n}}\neq 0$。

(2) $\dfrac{\mathrm{d}\boldsymbol{v}}{\mathrm{d}t}$ 与 $\dfrac{\mathrm{d}v}{\mathrm{d}t}$ 的区别是什么？

(3) 当点做曲线运动时，点的加速度是恒矢量，点做匀加速曲线运动吗？为什么？

(4) 写出描述动点直角坐标法和自然轴系法的运动方程之间的关系。

(5) 若点沿已知的轨迹曲线运动，其运动方程为 $s=2+4t^2$，t 为时间，则点做怎样的运动？

5-4 计算题

(1) 如图 5.14 所示的平面机构中，曲柄 OC 以角速度 ω 绕 O 轴转动，图示瞬时与水平线夹角 $\varphi=\omega t$，滑块 A、B 分别在水平滑道和竖直滑道内运动，试求连杆 AC 中点 M 的运动方程、速度和加速度。

(2) 如图 5.15 所示的杆 AB 长为 l，以角速度 ω 绕点 B 转动，其转动方程为 $\varphi=\omega t$。与杆相连的滑块 B 按规律 $s=a+b\sin\omega t$ 沿水平线做往复运动，其中 ω、a、b 均为常数，试求点 A 的轨迹。

(3) 如图 5.16 所示，跨过滑轮 C 的绳子一端挂有重物 B，另一端 A 被人拉着沿水平方向运动，其速度 $v_0=1\mathrm{m/s}$，而点 A 到地面的距离保持常量 $h=1\mathrm{m}$。如果滑轮离地面的高度 $H=9\mathrm{m}$，滑轮的半径忽略不计，当运动开始时，重物在地面上的 D 处，绳子 AC 段在铅直位置 EC 处，试求重物 B 上升的运动方程和速度以及重物 B 到达滑轮处所需的时间。

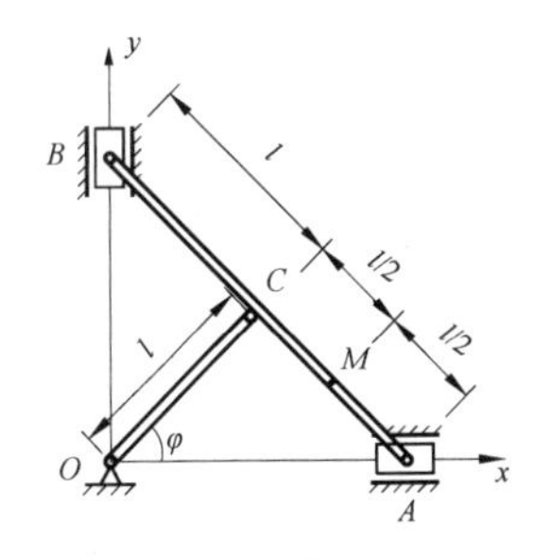

图 5.14　习题 5-4(1)图

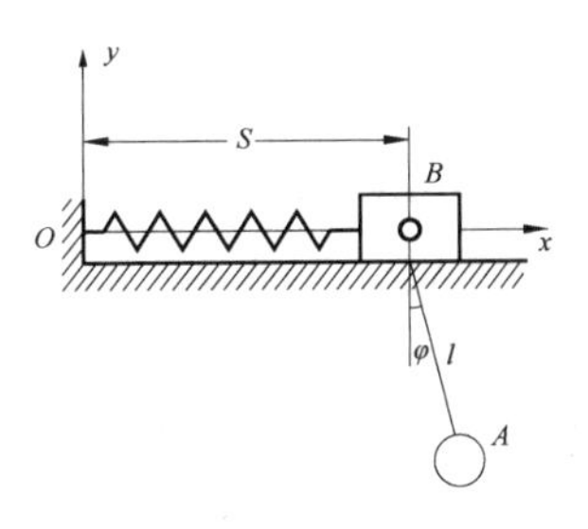

图 5.15　习题 5-4(2)图

(4) 如图 5.17 所示，杆 AB 以等角速度 ω 绕点 A 转动，并带动套在水平杆 OC 上的小环 M 运动。当运动开始时，杆 AB 在铅直位置，设 $OA=h$，试求：

① 小环 M 沿杆 OC 滑动的速度；

② 小环 M 沿杆 AB 运动的速度。

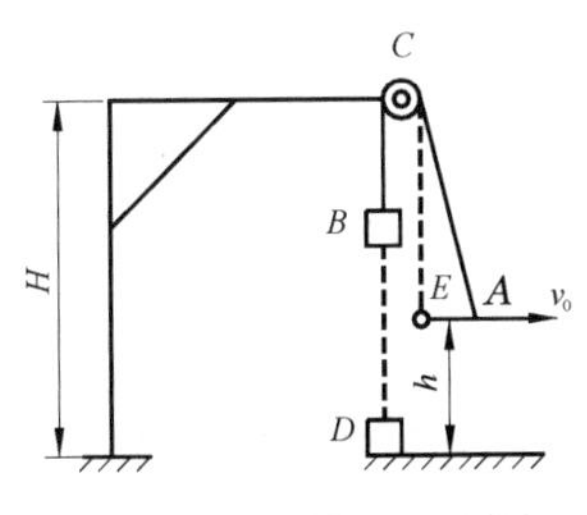

图 5.16　习题 5-4(3)图

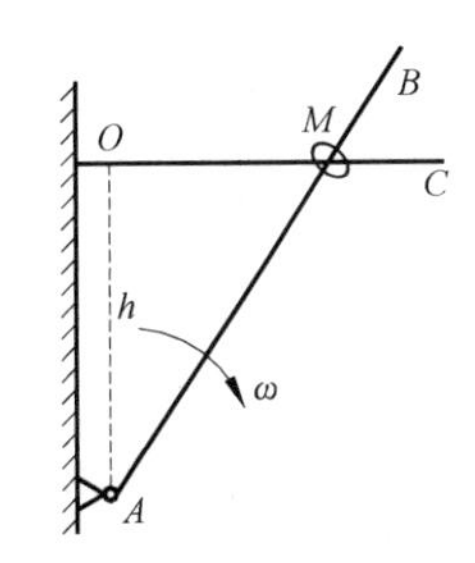

图 5.17　习题 5-4(4)图

(5) 如图 5.18 所示，摇杆机构的滑杆 AB 以等速度 v 向上运动，摇杆 OC 的长为 a，$OD=l$。初始时，摇杆 OC 位于水平位置，试建立摇杆 OC 上点 C 的运动方程，并求当 $\theta=\dfrac{\pi}{4}$ 时点 C 的速度。

(6) 套管 A 由绕过定滑轮 B 的绳索牵引而沿导轨上升，定滑轮中心到导轨的距离为 l，如图 5.19 所示。设绳索在电机的带动下以速度 v_0 向下运动，忽略滑轮的大小，试求套管 A 的速度和加速度与距离 x 的关系。

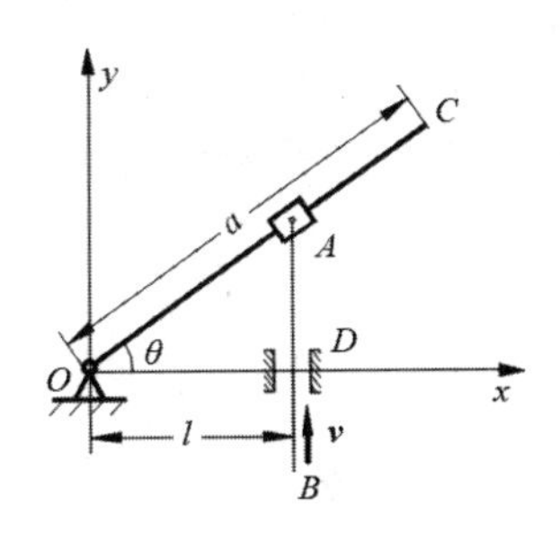

图 5.18　习题 5-4(5)图

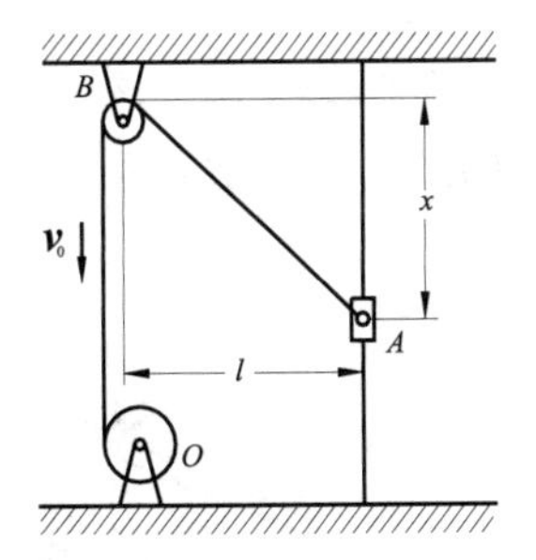

图 5.19　习题 5-4(6)图

(7) 如图 5.20 所示，偏心凸轮半径为 R，绕 O 轴转动，转角 $\varphi=\omega t$，ω 为常量，偏心距 $OC=e$，凸轮带动顶杆 AB 沿直线做往复运动，试求顶杆的运动方程和速度。

(8) 已知动点的直角坐标运动方程，试求动点自然轴系法的运动方程。

① $x=4\cos^2 t$， $y=3\sin^2 t$；

② $x=t^2$， $y=2t$。

(9) 列车在半径为 $r=800\text{m}$ 的圆弧轨道做匀减速行驶，设初速度 $v_0=54\text{km/h}$，末速度 $v=18\text{km/h}$，走过的路程 $s=800\text{m}$，试求列车在这段路程的起点和终点时的加速度以及列车在这段路程中所经历的时间。

(10) 动点 M 沿曲线 OA 和 OB 两段圆弧运动，其圆弧的半径分别为 $R_1=18\text{m}$ 和 $R_2=24\text{m}$，以两段圆弧的连接点为弧坐标的坐标原点 O，如图 5.21 所示。已知动点的运动方程为 $s=3+4t-t^2$，s 以米(m)计、t 以秒(s)计，试求：

① 动点 M 由 $t=0$ 运动到 $t=5\text{s}$ 所经过的路程；

② $t=5\text{s}$ 时的加速度。

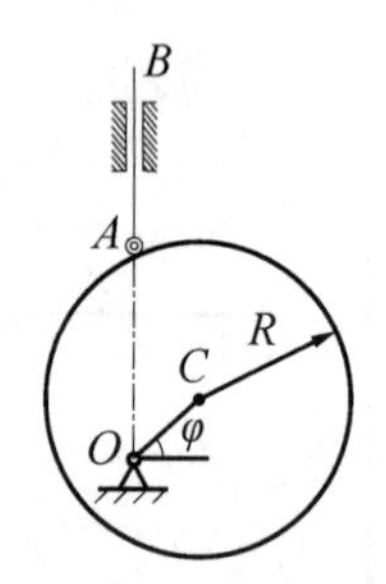

图 5.20　习题 5-4(7)图

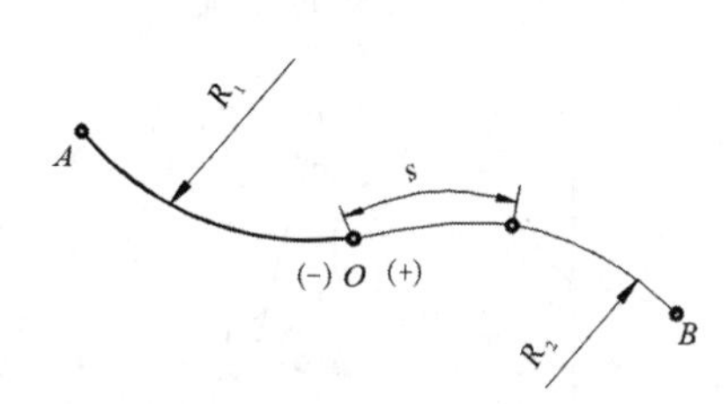

图 5.21　习题 5-4(10)图

(11) 动点做平面曲线运动，设其加速度与轨迹切线的夹角 α 为常量，且此切线与平面内某直线的夹角为 $\varphi=\omega t$，初始时 $s=0$、$v=k\omega$，k、ω 为常数。试求动点经历时间 t 后所走过的弧长。

(12) 已知动点的运动方程为 $x=t$，$y=\sin t^2$，其中 x、y 以米(m)计、t 以秒(s)计，试求动点在 $t=0$ 时的曲率半径。

(13) 如图 5.22 所示的摇杆滑道机构中，动点 M 同时在固定的圆弧 BC 和摇杆 OA 的滑道中滑动。设圆弧 BC 的半径为 R，摇杆 OA 的轴 O 在圆弧 BC 的圆周上，同时摇杆 OA 绕轴 O 以等角速度 ω 转动，初始时摇杆 OA 位于水平位置。试分别用直角坐标法和自然轴系法给出动点 M 的运动方程，并求出其速度和加速度。

(14) 曲柄连杆机构如图 5.23 所示，设 $OA=AB=60\text{cm}$，$MB=20\text{cm}$，$\varphi=4\pi t$，t 以秒(s)计，试求连杆 AB 上的点 M 的轨迹方程，并求初始时点 M 的速度和加速度以及轨迹的曲率半径 ρ。

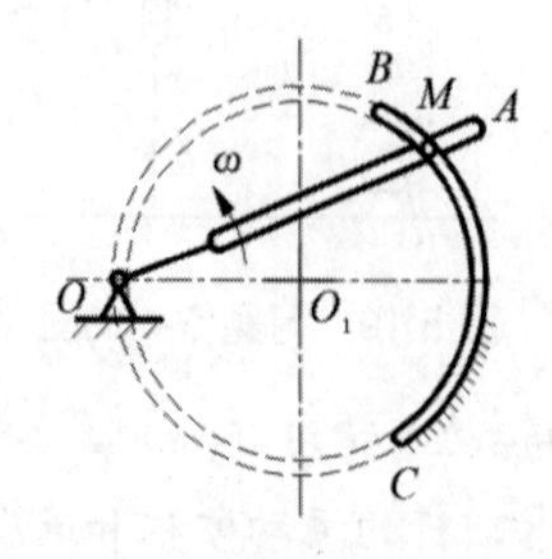

图 5.22　习题 5-4(13)图

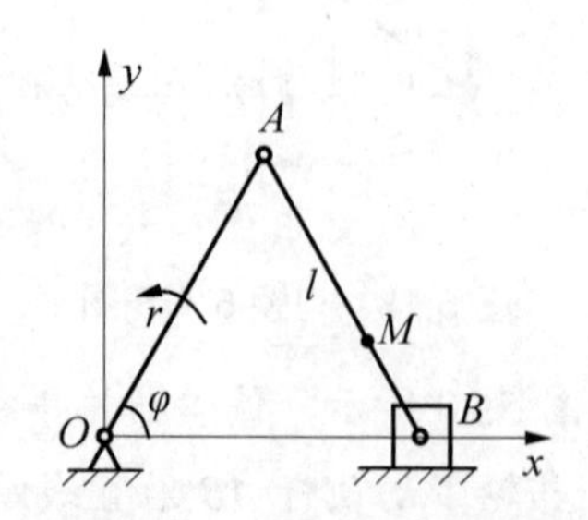

图 5.23　习题 5-4(14)图

第 6 章

刚体基本运动

本章的研究对象是刚体，将学习的内容是刚体的平行移动和刚体的定轴转动，它构成刚体的两个基本运动，是研究刚体复杂运动的基础。

6.1 刚体的平行移动

在工程实际中，如汽缸内活塞的运动，打桩机桩锤的运动等，其共同的运动特点是在运动过程中，刚体上任意直线段始终与它的初始位置相平行，刚体的这种运动称为刚体的平行移动，简称平移。如图 6.1 所示车轮的平行推杆 AB 在运动过程中始终与它的初始位置相平行，推杆 AB 做平移。

如图 6.2 所示，确定平移刚体的位置和运动状况，只需研究刚体上任意直线段 AB 的运动。设 A、B 两点的矢径为 $\boldsymbol{r}_A$ 和 $\boldsymbol{r}_B$，A、B 两点间的有向线段为 $\boldsymbol{r}_{AB}$，则三者之间的关系为

$$\boldsymbol{r}_A = \boldsymbol{r}_B + \boldsymbol{r}_{AB} \tag{6-1}$$

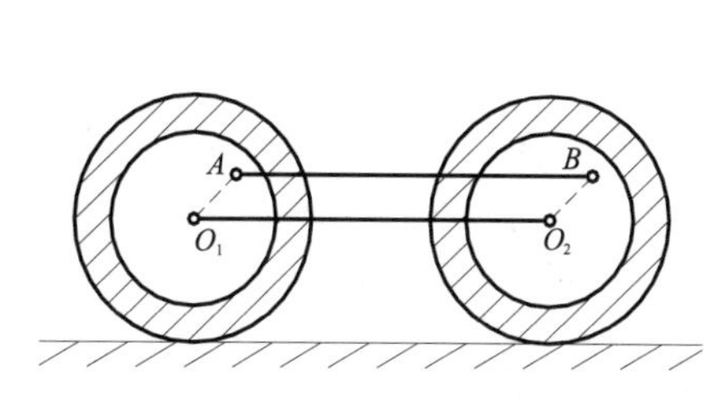

图 6.1 刚体的平行移动

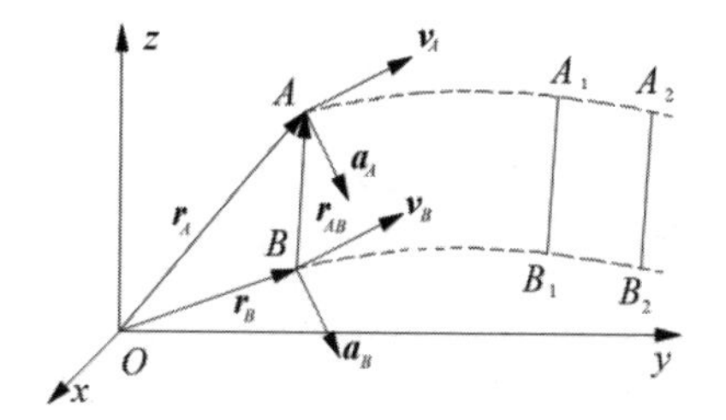

图 6.2 平移刚体上点的轨迹

由平移的定义知，$\boldsymbol{r}_{AB}$ 为恒矢量，A、B 两点的轨迹只相差恒矢量 $\boldsymbol{r}_{AB}$，即 A、B 两点的轨迹形状相同。

将式(6-1)对时间求导，得

$$\boldsymbol{v}_A = \boldsymbol{v}_B \tag{6-2}$$

$$\boldsymbol{a}_A = \boldsymbol{a}_B \tag{6-3}$$

结论：

(1) 平移刚体上各点的轨迹形状相同。

(2) 在同一瞬时平移刚体上各点的速度相等，各点的加速度相等。

因此，刚体的平行移动可以转化为一点运动来研究，即研究点的运动学问题。

6.2 刚体的定轴转动

工程实际中有很多绕固定轴转动的物体，如飞轮、电动机的转子、卷扬机的鼓轮、齿轮等。这些刚体的运动特点是：在运动过程中，刚体上存在一条不动的直线段，把刚体的这种运动称为刚体绕定轴转动，简称转动，转动刚体上不动的直线段称为刚体的转轴。

6.2.1 转动刚体的运动描述

如图 6.3 所示，选定参考坐标系 $Oxyz$，设 z 轴与刚体的转轴重合，过 z 轴作一个不动的平面 P_0(称为静平面)，再作一个与刚体一起转动的平面 P(称为动平面)，令静平面 P_0 位于 Oxz 面上，初始瞬时这两个平面重合。当刚体转动到瞬时 t 时，两个平面间的夹角为 φ，φ 称为刚体的转角，用来描述转动刚体的位置，它是代数量。按照右手螺旋法则规定转角 φ 的符号，单位为弧度(rad)。

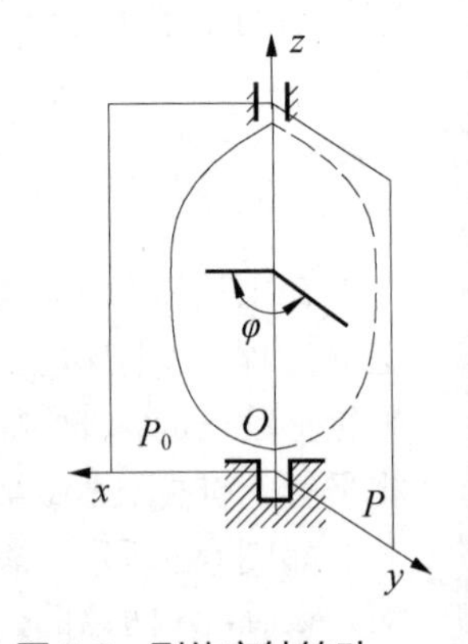

图 6.3　刚体定轴转动

刚体定轴转动的运动方程为

$$\varphi = f(t) \tag{6-4}$$

$f(t)$ 是时间 t 的单值连续函数。

角速度是描述刚体转动快慢的物理量，用 ω 表示，它表示转角 φ 对时间 t 的一阶导数。即

$$\omega = \frac{\mathrm{d}\varphi}{\mathrm{d}t}(或 = \dot{\varphi}) \tag{6-5}$$

单位为 rad/s，它是代数量。当 $\Delta\varphi > 0$ 时，$\omega > 0$；当 $\Delta\varphi < 0$ 时，$\omega < 0$。

角加速度是角速度 ω 对时间 t 的一阶导数，用 α 表示。它表示角速度 ω 对时间 t 的一阶导数即

$$\alpha = \frac{\mathrm{d}\omega}{\mathrm{d}t} = \frac{\mathrm{d}^2\varphi}{\mathrm{d}t^2}(或 = \dot{\omega} = \ddot{\varphi}) \tag{6-6}$$

单位为 rad/s^2，它是代数量。当 α 与 ω 同号时，刚体做加速转动；当 α 与 ω 异号时，刚体做减速转动。

工程中常用转速表示转动刚体的转动快慢，即每分钟转过的圈数，用 n 表示，单位为转/分(r/min)，角速度与转速的关系是

$$\omega = \frac{2\pi n}{60} = \frac{\pi n}{30}\ (\text{rad/s}) \tag{6-7}$$

注意： 转动刚体的运动微分关系与点的运动微分关系有着相似之处，望初学者加以比较。

6.2.2 转动刚体上各点的速度和加速度

当刚体做定轴转动时，刚体上各点均做圆周运动，故在刚体上任选一点 M，设它到转轴的距离为 R，如图 6.4 所示，当刚体转过 φ 角时，点 M 的弧坐标为

$$s = R\varphi \tag{6-8}$$

式(6-8)对时间 t 求导，得点 M 的速度为

$$v = R\omega \tag{6-9}$$

其速度分布如图 6.5(a)所示。

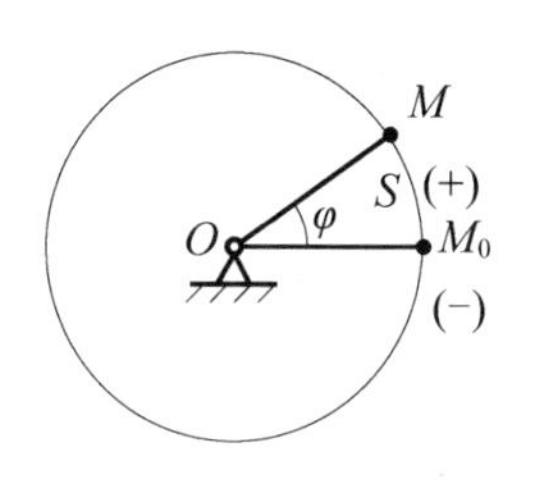

图 6.4 弧坐标与转角的关系

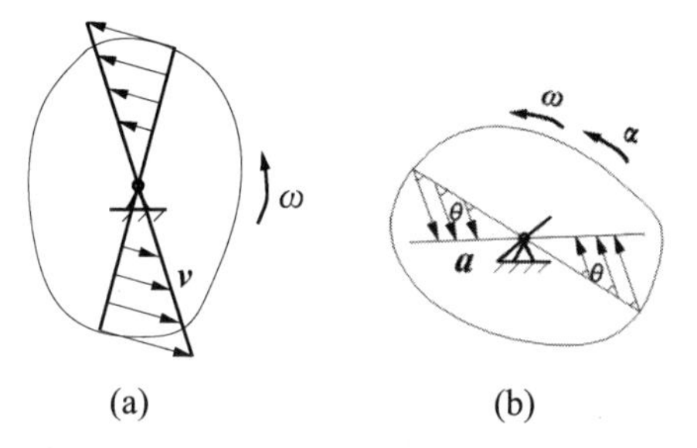

图 6.5 转动刚体的速度和加速度分布

式(6-9)对时间 t 求导，得点 M 的切向加速度为

$$a_{\tau} = R\alpha \tag{6-10}$$

点 M 的法向加速度为

$$a_{\mathrm{n}} = \frac{v^2}{R} = \frac{(R\omega)^2}{R} = R\omega^2 \tag{6-11}$$

点 M 的全向加速度的大小为

$$a = \sqrt{a_{\tau}^2 + a_{\mathrm{n}}^2} = \sqrt{(R\alpha)^2 + (R\omega^2)^2} = R\sqrt{\alpha^2 + \omega^4} \tag{6-12}$$

点 M 的全向加速度的方向为

$$\tan\theta = \frac{|a_{\tau}|}{a_{\mathrm{n}}} = \frac{|\alpha|}{\omega^2} \tag{6-13}$$

其加速度分布如图 6.5(b)所示。

结论：

(1) 在同一瞬时，转动刚体上各点的速度 $\boldsymbol{v}$ 和加速度 $\boldsymbol{a}$ 的大小均与到转轴的垂直距离 R 成正比。

(2) 在同一瞬时，各点速度 $\boldsymbol{v}$ 的方向垂直于到转轴的距离 R，各点加速度 $\boldsymbol{a}$ 的方向与到转轴的垂直距离 R 的夹角 θ 都相等。

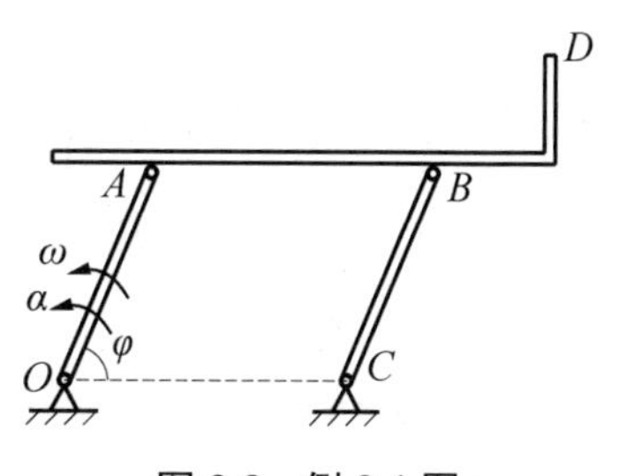

图 6.6 例 6.1 图

【例 6.1】 如图 6.6 所示，曲柄 OA 绕轴 O 转动，其转动方程为 $\varphi = 4t^2$ (rad)，杆 BC 绕轴 C 转动，且杆 OA 与杆

BC平行且等长，OA=BC=0.5m，试求当$t=1\text{s}$时，直角杆ABD上点D的速度和加速度。

解：因为杆OA与BC平行且等长，则直角杆ABD做平移，由平移的定义知，计算点D的速度和加速度，只需计算点A的速度和加速度即可。

曲柄OA的角速度由式(6-5)求得

$$\omega=\frac{\mathrm{d}\varphi}{\mathrm{d}t}=8t\ (\text{rad/s})$$

曲柄OA的角加速度由式(6-6)求得

$$\alpha=\frac{\mathrm{d}\omega}{\mathrm{d}t}=8\ (\text{rad/s}^2)$$

当$t=1\text{s}$时：

(1) 直角杆ABD上点D的速度

由式(6-9)得

$$v=R\omega=OA\omega=0.5\times8=4\ (\text{m/s})$$

方向垂直OA，沿角速度的旋转方向。

(2) 直角杆ABD上点D的加速度。

切向加速度由式(6-10)求得

$$a_\tau=R\alpha=OA\alpha=0.5\times8=4\ (\text{m/s}^2)$$

法向加速度由式(6-11)求得

$$a_\text{n}=R\omega^2=OA\omega^2=0.5\times8^2=32\ (\text{m/s}^2)$$

全向加速度由式(6-12)求得

$$a=\sqrt{a_\tau^2+a_\text{n}^2}=\sqrt{4^2+32^2}=32.25\ (\text{m/s}^2)$$

全向加速度与法线间的夹角由式(6-13)求得

$$\tan\theta=\frac{|a_\tau|}{a_\text{n}}=\frac{|\alpha|}{\omega^2}=\frac{8}{8^2}=0.125$$

其中，$\theta=7.13°$。

【例6.2】鼓轮绕轴O转动，其半径为$R=0.2\text{m}$，转动方程为$\varphi=-t^2+4t\ (\text{rad})$，如图6.7所示。绳索缠绕在鼓轮上，绳索的另一端悬挂重物A，试求当$t=1\text{s}$时，轮缘上的点M和重物A的速度和加速度。

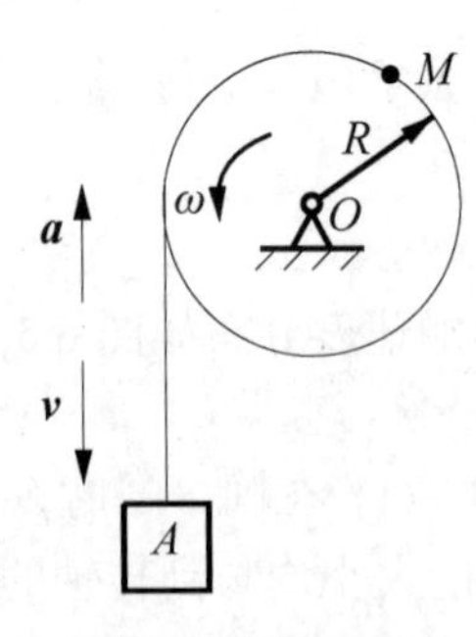

图6.7　例6.2图

解：鼓轮绕轴O转动的角速度由式(6-5)求得

$$\omega=\frac{\mathrm{d}\varphi}{\mathrm{d}t}=-2t+4$$

鼓轮绕轴O转动的角加速度，由式(6-6)求得

$$\alpha=\frac{\mathrm{d}\omega}{\mathrm{d}t}=-2(\text{rad/s}^2)$$

当$t=1\text{s}$时：

(1) 点M的速度和加速度。

由式(6-9)求得点M的速度为

$$v_M=R\omega=0.2\times2=0.4(\text{m/s})$$

方向垂直半径 R，沿角速度的旋转方向。

切向加速度由式(6-10)求得

$$a_{\tau M}=R\alpha=0.2\times(-2)=-0.4(\mathrm{m/s^2})$$

法向加速度由式(6-11)求得

$$a_{nM}=R\omega^2=0.2\times2^2=0.8(\mathrm{m/s^2})$$

全向加速度由式(6-12)求得

$$a_M=\sqrt{a_{\tau M}^2+a_{nM}^2}=\sqrt{(-0.4)^2+0.8^2}=0.8944(\mathrm{m/s^2})$$

全向加速度与法线间的夹角由式(6-13)求得

$$\tan\theta=\frac{|a_\tau|}{a_n}=\frac{|\alpha|}{\omega^2}=\frac{|-2|}{2^2}=0.5$$

其中，$\theta=26.57^\circ$。

(2) 重物 A 的速度和加速度。

重物 A 的速度为

$$v_A=v_M=0.4\,(\mathrm{m/s})$$

方向铅垂向下。

重物 A 的加速度为

$$a_A=a_{\tau M}=-0.4\,(\mathrm{m/s^2})$$

与速度方向相反，做减速运动。

【例 6.3】杆 OB 绕轴 O 转动，并套在套筒 A 中，套筒 A 在竖直滑道中运动，如图 6.8 所示。已知套筒 A 以匀速 $v=1\mathrm{m/s}$ 向上运动，滑道与轴 O 的水平距离为 $l=0.4\mathrm{m}$，初始时杆 OB 为水平位置。试求当杆 OB 与水平线的夹角 $\varphi=30^\circ$ 时，导杆 OB 的角速度和角加速度。

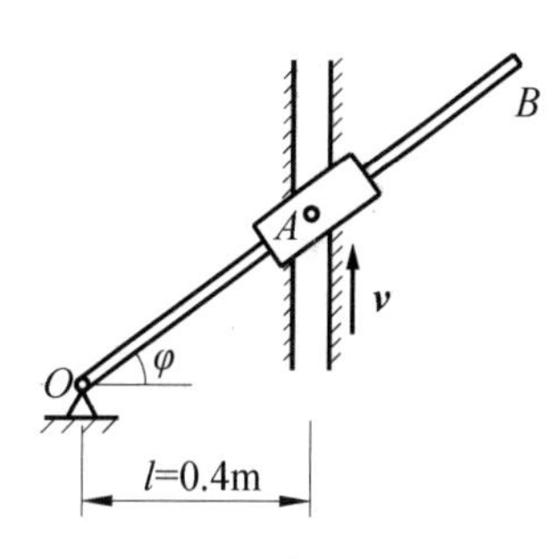

图 6.8　例 6.3 图

解：由几何关系得

$$\tan\varphi=\frac{vt}{l} \tag{a}$$

由式(a)求得杆 OB 绕轴 O 转动的转动方程为

$$\varphi=\arctan\frac{vt}{l} \tag{b}$$

对式(b)求导，求得杆 OB 的角速度和角加速度为

$$\omega=\dot{\varphi}=\frac{\frac{v}{l}}{1+\left(\frac{vt}{l}\right)^2} \tag{c}$$

$$\alpha=\dot{\omega}=-\frac{\frac{v}{l}2\left(\frac{vt}{l}\right)\frac{v}{l}}{\left[1+\left(\frac{vt}{l}\right)^2\right]^2}=-\frac{2\left(\frac{v}{l}\right)^3t}{\left[1+\left(\frac{vt}{l}\right)^2\right]^2} \tag{d}$$

当$\varphi=30^\circ$时，由式(a)求得时间为

$$t=\frac{l\tan30^\circ}{v}=\frac{0.4\sqrt{3}}{3}$$

代入式(c)和式(d)，求得杆 OB 的角速度和角加速度为

$$\omega=\dot{\varphi}=\frac{\frac{v}{l}}{1+\left(\frac{vt}{l}\right)^2}=\frac{\frac{1}{0.4}}{1+\left(\frac{1\times0.4\sqrt{3}}{0.4\times3}\right)^2}=1.875(\text{rad/s})$$

$$\alpha=\dot{\omega}=-\frac{2\left(\frac{v}{l}\right)^3t}{\left[1+\left(\frac{vt}{l}\right)^2\right]^2}=-\frac{2\left(\frac{1}{0.4}\right)^3\frac{0.4\sqrt{3}}{3}}{\left[1+\left(\frac{1\times0.4\sqrt{3}}{0.4\times3}\right)^2\right]^2}=-4.06(\text{rad/s}^2)$$

【例 6.4】变速箱由四个齿轮构成，如图 6.9 所示。齿轮Ⅱ和Ⅲ安装在同一轴上，与轴一起运动，各齿轮的齿数分别为$z_1=36$、$z_2=112$、$z_3=32$和$z_4=128$，如果主动轴Ⅰ的转数$n_1=1450$ (r/min)，试求从动轮Ⅳ的转数n_4。

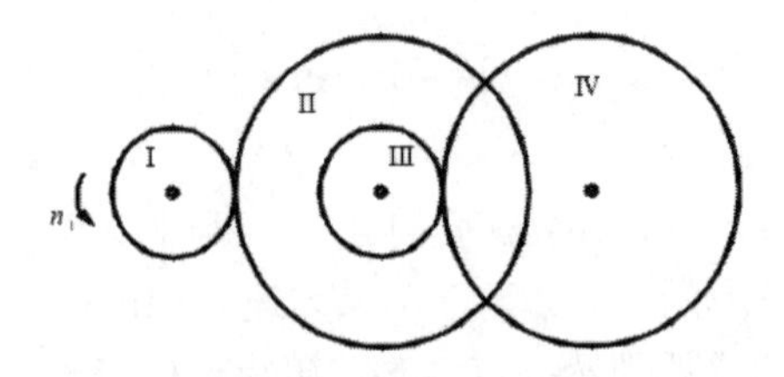

图6.9　例6.4图

解：在机械中常用齿轮作为传动部件，例如本题中的变速箱是由多个齿轮构成的，起到增速和减速的作用。在齿轮相互啮合处其速度相等，如图 6.10 所示。设主动轮Ⅰ和从动轮Ⅱ的角速度分别为ω_1、ω_2，齿轮的半径分别为r_1和r_2，即

$$\omega_1r_1=\omega_2r_2 \tag{a}$$

定义齿轮的传动比i_{12}等于主动轮的角速度与从动轮角速度的比。由式(a)有

$$i_{12}=\frac{\omega_1}{\omega_2}=\frac{r_2}{r_1} \tag{b}$$

齿轮啮合时齿距必须相等，即齿距等于齿轮的节圆周长与齿轮齿数的比。若设齿轮齿数分别为z_1、z_2，则有

$$\frac{2\pi r_1}{z_1}=\frac{2\pi r_2}{z_2} \tag{c}$$

由式(b)和式(c)得

$$i_{12}=\frac{\omega_1}{\omega_2}=\frac{r_2}{r_1}=\frac{z_2}{z_1} \tag{6-14}$$

即齿轮传动时，两个齿轮角速度的比等于两个齿轮半径的反比，或等于两个齿轮齿数的反比。

在机械中还有皮带轮传动，如图 6.11 所示。如果不考虑皮带的厚度，并假设皮带与轮无相对滑动，设轮 I 和轮 II 的角速度分别为ω_1、ω_2，半径分别为r_1和r_2，即

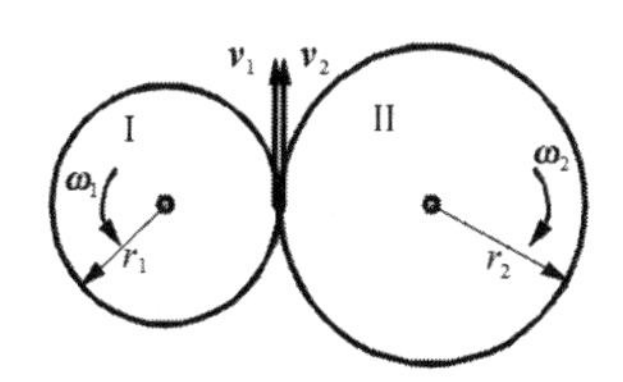

图 6.10　齿轮传动

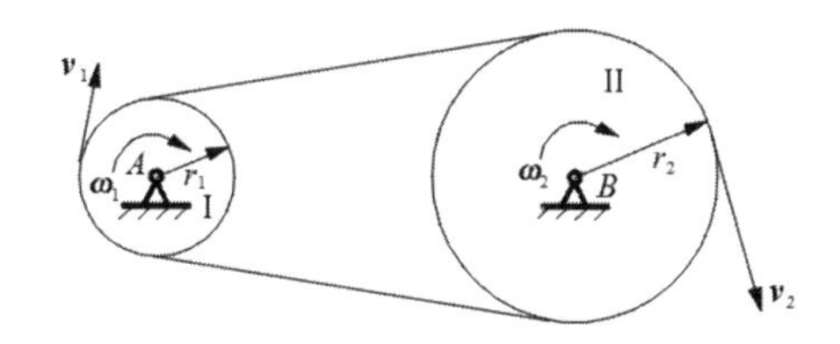

图 6.11　皮带轮传动

皮带轮的传动比i_{12}为

$$i_{12}=\frac{\omega_1}{\omega_2}=\frac{r_2}{r_1} \tag{6-15}$$

即皮带轮传动时，两个皮带轮角速度的比等于两个皮带轮半径的反比。

用上面推导的公式解本题。设四个齿轮的转数分别为n_1、n_2、n_3、n_4，则有

$$n_2=n_3$$

$$i_{12}=\frac{n_1}{n_2}=\frac{z_2}{z_1}$$

$$i_{34}=\frac{n_3}{n_4}=\frac{z_4}{z_3}$$

将上面两式相乘得

$$i_{14}=\frac{n_1}{n_4}=\frac{z_2z_4}{z_1z_3}$$

解得从动轮Ⅳ的转数n_4为

$$n_4=n_1\frac{z_1z_3}{z_2z_4}=1450\times\frac{36\times32}{112\times128}=117\,(\text{r/min})$$

6.3　点的速度和加速度的矢量表示

首先建立角速度矢的概念，按照右手螺旋法则定义角速度矢，即

$$\boldsymbol{\omega}=\omega\boldsymbol{k} \tag{6-16}$$

其中，$\boldsymbol{k}$为转轴z的单位矢量，如图 6.12(a)所示。

刚体上任意一点M的矢径$\boldsymbol{r}$、角速度矢$\boldsymbol{\omega}$和速度矢$\boldsymbol{v}$的关系为

$$\boldsymbol{v}=\boldsymbol{\omega}\times\boldsymbol{r} \tag{6-17}$$

同理，对于定轴转动刚体，定义角加速度矢，即

$$\boldsymbol{\alpha}=\dot{\boldsymbol{\omega}}=\alpha\boldsymbol{k} \tag{6-18}$$

式(6-17)对时间t求导，得点M的加速度矢为

$$\boldsymbol{a}=\boldsymbol{\alpha}\times\boldsymbol{r}+\boldsymbol{\omega}\times\boldsymbol{v} \tag{6-19}$$

如图 6.12(b)所示，式(6-19)右边第一项为切向加速度矢，第二项为法向加速度矢。即

$$\boldsymbol{a}_{\tau}=\boldsymbol{\alpha}\times\boldsymbol{r}\qquad \boldsymbol{a}_{n}=\boldsymbol{\omega}\times\boldsymbol{v}\tag{6-20}$$

结论：

(1) 做定轴转动刚体上任意一点的速度矢等于角速度矢与矢径的矢量积。

(2) 做定轴转动刚体上任意一点的切向加速度矢等于角加速度矢与矢径的矢量积，法向加速度矢等于角速度矢与速度矢的矢量积。

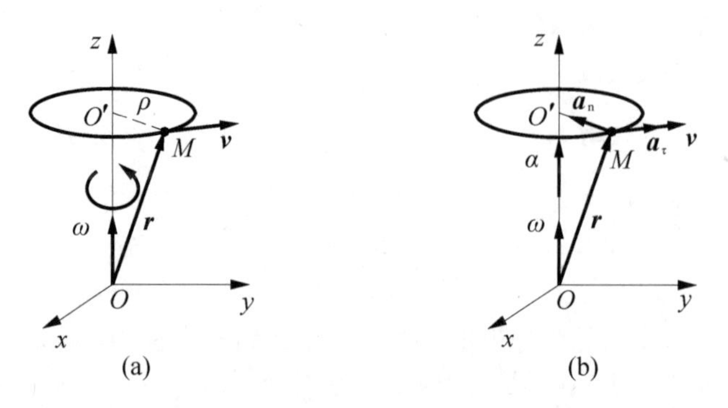

图 6.12　速度矢、加速度矢与角速度矢和角加速度矢的关系

本 章 小 结

小结的具体内容请扫描右侧二维码获取。

习　题　6

6-1　是非题(正确的画√，错误的画×)

(1) 平移刚体上各点的轨迹一定是直线。　　(　　)

(2) 在每一瞬时刚体上各点的速度相等，刚体做平移运动。　　(　　)

(3) 某瞬时刚体有两点的速度相等，刚体做平移运动。　　(　　)

(4) 研究刚体的平移运动用点的运动学知识即可。　　(　　)

(5) 平移刚体上各点的轨迹形状相同，同一瞬时刚体上各点的速度相等，各点的加速度相等。　　(　　)

(6) 刚体在运动的过程中，存在一条不动的直线，则刚体做定轴转动。　　(　　)

(7) 刚体做定轴转动时各点的速度大小与到转轴的距离成正比，各点的加速度大小与到转轴的距离成反比。　　(　　)

(8) 刚体做定轴转动时法向加速度 $a_n=r^2\omega$。　　(　　)

(9) 齿轮传动时其角速度的比等于半径的正比。　　(　　)

(10) 刚体做定轴转动，角速度与角加速度同号时，刚体做加速转动。　　(　　)

6-2　简答题

(1) 刚体做匀速转动时，各点的加速度等于零吗？为什么？

(2) 如图 6.10 所示，齿轮传动时接触点的速度相等，加速度也相等吗？为什么？

(3) 下列刚体做平移还是做定轴转动？

① 在直线轨道上行驶的车厢。

② 在弯道上行驶的车厢。

③ 车床上旋转的飞轮。

④ 在地面上滚动的圆轮。

(4) 如图 6.13 所示，直角刚杆 AC=1m，BC=2m，已知某瞬时点 A 的速度 v_A=4m/s，而点 B 的加速度与 BC 成 $\theta=45^\circ$，则该瞬时刚杆的角加速度为多少？

(5) 如图 6.14 所示，鼓轮的角速度由下式

$$\varphi=\arctan\frac{x}{r}$$

求得

$$\omega=\frac{\mathrm{d}\varphi}{\mathrm{d}t}=\frac{\mathrm{d}}{\mathrm{d}t}\left(\arctan\frac{x}{r}\right)$$

问此解法对吗？为什么？

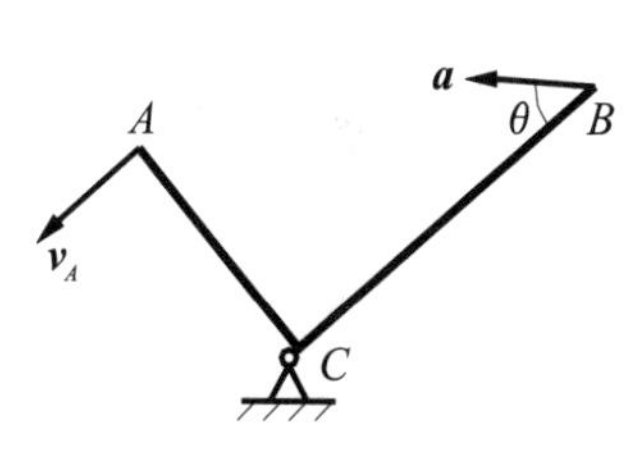

图 6.13　习题 6-2(4)图

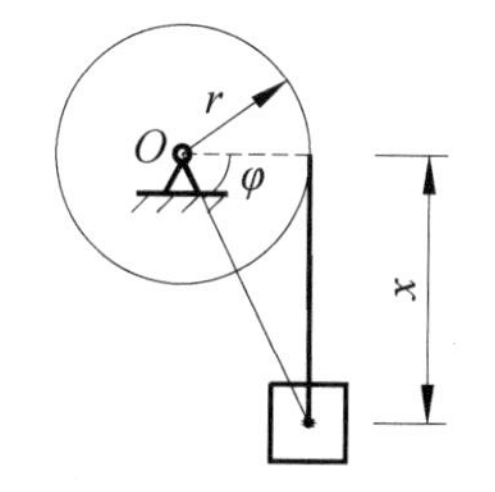

图 6.14　习题 6-2(5)图

6-3　计算题

(1) 如图 6.15 所示的结构中，已知 $O_1A=O_2B=AM=r$=0.2m，$O_1O_2=AB$，轮 O_1 的运动方程为 $\varphi=15\pi t$ (rad)，试求当 $t=0.5$s 时，杆 AB 上点 M 的速度和加速度。

(2) 揉茶机的揉桶有三个曲柄支持，曲柄支座 A、B、C 与支轴 a、b、c 均恰好组成等边三角形，如图 6.16 所示。三个曲柄长相等，长为 $l=15$cm，并以相同的转速 $n=45$r/min 分别绕其支座转动，试求揉桶中心点 O 的速度和加速度。

(3) 如图 6.17 所示，带有水平滑槽的套杆可沿固定板的铅垂导轨运动，从而带动销钉 B 沿半径 R=200mm 的圆弧滑槽运动。已知套杆以匀速度 $v_0=2$m/s 铅直向上运动，试求当 $y=100$mm 时，线段 OB 的角加速度。

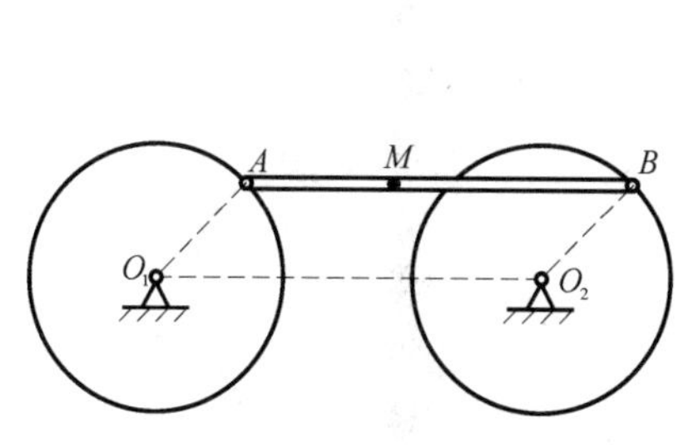

图 6.15　习题 6-3(1)图

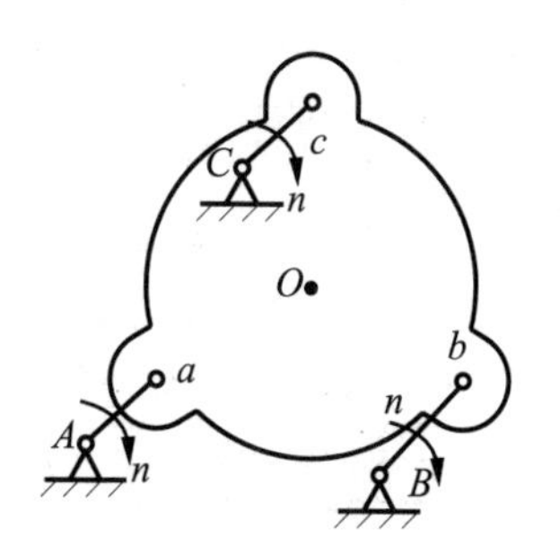

图 6.16　习题 6-3(2)图

(4) 如图 6.18 所示的升降机装置由半径 $R=50\text{cm}$ 的鼓轮带动，被提升的重物的运动方程为 $x=5t^2$，x 的单位为 m，t 的单位为 s，试求鼓轮的角速度和角加速度，轮边缘上任一点的全加速度。

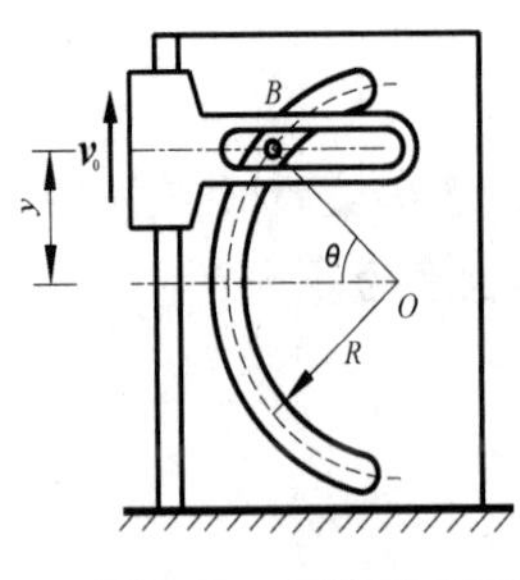

图 6.17 习题 6-3(3)图

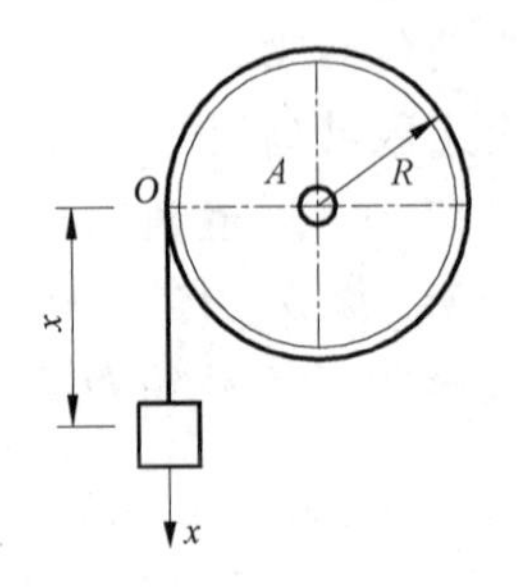

图 6.18 习题 6-3(4)图

(5) 如图 6.19 所示的结构中，杆 AB 以匀速 v 沿铅直导槽向上运动，摇杆 OC 穿过套筒 A，$OC=a$，导槽 D 到轴 O 的水平距离为 l，初始时 $\varphi=0$，试求当 $\varphi=\dfrac{\pi}{4}$ 时，摇杆 OC 的角速度和角加速度。

(6) 如图 6.20 所示的纸盘由厚度为 a 的纸条卷成，令纸盘的中心不动，纸盘的半径为 r，以匀速 v 拉动，试求纸盘的角加速度。

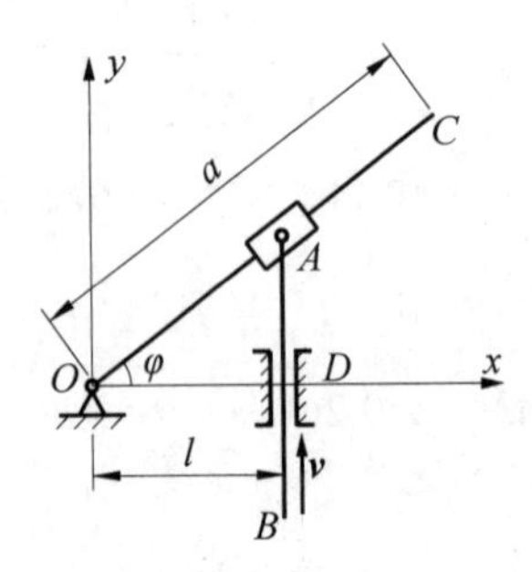

图 6.19 习题 6-3(5)图

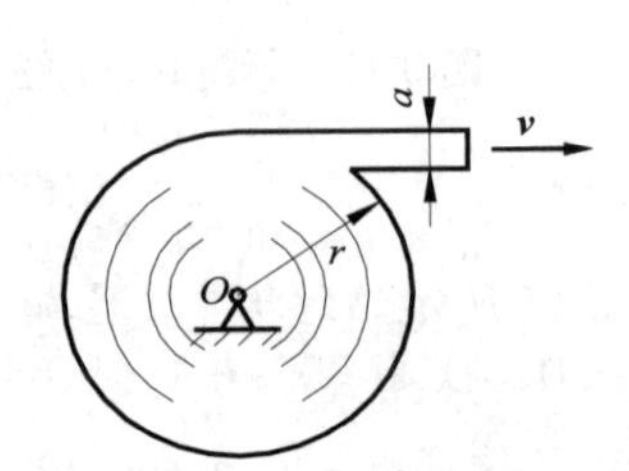

图 6.20 习题 6-3(6)图

(7) 如图 6.21 所示的结构中，曲柄 O_1A、O_2B 平行且等长，已知 $O_1A=O_2B=2r$，曲柄 O_1A 以匀角速度 ω_0 绕轴 O_1 转动，同时固连于连杆 AB 上的齿轮Ⅱ带动同样大小的齿轮Ⅰ做定轴转动，试求齿轮Ⅰ、Ⅱ边缘上任一点加速度的大小。

(8) 如图 6.22 所示，飞轮绕固定轴 O 转动，其轮缘上任一点的加速度在某段运动过程中与轮半径的夹角恒为 60°，初始时，设转角 $\varphi=0$，角速度 $\omega=\omega_0$，试求飞轮的转动方程以及角速度与转角间的关系。

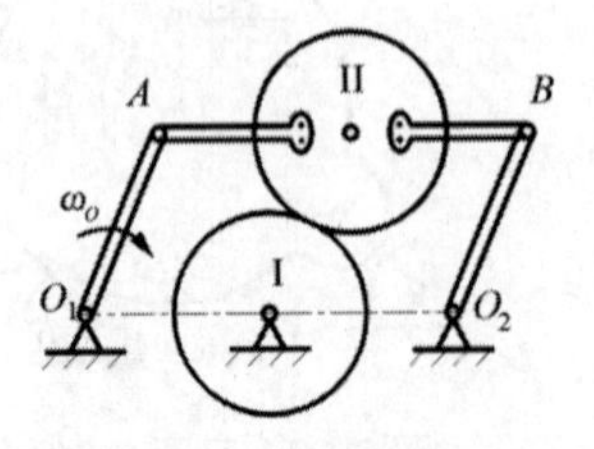

图 6.21 习题 6-3(7)图

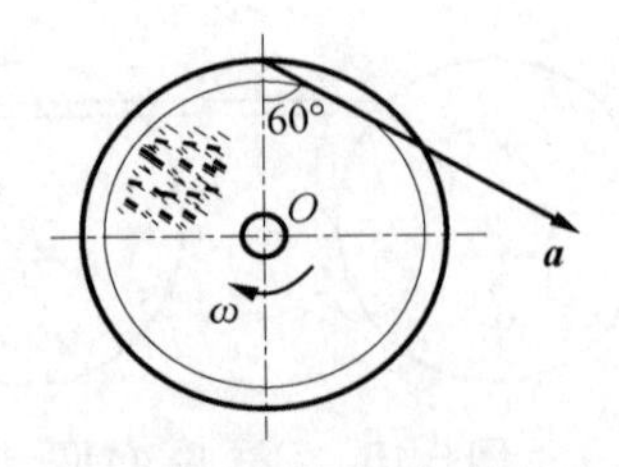

图 6.22 习题 6-3(8)图

(9)　如图6.23所示，主动轮Ⅰ的齿数为z_1，半径为R_1，角速度为ω_1，从动轮Ⅱ的齿数为z_2，半径为R_2，轮Ⅱ与轮Ⅲ固连在同一轴上，轮Ⅲ的半径为R_3，其上悬挂重物，试求重物的速度。

(10) 如图6.24所示的绞车机构中，手柄长$l = 40\,\text{cm}$，当其转动时，重物P在铅垂方向上运动，重物的运动方程为$x = 5t^2$，x的单位为cm，t的单位为s，鼓轮的直径d=20cm，绞车机构的齿数为$z_1 = 13$、$z_2 = 39$、$z_3 = 11$、$z_4 = 77$，轮Ⅱ与轮Ⅲ固连在同一轴上，试求$t = 2\text{s}$时，手柄顶端的速度和加速度。

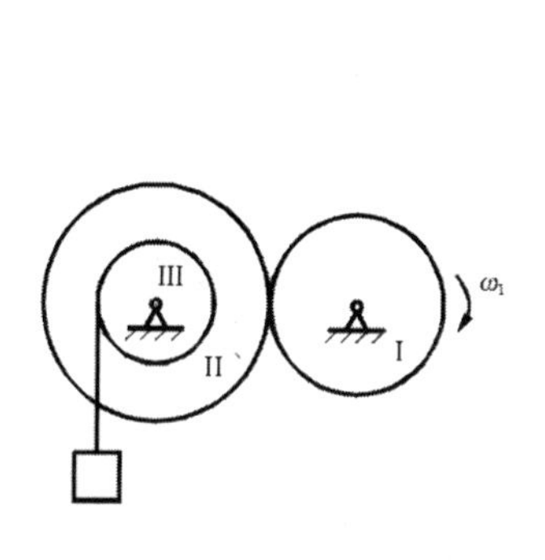

图6.23　习题6-3(9)图

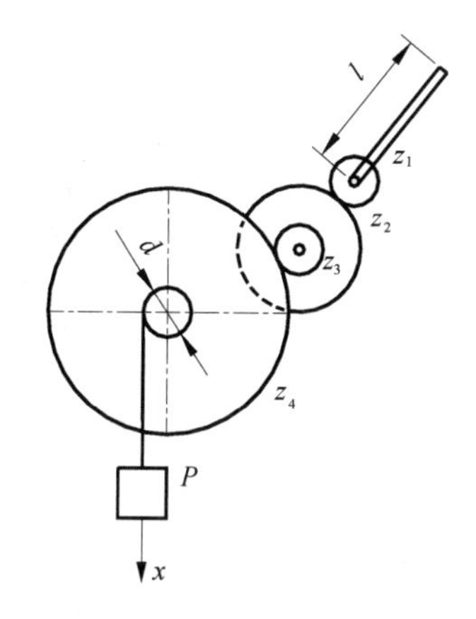

图6.24　习题6-3(10)图

第7章

点的合成运动

当所研究的物体相对于不同参考坐标系运动时(即它们之间存在相对运动)，就形成了运动的合成。本章主要学习动点相对于不同参考坐标系运动时的运动方程、速度、加速度之间的几何关系。

7.1 点的合成运动的概念

在工程和实际生活中，物体相对于不同参考系运动的例子很多，例如沿直线滚动的车轮，若在地面上观察轮边缘上点 M 的运动轨迹则是旋轮线，若在车厢上观察则是一个圆，如图 7.1 所示。又如在雨天观察雨滴的运动，如果在地面上观察(不计自然风的干扰)雨滴铅直下落，而在行驶的汽车上观察，雨滴在车窗上留下倾斜的雨痕，如图 7.2 所示。

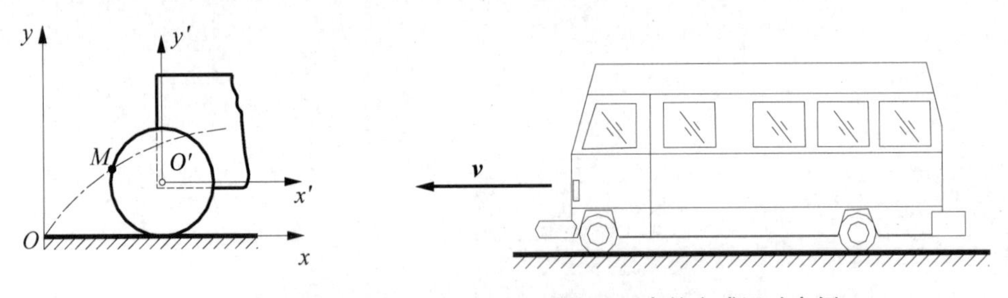

图 7.1 点的合成运动实例　　图 7.2 点的合成运动实例

从上面的两个例子中看出，物体相对于不同参考系的运动是不同的。一般情况下，将研究的物体看成是动点，动点相对于两个不同坐标系的运动，其中建立在不动物体上的坐标系称为定参考坐标系，简称定系，如建立在地面上的坐标系。建立在运动物体上的坐标系称为动参考坐标系，简称动系，如上面例子在行驶的汽车上观察动点的运动，即动系建立在行驶的汽车上。

动点相对于定系的运动可以看成是动点相对于动系的运动和动系相对于定系的运动的合成。如图 7.1 所示的例子，定系建立在地面上，动点 M 的运动轨迹是旋轮线；动系建立在车厢上，点 M 相对于动系的运动轨迹是一个圆，而车厢是做平移的直线运动，即动点 M

的旋轮线可以看成圆的运动和车厢平移运动的合成。

研究点的合成运动必须选定两个参考坐标系，分析动点的三种运动。

(1) 动点相对于定参考坐标系的运动，称为动点的绝对运动。所对应的轨迹、速度和加速度分别称为绝对运动轨迹、绝对速度 $\boldsymbol{v}_{\mathrm{a}}$ 、绝对加速度 $\boldsymbol{a}_{\mathrm{a}}$ 。

(2) 动点相对于动参考坐标系的运动，称为动点的相对运动。所对应的轨迹、速度和加速度分别称为相对运动轨迹、相对速度 $\boldsymbol{v}_{\mathrm{r}}$ 、相对加速度 $\boldsymbol{a}_{\mathrm{r}}$ 。

(3) 动系相对于定系的运动，称为动点的牵连运动。动系上与动点重合的点称为动点的牵连点，牵连点所对应的轨迹、速度和加速度分别称为牵连运动轨迹、牵连速度 $\boldsymbol{v}_{\mathrm{e}}$ 、牵连加速度 $\boldsymbol{a}_{\mathrm{e}}$ 。

一般来讲，绝对运动可看成是运动的合成，相对运动和牵连运动可看成是运动的分解，合成与分解是研究点的合成运动的两个方面，切不可孤立看待，必须用联系的观点去学习。

动点的绝对运动、相对运动和牵连运动之间的关系可以通过动点在定参考坐标系和动参考坐标系中的坐标变换得到。以平面运动为例，设 Oxy 为定系， $O'x'y'$ 为动系， M 为动点，坐标变换关系如图 7.3 所示。点 M 的绝对运动方程为

$$x = x(t), \qquad y = y(t) \tag{7-1}$$

点 M 的相对运动方程为

$$x' = x'(t), \quad y' = y'(t) \tag{7-2}$$

牵连运动是动系 $O'x'y'$ 相对于定系 Oxy 的运动，其运动方程为

$$x_{O'} = x_{O'}(t), \quad y_{O'} = y_{O'}(t), \quad \varphi = \varphi(t) \tag{7-3}$$

由图 7.3 得坐标变换。即

$$\begin{cases} x = x_{O'} + x'\cos\varphi - y'\sin\varphi \\ y = y_{O'} + x'\sin\varphi + y'\cos\varphi \end{cases} \tag{7-4}$$

【例 7.1】半径为 r 的轮子沿直线轨道无滑动地滚动如图 7.4 所示，已知轮心 C 的速度为 $\boldsymbol{v}_C$ ，试求轮缘上点 M 的绝对运动方程和相对于轮心 C 的相对运动方程及牵连运动方程。

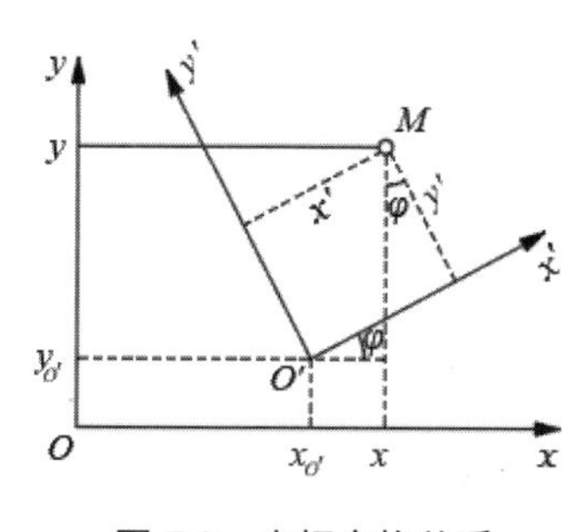

图 7.3 坐标变换关系

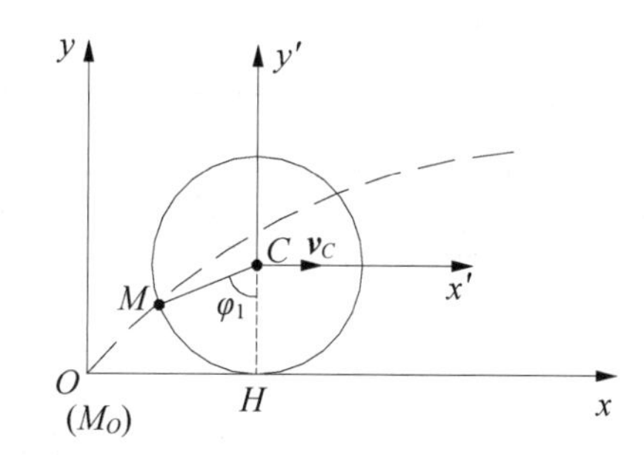

图 7.4 例 7.1 图

解：在地面上沿轮子滚动的方向建立定系 Oxy，初始时设轮缘上的点 M 位于定系坐标原点 O 处的 M_O 位置。在图示瞬时，点 M 和轮心 C 的连线与 CH 所成的夹角为

$$\varphi_1 = \frac{\overset{\frown}{MH}}{r} = \frac{v_C t}{r}$$

在轮心 C 建立动系 $Cx'y'$ ，点 M 的相对运动方程为

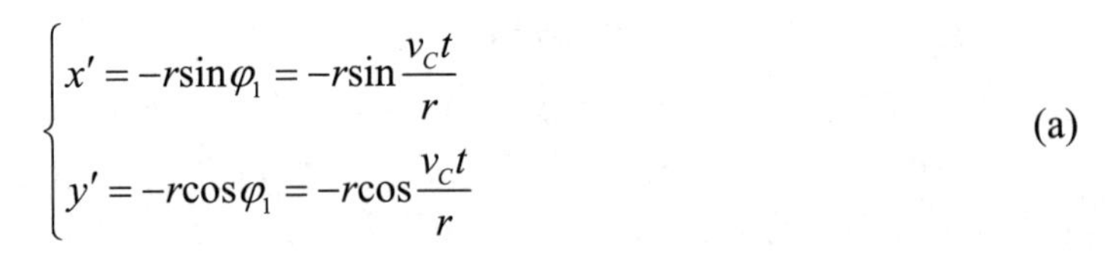

$$\begin{cases} x' = -r\sin\varphi_1 = -r\sin\dfrac{v_C t}{r} \\ y' = -r\cos\varphi_1 = -r\cos\dfrac{v_C t}{r} \end{cases} \tag{a}$$

点 M 相对运动轨迹方程为

$$x'^2 + y'^2 = r^2 \tag{b}$$

由式(b)知点 M 的相对运动轨迹为圆。

牵连运动为动系 $Cx'y'$ 相对于定系 Oxy 的运动，其牵连运动方程为

$$\begin{cases} x_C = v_C t \\ y_C = r \\ \varphi = 0 \end{cases} \tag{c}$$

其中，由于动系做平移，因此动系坐标轴 x' 与定系坐标轴 x 的夹角 $\varphi = 0$，牵连点的运动可用轮心的运动来代替。

将式(a)、式(c)代入式(7-4)，得点 M 的绝对运动方程为

$$\begin{cases} x = v_C t - r\sin\varphi_1 = v_C t - r\sin\dfrac{v_C t}{r} \\ y = r - r\cos\varphi_1 = r - r\cos\dfrac{v_C t}{r} \end{cases} \tag{d}$$

点 M 的绝对运动轨迹为式(d)表示的旋轮线，如图 7.4 所示。

【例 7.2】车刀切削工件直径表面如图 7.5(a)所示，设定系为 $Oxyz$，车刀沿水平轴 x 做往复运动，刀尖在 Oxy 面上的运动方程为 $x = r\sin\omega t$，工件以匀角速度 ω 绕 z 轴转动，动系建立在工件上为 $Ox'y'z'$，如图 7.5(b)所示。试求刀尖在工件上划出的痕迹。

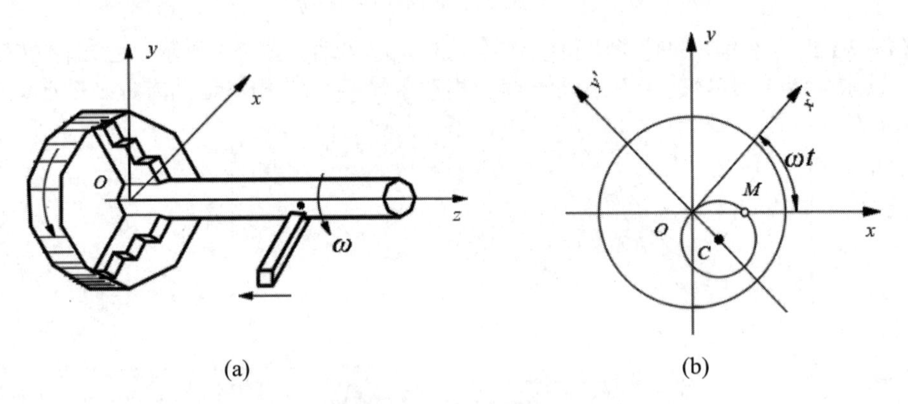

图 7.5　例 7.2 图

解：由题意可知，刀尖为动点，刀尖在工件上划出的痕迹为动点的相对运动轨迹。由图 7.5(b)得动点的相对运动方程为

$$\begin{cases} x' = x\cos\omega t = r\sin\omega t\cos\omega t = \dfrac{r}{2}\sin 2\omega t \\ y' = -x\sin\omega t = -r\sin^2\omega t = -\dfrac{r}{2}(1-\cos 2\omega t) \end{cases}$$

消去时间t，得动点的相对运动轨迹方程为

$$x'^2+\left(y'+\frac{r}{2}\right)^2=\frac{r^2}{4}$$

则刀尖在工件上划出的痕迹为圆。

求三种运动的速度之间的关系最直接的方法是由式(7-4)对时间求导，即可求出点的相对速度、牵连速度与绝对速度三者之间的关系，请读者自己练习。

7.2　点的速度合成定理

现在研究点的相对速度、牵连速度、绝对速度三者之间的关系。

如图 7.6 所示，设$Oxyz$为定系，$O'x'y'z'$为动系，M为动点。动系的坐标原点O'在定系中的矢径为$\boldsymbol{r}_{O'}$，动点M在定系中的矢径为$\boldsymbol{r}_M$，动点M在动系中的矢径为$\boldsymbol{r}'$，动系坐标的三个单位矢量为$\boldsymbol{i}'$、$\boldsymbol{j}'$、$\boldsymbol{k}'$，牵连点为M'(动系上与动点重合的点)在定系上的矢径为$\boldsymbol{r}_{M'}$。有如下关系：

$$\boldsymbol{r}_M=\boldsymbol{r}_{O'}+\boldsymbol{r}' \tag{7-5}$$

$$\boldsymbol{r}'=x'\boldsymbol{i}'+y'\boldsymbol{j}'+z'\boldsymbol{k}' \tag{7-6}$$

$$\boldsymbol{r}_M=\boldsymbol{r}_{M'} \tag{7-7}$$

动点M的绝对速度为

$$\boldsymbol{v}_{\mathrm{a}}=\frac{\mathrm{d}\boldsymbol{r}_M}{\mathrm{d}t} \tag{7-8}$$

动点M的相对速度为

$$\boldsymbol{v}_{\mathrm{r}}=\frac{\mathrm{d}\boldsymbol{r}'}{\mathrm{d}t}=\dot{x}'\boldsymbol{i}'+\dot{y}'\boldsymbol{j}'+\dot{z}'\boldsymbol{k}' \tag{7-9}$$

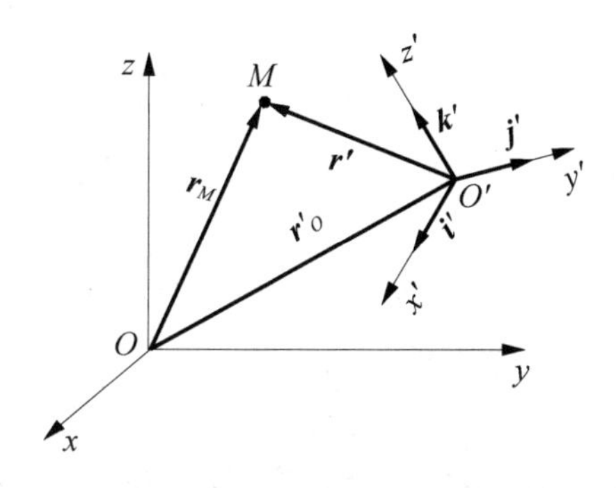

图 7.6　三种运动的矢径关系

由于牵连点M'是动系上的一个确定点，因此M'的三个坐标x'、y'、z'是常量，则由式(7-5)、式(7-6)、式(7-7)的关系，得牵连速度为

$$\boldsymbol{v}_{\mathrm{e}}=\frac{\mathrm{d}\boldsymbol{r}_{M'}}{\mathrm{d}t}=\dot{\boldsymbol{r}}_{O'}+x'\dot{\boldsymbol{i}}'+y'\dot{\boldsymbol{j}}'+z'\dot{\boldsymbol{k}}' \tag{7-10}$$

将式(7-5)代入式(7-8)，并考虑式(7-9)、式(7-10)得相对速度、牵连速度和绝对速度三者之间的关系为

$$\boldsymbol{v}_a = \boldsymbol{v}_e + \boldsymbol{v}_r \tag{7-11}$$

点的速度合成定理：在任一瞬时，动点的绝对速度等于在同一瞬时相对速度和牵连速度的矢量和。点的相对速度、牵连速度、绝对速度三者之间满足平行四边形合成法则，即绝对速度由相对速度和牵连速度所构成的平行四边形对角线所确定。

注意：(1) 三种速度有三个大小和三个方向共六个要素，必须已知其中四个要素，才能求出剩余的两个要素。因此只要正确地画出上面三种速度的平行四边形，即可求出剩余的两个要素。

(2) 动点和动系的选择是关键，一般不能将动点和动系选在同一个参考体上。

(3) 动系的运动是任意的运动，可以是平移、转动或者是较为复杂的运动。

【例 7.3】汽车以速度 v_1 沿直线的道路行驶，雨滴以速度 v_2 铅直下落，如图 7.7 所示，试求雨滴相对于汽车的速度。

解：(1) 建立两种坐标系，定系建立在地面上，动系建立在汽车上。

(2) 分析三种运动，雨滴为动点，其绝对速度为

$$v_a = v_2$$

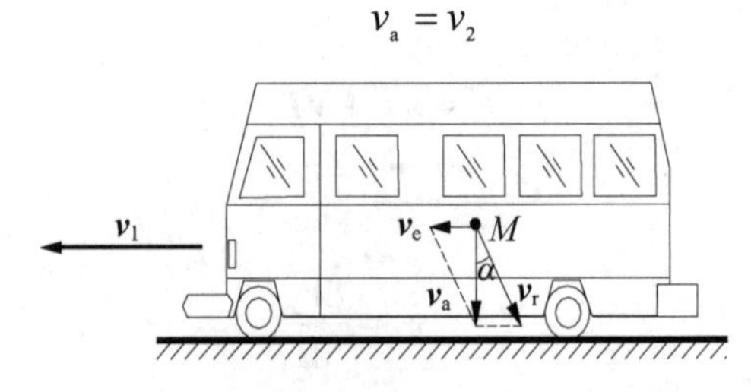

图 7.7　例 7.3 图

汽车的速度为牵连速度(即牵连点的速度)，因为汽车做平移运动，所以各点速度均相等。即

$$v_e = v_1$$

(3) 画速度的平行四边形。由于绝对速度 $\boldsymbol{v}_a$ 和牵连速度 $\boldsymbol{v}_e$ 的大小及方向都是已知的，如图 7.7 所示，只需将速度 $\boldsymbol{v}_a$ 和 $\boldsymbol{v}_e$ 矢量的端点连线便可确定雨滴相对于汽车的速度 $\boldsymbol{v}_r$ 的大小。

$$v_r = \sqrt{v_a^2 + v_e^2} = \sqrt{v_2^2 + v_1^2}$$

雨滴相对于汽车的速度 $\boldsymbol{v}_r$ 与铅直线的夹角为

$$\tan\alpha = \frac{v_1}{v_2}$$

【例 7.4】如图 7.8 所示的曲柄滑道机构，T 形杆 BC 部分处于水平位置，DE 部分处于铅直位置并放在套筒 A 中。已知曲柄 OA 以匀角速度 $\omega = 20\text{rad/s}$ 绕轴 O 转动，$OA=r=10\text{cm}$，试求当曲柄 OA 与水平线的夹角 $\varphi = 0^\circ$、30°、60°、90° 时 T 形杆的速度。

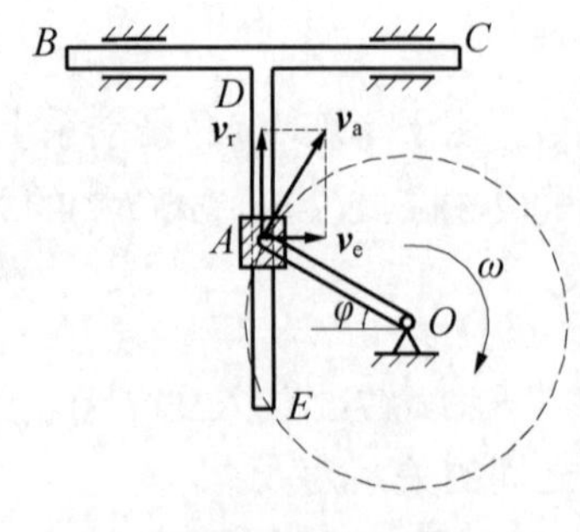

图 7.8　例 7.4 图

解：选套筒 A 为动点，T 形杆为动系，地面为定系。动点的绝对运动为圆，绝对速度的大小为

$$v_a = r\omega = 10 \times 20 = 200(\text{cm/s})$$

绝对速度的方向垂直于曲柄 OA，沿角速度 ω 的方向。

由于 T 形杆受滑道的约束，牵连运动为水平平移。动点的相对速度为沿 BC 做直线运动，即为铅直向上，作速度的平行四边形如图 7.8 所示。故 T 形杆的速度为

$$v_T = v_e = v_a \sin\varphi$$

将已知条件代入得

$\varphi = 0^\circ$：　$v_T = 200\sin 0^\circ = 0$

$\varphi = 30^\circ$：　$v_T = 200\sin 30^\circ = 100(\text{cm/s})$

$\varphi = 60^\circ$：　$v_T = 200\sin 60^\circ = 173.2(\text{cm/s})$

$\varphi = 90^\circ$：　$v_T = 200\sin 90^\circ = 200(\text{cm/s})$

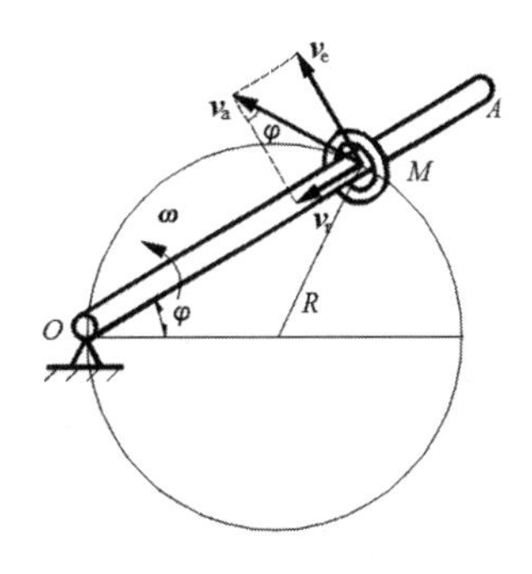

图 7.9　例 7.5 图

【例 7.5】曲柄 OA 以匀角速度 ω 绕轴 O 转动，其上套有小环 M，而小环 M 又在固定的大圆环上运动，大圆环的半径为 R，如图 7.9 所示。试求当曲柄与水平线成的角 $\varphi = \omega t$ 时，小环 M 的绝对速度和相对于曲柄 OA 的相对速度。

解：由题意，选小环 M 为动点，曲柄 OA 为动系，地面为定系。小环 M 的绝对运动是在大圆上做圆周运动，因此小环 M 的绝对速度垂直于大圆的半径 R；小环 M 的相对运动是在曲柄 OA 上做直线运动，因此小环 M 相对速度沿曲柄 OA 并指向点 O，牵连运动为曲柄 OA 的定轴转动，小环 M 的牵连速度垂直于曲柄 OA。作速度的平行四边形如图 7.9 所示，得小环 M 的牵连速度为

$$v_e = OM\omega = 2R\omega\cos\varphi$$

小环 M 的绝对速度为

$$v_a = \frac{v_e}{\cos\varphi} = 2R\omega$$

小环 M 的相对速度为

$$v_r = v_e \tan\varphi = 2R\omega\sin\varphi = 2R\omega\sin\omega t$$

【例 7.6】如图 7.10(a)所示，半径为 R、偏心距为 e 的凸轮，以匀角速度 ω 绕轴 O 转动，并使滑槽内的直杆 AB 上下移动。在图示瞬时设 O、A、B 在一条直线上，轮心 C 与轴 O 处于水平位置。试求该瞬时杆 AB 的速度。

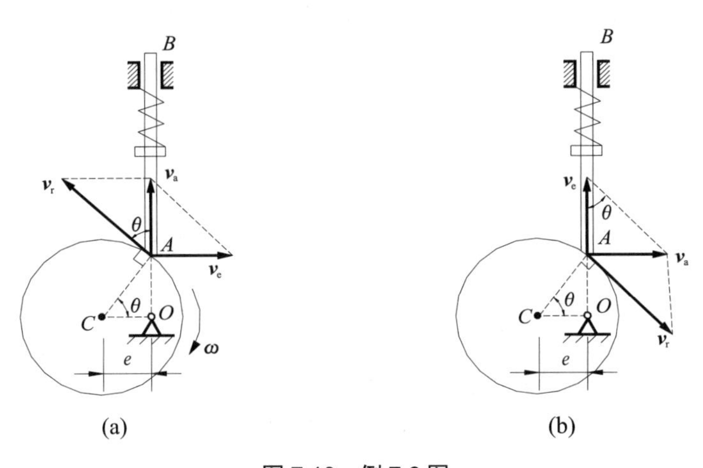

图 7.10　例 7.6 图

解：由于杆 AB 做平移运动，所以研究杆 AB 的运动只需研究其上 A 点的运动。选杆 AB 上的点 A 为动点，凸轮为动系，地面为定系。

动点 A 的绝对运动是直杆 AB 的上下直线运动；相对运动为凸轮的轮廓线，即沿凸轮边缘的圆周运动；牵连运动为凸轮绕 O 轴的定轴转动，作速度的平行四边形如图 7.10(a)所示。得动点 A 的牵连速度为

$$v_{\mathrm{e}} = \omega OA$$

动点 A 的绝对速度为

$$v_{\mathrm{a}} = v_{\mathrm{e}}\cot\theta = \omega OA\frac{e}{OA} = \omega e$$

由于动点和动系的选择可以是任意的，则本题的另一种解法是：选凸轮边缘上的点 A 为动点，杆 AB 为动系，地面为定系。

动点 A 的绝对运动是凸轮绕 O 轴的定轴转动，绝对速度的方向垂直于 OA，水平向右，绝对速度的大小为

$$v_{\mathrm{a}} = \omega OA$$

动点 A 的相对运动为沿凸轮边缘的曲线运动，相对速度的方向沿凸轮边缘的切线，牵连运动为直杆 AB 的直线运动，作速度的平行四边形如图 7.10(b)所示。杆 AB 的速度为动点 A 的牵连速度，即

$$v_{\mathrm{e}} = v_{\mathrm{a}}\cot\theta = \omega OA\frac{e}{OA} = \omega e$$

注意：(1) 动点和动系不能选在同一个物体上。

(2) 动点和动系应选在容易判断其相对运动的物体上，否则会使问题变得混乱。

(3) 无特殊说明，定系应选在地面上。

7.3 点的加速度合成定理

7.3.1 牵连运动为平移时点的加速度合成定理

如图 7.11 所示，设 $Oxyz$ 为定系，$O'x'y'z'$ 为动系且做平移运动，M 为动点。动点 M 的相对速度为

$$\boldsymbol{v}_{\mathrm{r}} = \frac{\mathrm{d}\boldsymbol{r}'}{\mathrm{d}t} = \dot{x}'\boldsymbol{i}' + \dot{y}'\boldsymbol{j}' + \dot{z}'\boldsymbol{k}' \tag{7-12}$$

动点 M 的相对加速度为

$$\boldsymbol{a}_{\mathrm{r}} = \frac{\mathrm{d}\boldsymbol{v}_{\mathrm{r}}}{\mathrm{d}t} = \ddot{x}'\boldsymbol{i}' + \ddot{y}'\boldsymbol{j}' + \ddot{z}'\boldsymbol{k}' \tag{7-13}$$

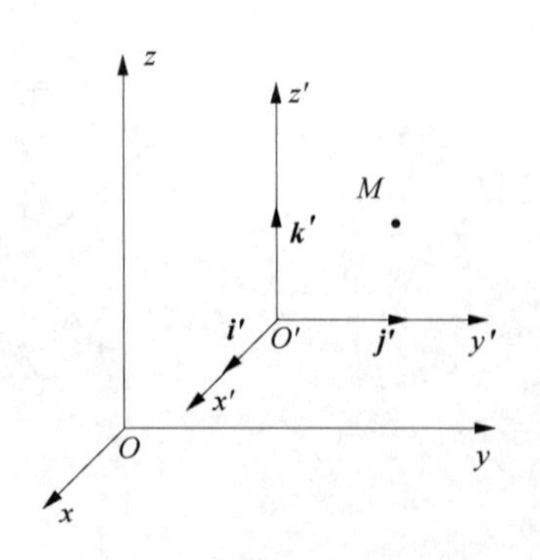

图 7.11　动系与定系的关系

其中，$\boldsymbol{i}'$、$\boldsymbol{j}'$、$\boldsymbol{k}'$ 为动系坐标 x'、y'、z' 的单位矢量，由于动系做平移运动，故 $\boldsymbol{i}'$、$\boldsymbol{j}'$、$\boldsymbol{k}'$ 为恒矢量，对时间的导数均为零，$\boldsymbol{v}_{\mathrm{e}} = \boldsymbol{v}_{O'}$。将速度合成定理式(7-11)对时间求导

得

$$\frac{\mathrm{d}\boldsymbol{v}_{\mathrm{a}}}{\mathrm{d}t}=\frac{\mathrm{d}\boldsymbol{v}_{\mathrm{e}}}{\mathrm{d}t}+\frac{\mathrm{d}\boldsymbol{v}_{\mathrm{r}}}{\mathrm{d}t}=\frac{\mathrm{d}\boldsymbol{v}_{O'}}{\mathrm{d}t}+\frac{\mathrm{d}}{\mathrm{d}t}(\dot{x}'\boldsymbol{i}'+\dot{y}'\boldsymbol{j}'+\dot{z}'\boldsymbol{k}')$$
$$=\boldsymbol{a}_{O'}+\ddot{x}'\boldsymbol{i}'+\ddot{y}'\boldsymbol{j}'+\ddot{z}'\boldsymbol{k}'=\boldsymbol{a}_{\mathrm{e}}+\boldsymbol{a}_{\mathrm{r}}$$

动点 M 的绝对加速度为

$$\boldsymbol{a}_{\mathrm{a}}=\boldsymbol{a}_{\mathrm{e}}+\boldsymbol{a}_{\mathrm{r}} \tag{7-14}$$

牵连运动为平移时点的加速度合成定理：在任一瞬时，动点的绝对加速度等于在同一瞬时动点的相对加速度和牵连加速度的矢量和。它与速度合成定理一样满足平行四边形合成法则，即绝对加速度位于相对加速度和牵连加速度所构成的平行四边形对角线位置。在求解时也要画加速度平行四边形，以确定三种加速度之间的关系。

【例 7.7】如图 7.12(a)所示，曲柄 OA 以匀角速度 ω 绕定轴 O 转动，T 形杆 BC 沿水平方向往复平移，滑块 A 在铅直槽 DE 内运动，$OA=r$，曲柄 OA 与水平线夹角为 $\varphi=\omega t$，试求图示瞬时，杆 BC 的速度及加速度。

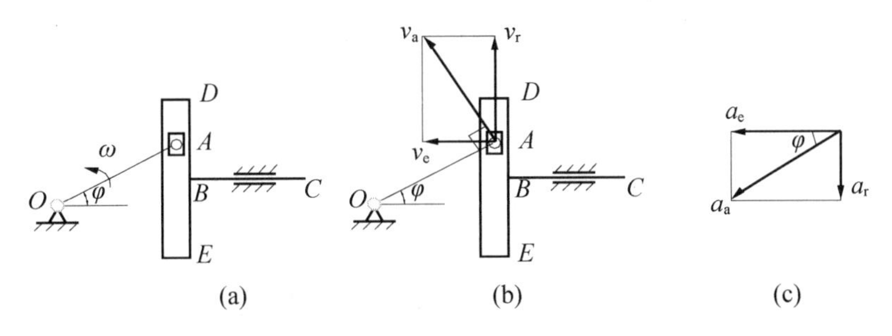

图 7.12　例 7.7 图

解：滑块 A 为动点，T 形杆 BC 为动系，地面为定系。动点 A 的绝对运动是曲柄 OA 绕轴 O 的定轴转动；相对运动为滑块 A 在铅直槽 DE 内的直线运动；牵连运动为 T 形杆 BC 沿水平方向的往复平移。

(1) 求杆 BC 的速度。

作速度的平行四边形，如图 7.12(b)所示，动点 A 的绝对速度为

$$v_{\mathrm{a}}=r\omega$$

杆 BC 的速度为

$$v_{BC}=v_{\mathrm{e}}=v_{\mathrm{a}}\sin\varphi=r\omega\sin\omega t$$

(2) 求杆 BC 的加速度。

作加速度的平行四边形，如图 7.12(c)所示，动点 A 的绝对加速度为

$$a_{\mathrm{a}}=r\omega^2$$

杆 BC 的加速度为

$$a_{BC}=a_{\mathrm{e}}=a_{\mathrm{a}}\cos\varphi=r\omega^2\cos\omega t$$

【例 7.8】如图 7.13(a)所示的平面结构中，直杆 O_1A、O_2B 平行且等长，分别绕轴 O_1、O_2 转动，直杆的 A、B 连接半圆形平板，动点 M 沿半圆形平板 ADB 边缘运动，起点为点 B。已知 $O_1A=O_2B=18\text{cm}$，$AB=O_1O_2=2R$，$R=18\text{cm}$，$\varphi=\dfrac{\pi}{18}t$，弧长 $s=\widehat{BM}=\pi t^2$，试求当 $t=3\text{s}$

时，动点 M 的绝对速度和绝对加速度。

解： 根据题意，选半圆形平板 ADB 为动系，地面为定系。由于直杆 O_1A、O_2B 平行且等长，所以动系 ADB 作平移，动点 M 的牵连速度为

$$v_e = v_A = O_1A\dot{\varphi} = 18 \times \frac{\pi}{18} = \pi(\text{cm/s})$$

动点 M 牵连速度的方向垂直于直杆 O_1A，沿角速度 ω 的转动方向。

由于动系做曲线运动，所以动点 M 的牵连加速度分为牵连切向加速度和法向加速度。即

$$a_e^n = a_A^n = O_1A\dot{\varphi}^2 = 18 \times \left(\frac{\pi}{18}\right)^2 = 0.55(\text{cm/s}^2)$$

$$a_e^\tau = a_A^\tau = O_1A\ddot{\varphi} = 0$$

动点 M 的相对速度为

$$v_r = \dot{s} = 2\pi t$$

同理，动点 M 的相对切向加速度和法向加速度为

$$a_r^n = \frac{v_r^2}{R} \qquad a_r^\tau = \dot{v}_r = \ddot{s} = 2\pi$$

当 $t = 3\text{s}$ 时，动点 M 的相对轨迹为

$$s = \pi t^2 = 9\pi\ (\text{cm})$$

而

$$s = \frac{\pi}{2}R = \frac{\pi}{2} \times 18 = 9\pi\ (\text{cm})$$

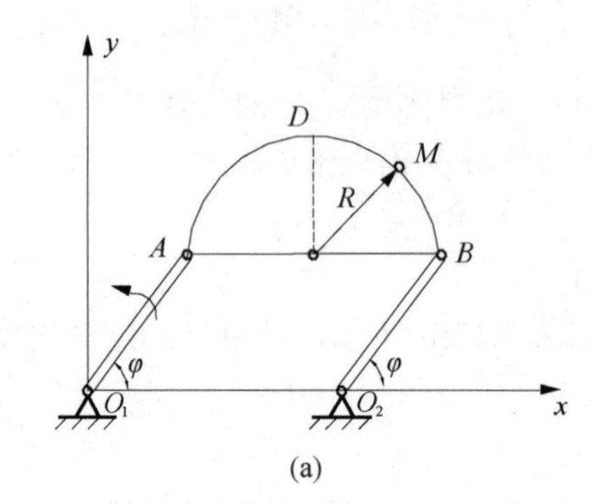

(a)

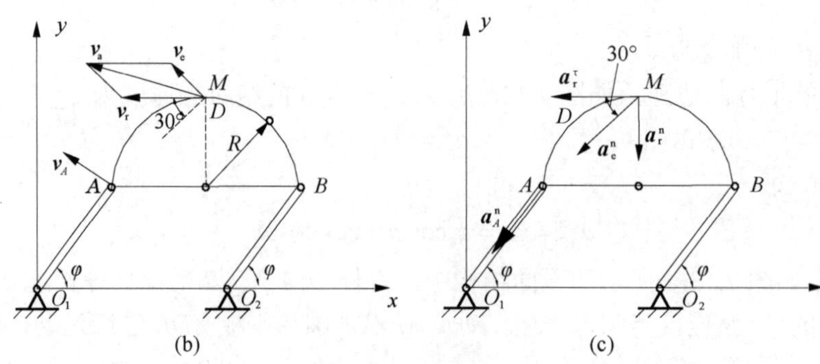

(b) (c)

图 7.13 例 7.8 图

当 $t=3\text{s}$ 时，动点 M 恰巧运动到半圆形平板 ADB 最高点，动点 M 的相对速度的方向为水平向左，即

$$v_{\mathrm{r}}=\dot{s}=2\pi t=6\pi(\text{cm/s})$$

$$a_{\mathrm{r}}^{\mathrm{n}}=\frac{v_{\mathrm{r}}^{2}}{R}=\frac{(6\pi)^{2}}{18}=19.72(\text{cm/s}^{2})$$

$$a_{\mathrm{r}}^{\tau}=\ddot{s}=2\pi=6.28(\text{cm/s}^{2})$$

此时直杆 O_1A 与水平线的夹角为

$$\varphi=\frac{\pi}{18}t=\frac{\pi}{6}(\text{rad})$$

(1) 求动点 M 的绝对速度。

如图 7.13(b)所示，速度合成定理的矢量形式

$$\boldsymbol{v}_{\mathrm{a}}=\boldsymbol{v}_{\mathrm{e}}+\boldsymbol{v}_{\mathrm{r}}$$

得动点 M 的绝对速度在坐标轴 x、y 上的投影为

$$v_{\mathrm{a}x}=-v_{\mathrm{r}}-v_{\mathrm{e}}\sin\frac{\pi}{6}=-6\pi-\frac{\pi}{2}=-20.4(\text{cm/s})$$

$$v_{\mathrm{a}y}=v_{\mathrm{e}}\cos\frac{\pi}{6}=\frac{\pi\sqrt{3}}{2}=2.7(\text{cm/s})$$

得动点 M 的绝对速度为

$$v_{\mathrm{a}}=\sqrt{v_{\mathrm{a}x}^{2}+v_{\mathrm{a}y}^{2}}=\sqrt{(-20.4)^{2}+2.7^{2}}=20.58(\text{cm/s})$$

(2) 求动点 M 的绝对加速度。

如图 7.13(c)所示，由牵连运动为平移时点的加速度合成定理的矢量形式

$$\boldsymbol{a}_{\mathrm{a}}=\boldsymbol{a}_{\mathrm{e}}+\boldsymbol{a}_{\mathrm{r}}=\boldsymbol{a}_{\mathrm{e}}^{\tau}+\boldsymbol{a}_{\mathrm{e}}^{\mathrm{n}}+\boldsymbol{a}_{\mathrm{r}}^{\tau}+\boldsymbol{a}_{\mathrm{r}}^{\mathrm{n}}$$

得动点 M 的绝对加速度在坐标轴 x、y 上的投影为

$$a_{\mathrm{a}x}=-a_{\mathrm{r}}^{\tau}-a_{\mathrm{e}}^{\mathrm{n}}\cos\frac{\pi}{6}=-6.67(\text{cm/s}^{2})$$

$$a_{\mathrm{a}y}=-a_{\mathrm{r}}^{\mathrm{n}}-a_{\mathrm{e}}^{\mathrm{n}}\sin\frac{\pi}{6}=-20(\text{cm/s}^{2})$$

则动点 M 的绝对加速度为

$$a_{\mathrm{a}}=\sqrt{a_{\mathrm{a}x}^{2}+a_{\mathrm{a}y}^{2}}=\sqrt{(-6.67)^{2}+(-20)^{2}}=21.1(\text{cm/s}^{2})$$

7.3.2　牵连运动为定轴转动时点的加速度合成定理

设动系 $O'x'y'z'$ 相对于定系 $Oxyz$ 做定轴转动，角速度矢为 $\boldsymbol{\omega}$，角加速度矢为 $\boldsymbol{\alpha}$，如图 7.14 所示。动系坐标轴的三个单位矢量为 $\boldsymbol{i}'$、$\boldsymbol{j}'$、$\boldsymbol{k}'$，在定系 Oxy 中是变矢量，由定轴转动中的速度矢量式(6-17)，得动系的三个单位矢量 $\boldsymbol{i}'$、$\boldsymbol{j}'$、$\boldsymbol{k}'$ 对时间的导数等于各单位矢量端点的速度矢。即

$$\begin{cases} \dfrac{d\boldsymbol{i}'}{dt} = \boldsymbol{\omega} \times \boldsymbol{i}' \\ \dfrac{d\boldsymbol{j}'}{dt} = \boldsymbol{\omega} \times \boldsymbol{j}' \\ \dfrac{d\boldsymbol{k}'}{dt} = \boldsymbol{\omega} \times \boldsymbol{k}' \end{cases} \tag{7-15}$$

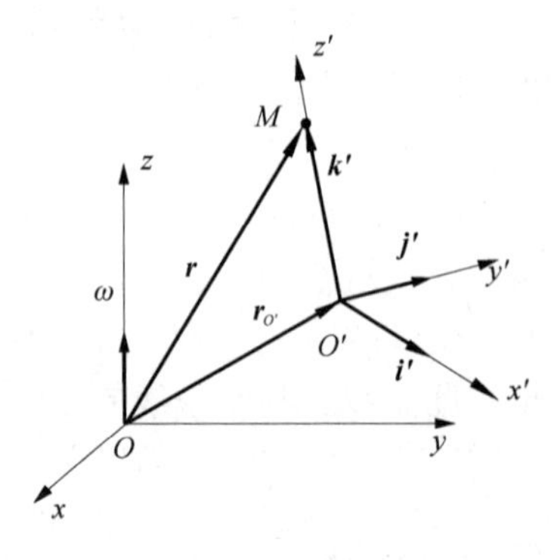

图 7.14 动点矢径的关系

牵连点的矢径为

$$\boldsymbol{r} = \boldsymbol{r}_M = \boldsymbol{r}_{M'}$$

动点 M 的绝对速度为

$$\boldsymbol{v}_a = \frac{d\boldsymbol{r}}{dt}$$

动点 M 的牵连速度为

$$\boldsymbol{v}_e = \boldsymbol{\omega} \times \boldsymbol{r}$$

动点 M 的相对速度为

$$\boldsymbol{v}_r = \frac{d\boldsymbol{r}'}{dt} = \dot{x}'\boldsymbol{i}' + \dot{y}'\boldsymbol{j}' + \dot{z}'\boldsymbol{k}'$$

动点 M 的牵连加速度为

$$\boldsymbol{a}_e = \boldsymbol{\alpha} \times \boldsymbol{r} + \boldsymbol{\omega} \times \boldsymbol{v}_e$$

动点 M 的相对加速度为

$$\boldsymbol{a}_r = \frac{d\boldsymbol{v}_r}{dt} = \ddot{x}'\boldsymbol{i}' + \ddot{y}'\boldsymbol{j}' + \ddot{z}'\boldsymbol{k}'$$

由速度合成定理

$$\boldsymbol{v}_a = \boldsymbol{v}_e + \boldsymbol{v}_r \tag{7-16}$$

将式(7-16)对时间求导，得动点 M 的绝对加速度为

$$\begin{aligned} \frac{d\boldsymbol{v}_a}{dt} = \frac{d\boldsymbol{v}_e}{dt} + \frac{d\boldsymbol{v}_r}{dt} &= \frac{d}{dt}(\boldsymbol{\omega} \times \boldsymbol{r}) + [(\ddot{x}'\boldsymbol{i}' + \ddot{y}'\boldsymbol{j}' + \ddot{z}'\boldsymbol{k}') + (\dot{x}'\dot{\boldsymbol{i}}' + \dot{y}'\dot{\boldsymbol{j}}' + \dot{z}'\dot{\boldsymbol{k}}')] \\ &= \left(\boldsymbol{\alpha} \times \boldsymbol{r} + \boldsymbol{\omega} \times \frac{d\boldsymbol{r}}{dt}\right) + [(\ddot{x}'\boldsymbol{i}' + \ddot{y}'\boldsymbol{j}' + \ddot{z}'\boldsymbol{k}') + (\dot{x}'\boldsymbol{\omega} \times \boldsymbol{i}' + \dot{y}'\boldsymbol{\omega} \times \boldsymbol{j}' + \dot{z}'\boldsymbol{\omega} \times \boldsymbol{k}')] \\ &= [\boldsymbol{\alpha} \times \boldsymbol{r} + \boldsymbol{\omega} \times (\boldsymbol{v}_e + \boldsymbol{v}_r)] + [(\ddot{x}'\boldsymbol{i}' + \ddot{y}'\boldsymbol{j}' + \ddot{z}'\boldsymbol{k}') + \boldsymbol{\omega} \times (\dot{x}'\boldsymbol{i}' + \dot{y}'\boldsymbol{j}' + \dot{z}'\boldsymbol{k}')] \\ &= \boldsymbol{a}_e + \boldsymbol{a}_r + \boldsymbol{\omega} \times \boldsymbol{v}_r + \boldsymbol{\omega} \times (\dot{x}'\boldsymbol{i}' + \dot{y}'\boldsymbol{j}' + \dot{z}'\boldsymbol{k}') \\ &= \boldsymbol{a}_e + \boldsymbol{a}_r + 2\boldsymbol{\omega} \times \boldsymbol{v}_r \end{aligned}$$

即

$$\boldsymbol{a}_a = \boldsymbol{a}_e + \boldsymbol{a}_r + \boldsymbol{a}_C \tag{7-17}$$

$$\boldsymbol{a}_C = 2\boldsymbol{\omega} \times \boldsymbol{v}_r \tag{7-18}$$

式中，$\boldsymbol{a}_C$ 称为科氏加速度，是科利澳里在 1832 年给出的，当动系做平移时，其角速度矢为 $\boldsymbol{\omega} = 0$，科氏加速度 $\boldsymbol{a}_C = 0$，式(7-17)就转化为式(7-14)。

牵连运动为定轴转动时点的加速度合成定理：在任一瞬时，动点的绝对加速度等于在同一瞬时的动点相对加速度、牵连加速度和科氏加速度的矢量和。

牵连运动为定轴转动时点的加速度合成定理适合动系做任何运动的情况，此时动系的

角速度矢 $\boldsymbol{\omega}$ 可以分解为定系 3 个轴方向的角速度矢量 $\boldsymbol{\omega}_x$、$\boldsymbol{\omega}_y$、$\boldsymbol{\omega}_z$。

【例 7.9】 刨床的急回结构如图 7.15(a)所示。曲柄 OA 与滑块 A 用铰链连接，曲柄 OA 以匀角速度 ω 绕固定轴 O 转动，滑块 A 在摇杆 O_1B 上滑动，并带动摇杆 O_1B 绕固定轴 O_1 转动。设曲柄 $OA=r$，两个轴间的距离 $OO_1=l$，试求当曲柄 OA 在水平位置时，摇杆 O_1B 的角速度 ω_1 和角加速度 α_1。

解： 根据题意，选滑块 A 为动点，摇杆 O_1B 为动系，地面为定系。动点 A 的绝对运动为曲柄 OA 的圆周运动，动点 A 的相对运动为沿摇杆 O_1B 的直线运动，牵连运动为摇杆 O_1B 绕固定轴 O_1 转动。

(1) 求摇杆 O_1B 的角速度 ω_1。

当曲柄 OA 在水平位置时，动点 A 的绝对速度 v_a 沿圆周的切线铅直向上，动点 A 的相对速度 v_r 沿摇杆 O_1B，牵连速度 v_e 垂直于摇杆 O_1B，作速度的平行四边形如图 7.15(a)所示。

动点 A 的绝对速度 v_a 为

$$v_a = r\omega \tag{a}$$

动点 A 的牵连速度 v_e 为

$$v_e = O_1A\omega_1 \tag{b}$$

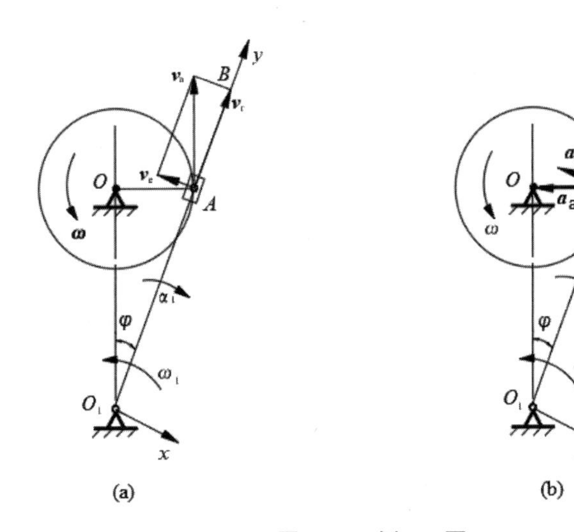

图 7.15　例 7.9 图

利用速度平行四边形的三角关系，有

$$v_e = v_a\sin\varphi \tag{c}$$

其中，$O_1A=\sqrt{r^2+l^2}$，$\sin\varphi=\dfrac{OA}{O_1A}=\dfrac{r}{\sqrt{r^2+l^2}}$，$\cos\varphi=\dfrac{O_1O}{O_1A}=\dfrac{l}{\sqrt{r^2+l^2}}$。

将式(a)、式(b)代入式(c)，得摇杆 O_1B 绕固定轴 O_1 转动的角速度为

$$\omega_1=\frac{r^2\omega}{l^2+r^2} \tag{d}$$

转向与曲柄 OA 的角速度 ω 相同。

动点 A 的相对速度 v_r 为

$$v_r = v_a\cos\varphi \tag{e}$$

将式(a)代入式(e)得

$$v_r = v_a \cos\varphi = r\omega \frac{l}{\sqrt{r^2 + l^2}} \tag{f}$$

(2) 求摇杆 O_1B 的角加速度 α_1。

由于动系做定轴转动，因此求摇杆 O_1B 的角加速度 α_1，应选择牵连运动为定轴转动时点的加速度合成定理。即

$$\boldsymbol{a}_a = \boldsymbol{a}_e + \boldsymbol{a}_r + \boldsymbol{a}_C \tag{g}$$

动点 A 的绝对加速度 $\boldsymbol{a}_a$ 分为切向加速度和法向加速度，但由于曲柄 OA 以匀角速度 ω 绕固定轴 O 转动，所以其角加速度 $\alpha = 0$，则有

$$a_a = a_a^n = r\omega^2 \tag{h}$$

动点 A 的牵连加速度 a_e 为

$$a_e^n = O_1A\omega_1^2 = \frac{r^4\omega^2}{(l^2 + r^2)^{\frac{3}{2}}} \tag{i}$$

$$a_e^\tau = O_1A\alpha_1 = \alpha_1\sqrt{r^2 + l^2} \tag{j}$$

动点 A 的相对加速度 a_r 大小未知，方向沿摇杆 O_1B 是已知的。动点 A 的科氏加速度由式(7-18)得其大小为

$$a_C = 2\omega_1 v_r \tag{k}$$

将式(d)、式(f)代入式(k)得

$$a_C = 2\omega_1 v_r = \frac{2\omega^2 r^3 l}{(l^2 + r^2)^{\frac{3}{2}}} \tag{l}$$

方向按右手螺旋法则来确定，如图 7.15(b)所示。

式(g)的具体表达式为

$$\boldsymbol{a}_a^\tau + \boldsymbol{a}_a^n = \boldsymbol{a}_e + \boldsymbol{a}_r + \boldsymbol{a}_C = \boldsymbol{a}_e^\tau + \boldsymbol{a}_e^n + \boldsymbol{a}_r + \boldsymbol{a}_C \tag{m}$$

由图 7.15(b)所示，将式(m)向 O_1x' 轴投影，得

$$-a_a \cos\varphi = a_e^\tau - a_C \tag{n}$$

将式(h)、式(j)、式(l)代入式(n)，得摇杆 O_1B 的角加速度 α_1 为

$$\alpha_1 = -\frac{rl(l^2 - r^2)}{(l^2 + r^2)^2}\omega^2$$

负号说明假设的方向与实际相反，如图 7.15(b)所示，应为逆时针转向。

【例 7.10】在例 7.6 中，求杆 AB 的加速度。

解：选杆 AB 上的 A 点为动点，凸轮为动系，地面为定系。应用牵连运动为定轴转动时点的加速度合成定理，即

$$\boldsymbol{a}_a = \boldsymbol{a}_e + \boldsymbol{a}_r + \boldsymbol{a}_C \tag{a}$$

动点 A 的绝对加速度 $\boldsymbol{a}_a$：由于动点 A 的绝对运动是做直线运动，故其加速度的方向是已知的，大小是未知的。

动点 A 的相对加速度 a_r：动点 A 的相对运动是沿凸轮边缘的圆周运动，故其加速度分为切向加速度 a_r^τ 和法向加速度 a_r^n。

由【例 7.6】得相对速度为

$$v_{\mathrm{r}}=\frac{v_{\mathrm{a}}}{\cos\theta}=\frac{\omega eR}{e}=\omega R \tag{b}$$

则相对加速度的法向加速度 $a_{\mathrm{r}}^{\mathrm{n}}$ 为

$$a_{\mathrm{r}}^{\mathrm{n}}=\frac{v_{\mathrm{r}}^{2}}{R}=\omega^{2}R \tag{c}$$

相对加速度的切向加速度 a_{r}^{τ} 的方向沿圆轮的切线，指向任意； a_{r}^{τ} 的大小是未知的。

牵连加速度 a_{e}：因为凸轮以匀角速度 ω 绕轴 O 转动，所以牵连加速度为法向加速度 $a_{\mathrm{e}}^{\mathrm{n}}$，切向加速度 $a_{\mathrm{e}}^{\tau}=0$，即

$$a_{\mathrm{e}}=a_{\mathrm{e}}^{\mathrm{n}}=OA\omega^{2}=\sqrt{R^{2}-e^{2}}\,\omega^{2} \tag{d}$$

科氏加速度 a_{C}：由式(7-18)，得其大小为

$$a_{\mathrm{C}}=2\omega v_{\mathrm{r}} \tag{e}$$

将式(b)代入式(e)，得

$$a_{\mathrm{C}}=2\omega v_{\mathrm{r}}=2\omega^{2}R \tag{f}$$

方向按右手螺旋法则来确定，如图 7.16 所示。

式(a)的具体表达式为

$$\boldsymbol{a}_{\mathrm{a}}=\boldsymbol{a}_{\mathrm{e}}+\boldsymbol{a}_{\mathrm{r}}+\boldsymbol{a}_{\mathrm{C}}=\boldsymbol{a}_{\mathrm{e}}^{\tau}+\boldsymbol{a}_{\mathrm{e}}^{\mathrm{n}}+\boldsymbol{a}_{\mathrm{r}}^{\tau}+\boldsymbol{a}_{\mathrm{r}}^{\mathrm{n}}+\boldsymbol{a}_{\mathrm{C}} \tag{g}$$

由图 7.16 所示，将式(g)向 x 投影，得

$$a_{\mathrm{a}}\sin\theta=-a_{\mathrm{e}}^{\mathrm{n}}\sin\theta-a_{\mathrm{r}}^{\mathrm{n}}+a_{\mathrm{C}} \tag{h}$$

其中，$\sin\theta=\dfrac{\sqrt{R^{2}-e^{2}}}{R}$，将式(c)、式(d)和式(f)代入式(h)，得杆 AB 的加速度为

$$a_{\mathrm{a}}=\frac{1}{\sin\theta}(-a_{\mathrm{e}}^{\mathrm{n}}\sin\theta-a_{\mathrm{r}}^{\mathrm{n}}+a_{\mathrm{C}})=\frac{e^{2}\omega^{2}}{\sqrt{R^{2}-e^{2}}}$$

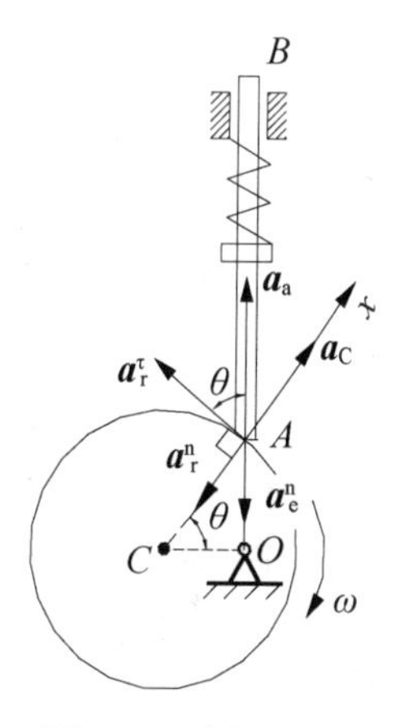

图 7.16　例 7.10 图

本 章 小 结

小结的具体内容请扫描右侧二维码获取。

习　题　7

7-1　是非题(正确的画√，错误的画×)

(1) 绝对运动是动点相对于定系的运动。 (　　)

(2) 相对运动是动点相对于动系的运动。 (　　)

(3) 牵连运动是动点相对于动系的运动。 (　　)

(4) 动点的绝对运动可以看成动点的相对运动和牵连运动的合成。 (　　)

(5) 动点相对速度对时间的导数等于动点的相对加速度。 (　　)

(6) 在一般情况下，某瞬时动点的绝对加速度等于动点的相对加速度和牵连加速度的矢量和。　　(　　)

7-2　填空题(把正确的答案写在横线上)

(1) 在研究点的合成运动中，应确定__________、__________、__________。

(2) 如图7.17所示机构中设A滑块为动点，BC为动系，则A滑块的绝对运动为__________；A滑块的相对运动为__________；A滑块的牵连运动为__________；科氏加速度的方向__________。

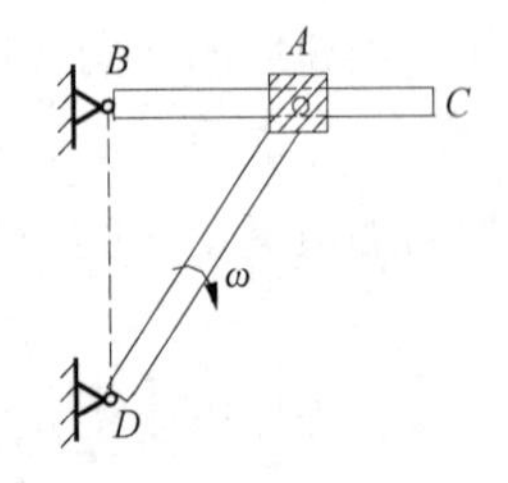

图7.17　习题7-2(2)图

(3) 上题中若$AD=l$，AD以角速度ω做匀速转动，且三角形ABD构成等腰直角三角形，则A滑块的绝对速度v_a=__________；相对速度v_r=__________；牵连速度v_e=__________；绝对加速度a_a^τ =__________、a_a^n =__________；相对加速度a_r=__________；牵连加速度a_e^τ=__________、a_e^n=__________；科氏加速度a_C=__________。

7-3　简答题

(1) 定系一定是不动的吗？动系一定是动的吗？

(2) 牵连速度对时间的导数等于牵连加速度吗？相对速度对时间的导数等于相对加速度吗？为什么？

(3) 为什么动点和动系不能选择在同一物体上？

(4) 如何正确理解牵连点的概念？在不同瞬时的牵连运动表示动系上同一点的运动吗？

(5) 科氏加速度是怎样产生的？当动系做平移时，科氏加速度等于多少？

(6) 速度合成定理对牵连运动为平移或转动都成立，但加速度合成定理$\boldsymbol{a}_a=\boldsymbol{a}_e+\boldsymbol{a}_r$对牵连运动为转动却不成立，为什么？

(7) 如图7.18所示的曲柄滑块机构，若取B为动点，动系固结于曲柄OA上，则动点B的牵连速度方向如何？如何画出速度的平行四边形？

(8) 如图7.19所示的三连杆机构，曲柄OA与BC平行，$OA=BC=r$，问销钉B相对于曲柄OA的速度为多少？

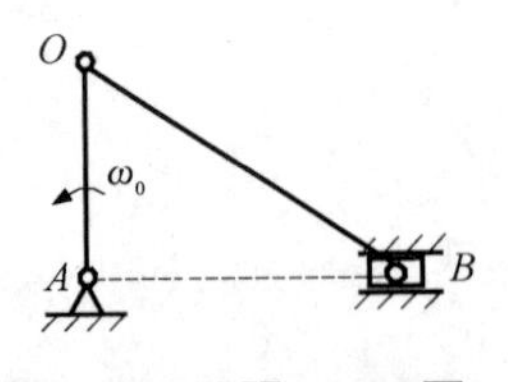

图7.18　习题7-3(7)图

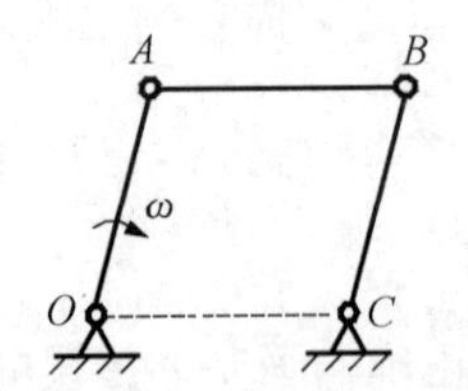

图7.19　习题7-3(8)图

7-4　计算题

(1) 如图7.20所示，点M在平面$Ox'y'$中运动，运动方程为$x'=40(1-\cos t)$，$y'=40\sin t$。t以s计，x'、y'以mm计，平面$Ox'y'$绕O轴转动，其转动方程为$\varphi=t$(rad)，试求点M的相对运动轨迹和绝对运动轨迹。

(2) 如图7.21所示，汽车 A 沿半径为150m的圆弧道路以匀速 v_A=45km/h行驶，汽车 B 沿直线道路行驶，图示瞬时汽车 B 的速度为 v_B=70km/h，加速度为 $a_B=-3\text{m/s}^2$。试求汽车 A 相对汽车 B 的速度和加速度。

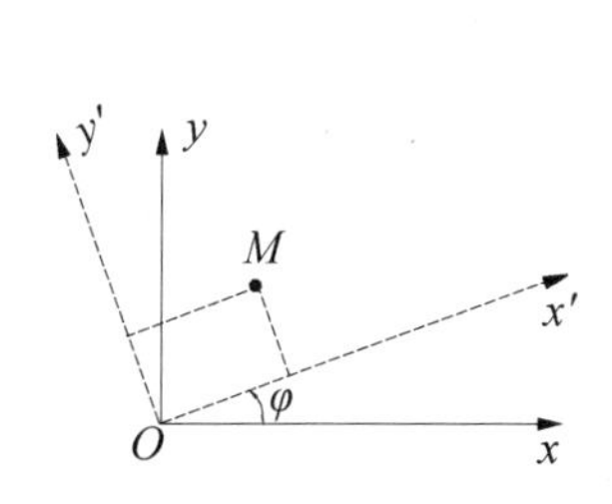

图7.20 习题7-4(1)图

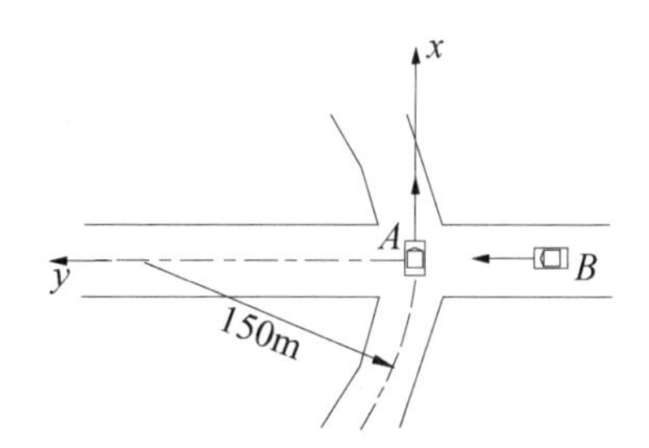

图7.21 习题7-4(2)图

(3) 如图7.22所示的两种结构(a)和(b)中，已知 $O_1O_2=a=200\text{mm}$，$\omega_1=3\text{rad/s}$，试求图示瞬时杆 O_2A 的角速度。

(4) 如图7.23所示的偏心圆轮以匀角速度 ω 绕轴 O 转动，杆 AB 的 A 端搁在凸轮上，图示瞬时 AB 杆处于水平位置，OA 为铅直，$AB=l$，半径 $AC=R$，$CO=e$，试求该瞬时 AB 杆角速度的大小及转向。

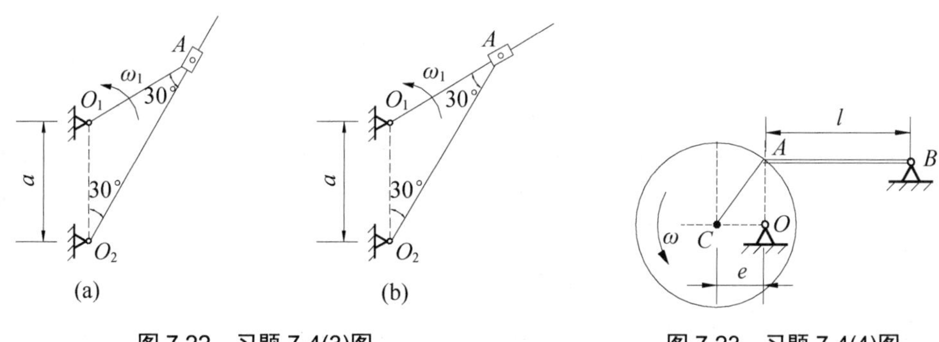

图7.22 习题7-4(3)图

图7.23 习题7-4(4)图

(5) 如图7.24所示的机构中，杆 AB 以匀速 v 沿铅直导槽向上运动，摇杆 OC 穿过套筒 A，$OC=a$，导槽到 O 的水平距离为 l，初始时 $\varphi=0$，试求当 $\varphi=\dfrac{\pi}{4}$ 时，摇杆 OC 端点 C 的速度。

(6) 刨床急回结构如图7.25所示，轮 O 以匀角速度 ω_0=5rad/s绕轴 O 转动，并通过滑块 A 带动摇杆 O_1B 摆动，又通过滑块 E 使刨枕沿水平支承面往复运动。已知 $OA=r$=15cm，$O_1O=l=l'=\sqrt{3}r$，试求当 OA 水平时，摇杆 O_1B 的角速度和刨枕的速度。

(7) 如图7.26所示，摇杆 OC 绕轴 O 转动，经过固定在齿条 AB 上的销子 K 带动齿条平移，而齿条又带动半径为 $r=10\text{cm}$ 的齿轮 O 绕固定轴转动。如果 $l=40\text{cm}$，摇杆 OC 的角速度 $\omega=0.5\text{rad/s}$，试求当 $\varphi=30^\circ$ 时，齿轮的角速度。

(8) 如图7.27所示的曲柄滑杆机构中，滑杆上有圆弧形滑道，其半径为 R=10cm，圆心 O_1 在导杆 BC 上，曲柄长 OA=10cm，以匀角速度 $\omega=4\pi\text{rad/s}$ 绕轴 O 转动，试求在图示位置 $\varphi=30^\circ$ 时，滑杆 BC 的速度和加速度。

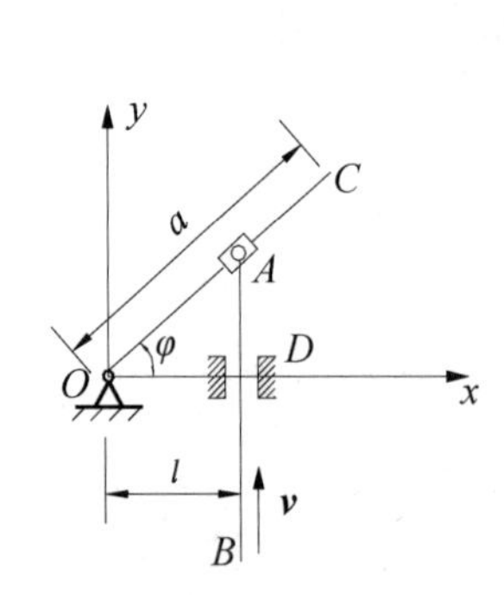

图 7.24　习题 7-4(5)图

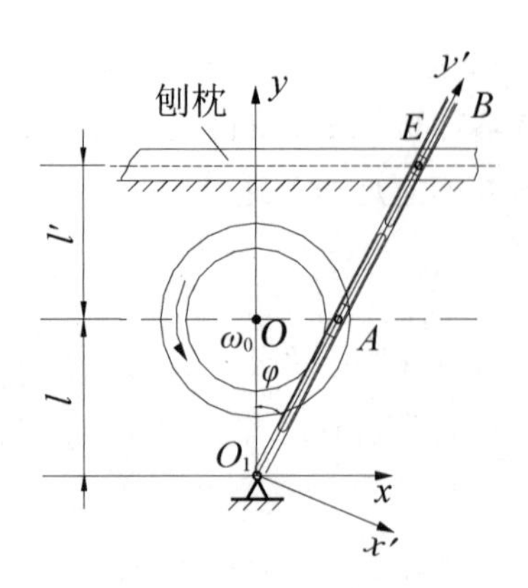

图 7.25　习题 7-4(6)图

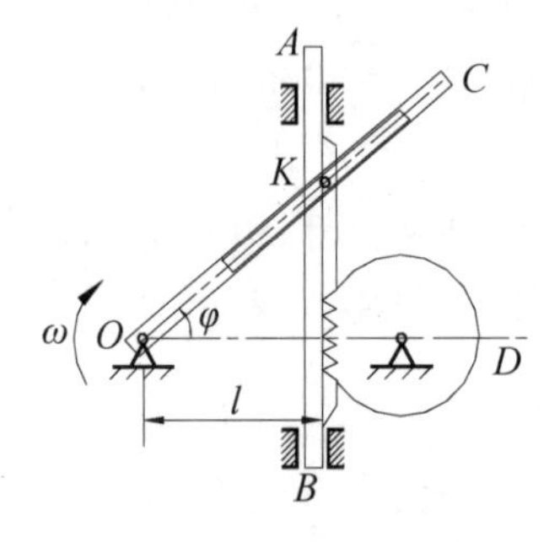

图 7.26　习题 7-4(7)图

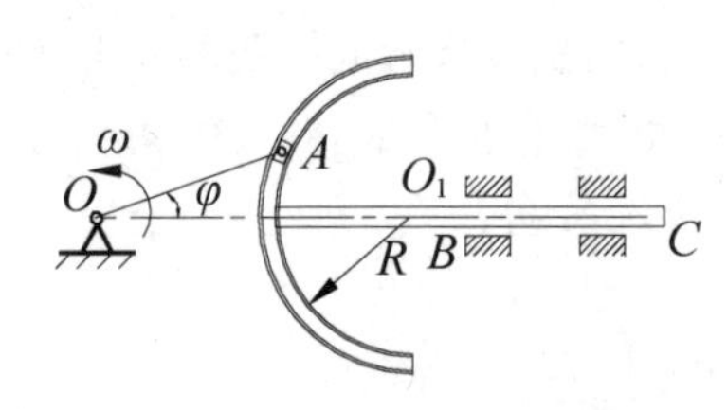

图 7.27　习题 7-4(8)图

(9) 绕轴 O 转动的圆轮及直杆 OA 上均有一个导槽，两个导槽之间有一个活动的销子 M，如图 7.28 所示。b=0.1m，设在图示位置时，圆轮及直杆的角速度分别为 $\omega_1 = 9\text{rad/s}$ 和 $\omega_2 = 3\text{rad/s}$，试求此瞬时销子 M 的速度。

(10) 杆 AB 以大小为 v_1 的速度沿垂直于 AB 杆的方向向上移动，杆 CD 以大小为 v_2 的速度沿垂直于 CD 杆的方向向上移动，如图 7.29 所示。若两个杆的交角为 θ，试求两个杆的交点 M 的速度。

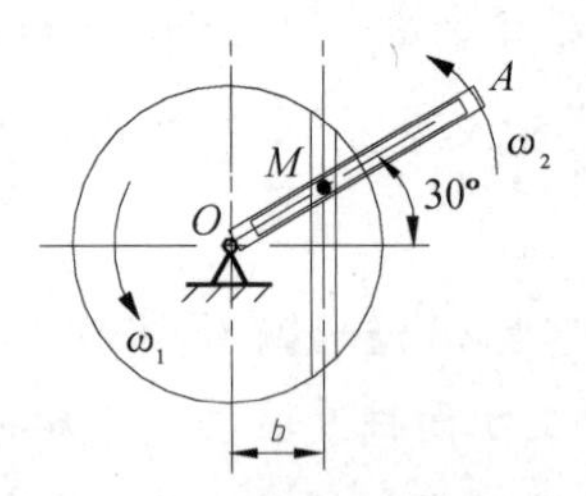

图 7.28　习题 7-4(9)图

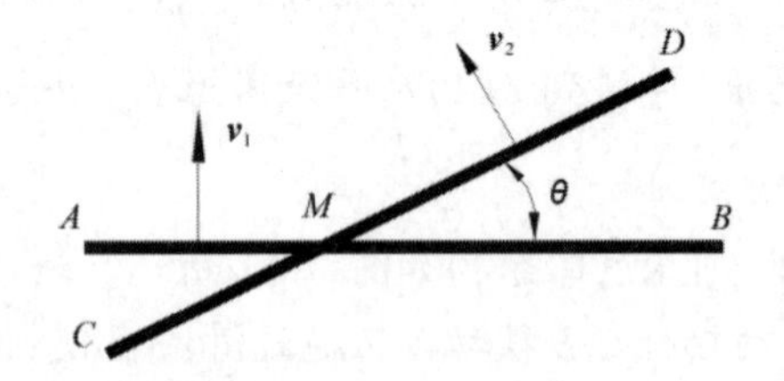

图 7.29　习题 7-4(10)图

(11) 如图 7.30 所示铰接四边形的平面结构中，已知 $O_1A = O_2B = 100\text{ mm}$，$O_1O_2 = AB$，杆 O_1A 以匀角速度 $\omega = 2\text{rad/s}$ 绕轴 O_1 转动，杆 AB 上有一个套筒 C，此套筒与杆 CD 相铰接，试求当 $\varphi = 60°$ 时，杆 CD 的速度和加速度。

(12) 摆动式送料机，曲柄 OA 长为 l，以角速度 ω、角加速度 α 绕轴 O 转动。在如图 7.31 所示的瞬时，设摆杆与铅垂线的夹角为 θ，试求送料斗的加速度。

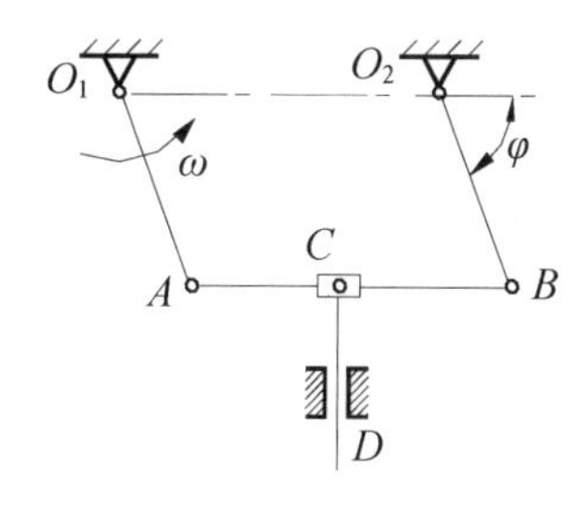

图7.30　习题7-4(11)图

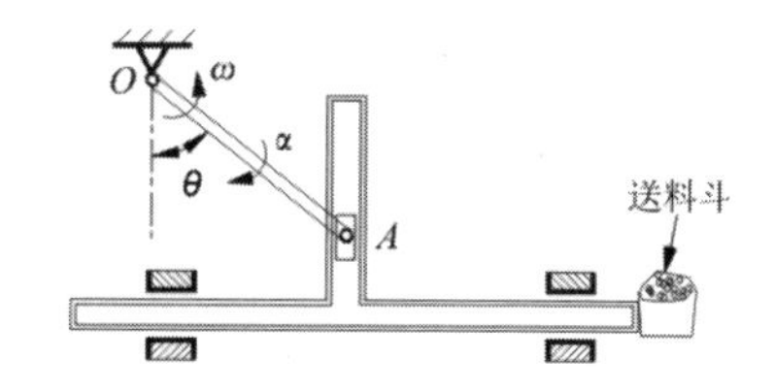

图7.31　习题7-4(12)图

(13) 如图7.32所示，曲柄 OA 长0.4m，以等角速度 $\omega=0.5\text{rad/s}$ 绕轴 O 逆时针方向转动，由于曲柄的 A 端推动水平板 B，而使滑杆 C 沿铅直方向上升。试求当曲柄 OA 与水平线间的夹角 $\theta=30°$ 时，滑杆 C 的速度和加速度。

(14) 半径为 R 的圆形凸轮 D 以等速 v_0 沿水平线向右运动，带动从动杆 AB 沿铅直方向上升，如图7.33所示。试求当 $\varphi=30°$ 时，杆 AB 相对于凸轮 D 的速度和加速度。

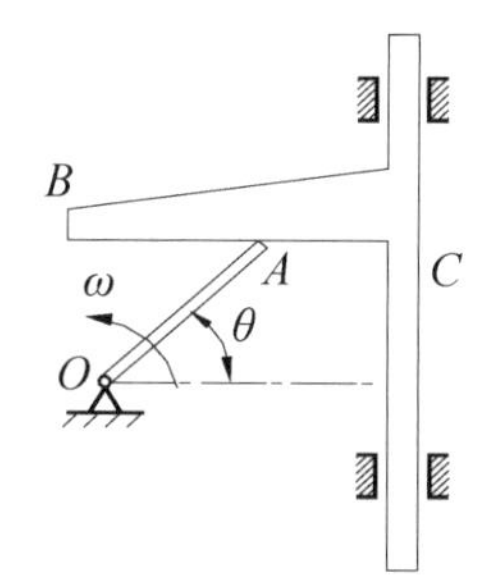

图7.32　习题7-4(13)图

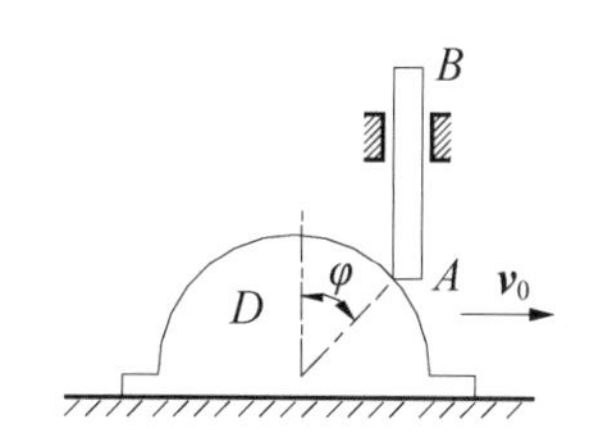

图7.33　习题7-4(14)图

(15) 小车沿水平方向向右做加速运动，其加速度 $a=0.493\text{m/s}^2$，在小车上有一轮绕轴 O 转动，其转动方程为 $\varphi=t^2$，t 以s计，φ 以rad计。当 t=1s时，轮缘上点 A 的位置如图7.34所示。轮的半径 r=0.2m，试求图示瞬时点 A 的绝对加速度。

(16) 如图7.35所示，直角曲杆 OBC 绕轴 O 转动，使套在其上的小环 M 沿固定直杆 OA 滑动。已知：OB=0.1m，OB 与 BC 垂直，曲杆的角速度 $\omega=0.5\text{rad/s}$，角加速度 $\alpha=0$，试求当 $\varphi=60°$ 时，小环 M 的速度和加速度。

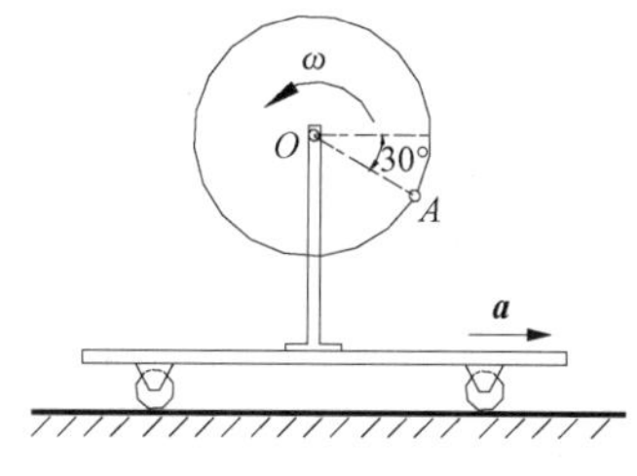

图7.34　习题7-4(15)图

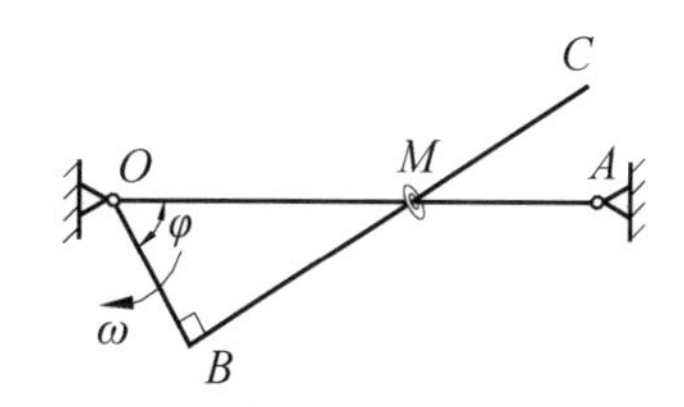

图7.35　习题7-4(16)图

(17) 水平直杆 AB 在半径为 R 的固定圆上以匀速 v 铅直下落，其上套有小环 M，如图7.36所示。设点 M 和圆心 O 的连线与铅垂线的夹角为 φ。试求小环 M 的绝对速度和绝对加速度。

(18) 如图7.37所示，曲柄 OA 长为 $l=20\text{cm}$，以角速度 $\omega=4\text{rad/s}$、角加速度为 $\alpha=3\text{rad/s}^2$

绕轴 O 转动；圆盘的半径为 $r=10\text{cm}$，以角速度 $\omega_r=6\text{rad/s}$、角加速度为 $\alpha_r=4\text{rad/s}^2$ 绕轴 A 转动，试求圆盘边缘上的点 M_1、M_2 的绝对速度和绝对加速度。

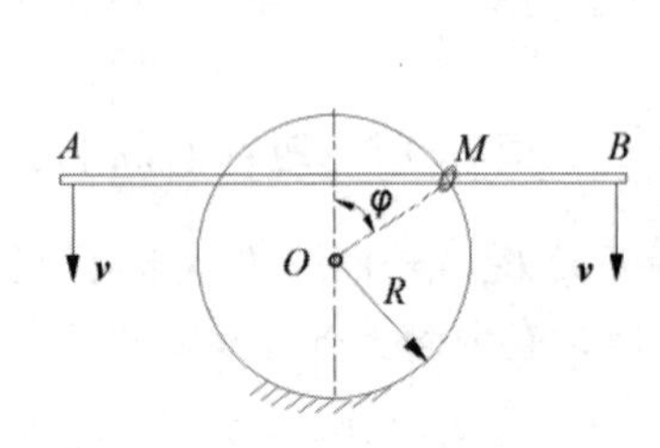

图 7.36　习题 7-4(17)图

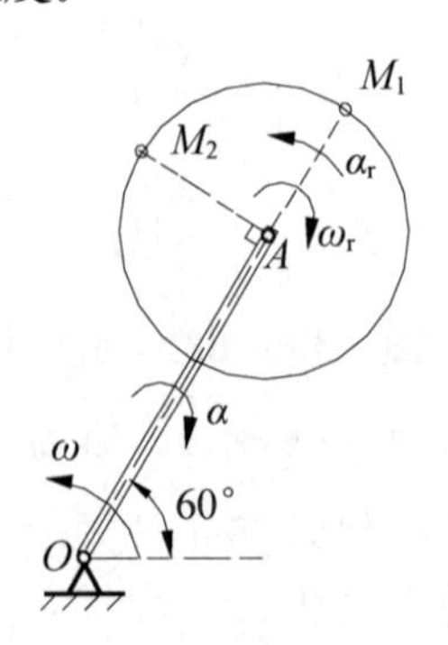

图 7.37　习题 7-4(18)图

第 8 章

刚体平面运动

在第 6 章我们学习了刚体的基本运动(即平行移动和定轴转动)，这一章我们将学习由这两个基本运动合成的运动——刚体平面运动，并运用点的速度合成定理和牵连运动为平移时的加速度合成定理的知识计算刚体上各点的速度与加速度。刚体的平面运动是机械结构中各种构件常见的运动形式。

8.1 刚体平面运动概述

8.1.1 刚体平面运动的定义

机械结构中很多构件的运动，例如行星齿轮机构中动齿轮 B 的运动(见图 8.1(a))、曲柄连杆机构中连杆 AB 的运动(见图 8.1(b))；以及沿直线轨道滚动的轮子(见图 8.1(c))。运动的共同特点是既不沿同一方向平移，又不绕某固定点做定轴转动，而是在其自身平面内运动。

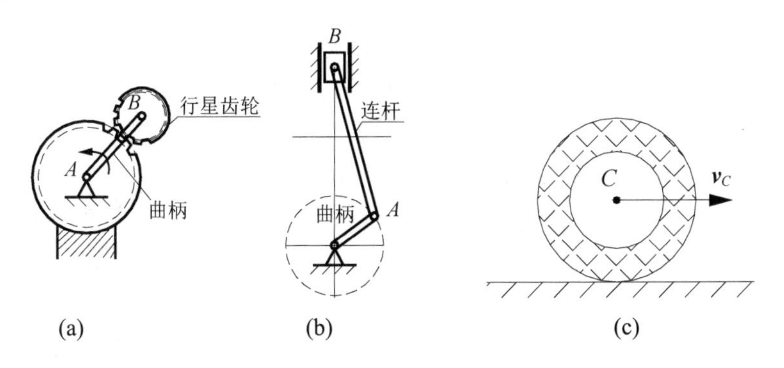

图 8.1　刚体平面运动实例

综上可见，定义刚体平面运动：在一般情况下，刚体在运动过程中，其上任意一点与某个固定平面的距离始终保持不变的运动。

8.1.2 刚体平面运动的方程

设刚体做平面运动如图 8.2 所示，按刚体平面运动的定义，存在一个固定平面 P_0，过刚体上任意一点 M 作一个与固定平面 P_0 距离始终保持不变的平面 P，平面 P 在刚体上截出一个平面图形 S，平面图形 S 内各点的运动均在平面 P 内。再过点 M 作与固定平面 P_0 垂直的直线段 M_1M_2，直线段 M_1M_2 做平移的运动，则直线段 M_1M_2 上各点的运动与 M 点的运动相同。同理，平面图形 S 上其他各点的运动也和点 M 做法一样。因此刚体做平面运动时，只需研究平面图形 S 在其自身平面 P 内的运动。

如图 8.3 所示，在平面图形 S 内建立平面直角坐标系 Oxy，来确定平面图形 S 的位置。为了确定平面图形 S 的位置只需确定其上任意线段 AB 的位置，即在线段 AB 上选一个已知点 A 的坐标和线段 AB 与 x 轴(或者与 y 轴的夹角) φ 来确定。方程如下

$$\begin{cases} x_A = f_1(t) \\ y_A = f_2(t) \\ \varphi = f_3(t) \end{cases} \tag{8-1}$$

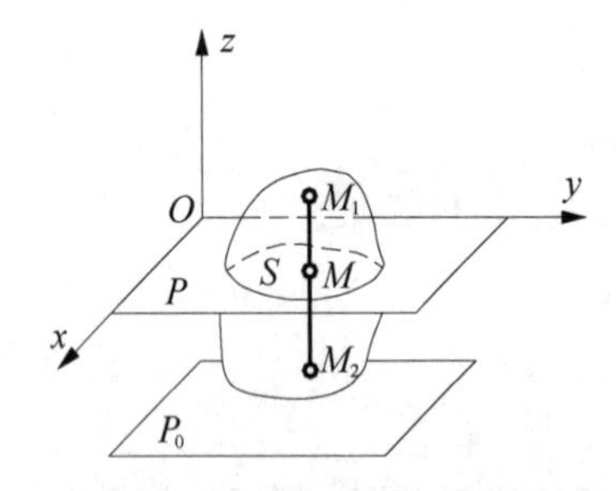

图 8.2　刚体平面运动简化为平面图形的运动

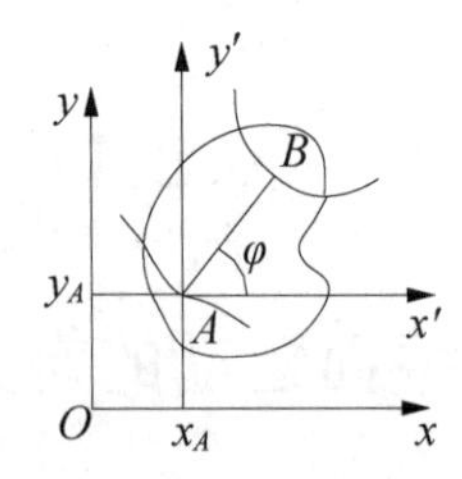

图 8.3　确定平面位置

式(8-1)称为平面图形 S 的运动方程，即刚体平面运动的运动方程。点 A 称为基点，基点的选择是任意的。

例如沿平直轨道做滚动的车轮如图 8.4 所示，设车轮的轮心 C 以速度 $\boldsymbol{v}_0$ 做匀速运动，选点 C 为基点，初始时点 C 在 y 轴上，图示瞬时 CM 与 y 轴的夹角为 φ，则车轮的运动方程为

$$\begin{cases} x_C = v_0 t \\ y_C = R \\ \varphi = \dfrac{v_0 t}{R} \end{cases}$$

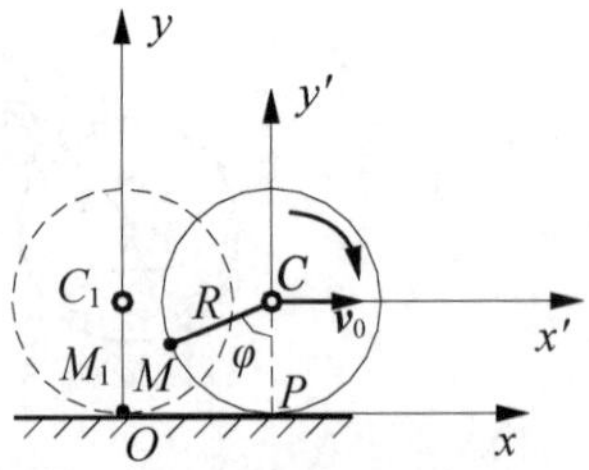

图 8.4　沿直线滚动的车轮

式中，R 为车轮的半径。

8.1.3 刚体平面运动的分解

由式(8-1)知，①若基点 A 不动，基点 A 的坐标 x_A、y_A 均为常数，则平面图形 S 绕基

点 A 做定轴转动；②若 φ 为常数，平面图形 S 无转动，则平面图形 S 以方位不变的角 φ 做平移。由此可见，当两者都变化时，平面图形 S 的运动可以看成随着基点的平移和绕基点转动的合成。一般情况下，在基点 A 处建立平移坐标系 $Ax'y'$，如图 8.3 所示，研究平面图形内各点的速度和加速度可由点的合成运动知识来解决。

由于基点的选择是任意的，所以选择不同的基点，平面图形上各点的运动情况一般是不相同的。如图 8.5 所示，基点 A 和 A'为平面图形上的两个不同点，此两点的速度和加速度一般情况下是不相等的，因此平面图形随基点平移时的速度和加速度与基点的选择有关。过基点 A 和 A' 作两条直线段 AB 和 $A'B'$，与平移坐标系的夹角分别为 φ 和 $\varphi'=\varphi+\alpha$，两条直线段间的夹角为 α，且 α 等于常数，则其角速度和角加速度有 $\dot{\varphi}'=\dot{\varphi}$，$\ddot{\varphi}'=\ddot{\varphi}$（即 $\omega'=\omega$、$\alpha'=\alpha$），因此平面图形绕基点转动的角速度和角加速度与基点的选择无关。

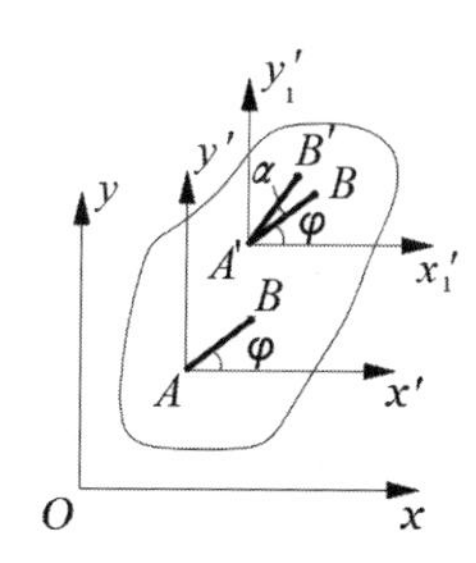

图 8.5　以不同点为基点时的运动情况

8.2　求平面图形内各点的速度

8.2.1　基点法

由上一节知，平面图形 S 的运动可以看成随着基点的平移和绕基点转动的合成。运用速度合成定理求平面图形内各点的速度。

如图 8.6 所示，取 A 为基点，求平面图形内点 B 的速度。设图示瞬时平面图形的角速度为 ω，由速度合成定理知，牵连速度 $\boldsymbol{v}_e=\boldsymbol{v}_A$，相对速度 $v_r=v_{BA}=\omega AB$，则

$$\boldsymbol{v}_B=\boldsymbol{v}_A+\boldsymbol{v}_{BA} \tag{8-2}$$

求平面图形 S 内任一点速度的基点法：在任一瞬时，平面图形内任一点的速度等于基点的速度和绕基点转动速度的矢量和。

8.2.2　速度投影法

已知平面图形 S 内任意两点 A、B 速度的方位如图 8.7 所示，将式(8-2)两点 A、B 速度向 AB 连线上投影得

$$[\boldsymbol{v}_A]_{AB}=[\boldsymbol{v}_B]_{AB} \tag{8-3}$$

即 $v_A\cos\alpha=v_B\cos\beta$。

速度投影定理：平面图形 S 内任意两点的速度在此两点连线上的投影相等。

式(8-2)和式(8-3)反映刚体上各点的速度关系。一般情况下，刚体上各点的速度是不相等的，它们相差的是相对基点转动的速度，说明选不同的点作为基点时，平面图形 S 随基点平移时的速度与基点的选择是有关的。

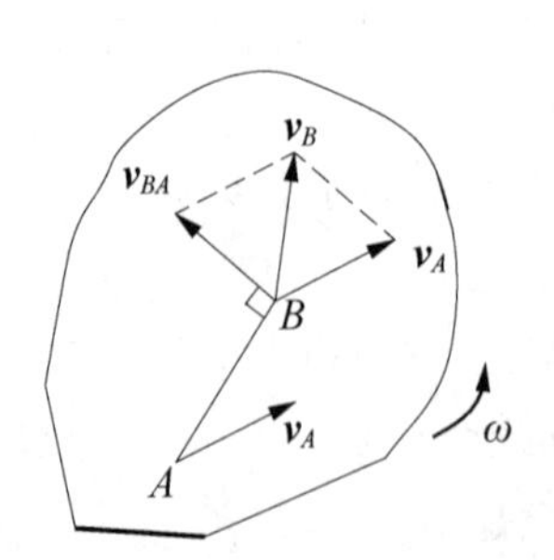

图 8.6　平面图形内任一点速度的基点法

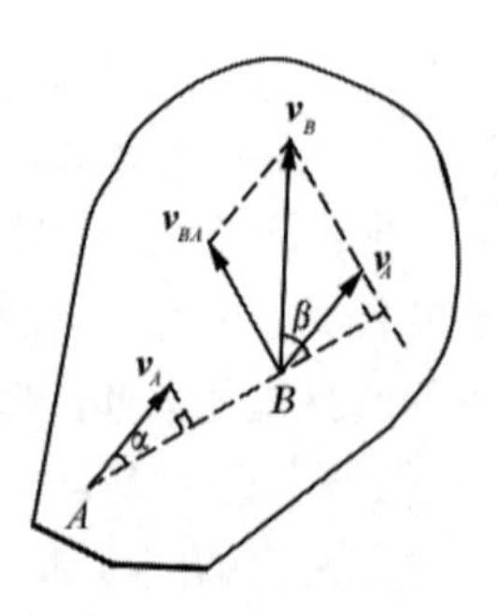

图 8.7　速度投影法

【**例 8.1**】如图 8.8(a)所示，滑块 A、B 分别在相互垂直的滑槽中滑动，连杆 AB 的长度为 l=20cm，在图示瞬时 v_A=20cm/s 水平向左，连杆 AB 与水平线的夹角为 $\varphi=30^\circ$，试求滑块 B 的速度和连杆 AB 的角速度。

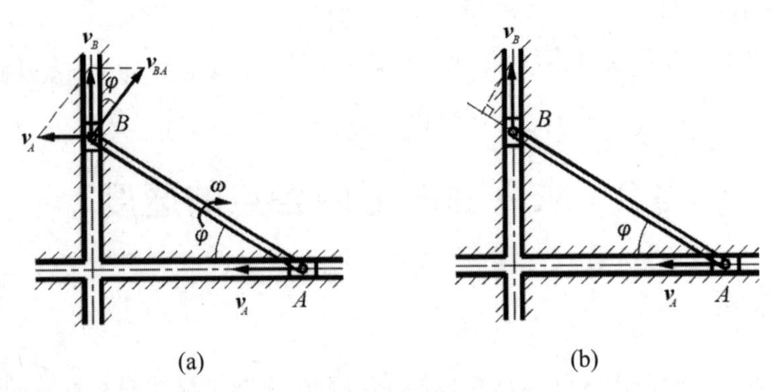

图 8.8　例 8.1 图

解：连杆 AB 做平面运动，选点 A 为基点，由基点法式(8-2)

$$\boldsymbol{v}_B=\boldsymbol{v}_A+\boldsymbol{v}_{BA}$$

上式中有 3 个大小和 3 个方向，共 6 个要素，其中 $\boldsymbol{v}_B$ 的方向铅直向上，$\boldsymbol{v}_B$ 的大小是未知的；$\boldsymbol{v}_A$ 的大小和方向是已知的；点 B 相对基点转动的速度 $\boldsymbol{v}_{BA}$ 的大小是未知的，$\boldsymbol{v}_{BA}=\omega AB$，方向垂直于连杆 AB。在点 B 处作速度合成的平行四边形如图 8.8(a)所示。由图中的几何关系得

$$v_B=\frac{v_A}{\tan\varphi}=\frac{20}{\tan 30^\circ}=34.6(\text{cm/s})$$

点 B 相对基点转动的速度为

$$v_{BA}=\frac{v_A}{\sin\varphi}=\frac{20}{\sin 30^\circ}=40(\text{cm/s})$$

则连杆 AB 的角速度为

$$\omega=\frac{v_{BA}}{l}=\frac{40}{20}=2(\text{rad/s})$$

转向为顺时针。

如图 8.8(b)所示，若采用速度投影法，则由式(8-3)有

$$[\boldsymbol{v}_A]_{AB}=[\boldsymbol{v}_B]_{AB}$$

即

$$v_A\cos\varphi = v_B\sin\varphi$$

则
$$v_B = \frac{\cos\varphi}{\sin\varphi}v_A = \frac{v_A}{\tan\varphi} = \frac{20}{\tan 30^\circ} = 34.6(\text{cm/s})$$

但此法不能求出连杆 AB 的角速度。

【例 8.2】曲柄连杆结构如图 8.9 所示，曲柄 OA 以匀角速度 ω 绕轴 O 转动，已知曲柄 OA 长为 R，连杆 AB 长为 l，试求当曲柄与水平线的夹角 $\varphi = \omega t$ 时，滑块 B 的速度和连杆 AB 的角速度。

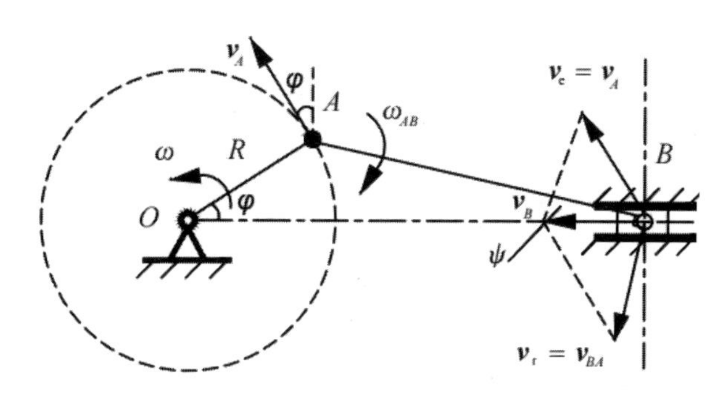

图 8.9　例 8.2 图

解：连杆 AB 做平面运动，选点 A 为基点，由式(8-2)

$$\boldsymbol{v}_B = \boldsymbol{v}_A + \boldsymbol{v}_{BA}$$

其中曲柄 OA 做定轴转动，点 A 的速度大小为 $v_A = \omega R$，方位垂直于曲柄 OA 沿 ω 的旋转方向；滑块 B 的速度 $\boldsymbol{v}_B$ 大小是未知的，方向是水平向左，点 B 相对基点转动的速度 $\boldsymbol{v}_{BA}$ 的大小是未知的，$v_{BA} = \omega AB$，方向垂直于连杆 AB。在点 B 处作速度的平行四边形如图 8.9 所示。

(1) 求滑块 B 的速度。

由图中的速度关系得

$$\frac{v_A}{\sin(90^\circ - \psi)} = \frac{v_B}{\sin(\varphi + \psi)}$$

解得滑块 B 的速度为

$$v_B = v_A\frac{\sin(\psi + \varphi)}{\cos\psi} = \omega R(\sin\varphi + \cos\varphi\tan\psi) \tag{a}$$

式中几何关系有

$$l\sin\psi = R\sin\varphi$$

则
$$\sin\psi = \frac{R}{l}\sin\varphi$$

$$\cos\psi = \sqrt{1-\sin^2\psi} = \frac{1}{l}\sqrt{l^2 - R^2\sin^2\varphi}$$

$$\tan\psi = \frac{R\sin\varphi}{\sqrt{l^2 - R^2\sin^2\varphi}} \tag{b}$$

将式(b)代入式(a)中，并考虑$\varphi=\omega t$，得滑块B的速度为

$$v_B=\omega R\left(1+\frac{R\cos\omega t}{\sqrt{l^2-R^2\sin^2\omega t}}\right)\sin\omega t$$

(2) 求连杆AB的角速度。

由图中的速度关系得

$$\frac{v_A}{\sin(90^\circ-\psi)}=\frac{v_{BA}}{\sin(90^\circ-\varphi)}$$

解得

$$v_{BA}=\frac{v_A\sin(90^\circ-\varphi)}{\sin(90^\circ-\psi)}=\omega R\frac{\cos\varphi}{\cos\psi}$$

则连杆AB的角速度为

$$\omega_{AB}=\frac{v_{BA}}{l}=\frac{\omega R}{l}\frac{\cos\varphi}{\cos\psi}=\frac{\omega R\cos\omega t}{\sqrt{l^2-R^2\sin^2\varphi}}$$

【例 8.3】 如图 8.10 所示的平面结构，曲柄OB以匀角速度$\omega=2\text{rad/s}$绕O轴转动，并带动连杆AD上的滑块A和滑块C在水平滑道和铅垂滑道上运动，已知$AB=BC=CD=OB=12\text{cm}$，试求连杆AD的运动方程及当曲柄OB与水平线夹角$\varphi=45^\circ$时点D的速度。

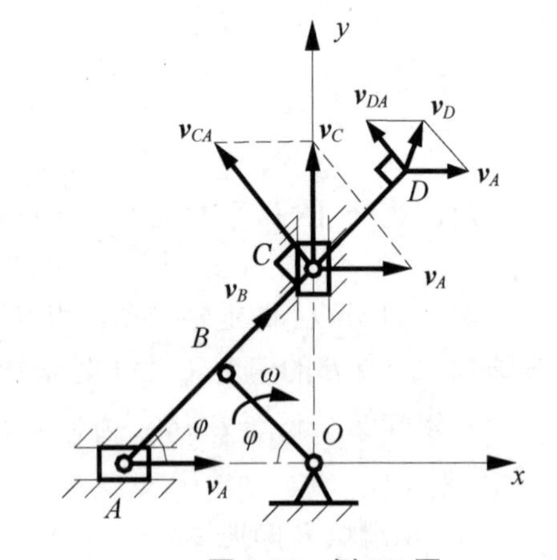

图 8.10　例 8.3 图

解：(1) 求连杆AD的运动方程。

在点O建立直角坐标系Oxy，选点B为基点，则连杆AD的运动方程为

$$\begin{cases}x_B=-12\cos\omega t\\ y_B=12\sin\omega t\\ \varphi=\omega t\end{cases}$$

(2) 求点D的速度。

由速度投影定理，得滑块A的速度为

$$v_A\cos45^\circ=v_B$$

$$v_A=\frac{v_B}{\cos45^\circ}=\frac{OB\omega}{\cos45^\circ}=\frac{12\times2}{\frac{\sqrt{2}}{2}}=33.94(\text{cm/s})$$

选点A为基点，在点C处作速度的平行四边形如图 8.10 所示，点C相对点A的速度为

$$v_{CA}=\frac{v_A}{\cos45^\circ}=\frac{v_B}{\cos^2 45^\circ}=\frac{12\times2}{\left(\frac{\sqrt{2}}{2}\right)^2}=48(\text{cm/s})$$

连杆AD的角速度为

$$\omega_{AD}=\frac{v_{CA}}{CA}=\frac{48}{24}=2(\text{rad/s})$$

求点D的速度，由基点法式(8-2)有

$$\boldsymbol{v}_D = \boldsymbol{v}_A + \boldsymbol{v}_{DA}$$

如图将上式向直角坐标轴投影得

$$v_{Dx} = v_A - v_{DA}\cos45^\circ = v_A - \omega_{AD}DA\cos45^\circ$$
$$= 33.94 - 2\times36\times\frac{\sqrt{2}}{2} = -16.97(\text{cm/s})$$
$$v_{Dy} = v_{DA}\cos45^\circ = \omega_{AD}DA\cos45^\circ$$
$$= 2\times36\times\frac{\sqrt{2}}{2} = 50.91(\text{cm/s})$$

则点 D 的速度大小为

$$v_D = \sqrt{v_{Dx}^2 + v_{Dy}^2} = \sqrt{(-16.97)^2 + 50.91^2} = 53.7(\text{cm/s})$$

点 D 的速度的方向为

$$\cos(\boldsymbol{v},\boldsymbol{i}) = \frac{v_{Dx}}{v_D} = \frac{-16.97}{53.7} = -0.3160$$
$$\cos(\boldsymbol{v},\boldsymbol{j}) = \frac{v_{Dy}}{v_D} = \frac{50.91}{53.7} = 0.9480$$

其中，$\angle(\boldsymbol{v},\boldsymbol{i}) = 180^\circ \pm 71.58^\circ$，$\angle(\boldsymbol{v},\boldsymbol{j}) = \pm18.55^\circ$，点 D 的速度为第Ⅱ象限角，即 $\angle(\boldsymbol{v},\boldsymbol{i}) = 108.42^\circ$，$\angle(\boldsymbol{v},\boldsymbol{j}) = \frac{\varphi}{2} = 18.55^\circ$。

【例 8.4】 半径为 R 的圆轮，沿直线轨道做无滑动的滚动，如图 8.11 所示。已知轮心 O 的速度为 $\boldsymbol{v}_O$，试求轮缘上水平位置和竖直位置处点 A、B、C、D 的速度。

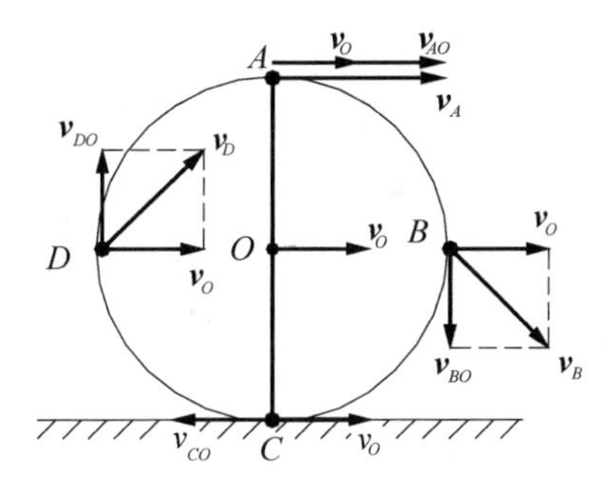

图 8.11 例 8.4 图

解： 选轮心 O 为基点，先研究点 C 的速度。由于圆轮沿直线轨道做无滑动的滚动，故点 C 的速度为

$$v_C = 0$$

则有

$$v_C = v_O - v_{CO} = 0$$

圆轮的角速度为

$$\omega = \frac{v_{CO}}{R} = \frac{v_O}{R}$$

各点相对基点的速度为

$$v_{AO} = v_{BO} = v_{DO} = \omega R = v_O$$

则点 A 的速度为

$$v_A = v_O + v_{AO} = 2v_O$$

点 B、D 的速度为

$$v_B = v_D = \sqrt{2}v_O$$

方向如图所示。

8.2.3　速度瞬心法

1. 速度瞬心法的定义

由基点法可知，若选择不同的点作为基点，则随基点平移的速度是不相同的。因此在每个瞬时，平面图形上总可以找到一点其速度与相对于基点转动的速度的大小相等方向相反，以此点作为基点，合成后其速度为零。该点称为瞬时速度转动中心，简称速度瞬心。如图 8.12 所示，已知点 A 的速度 $\boldsymbol{v}_A$，过点 A 作速度矢量 $\boldsymbol{v}_A$ 的垂线 AB，沿角速度 ω 的旋转方向，在直线段 AB 上找点 P，使

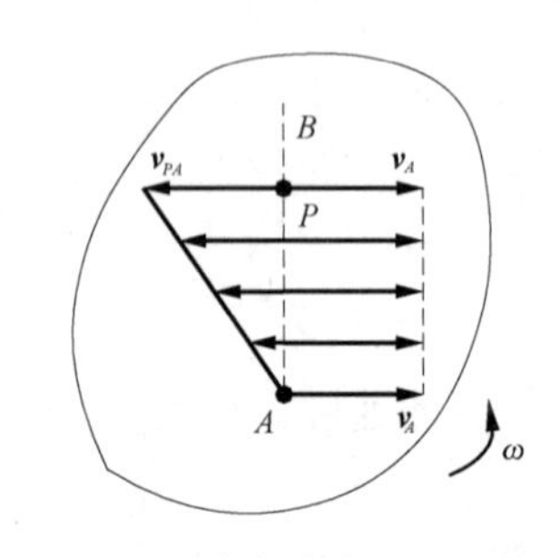

图 8.12　确定速度瞬心的位置

$$PA = \frac{v_A}{\omega}$$

相对速度 $v_{PA} = \omega PA = v_A$，则点 P 的速度 $\boldsymbol{v}_P = \boldsymbol{v}_A + \boldsymbol{v}_{PA} = 0$。

结论：刚体做平面运动时每个瞬时都存在速度为零的点，此时平面图形相对于该点做纯转动。因此，求平面图形内各点的速度可以用定轴转动的知识来求解，这种求速度的方法称为速度瞬心法，简称瞬心法。

注意： 由于速度瞬心的位置是随时间的变化而变化的，因此平面图形相对于速度瞬心的转动具有瞬时性。

2. 确定速度瞬心的方法

(1) 若某瞬时平面图形上任意两点 A、B 的速度矢量 $\boldsymbol{v}_A$、$\boldsymbol{v}_B$ 的方向为已知，如图 8.13(a) 所示，则过该两点作其速度矢量垂线，交点 P 为平面图形在该瞬时的速度瞬心。

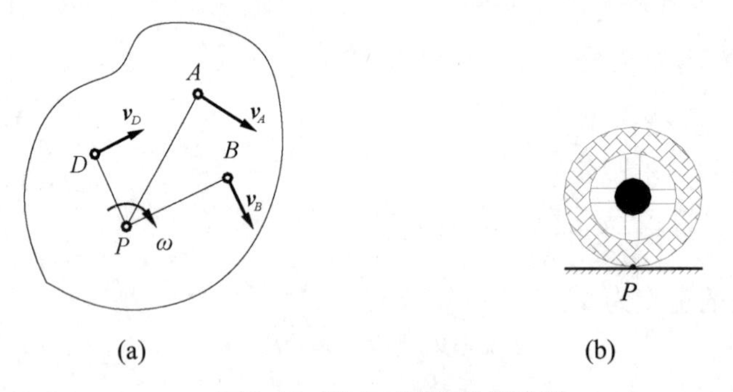

图 8.13　确定速度瞬心的方法

(2) 平面图形沿某个固定表面做无滑动的滚动，称为纯滚动，平面图形与固定表面接触的点 P，其速度为零，故点 P 为平面图形在该瞬时的速度瞬心。例如在平直轨道做纯滚动的车轮，如图 8.13(b)所示的点 P 为速度瞬心。

(3) 若某个瞬时平面图形上任意两点的速度矢量 $\boldsymbol{v}_A$、$\boldsymbol{v}_B$ 彼此平行，且两个速度方向垂直于 A、B 两点连线，如图 8.14(a)和图 8.14(b)所示，将速度矢量 $\boldsymbol{v}_A$、$\boldsymbol{v}_B$ 端点连线与线段 AB

的交点为 P，则此点为该瞬时平面图形的速度瞬心。若两个速度方向不垂直于 A、B 两点连线，过此两点 A、B 作速度矢量 $\boldsymbol{v}_A$、$\boldsymbol{v}_B$ 的垂线，其交点在无限远处，此时的角速度为

$$\omega=\frac{v_A}{PA}=\frac{v_A}{\infty}=0$$

则此时点 A、B 的速度相等，平面图形做平移，称为瞬时平移如图 8.14(c)所示。在该瞬时平面图形内各点的速度相等，但加速度一般不相等。

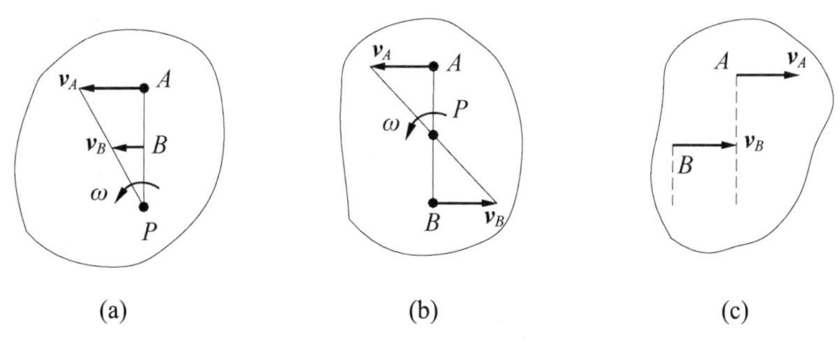

图 8.14　确定速度瞬心的方法

【例 8.5】用速度瞬心法求例 8.4 中各点的速度。

解：由于圆轮沿直线轨道做无滑动的滚动，圆轮与轨道接触点的速度为零，故点 C 为速度瞬心。圆轮的角速度为

$$\omega=\frac{v_O}{R}$$

圆轮上各点的速度为

$$v_A=\omega AC=\frac{v_O}{R}2R=2v_O$$

$$v_B=v_D=\omega\sqrt{2}R=\sqrt{2}v_O$$

$$v_C=0$$

各点速度的方向如图 8.15 所示。

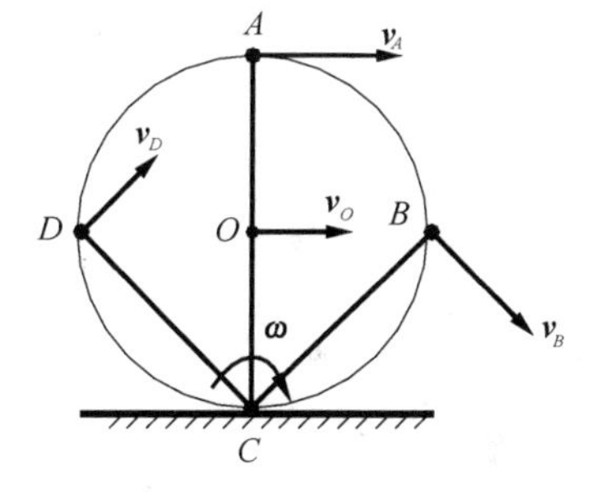

图 8.15　例 8.5 图

【例 8.6】平面结构如图 8.16 所示，曲柄 OA 以角速度 ω=2rad/s 绕轴 O 转动。已知 OA=CD=10cm，AB=20cm，BC=30cm，在图示位置时曲柄 OA 处于水平位置，曲柄 CD 与水平线夹角 $\varphi=45°$。试求该瞬时连杆 AB、BC 和曲柄 CD 的角速度。

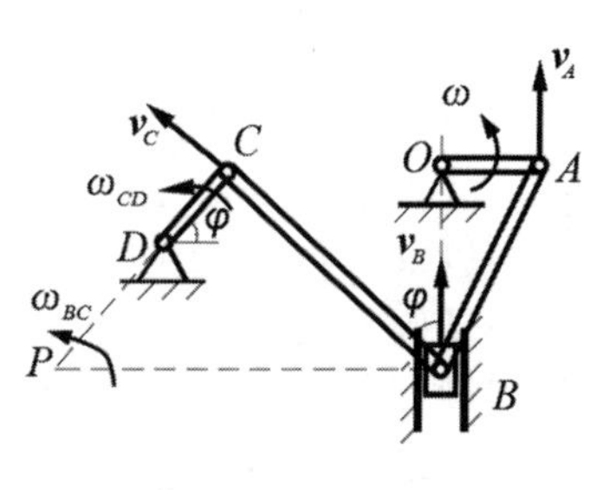

图 8.16　例 8.6 图

解：速度分析如图，点的速度为

$$v_A=\omega OA=2\times10=20(\text{cm/s})$$

由于点 A、B 的速度方向均为铅直方位，故连杆 AB 做瞬时平移，其角速度为

$$\omega_{AB}=0$$

则点 B 的速度为

$$v_B=v_A=20(\text{cm/s})$$

点 C 的速度方位垂直于 CD，连杆 BC 的速度瞬心为过两点 B、C 作其速度矢量垂线交

于点 P。连杆 BC 的角速度为

$$\omega_{BC}=\frac{v_B}{PB}=\frac{v_B}{\sqrt{2}BC}=\frac{20}{30\sqrt{2}}=0.471(\text{rad/s})$$

点 C 的速度大小为

$$v_C=\omega_{BC}PC=0.471\times 30=14.13(\text{cm/s})$$

曲柄 CD 的角速度为

$$\omega_{CD}=\frac{v_C}{CD}=\frac{14.13}{10}=1.413(\text{rad/s})$$

8.3 求平面图形内各点的加速度——基点法

由于平面图形的运动可以看成随着基点的平移和相对基点转动的合成，因此根据牵连运动为平移时的加速度合成定理，便可求出平面图形内各点的加速度。如图 8.17 所示，选点 A 作为基点，设某个瞬时其加速度为 $\boldsymbol{a}_A$，平面图形的角速度和角加速度分别为 ω、α，则 B 的加速度为

$$\boldsymbol{a}_B=\boldsymbol{a}_A+\boldsymbol{a}_{BA}=\boldsymbol{a}_A+\boldsymbol{a}_{BA}^{\tau}+\boldsymbol{a}_{BA}^{\text{n}} \tag{8-4}$$

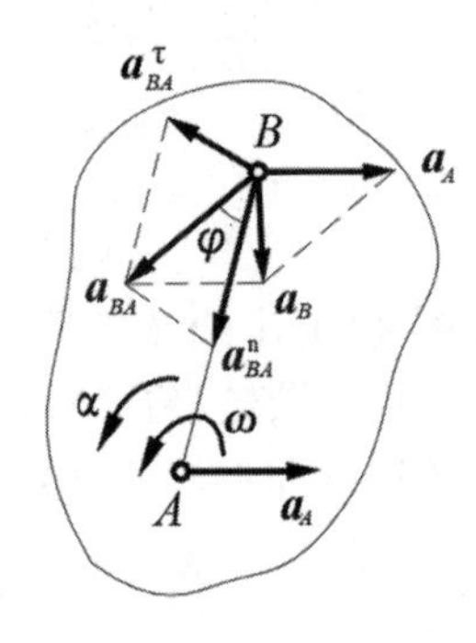

图 8.17 求平面图形内各点的加速度

其中，

牵连加速度： $\boldsymbol{a}_{\text{e}}=\boldsymbol{a}_A$

相对加速度： $\boldsymbol{a}_{BA}=\boldsymbol{a}_{BA}^{\tau}+\boldsymbol{a}_{BA}^{\text{n}}$

相对切向加速度： $a_{BA}^{\tau}=\alpha AB$

相对法向加速度： $a_{BA}^{\text{n}}=\omega^2 AB$

相对加速度的全加速度：

$$a_{BA}=\sqrt{(a_{BA}^{\tau})^2+(a_{BA}^{\text{n}})^2}=AB\sqrt{\alpha^2+\omega^4}\text{，}\quad \tan\varphi=\frac{|\alpha|}{\omega^2}$$

求平面图形 S 内各点加速度的基点法：在任一瞬时平面图形内任一点的加速度等于基点的加速度和相对于基点转动的加速度的矢量和。

式(8-4)为四个矢量(包括四个大小和四个方向)共八个要素，必须已知其中的六个要素，才可以求出剩余的两个要素，一般采用向坐标轴投影的方法进行求解。

【例 8.7】如图 8.18(a)所示，曲柄 OA 以匀角速度 ω=2rad/s 绕轴 O 转动，OA=20mm，逆时针方向转动，并带动连杆 AB，AB=100mm，滑块 B 沿铅直滑道运动，当 $\varphi=45^\circ$ 时，曲柄 OA 与连杆 AB 垂直，试求此瞬时连杆 AB 中点 M 的加速度大小。

解：由速度瞬心法求连杆 AB 的角速度，如图 8.18(a)所示，即

$$\omega_{AB}=\frac{v_A}{PA}=\frac{\omega OA}{AB}=\frac{2\times 20}{100}=0.4(\text{rad/s})$$

选 A 为基点，基点 A 的加速度为

$$a_A=\omega^2 OA=2^2\times 20=80(\text{mm/s}^2)$$

则点 B 的加速度为

$$\boldsymbol{a}_B = \boldsymbol{a}_A + \boldsymbol{a}_{BA} = \boldsymbol{a}_A + \boldsymbol{a}_{BA}^{\tau} + \boldsymbol{a}_{BA}^{\mathrm{n}} \tag{a}$$

点 B 的加速度分析如图 8.18(b)所示。

$$a_{BA}^{\mathrm{n}} = \omega_{AB}^2 AB = 0.4^2 \times 100 = 16(\mathrm{mm/s^2})$$

$$a_{BA}^{\tau} = \alpha AB$$

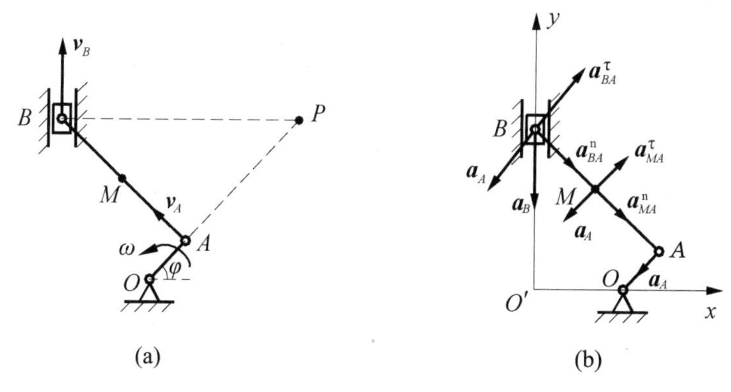

图 8.18 例 8.7 图

将式(a)向水平方向的 x 轴投影，得

$$0 = -a_A \cos 45° + a_{BA}^{\mathrm{n}} \cos 45° + a_{BA}^{\tau} \cos 45°$$

得连杆 AB 的角加速度为

$$\begin{aligned}\alpha = \frac{a_{BA}^{\tau}}{AB} &= \frac{1}{100\cos 45°}(a_A \cos 45° - a_{BA}^{\mathrm{n}} \cos 45°) \\ &= \frac{1}{100\cos 45°}(80\cos 45° - 16\cos 45°) \\ &= 0.64(\mathrm{rad/s^2})\end{aligned}$$

连杆 AB 中点 M 的加速度为

$$\boldsymbol{a}_M = \boldsymbol{a}_A + \boldsymbol{a}_{MA} = \boldsymbol{a}_A + \boldsymbol{a}_{MA}^{\tau} + \boldsymbol{a}_{MA}^{\mathrm{n}} \tag{b}$$

其中，

$$a_{MA}^{\tau} = \alpha MA = 0.64 \times 50 = 32(\mathrm{mm/s^2})$$

$$a_{MA}^{\mathrm{n}} = \frac{1}{2} a_{BA}^{\mathrm{n}} = 8(\mathrm{mm/s^2})$$

将式(b)向水平方向 x 轴、y 轴投影，得

$$\begin{aligned}a_{Mx} &= -a_A \cos 45° + a_{MA}^{\tau} \cos 45° + a_{MA}^{\mathrm{n}} \cos 45° \\ &= -80\cos 45° + 32\cos 45° + 8\cos 45° \\ &= -28.28(\mathrm{mm/s^2})\end{aligned}$$

$$\begin{aligned}a_{My} &= -a_A \cos 45° + a_{MA}^{\tau} \cos 45° - a_{MA}^{\mathrm{n}} \cos 45° \\ &= -80\cos 45° + 32\cos 45° - 8\cos 45° \\ &= -39.6(\mathrm{mm/s^2})\end{aligned}$$

$$a_M = \sqrt{a_{Mx}^2 + a_{My}^2} = \sqrt{(-28.28)^2 + (-39.6)^2} = 48.66(\mathrm{mm/s^2})$$

【例 8.8】在平直轨道上做纯滚动的圆轮，已知轮心 O 的速度为 $\boldsymbol{v}_O$，加速度为 $\boldsymbol{a}_O$，轮

的半径为 R，如图 8.19(a)所示。试求速度瞬心点的加速度。

解：由于圆轮做纯滚动，轮缘与地面接触的点 P 为速度瞬心点，则圆轮的角速度为

$$\omega = \frac{v_O}{R}$$

又由于圆轮的半径为常数，则圆轮的角加速度应对上式对时间 t 求导得

$$\alpha = \dot{\omega} = \frac{\dot{v}_O}{R} = \frac{a_O}{R}$$

点 P 的加速度为

$$\boldsymbol{a}_P = \boldsymbol{a}_O + \boldsymbol{a}_{PO} = \boldsymbol{a}_O + \boldsymbol{a}_{PO}^{\tau} + \boldsymbol{a}_{PO}^{\mathrm{n}}$$

如图 8.19(b)所示。其中，

$$a_{\mathrm{PO}}^{\tau} = \alpha R = a_O$$

$$a_{PO}^{\mathrm{n}} = R\omega^2 = \frac{v_O^2}{R}$$

则点 P 的加速度为

$$a_P = a_{PO}^{\mathrm{n}} = \frac{v_O^2}{R}$$

方向恒指向轮心，如图 8.19(c)所示。

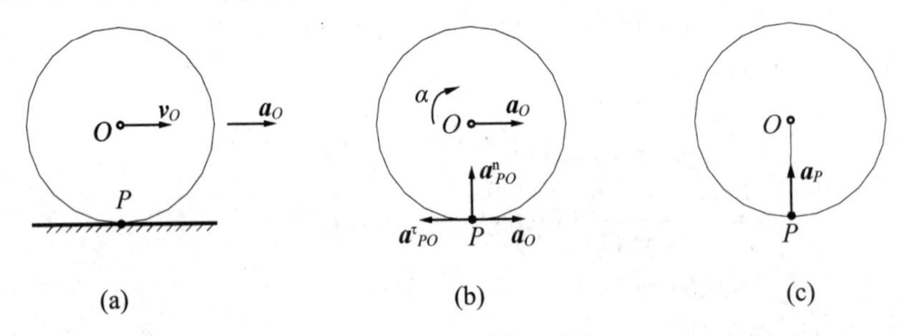

图 8.19　例 8.8 图

【例 8.9】如图 8.20(a)所示的行星轮系结构中，大齿轮Ⅰ固定不动，半径为 r_1，曲柄 OA 以匀角速度 ω 绕轴 O 转动，并带动行星齿轮Ⅱ沿轮Ⅰ只做滚动而不滑动，齿轮Ⅱ的半径为 r_2，试求齿轮Ⅱ的角速度 ω_{II}，轮缘上点 C、B 的速度和加速度(点 C 为曲柄 OA 延长线上的点，点 B 为与 OA 垂直的点)。

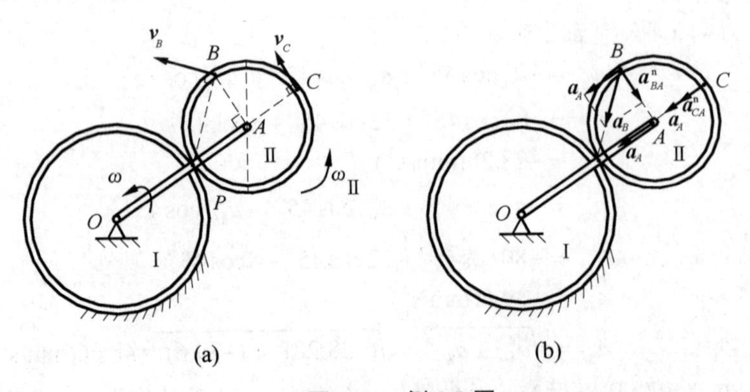

图 8.20　例 8.9 图

解：(1) 求轮缘上点 C、B 的速度。

由于行星齿轮Ⅱ做平面运动，其上点 A 的速度由曲柄转动求得，即

$$v_A = \omega OA = \omega(r_1 + r_2)$$

又由于行星齿轮Ⅱ沿齿轮Ⅰ只滚动而不滑动，则两轮接触点 P 为速度瞬心，齿轮Ⅱ的角速度为

$$\omega_{\mathrm{II}} = \frac{v_A}{r_2} = \frac{\omega(r_1 + r_2)}{r_2} \tag{a}$$

轮缘上点 C、B 的速度为

$$v_C = 2r_2\,\omega_{\mathrm{II}} = 2\omega(r_1 + r_2)$$

$$v_B = \sqrt{2}r_2\,\omega_{\mathrm{II}} = \sqrt{2}\omega(r_1 + r_2)$$

方向如图 8.20(a)所示。

(2) 求轮缘上点 C、B 的加速度。

由于曲柄 OA 以匀角速度 ω 转动，则式(a)对时间 t 求导，得轮Ⅱ的角加速度为

$$\alpha = 0$$

选点 A 为基点，轮缘上点 C、B 的加速度为

$$\boldsymbol{a}_C = \boldsymbol{a}_A + \boldsymbol{a}_{CA} = \boldsymbol{a}_A^{\tau} + \boldsymbol{a}_A^{\mathrm{n}} + \boldsymbol{a}_{CA}^{\tau} + \boldsymbol{a}_{CA}^{\mathrm{n}}$$

$$\boldsymbol{a}_B = \boldsymbol{a}_A + \boldsymbol{a}_{BA} = \boldsymbol{a}_A^{\tau} + \boldsymbol{a}_A^{\mathrm{n}} + \boldsymbol{a}_{BA}^{\tau} + \boldsymbol{a}_{BA}^{\mathrm{n}}$$

其中，

$$a_A^{\tau} = a_{BA}^{\tau} = a_{CA}^{\tau} = 0$$

$$a_A = a_A^{\mathrm{n}} = \omega^2(r_1 + r_2)$$

$$a_{BA}^{\mathrm{n}} = a_{CA}^{\mathrm{n}} = \omega_{\mathrm{II}}^2\,r_2 = \frac{\omega^2(r_1 + r_2)^2}{r_2}$$

$$a_C = a_A + a_{CA}^{\mathrm{n}} = \omega^2(r_1 + r_2) + \frac{\omega^2(r_1 + r_2)^2}{r_2}$$

$$a_B = \sqrt{a_A^2 + (a_{BA}^{\mathrm{n}})^2} = \sqrt{\omega^4(r_1 + r_2)^2 + \frac{\omega^4(r_1 + r_2)^4}{r_2^2}}$$

$\boldsymbol{a}_B$ 与 AB 的夹角为 $\varphi = \arctan\dfrac{a_A}{a_{BA}^{\mathrm{n}}} = \arctan\dfrac{r_2}{r_1 + r_2}$，方向如图 8.20(b)所示。

8.4 运动学综合应用举例

在复杂的机构中，可以同时存在点的合成运动和刚体平面运动等较为复杂的运动，对这样的问题应注意分别进行分析，一般要从它们连接处找出各构件之间的运动关系，选用较为简便的方法加以综合分析，以达到快速求解的目的。

【例 8.10】曲柄滑块机构如图 8.21(a)所示，曲柄 OA 以匀角速度 ω 绕轴 O 转动，杆 AC 在套筒 B 内，套筒 B 与杆 BD 固连，AB=2OA，OA=r，BD=l，并绕铰链 B 转动。在图示瞬时，曲柄 OA 铅直，试求套筒 B 的角速度和角加速度以及点 D 的速度与加速度。

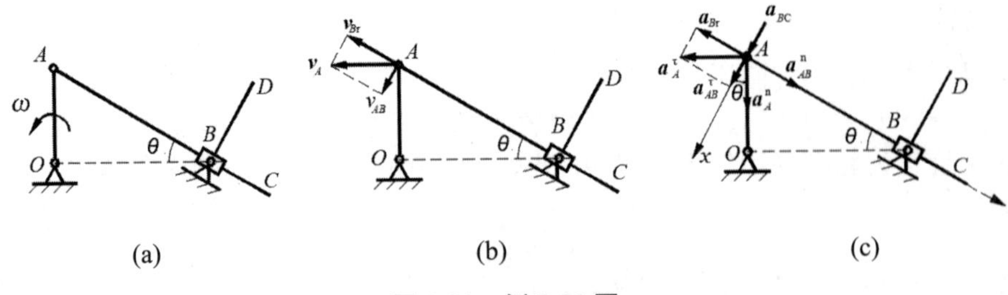

图 8.21 例 8.10 图

解： 以套筒 B 为动系，杆 AC 上的点 B 为动点，杆 AC 做平面运动，选点 B 为基点。

(1) 求套筒 B 的角速度。

点 A 的速度为

$$\boldsymbol{v}_A = \boldsymbol{v}_{Ba} + \boldsymbol{v}_{AB} = \boldsymbol{v}_{B\mathrm{r}} + \boldsymbol{v}_{AB}$$

因为套筒 B 在转轴上，则 $v_{B\mathrm{e}} = 0$ 。如图 8.21(b)所示，作速度的平行四边形得

$$v_{AB} = v_A \sin\theta$$

而

$$v_A = \omega OA, \qquad \sin\theta = \frac{1}{2}, \ \theta = 30^\circ$$

则杆 AC 的角速度为

$$\omega_{AC} = \frac{v_{AB}}{AB} = \frac{\omega OA \sin\theta}{2OA} = \frac{\omega}{4}$$

又由于杆 AC 和套筒 B 只有相对的滑动而无转动，则杆 AC 和套筒 B 的角速度和角加速度相等。故套筒 B 的角速度为

$$\omega_{BD} = \omega_{AC} = \frac{\omega}{4} \qquad\qquad \alpha_{AC} = \alpha_{BD}$$

转向为逆时针。

(2) 求套筒 B 的角加速度。

点 A 的加速度为

$$\boldsymbol{a}_A^\tau + \boldsymbol{a}_A^\mathrm{n} = \boldsymbol{a}_{B\mathrm{e}}^\tau + \boldsymbol{a}_{B\mathrm{e}}^\mathrm{n} + \boldsymbol{a}_{B\mathrm{r}} + \boldsymbol{a}_{BC} + \boldsymbol{a}_{AB}^\tau + \boldsymbol{a}_{AB}^\mathrm{n} \tag{a}$$

其中：

点 A 的加速度为　　$a_A^\tau = 0 \qquad a_A^\mathrm{n} = \omega^2 r$

套筒 B 的牵连加速度为　　$a_{B\mathrm{e}}^\tau = 0 \qquad a_{B\mathrm{e}}^\mathrm{n} = 0$ (因为动点 B 在转轴上)

套筒 B 的相对加速度为　　$a_{B\mathrm{r}}$ 沿 AC 做直线运动。

套筒 B 的相对速度为　　$v_{B\mathrm{r}} = v_A \cos\theta = \dfrac{\sqrt{3}}{2}\omega r$

套筒 B 的科氏加速度为　　$a_{BC} = 2\omega_{BD} v_{B\mathrm{r}} = 2 \times \dfrac{\omega}{4} \times \dfrac{\sqrt{3}}{2}\omega r = \dfrac{\sqrt{3}}{4}\omega^2 r$

点 A 相对点 B 的加速度为　$a_{AB}^\tau = \alpha_{AC} AB = 2r\alpha_{BD}$

$$a_{AB}^\mathrm{n} = \omega_{BD}^2 AB = \left(\frac{\omega}{4}\right)^2 2r = \frac{\omega^2 r}{8}$$

如图 8.21(c)所示，将式(a)向 x 轴投影得

$$a_A^{\tau}\sin\theta + a_A^{n}\cos\theta = a_{AB}^{\tau} + a_{BC}$$

$$\omega^2 r\frac{\sqrt{3}}{2} = 2r\alpha_{BD} + \frac{\sqrt{3}}{4}\omega^2 r$$

则套筒 B 的加角速度为　　$\alpha_{BD} = \frac{\sqrt{3}}{8}\omega^2$

转向为逆时针。

(3) 求点 D 的速度和加速度。

$$\begin{cases} v_D = \omega_{BD} BD = \frac{\omega l}{4} \\ a_D^{\tau} = \alpha_{BD} l = \frac{\sqrt{3}}{8}\omega^2 l \\ a_D^{n} = \omega_{BD}^2 l = \frac{\omega^2}{16} l \end{cases}$$

【例 8.11】如图 8.22(a)所示，曲柄 OA 以匀角速度 ω 绕轴 O 转动，连杆 AB 穿过套筒 D，套筒 D 与曲柄 CD 相连，连杆 AB 的另一端连接滑块 B，滑块 B 在水平的滑道内运动。已知 $OA=CD=AD=DB=r$，试求当曲柄 OA 和曲柄 CD 位于水平位置，$\angle BAO = 60°$ 时，曲柄 CD 的角速度和角加速度。

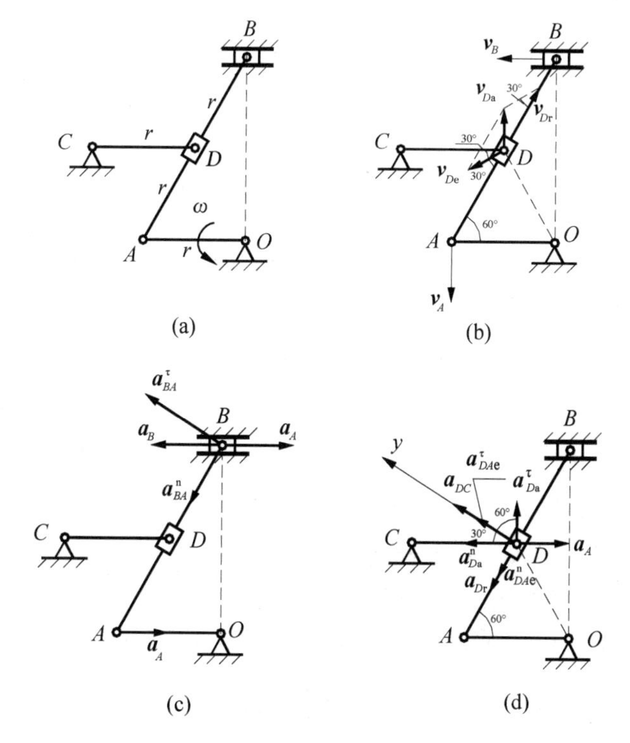

图 8.22　例 8.11 图

解：(1) 求曲柄 CD 的角速度。

连杆 AB 做平面运动，因为点 O 为连杆 AB 的速度瞬心，则连杆 AB 的角速度为

$$\omega_{AB}=\frac{v_A}{OA}=\frac{\omega OA}{OA}=\omega$$

套筒 D 的牵连速度为

$$v_{De}=\omega_{AB}OD=\omega r$$

如图 8.22(b)所示，作套筒 D 的速度平行四边形得

$$v_{Dr}=2v_{De}\cos30^\circ=\sqrt{3}\omega r$$

$$v_{Da}=v_{De}=\omega r$$

则曲柄 CD 的角速度为

$$\omega_{CD}=\frac{v_{Da}}{CD}=\frac{\omega r}{r}=\omega$$

转向为逆时针。

(2) 求曲柄 CD 的角加速度。

选点 A 为基点，滑块 B 的加速度为

$$\boldsymbol{a}_B=\boldsymbol{a}_A^\tau+\boldsymbol{a}_A^n+\boldsymbol{a}_{AB}^\tau+\boldsymbol{a}_{AB}^n \tag{a}$$

其中：

基点 A 的加速度为 $a_A^\tau=0$ $\quad a_A=a_A^n=r\omega^2$

相对基点转动的加速度为 $a_{BA}^\tau=2r\alpha_{AB}$ $\quad a_{BA}^n=2r\omega_{AB}^2=2r\omega^2$

如图 8.22(c)所示，将式(a)向 OB 投影得

$$0=a_{BA}^\tau\cos60^\circ-a_{BA}^n\cos30^\circ$$

解得连杆 AB 的角加速度为

$$\alpha_{AB}=\sqrt{3}\omega^2$$

套筒 D 的加速度为

$$\boldsymbol{a}_{Da}^\tau+\boldsymbol{a}_{Da}^n=\boldsymbol{a}_{De}+\boldsymbol{a}_{Dr}+\boldsymbol{a}_{DC}=\boldsymbol{a}_A+\boldsymbol{a}_{DAe}^\tau+\boldsymbol{a}_{DAe}^n+\boldsymbol{a}_{Dr}+\boldsymbol{a}_{DC} \tag{b}$$

其中：

套筒 D 的绝对加速度为 $a_{Da}^\tau=\alpha_{CD}r$ $\quad a_{Da}^n=r\omega_{CD}^2=r\omega^2$

套筒 D 的牵连加速度为 $a_A=a_A^n=r\omega^2$

$$a_{DAe}^\tau=\alpha_{AB}AD=\sqrt{3}\omega^2 r \qquad a_{DAe}^n=\omega_{AB}^2AD=\omega^2 r$$

套筒 D 的科氏加速度为 $a_{DC}=2\omega_{AB}v_{Dr}=2\sqrt{3}\omega^2 r$

套筒 D 的相对加速度为 a_{Dr} 沿连杆 AB

如图 8.22(d)所示，将式(b)向 y 轴投影得

$$\boldsymbol{a}_D^\tau\cos60^\circ+\boldsymbol{a}_D^n\cos30^\circ=-\boldsymbol{a}_A\cos30^\circ+\boldsymbol{a}_{DAe}^\tau+\boldsymbol{a}_{DC}$$

$$\frac{1}{2}\alpha_{CD}r+\omega^2 r\frac{\sqrt{3}}{2}=-\omega^2 r\frac{\sqrt{3}}{2}+\sqrt{3}\omega^2 r+2\sqrt{3}\omega^2 r$$

$$\alpha_{CD}=4\sqrt{3}\omega^2 r$$

转向为逆时针。

本 章 小 结

小结的具体内容请扫描右侧二维码获取。

习　题　8

8-1　是非题(正确的画√，错误的画×)

(1)　刚体平面运动为其上任意一点与某个固定平面的距离始终平行的运动。　(　　)

(2)　平面图形的运动可以看成随着基点的平移和绕基点转动的合成。　(　　)

(3)　平面图形上任意两点的速度在某固定轴上投影相等。　(　　)

(4)　平面图形随基点平移的速度和加速度与基点的选择有关。　(　　)

(5)　平面图形绕基点转动的角速度和角加速度与基点的选择有关。　(　　)

(6)　速度瞬心点处的速度为零，加速度也为零。　(　　)

(7)　刚体的平移也是平面运动。　(　　)

8-2　填空题(把正确的答案写在横线上)

(1)　在平直轨道上做纯滚动的圆轮，与地面接触点的速度为＿＿＿＿＿＿＿。

(2)　平面图形上任意两点的速度在＿＿＿＿＿＿＿上投影相等。

(3)　某瞬时刚体做平移，其角速度为＿＿＿＿＿＿＿；刚体上各点速度＿＿＿＿＿＿＿；各点加速度＿＿＿＿＿＿＿。

8-3　简答题

(1)　确定如图 8.23 所示的平面运动物体的速度瞬心位置。

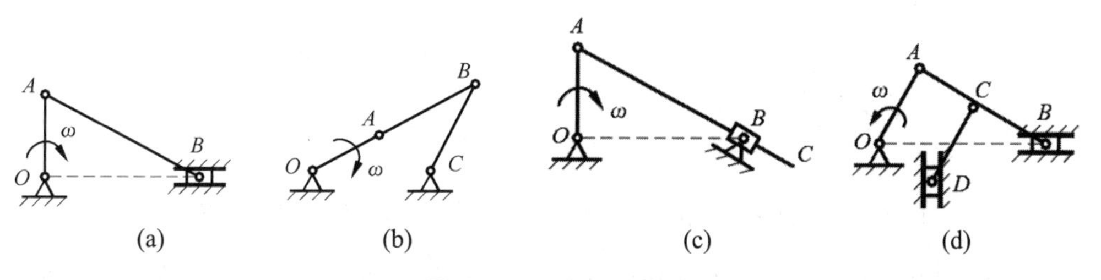

图 8.23　习题 8-3(1)图

(2)　若刚体做平面运动，如图 8.24 所示的各平面图形上 A、B 的速度方向正确吗？

(3)　如图 8.25 所示的图形中，O_1A 和 AC 的速度分布对吗？

(4)　如图 8.26 所示圆轮做曲线滚动，某瞬时轮心的速度为 $\boldsymbol{v}_0$，加速度 $\boldsymbol{a}_0$，轮的半径为 R，则轮的角加速度等于多少？速度瞬心点处的加速度大小和方向如何确定？

(5)　用基点法求平面图形各点的加速度时，为什么没有科氏加速度？

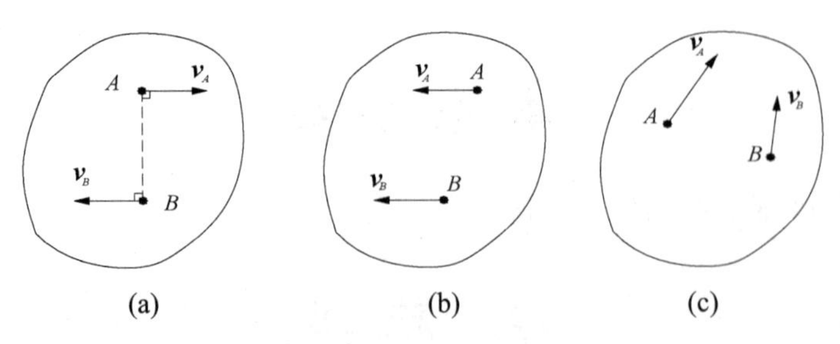

图 8.24　习题 8-3(2)图

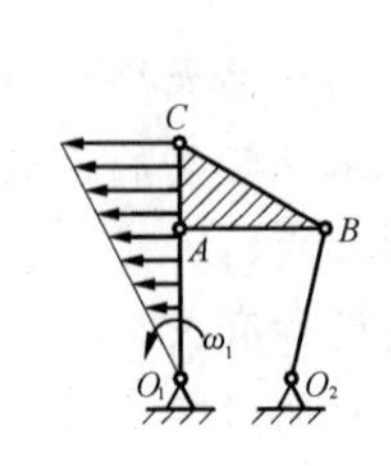

图 8.25　习题 8-3(3)图

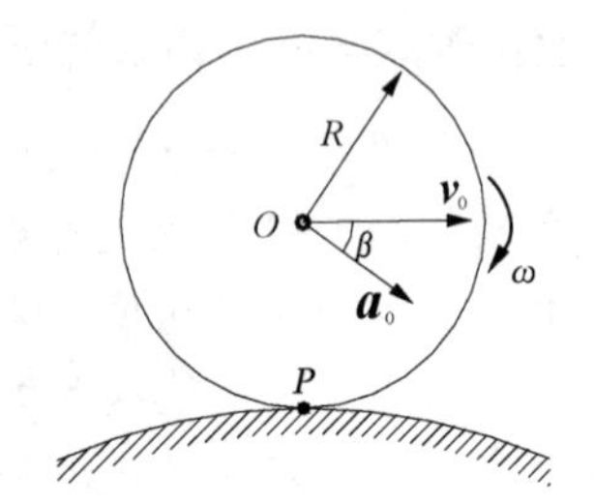

图 8.26　习题 8-3(4)图

8-4　计算题

(1) 椭圆规尺 AB 由曲柄 OC 带动，曲柄以匀角速度 ω_0 绕轴 O 转动，如图 8.27 所示。若取 C 为基点，$OC=BC=AC=r$，试求椭圆规尺 AB 的平面运动方程。

(2) 半径为 r 的齿轮由曲柄 OA 带动，沿半径为 R 的固定齿轮滚动，如图 8.28 所示。曲柄以匀角加速度 α 绕轴 O 转动，设初始时角速度 $\omega=0$、转角 $\varphi=0$，若选动齿轮的轮心 A 点为基点，试求动齿轮的平面运动方程。

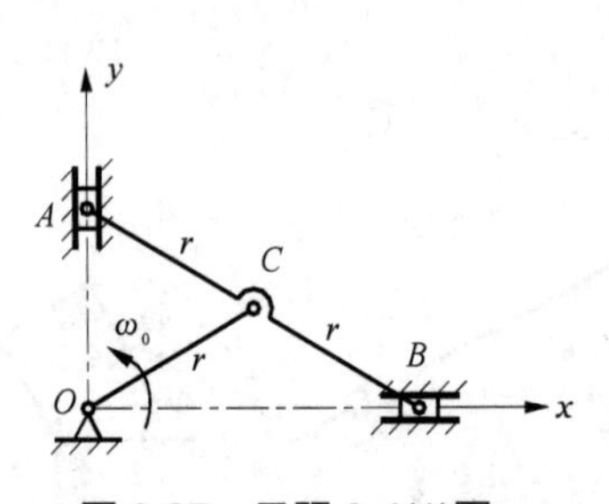

图 8.27　习题 8-4(1)图

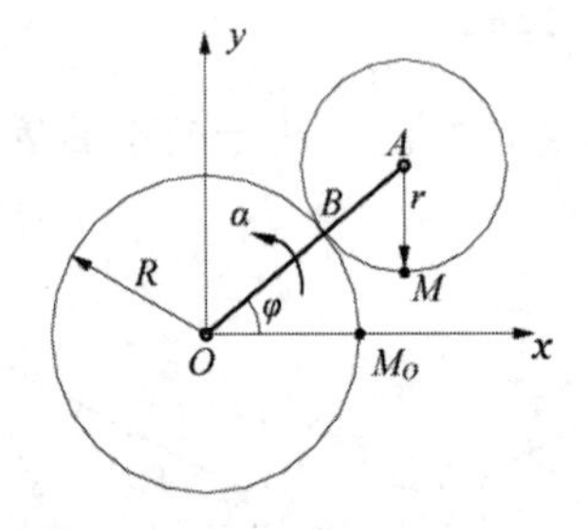

图 8.28　习题 8-4(2)图

(3) 曲柄连杆结构，已知 OA=0.4m，连杆 AB=1m，曲柄 OA 绕轴 O 以转速 $n=180\,\text{r/min}$ 匀速转动，如图 8.29 所示。试求当曲柄 OA 与水平线成 $45°$ 时，连杆 AB 的角速度和中点 M 的速度。

(4) 已知曲柄 OA=r，杆 BC=2r，$r=30\text{cm}$，曲柄 OA 以匀角速度 $\omega=4\text{rad/s}$ 顺时针转动，如图 8.30 所示。试求在图示瞬时点 B 的速度以及杆 BC 的角速度。

(5) 如图 8.31 所示的筛料机，由曲柄 OA 带动筛子 BC 摆动。已知曲柄 OA 以转速 $n=40\,\text{r/min}$ 匀速转动，OA=0.3m，当筛子 BC 运动到与点 O 在同一水平线时，$\angle BAO=90°$，当摆杆与水平线夹角为 $60°$ 时，试求在图示瞬时筛子 BC 的速度。

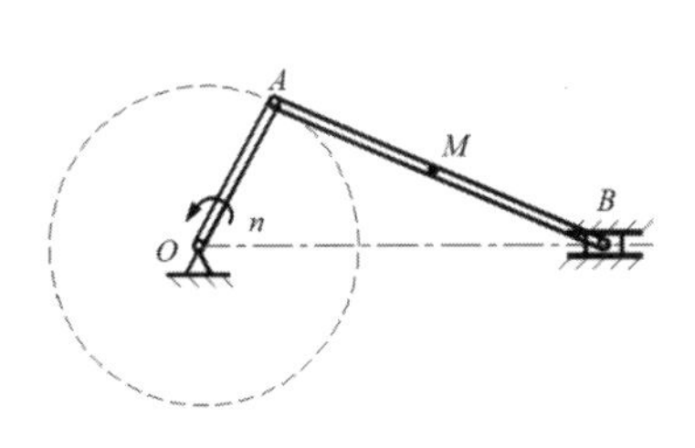

图 8.29　习题 8-4(3)图

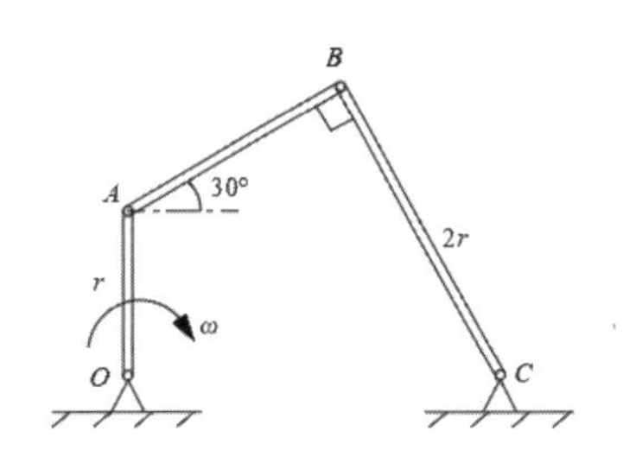

图 8.30　习题 8-4(4)图

(6) 如图 8.32 所示三连杆结构，曲柄 OA 以匀角速度 $\omega_0 = 3\text{rad/s}$ 绕轴 O 转动，当曲柄 OA 处于水平位置时，曲柄 O_1B 恰好在铅垂位置。设 $OA=O_1B=\dfrac{1}{2}AB=l$，试求连杆 AB 和曲柄 O_1B 的角速度。

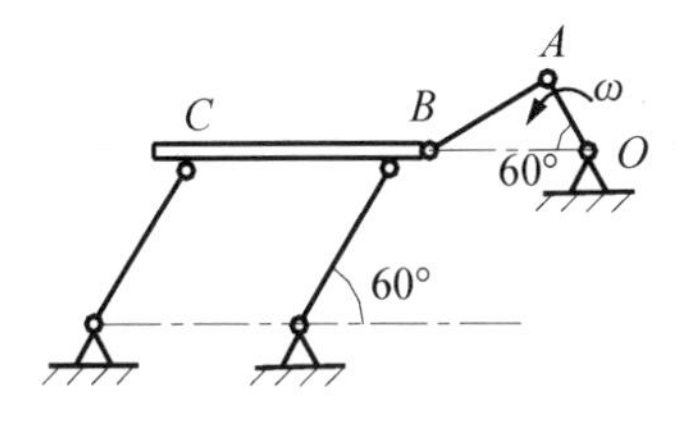

图 8.31　习题 8-4(5)图

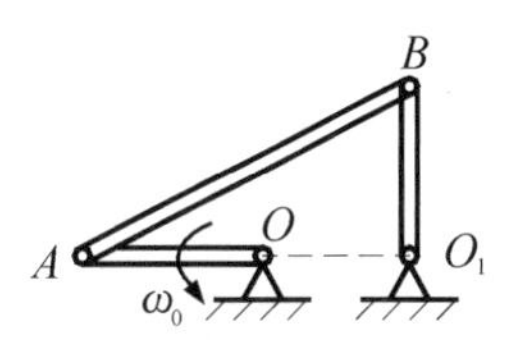

图 8.32　习题 8-4(6)图

(7) 如图 8.33 所示的平面结构，曲柄 OA 以匀角速度 ω_0 绕轴 O 转动，并带动连杆 AB 使圆轮在地面做纯滚动，圆轮的半径为 R，在图示瞬时曲柄 OA 与连杆 AB 垂直，曲柄 OA 与水平线的夹角为 60°，$OA=r$，试求该瞬时圆轮的角速度。

(8) 如图 8.34 所示的曲柄连杆结构中，连杆 AB 的中点 C 以铰链与杆 CD 相连，而杆 CD 又与杆 DE 相连，杆 DE 绕 E 轴转动，已知曲柄 OA 以角速度 $\omega = 8\text{rad/s}$ 绕轴 O 转动，OA=25cm，DE=100cm，当 B、E 两点在同一铅垂线上时，O、A、B 三点共线，且 $\angle CDE = 90°$，试求此瞬时杆 DE 的角速度。

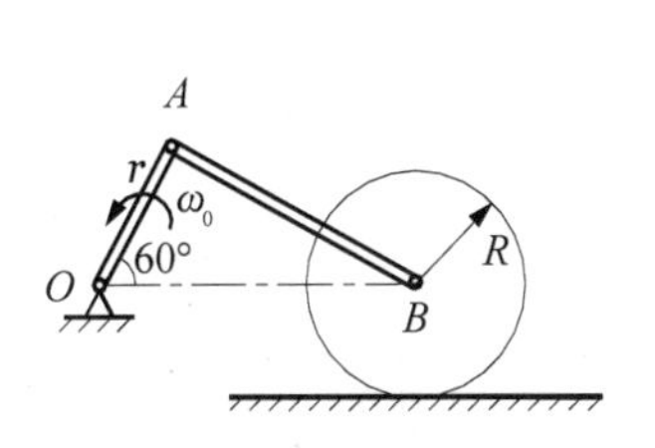

图 8.33　习题 8-4(7)图

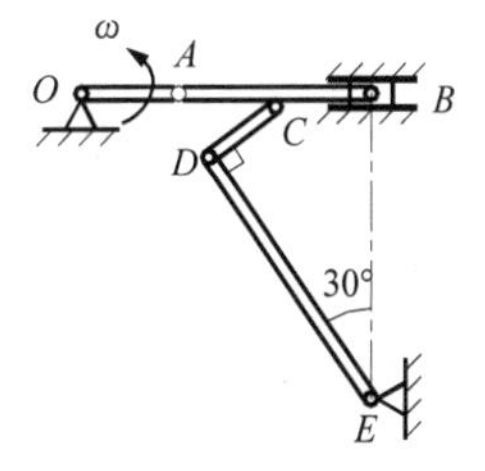

图 8.34　习题 8-4(8)图

(9) 如图 8.35 所示的平面结构中，曲柄 $OA=r$，以匀角速度 ω_0 绕轴 O 转动，连杆 $CD=6r$，在图示瞬时与铅垂线成 $\alpha = 30°$ 角，杆 DE、AB 处于水平位置，试求点 D 的速度和连杆 CD 的角速度。

(10) 如图 8.36 所示的平面结构中，已知 $OA=BD=DE$=0.1m，$EF = 0.1\sqrt{3}\,\text{m}$；曲柄 OA 以角速度 $\omega = 4\text{rad/s}$ 绕轴 O 转动，在图示瞬时曲柄 OA 与水平线 OB 垂直，且 B、D、F 在同一铅垂线上，又 DE 垂直于 EF。试求杆 EF 的角速度和点 F 的速度。

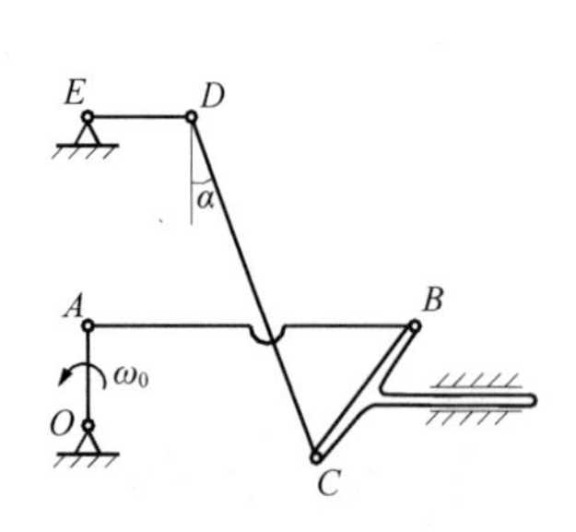

图 8.35 习题 8-4(9)图

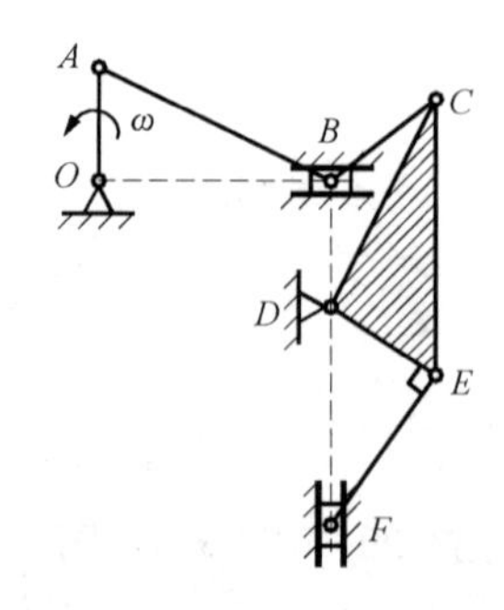

图 8.36 习题 8-4(10)图

(11) 如图 8.37 所示的瓦特行星齿轮结构中，平衡杆 O_1A 绕轴 O_1 转动，并借连杆 AB 带动曲柄 OB；而曲柄 OB 活动地装在 O 轴上。在 O 轴上装有齿轮Ⅰ，齿轮Ⅱ与连杆 AB 固连于一体。已知 $r_1 = r_2 = \sqrt{3}$ m， O_1A =0.75m， AB =1.5m，平衡杆 O_1A 的角速度 $\omega = 6\text{rad/s}$，试求当 $\gamma = 60^\circ$ 且 $\beta = 90^\circ$ 时，曲柄 OB 和齿轮Ⅰ的角速度。

(12) 如图 8.38 所示，齿轮Ⅰ在齿轮Ⅱ内滚动，其半径分别为 r 和 R=2r。曲柄 OO_1 绕 O 轴以等角速度 ω_0 转动，并带动行星齿轮Ⅰ。试求齿轮Ⅰ上速度瞬心 P 点处的加速度。

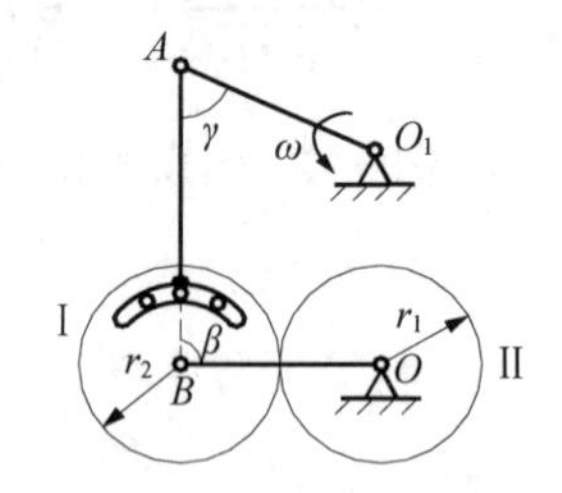

图 8.37 习题 8-4(11)图

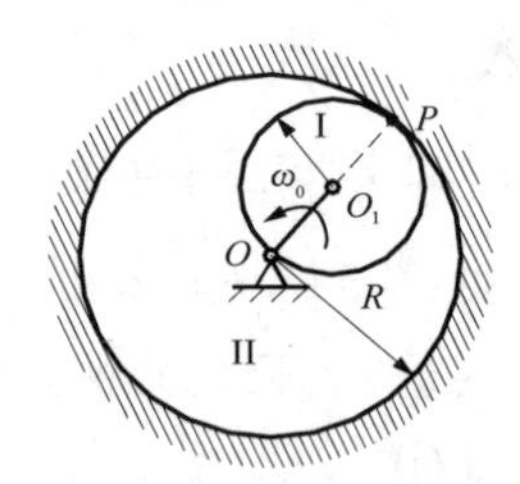

图 8.38 习题 8-4(12)图

(13) 半径为 r 的圆柱体在半径为 R 的圆弧内做无滑动的滚动，如图 8.39 所示，圆柱中心 C 的速度为 $\boldsymbol{v}_C$，切向加速度为 $\boldsymbol{a}_C^\tau$，试求圆柱的最低点 A 和最高点 B 的加速度。

(14) 如图 8.40 所示，曲柄 OA 以匀角速度 $\omega = 2\text{rad/s}$ 绕轴 O 转动，并借连杆 AB 驱动半径为 r 的轮子在半径为 R 的圆弧内做无滑动的滚动。设 OA=AB=R=2r=1m，试求图示瞬时轮子上的点 B、C 的速度和加速度。

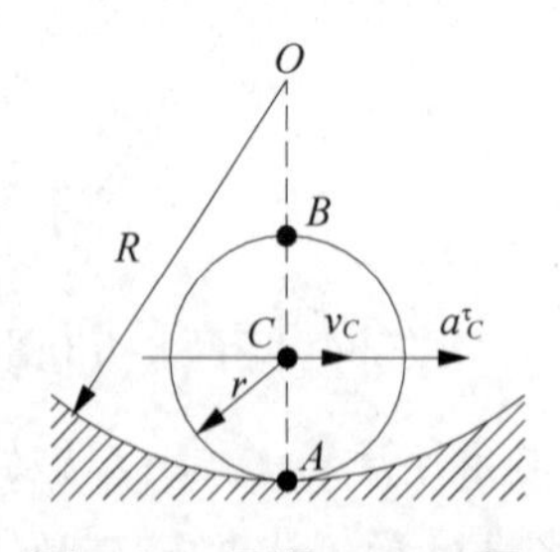

图 8.39 习题 8-4(13)图

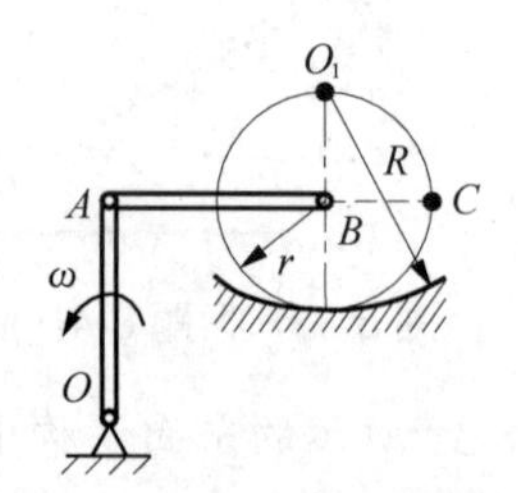

图 8.40 习题 8-4(14)图

(15) 如图 8.41 所示的平面机构中，曲柄 OA=r，以匀角速度 ω_0 绕轴 O 转动，AB=6r，$BC = 3\sqrt{3}r$，试求图示瞬时，滑块 C 的速度和加速度。

(16) 如图 8.42 所示，曲柄 OA=20cm，绕轴 O 以匀角速度 $\omega = 10\text{rad/s}$ 转动，并借连杆

AB 带动滑块 B 沿铅直滑道运动，AB=100cm，当曲柄 OA 与连杆 AB 相互垂直并与水平线的夹角分别为 $\alpha=45^\circ$、$\beta=45^\circ$ 时，试求此瞬时连杆 AB 的角速度、角加速度以及滑块 B 的加速度。

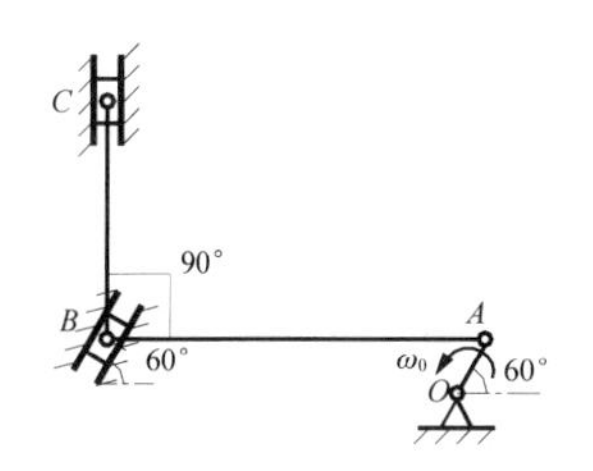

图 8.41　习题 8-4(15)图

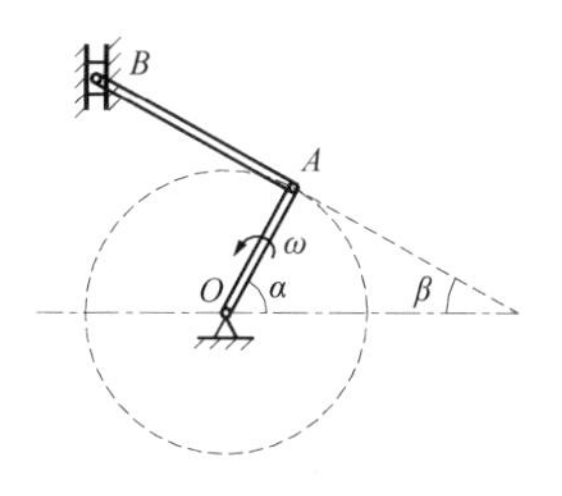

图 8.42　习题 8-4(16)图

(17) 在曲柄齿轮椭圆规中，齿轮 A 和曲柄 O_1A 固结为一体，齿轮 C 和齿轮 A 半径均为 r 并互相啮合，如图 8.43 所示。已知 $AB=O_1O_2$，$O_1A=O_2B=0.4\ \text{m}$，O_1A 以匀角速度 $\omega=0.2\text{rad/s}$ 绕轴 O_1 转动。M 为轮 C 上的点，CM=0.1m。图示瞬时，CM 为铅直，试求此瞬时点 M 的速度和加速度。

(18) 如图 8.44 所示，圆轮在平直的轨道上做纯滚动，图示瞬时点 O 在铰 C 的正下方，连杆 OA 在水平的导轨中运动，其速度为 v=1.5m/s，$\theta=30^\circ$，并带动摇杆 CD 绕轴 C 转动，轮的半径为 R=100mm，OC=200mm，试求摇杆 CD 的角速度。

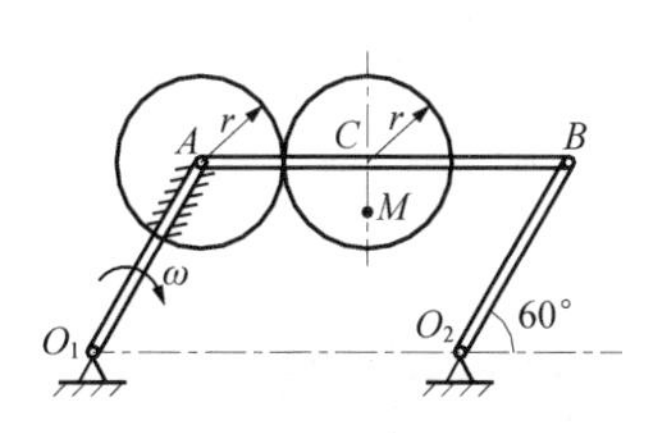

图 8.43　习题 8-4(17)图

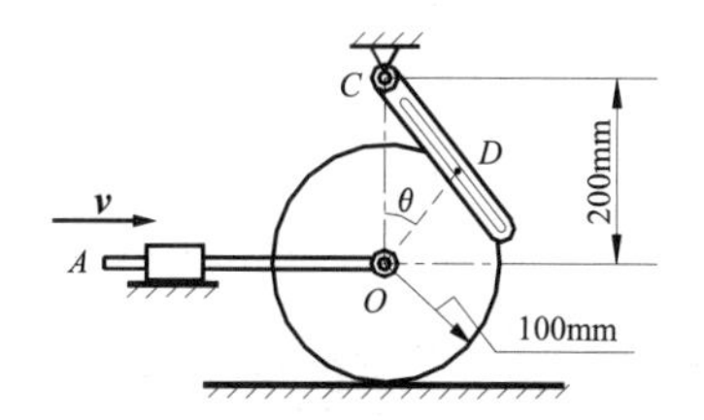

图 8.44　习题 8-4(18)图

(19) 如图 8.45 所示，轮 O 在水平面上滚动，而不滑动，轮心以匀速 v_0=0.2m/s 运动，轮缘上固连销钉 B，此销钉在摇杆 O_1A 的槽内滑动，并带动摇杆绕轴 O_1 转动。已知轮的半径 R=0.5m，图示瞬时摇杆 O_1A 是轮的切线，摇杆 O_1A 与水平线的夹角为 60°，试求此瞬时摇杆 O_1A 的角速度和角加速度。

(20) 如图 8.46 所示，平面机构的曲柄 OA 长为 $2l$，以匀角速度 ω_0 绕轴 O 转动。图示瞬时 $AB=BO$，并且 $\angle OAD=90^\circ$，试求此瞬时套筒 D 相对于杆 BC 的速度和加速度。

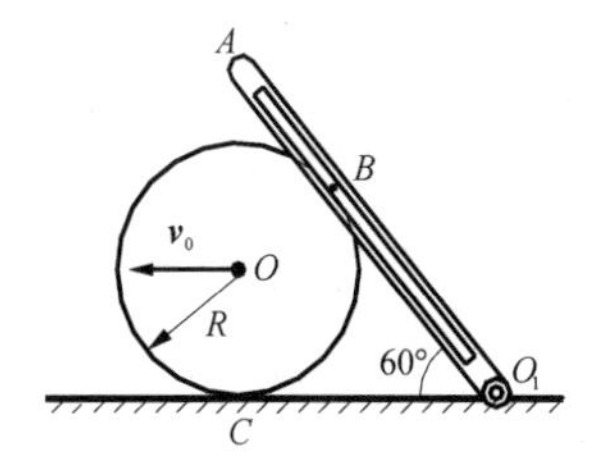

图 8.45　习题 8-4(19)图

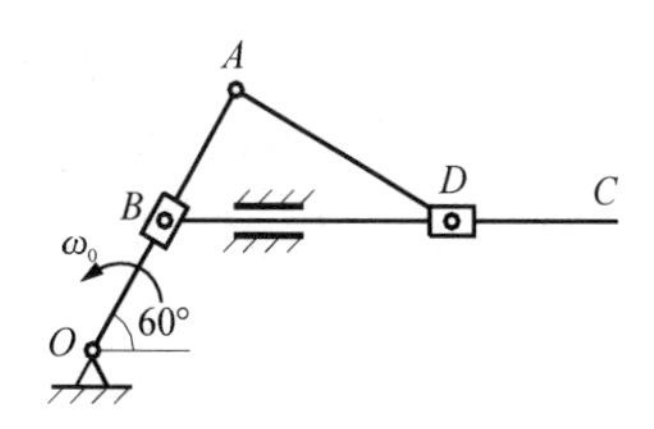

图 8.46　习题 8-4(20)图

(21) 如图 8.47 所示的曲柄导杆机构，曲柄 OA=120mm，OB=160mm，曲柄以角速度

$\omega = 4\text{rad/s}$，角加速度 $\alpha = 2\text{rad/s}^2$ 绕轴 O 转动。图示瞬时 $\angle AOB = 90^\circ$。试求此瞬时导杆 AC 的角加速度以及导杆相对于套筒 B 的加速度。

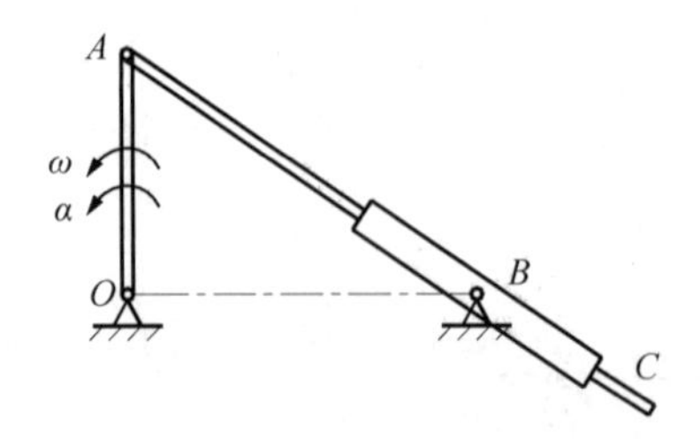

图 8.47　习题 8-4(21)图

(22) 如图 8.48 所示的机构中，曲柄 O_1A 以匀角速度 ω 绕轴 O_1 转动。已知 $O_1A=r$，图(a)、(b)、(c)中 $l=4r$，图(d)中 $l=2r$，试求图示瞬时水平杆的速度和加速度。

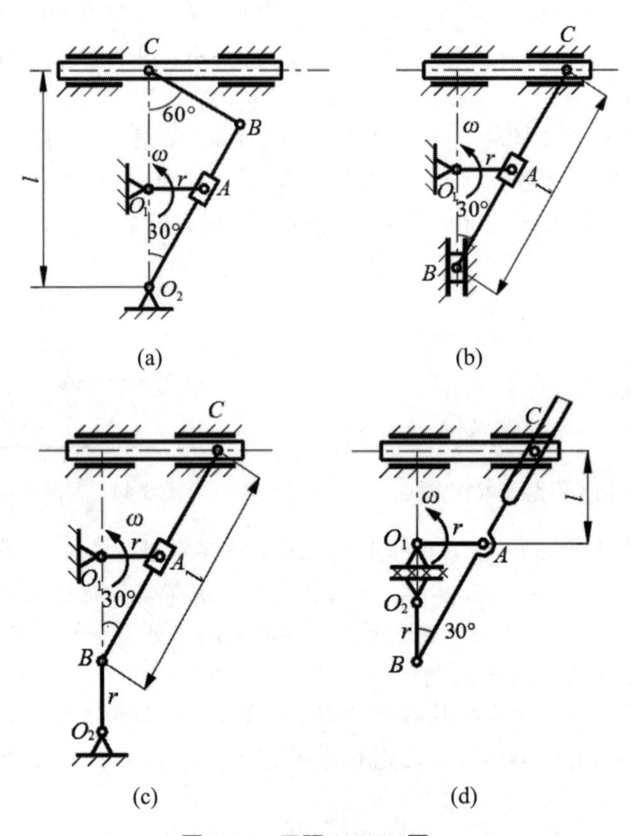

图 8.48　习题 8-4(22)图

第3篇

动　力　学

在静力学中，我们研究了物体的平衡问题，以及如何对力系进行简化等问题；在运动学中，我们从几何角度研究物体运动、速度和加速度等运动量之间的关系，这些只是机械运动的两个侧面。动力学是研究物体机械运动状态变化与作用在物体上的力之间关系的科学，它是理论力学的核心内容，是解决物体机械运动问题的理论基础。

依据工程实际问题，动力学的研究对象可分为质点和质点系。当物体的大小和形状可以忽略不计，只考虑物体的质量时称为质点，例如研究轮船的速度和轨迹时，其大小和形状对所研究问题的影响可以忽略，则将轮船的质量看成集中在质心上的质点。当物体的大小和形状不可以忽略时，物体抽象为质点系，质点系是由许多个质点相互联系组成的整体。例如，当研究有旋转问题的动力学时，一般是不能忽略其大小和形状的。

动力学在工程中得到广泛的应用，例如在建筑结构中对结构物的抗震分析，在机械结构中对传动装置的动力学分析，在航天工程中分析飞行器的运行以及轨道的计算等问题，都离不开动力学的基本理论。

动力学的内容有质点动力学、质点系动力学(包括动量定理、动量矩定理、动能定理)、动静法(达朗贝尔原理)、虚位移原理、分析力学基础、碰撞、机械振动基础。

动力学的求解是以牛顿定律为基础建立起来的动力学微分方程来实现的。动力学问题的求解，一般分为以下两类基本问题。

(1) 已知物体的运动，求作用在物体上的力。

(2) 已知作用在物体上的力，求物体的运动。

第9章

质点动力学

本章以牛顿定律为基础建立质点动力学的运动微分方程并求解质点动力学的两类基本问题。质点动力学的运动微分方程是研究复杂物体系统的基础。

9.1 动力学的基本定律——牛顿三定律

动力学的基本定律是由牛顿定律组成的，它是牛顿总结人们长期以来对机械运动的认识和实验，特别是在伽利略研究成果的基础上于1687年发表的《自然哲学的数学原理》著作中给出的质点运动的三个定律，称为牛顿三定律。这三个定律分别表述如下。

(1) 第一定律：不受力作用的物体将保持静止或匀速直线运动。

这里的物体应理解为：①没有转动或其转动可以不计的平移物体；②大小和形状可以不计的质点。第一定律给出了物体的基本属性，即物体保持静止或匀速直线运动的属性，称为惯性，因此第一定律也称为惯性定律，物体处于静止或匀速直线运动状态通常称为惯性运动。定律的另一层含义是物体的运动状态的改变与作用在物体上的力有关，力是物体运动状态改变的外在因素；不受力作用是指物体受平衡力系作用或没有力的作用。

运动是绝对的，但描述物体运动的方法却是相对的，所以必须在一定的参考坐标系下研究机械运动。由于物体所受的力与所选择的坐标系无关，因此将力与运动统一起来，其参考坐标系应建立在使第一定律成立的物体上，即建立在静止或匀速直线运动物体上的坐标系称为惯性坐标系。例如，当研究绕地球旋转的飞船和人造卫星时应以地心为原点，三个轴指向三个恒星的坐标系作为惯性坐标系，地球的自转影响可以忽略不计；在研究天体的运动时，应以日心为原点，三个轴指向三个恒星的坐标系作为惯性坐标系。从上面的例子可以看出，针对所研究的对象不同，惯性坐标系的建立也不同。在工程中，一般以建立在地面上的坐标系作为惯性坐标系。

(2) 第二定律：物体所获得的加速度的大小与物体所受的力成正比，与物体的质量成反比，加速度的方向与力同向。其数学表达式为

$$m\boldsymbol{a}=\boldsymbol{F} \tag{9-1}$$

第二定律建立了质点运动与所受力之间的关系，它是研究质点动力学的基础。由此定

理可以导出动力学普遍定理：动量定理、动量矩定理、动能定理。

由式(9-1)知：①对于确定的物体而言，加速度大小与所受的力成正比；②在同一力作用下，加速度的大小与其质量成反比，即质量小的物体所获得的加速度大，而加速度大的物体其惯性小；质量大的物体所获得的加速度小，而加速度小的物体其惯性大。由此可见，质量是物体惯性的量度，质量大的物体惯性大，质量小的物体惯性小。

在地球表面上，任何物体都受到重力 $\boldsymbol{P}$ 的作用，所获得的加速度称为重力加速度，用 $\boldsymbol{g}$ 表示，由式(9-1)有

$$m\boldsymbol{g} = \boldsymbol{P} \quad 或 \quad m = \frac{\boldsymbol{P}}{\boldsymbol{g}} \tag{9-2}$$

重力加速度是根据国际计量委员会制定的标准计算的，即将质量为1kg 的物体置于纬度为 45° 的海平面上测定物体所受的重力值为重力加速度，即 $g = 9.80665\text{m/s}^2$，一般取 9.8m/s^2。

在国际单位制 (SI) 中，质量单位是千克(kg)，长度单位是米(m)，时间单位是秒(s)，它们均为基本单位，力的单位是导出单位。当质量为1kg 的物体获得 1m/s^2 的加速度时，作用于该物体上的力定义为 1 牛顿 (N)。即

$$1\text{N} = 1\text{kg} \times 1\text{m/s}^2$$

在精密仪器测量中使用厘米克秒制 (CGS)，质量单位是克 (g)，长度单位是厘米 (cm)，时间单位是秒 (s)，它们也均为基本单位，力的单位是导出单位。即质量为1g 的物体获得 1cm/s^2 的加速度时，作用于该物体上的力定义为 1 达因 (dyn)。即

$$1\text{dyn} = 1\text{g} \times 1\text{cm/s}^2$$

牛顿和达因的换算关系：

$$1\text{N} = 10^5 \text{ dyn}$$

(3) 第三定律：物体间的作用力与反作用力总是大小相等、方向相反，沿着同一条直线，分别作用在相互作用的物体上。

牛顿第三定律不但适用于静力学，而且适用于动力学。

应当指出，牛顿定律适合于惯性坐标系。与之对应的非惯性坐标系不适合牛顿定律成立的坐标系，例如在有相对运动的物体上建立的坐标系一般为非惯性坐标系，应重新在惯性坐标系中建立其运动与作用在物体上力之间的关系。这一点在学习本章的过程中应尤为注意。

9.2 质点运动微分方程

9.2.1 质点运动微分方程的表达式

牛顿第二定律建立了物体运动与所受力之间的关系，第二定律中的“物体”指平移的物体或质点，在惯性坐标系下，由第二定律得质点运动微分方程的矢量表达式为

$$m\frac{\mathrm{d}^2\boldsymbol{r}}{\mathrm{d}t^2} = \sum_{i=1}^{n}\boldsymbol{F}_i \tag{9-3}$$

1. 直角坐标形式

将矢径 $\boldsymbol{r}$ 和力 $\boldsymbol{F}_i$ 向直角坐标轴 x、y、z 上投影如图 9.1 所示，得直角坐标形式的运动微分方程为

$$\begin{cases} m\dfrac{\mathrm{d}^2 x}{\mathrm{d}t^2}=\sum\limits_{i=1}^{n}F_{xi} \\ m\dfrac{\mathrm{d}^2 y}{\mathrm{d}t^2}=\sum\limits_{i=1}^{n}F_{yi} \\ m\dfrac{\mathrm{d}^2 z}{\mathrm{d}t^2}=\sum\limits_{i=1}^{n}F_{zi} \end{cases} \tag{9-4}$$

2. 自然轴系形式

将矢径 $\boldsymbol{r}$ 和力 $\boldsymbol{F}_i$ 向自然轴系 τ、n、b 上投影如图 9.2 所示，得自然轴系形式的运动微分方程为

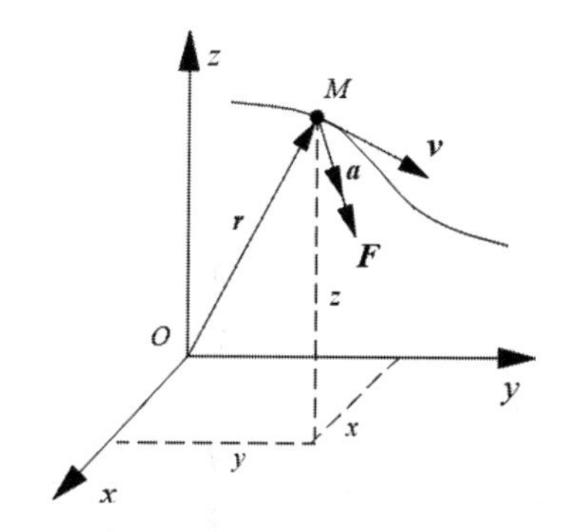

图 9.1　动点在直角坐标系中的运动

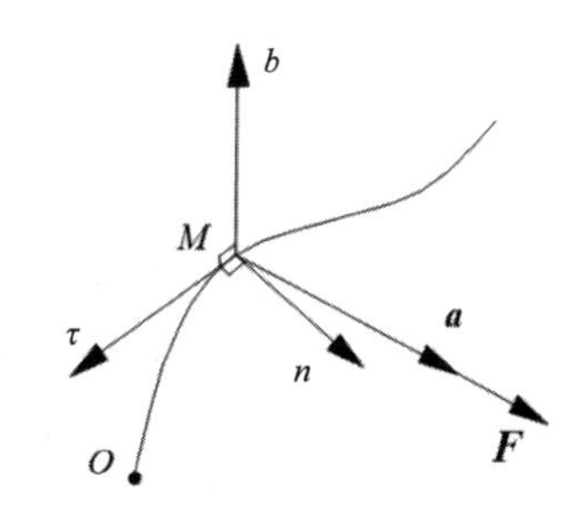

图 9.2　动点在自然轴系中的运动

$$\begin{cases} ma_\tau=\sum\limits_{i=1}^{n}F_{\tau i} \\ ma_n=\sum\limits_{i=1}^{n}F_{ni} \\ ma_b=\sum\limits_{i=1}^{n}F_{bi} \end{cases} \tag{9-5}$$

其中，切向加速度 $a_\tau=\dfrac{\mathrm{d}v}{\mathrm{d}t}=\dfrac{\mathrm{d}^2 s}{\mathrm{d}t^2}$，法向加速度 $a_n=\dfrac{v^2}{\rho}$，次法向加速度 $a_b=0$。

9.2.2　质点动力学的两类基本问题

由上面质点运动微分方程，求解质点动力学问题有如下两类。

(1) 已知质点的运动，求作用于质点上的力，称为质点动力学第一类问题。在求解过程中需对运动方程求导。

(2) 已知作用于质点上的力，求质点的运动，称为质点动力学第二类问题。在求解过程中需解微分方程求积分。

在上述两类问题的基础上，有时也存在两类问题的联合求解。

【例 9.1】 质点的质量 m=0.1kg，按 $x=t^4-12t^3+60t^2$ 的规律做直线运动，x 以米(m)计，时间 t 以秒(s)计，试求该质点所受的力，并求其极值。

解： 当质点做直线运动时其运动微分方程为

$$m\frac{\mathrm{d}^2x}{\mathrm{d}t^2}=\sum_{i=1}^{n}F_{xi}$$

则作用在该质点上的力为

$$F=m\frac{\mathrm{d}^2x}{\mathrm{d}t^2}=m(12t^2-72t+120)$$

$$F=0.1(12t^2-72t+120) \tag{a}$$

对式(a)求导得

$$\frac{\mathrm{d}F}{\mathrm{d}t}=0.1(24t-72)=0$$

则时间为

$$t=3\mathrm{s} \tag{b}$$

将式(b)代入式(a)得作用在该质点上的最小的力为

$$F=1.2\mathrm{N}$$

上面的例子为质点动力学第一类问题，在求解这类问题时应做到以下几点：

(1) 根据题意选择适当的质点运动微分方程形式。

(2) 正确地对质点进行力和运动分析。

(3) 利用质点运动微分方程求质点所受的力。

【例 9.2】 质点的质量为 m，在力 $F=F_0-kt$ 的作用下，沿 x 轴做直线运动，式中 F_0、k 为常数，当 $t=0$ 时，$x=0$，速度 $v=0$，试求质点的运动规律。

解： 根据题意，采用直角坐标形式的质点运动微分方程为

$$m\frac{\mathrm{d}^2x}{\mathrm{d}t^2}=\sum_{i=1}^{n}F_{xi}=F$$

因为 $\frac{\mathrm{d}v}{\mathrm{d}t}=\frac{\mathrm{d}^2x}{\mathrm{d}t^2}$，则有

$$m\frac{\mathrm{d}v}{\mathrm{d}t}=F_0-kt$$

采用分离变量法积分，得

$$mv=\int_0^t(F_0-kt)\mathrm{d}t=F_0t-\frac{1}{2}kt^2$$

又因为 $v=\frac{\mathrm{d}x}{\mathrm{d}t}$，再积分得

$$mx=\int_0^t\left(F_0t-\frac{1}{2}kt^2\right)\mathrm{d}t=\frac{1}{2}F_0t^2-\frac{1}{6}kt^3$$

则质点的运动方程为

$$x=\frac{t^2}{2m}\left(F_0-\frac{1}{3}kt\right)$$

【例 9.3】质量为 m=10kg 的质点，在水平面做曲线运动，受到阻力为 $F=\dfrac{2v^2g}{3+s}$ 的作用，其中 v 为质点的速度，$g=10\text{m/s}^2$ 为重力加速度，s 为质点的运动路程，当 $t=0$ 时，$v_0=5\text{m/s}$，$s_0=0$，试求质点的运动规律。

解：根据题意，采用自然轴系形式求解。质点的切向运动微分方程为

$$ma_\tau=\sum_{i=1}^{n}F_{\tau i}$$

切向加速度 $a_\tau=\dfrac{\mathrm{d}v}{\mathrm{d}t}=\dfrac{\mathrm{d}^2s}{\mathrm{d}t^2}$，代入上式，则有

$$m\frac{\mathrm{d}v}{\mathrm{d}t}=-\frac{2v^2g}{3+s} \tag{a}$$

将切向加速度进行如下的变换，即

$$\frac{\mathrm{d}v}{\mathrm{d}t}=\frac{\mathrm{d}v}{\mathrm{d}s}\frac{\mathrm{d}s}{\mathrm{d}t}=v\frac{\mathrm{d}v}{\mathrm{d}s} \tag{b}$$

式(b)代入式(a)，得

$$mv\frac{\mathrm{d}v}{\mathrm{d}s}=-\frac{2v^2g}{3+s}$$

将上式进行变量分离，即

$$\frac{m}{v}\mathrm{d}v=-\frac{2g}{3+s}\mathrm{d}s$$

积分为

$$\int_{v_0}^{v}\frac{m}{v}\mathrm{d}v=-\int_0^s\frac{2g}{3+s}\mathrm{d}s$$

得

$$m\ln\frac{v}{v_0}=-2g\ln\frac{s+3}{3}$$

则质点的速度为

$$v=v_0\left(\frac{s+3}{3}\right)^{-2}=\frac{45}{(s+3)^2} \tag{c}$$

将 $v=\dfrac{\mathrm{d}s}{\mathrm{d}t}$ 代入上式，对式(c)积分：

$$\int_0^s(s+3)^2\mathrm{d}s=\int_0^t45\mathrm{d}t$$

则质点的运动规律为

$$s=3(\sqrt[3]{5t+1}-1)$$

上面的例 9.2 和例 9.3 为质点动力学第二类问题。在求解时应根据题意将运动变量进行变换，采用变量分离法，解这类问题。

【例 9.4】一圆锥摆如图 9.3 所示，质量为 m=0.1kg 的小球系于长为 l=0.3m 的绳子上，绳子的另一端系在固定点 O 上，并与铅垂线成 $\theta=60^\circ$ 角，若小球在水平面内做匀速圆周运动，试求小球的速度和绳子的拉力。

解：以小球为质点，小球受重力 mg 及绳子的拉力 $\boldsymbol{F}$，其运动如图9.3所示，采用自然轴系形式求解。运动微分方程为

$$\begin{cases} ma_{\tau} = \sum_{i=1}^{n} F_{\tau i} \\ ma_{n} = \sum_{i=1}^{n} F_{ni} \\ ma_{b} = \sum_{i=1}^{n} F_{bi} \end{cases}$$

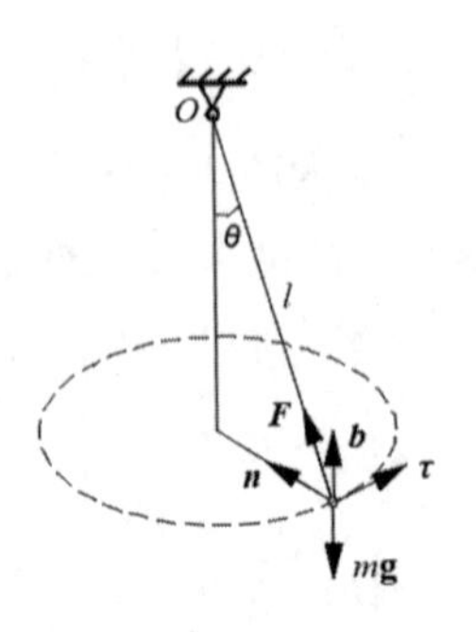

图9.3 例9.4图

切向运动微分方程为 $0=0$，法向运动微分方程为

$$m\frac{v^2}{\rho} = F\sin\theta \qquad \text{(a)}$$

次法向运动微分方程为

$$ma_b = F\cos\theta - mg \qquad \text{(b)}$$

由于次法向加速度 $a_b = 0$，则由式(b)得绳子拉力为

$$F = \frac{mg}{\cos\theta} = \frac{0.1\times 9.8}{\cos 60^\circ}\text{N} = 1.96\text{N}$$

圆的半径 $\rho = l\sin\theta$，将上面绳子的拉力代入式(a)，得小球的速度为

$$v = \sqrt{\frac{Fl\sin^2\theta}{m}} = \sqrt{\frac{1.96\times 0.3\times \sin^2 60^\circ}{0.1}}\text{m/s} = 2.1\text{m/s}$$

【例9.5】如图9.4所示，物块 M 自点 A 沿光滑的圆弧轨道无初速地滑下，落到传送带上的点 B。已知圆弧的半径为 R，物块 M 的质量为 m，试求物块 M 在圆弧轨道上点 B 的法向约束力。若物块 M 与传送带间无相对滑动，试确定半径为 r 的传送轮的转速。

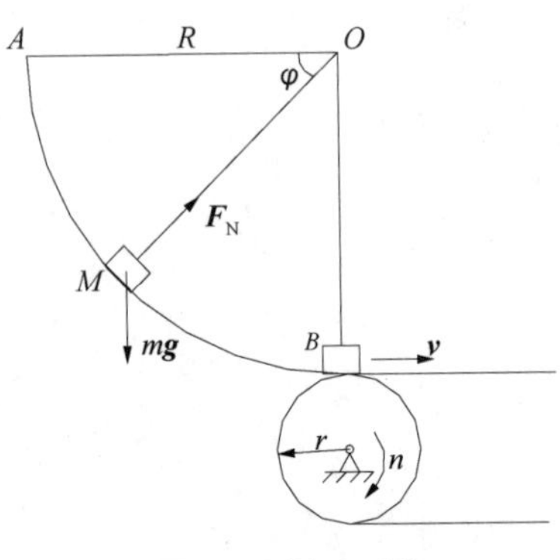

图9.4 例9.5图

解：根据题意，物块 M 沿光滑圆弧轨道的运动为轨迹曲线已知的运动，故采用自然轴系形式求解。质点的切向运动微分方程为

$$ma_\tau = \sum_{i=1}^{n} F_{\tau i} = mg\cos\varphi \qquad \text{(a)}$$

其中，φ 为物块 M 对应的半径与水平线的夹角。

物块 M 的切向加速度为

$$a_\tau = \frac{\mathrm{d}v}{\mathrm{d}t} = \frac{\mathrm{d}v}{\mathrm{d}s}\frac{\mathrm{d}s}{\mathrm{d}t} = v\frac{\mathrm{d}v}{\mathrm{d}s} \qquad \text{(b)}$$

将式(b)代入式(a)并进行分离变量，积分得

$$\int_0^v mv\mathrm{d}v = \int_0^s mg\cos\varphi\,\mathrm{d}s \qquad \text{(c)}$$

同时，注意 $\mathrm{d}s = R\mathrm{d}\varphi$，则式(c)为

$$\int_0^v mv\mathrm{d}v = \int_0^\varphi mg\cos\varphi R\mathrm{d}\varphi$$

解得质点的速度为

$$v = \sqrt{2gR\sin\varphi}$$

当 $\varphi = \dfrac{\pi}{2}$ 时，物块 M 的速度为

$$v = \sqrt{2gR} \tag{d}$$

物块 M 在圆弧轨道上点 B 的法向运动微分方程为

$$F_{\mathrm{N}} - mg = ma_n = m\frac{v^2}{R} \tag{e}$$

将式(d)代入式(e)，得物块 M 在点 B 的法向约束力为

$$F_{\mathrm{N}} = 3mg \tag{f}$$

传送轮的转速与速度的关系为

$$v = \omega r = \frac{n\pi}{30}r \tag{g}$$

由式(d)与式(g)的关系，得传送轮的转速为 $n = \dfrac{30\sqrt{2gR}}{\pi r}$

上面的例 9.4 和例 9.5 为两类问题的联合求解。

本 章 小 结

小结的具体内容请扫描右侧二维码获取。

习 题 9

9-1 是非题(正确的画√，错误的画×)

(1) 质点受到的力越大，则速度越大。 (　　)

(2) 质量是物体的惯性量度。 (　　)

(3) 质点运动方向与所受的力同向。 (　　)

(4) 若质点不受力，则质点做惯性运动。 (　　)

(5) 牛顿定律适合于任何坐标系。 (　　)

9-2 填空题(把正确的答案写在横线上)

(1) 如图 9.5 所示，竖直上抛的小球，其质量为 m，假设受空气的阻力为 $\boldsymbol{F} = -k\boldsymbol{v}$，$\boldsymbol{v}$ 为小球的速度，k 为常数。若选取铅直向上的 x 轴为坐标轴，则小球的运动微分方程为______________。

(2) 如图 9.6 所示，在光滑的水平面上，一个物块连接在刚度系数为 k 的弹簧上，弹簧的另一端连在固定的墙壁上，物块的质量为 m，则物块的运动微分方程为______________。

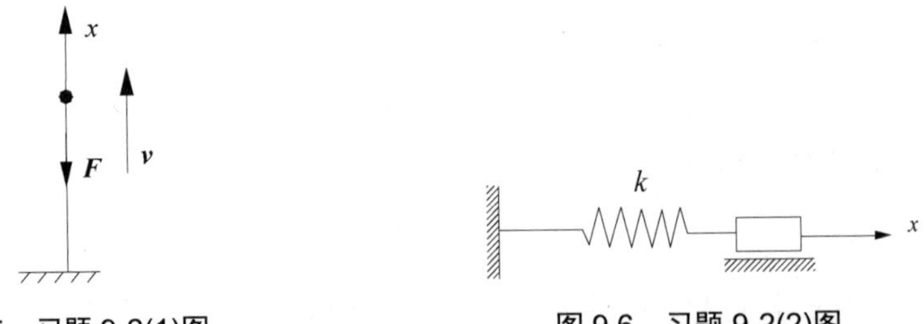

图 9.5　习题 9-2(1)图　　　图 9.6　习题 9-2(2)图

9-3　简答题

(1) 质点在恒力作用下，将做怎样的运动？

(2) 三个质量相同的质点，某瞬时的速度如图 9.7 所示，若作用力 $\boldsymbol{F}$ 大小相同，方向也相同，则质点的运动状况是否相同？

(3) 只要知道作用在质点上的力，能否完全确定质点的运动状态？

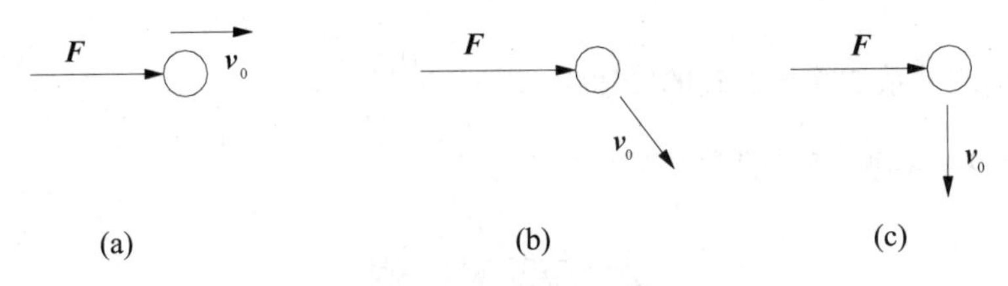

图 9.7　习题 9-3(2)图

9-4　计算题

(1) 质量 $m = 2\text{kg}$ 的重物 M 挂在长 $l = 1\text{m}$ 的绳子下端，已知重物受到水平冲击力而获得的速度为 $v = 5\text{m/s}$，如图 9.8 所示，试求该瞬时绳子的拉力。

(2) 小球重为 P，用两根细绳吊起，如图 9.9 所示，已知细绳与铅垂线的夹角为 θ，现突然剪断其中一根绳子，试求此时另一根绳子的拉力。

图 9.8　习题 9-4(1)图　　　图 9.9　习题 9-4(2)图

(3) 如图 9.10 所示，A、B 两个物体的质量分别为 m_1、m_2，两者用一根绳子连接，此绳跨过一个滑轮，滑轮的半径为 R。若初始时两个物体的高度差为 h，且 $m_1 > m_2$，不计滑轮的质量，试求两个物体到达相同的高度时所需要的时间。

(4) 半径为 R 的偏心凸轮，绕轴 O 以匀角速度 ω 转动，推动导板沿铅直轨道运动，如图 9.11 所示。导板顶部放一个质量为 m 的物块 A。设偏心距为 $OC = e$，初始时，OC 沿水平线，试求物块对导板的最大压力以及使物块不离开导板的角速度 ω 的最大值。

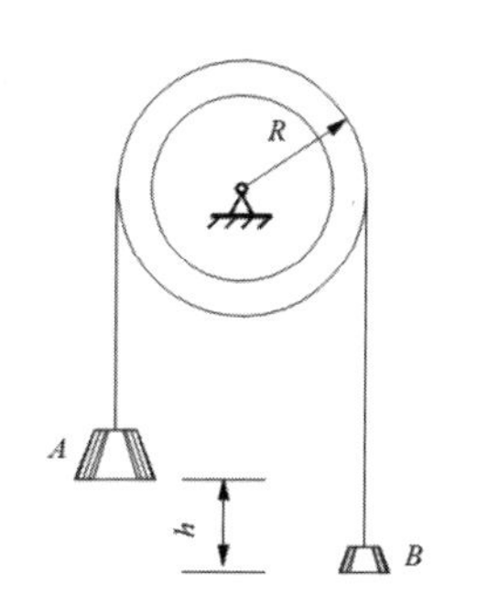

图 9.10　习题 9-4(3)图

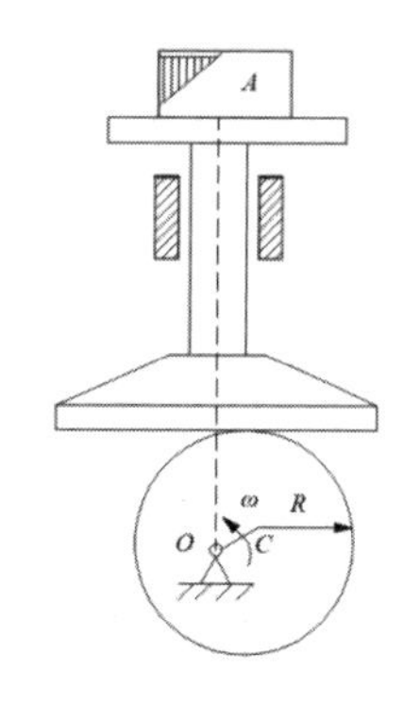

图 9.11　习题 9-4(4)图

(5) 如图 9.12 所示，质量为 m 的小球 M，用两根长为 l 的杆连接，此机构以等角速度 ω 绕铅直轴 AB 转动，如果 $AB=2a$，杆的两端均为铰接，且不计杆的质量，试求杆 AM、杆 BM 所受的力。

(6) 套管 A 的质量为 m，由绕过定滑轮 B 的绳索牵引而沿导轨上升，滑轮中心到导轨的距离为 l，如图 9.13 所示。设绳索在电动机的带动下以速度 $\boldsymbol{v}_0$ 向下运动，忽略滑轮的大小及各处的摩擦，试求绳索的拉力与距离 x 的关系。

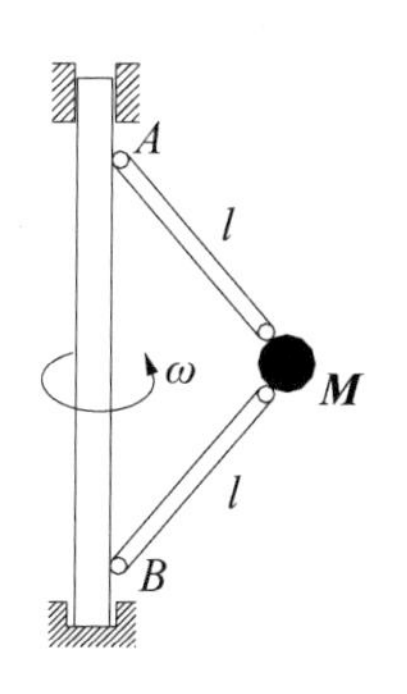

图 9.12　习题 9-4(5)图

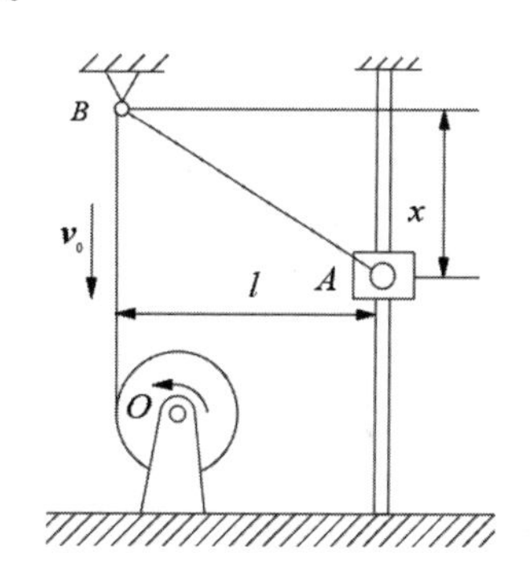

图 9.13　习题 9-4(6)图

(7) 动力牵引小船如图 9.14 所示。河岸高 h=2m，小船质量 m=80kg，水平牵引力 F=1500N，初始时小船位于点 B，OB=b=9m，$OB' = c = 4\text{m}$，初速度 $v_0 = 0$，不计水的阻力。试求小船被拉到点 B' 时的速度。

(8) 如图 9.15 所示，质量为 m 的质点 O 带有电荷 e，质点在均匀的电场中运动，电场强度为 $E = A\sin kt$，其中 A、k 均为常数。若已知质点在电场中所受到的力为 $\boldsymbol{F} = e\boldsymbol{E}$，其方向与 $\boldsymbol{E}$ 相同。设质点的初速度为 v_0，与 x 轴的夹角为 θ，且坐标原点取在初始位置，不计质点的重力，试求质点的运动方程。

(9) 如图 9.16 所示，质量为 m 的质点受指向 O 的力 $\boldsymbol{F} = -k\boldsymbol{r}$ 的作用，力与质点到点 O 的距离成正比。初始时，质点的坐标 $x = x_0$，$y = 0$，速度的分量为 $v_x = 0$，$v_y = v_0$，试求质点的轨迹。

(10) 物体自高度 h 处以速度为 v_0 水平抛出，如图 9.17 所示。若将空气阻力视为与速度的一次方成正比，即 $\boldsymbol{F} = -km\boldsymbol{v}$，$k$ 为常数，m 为物体的质量，试求物体的运动方程和轨迹方程。

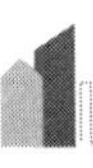

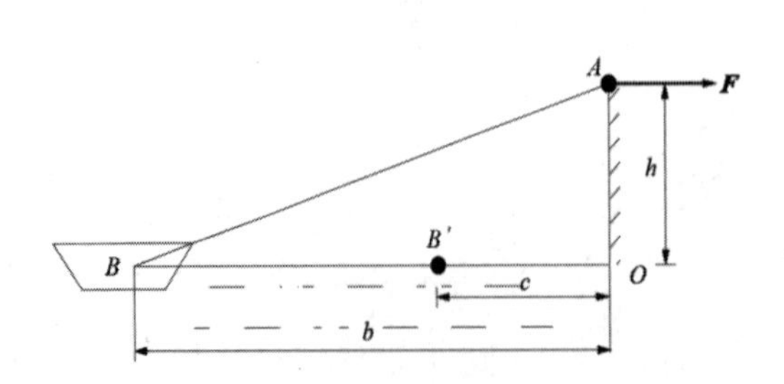

图 9.14　习题 9-4(7)图

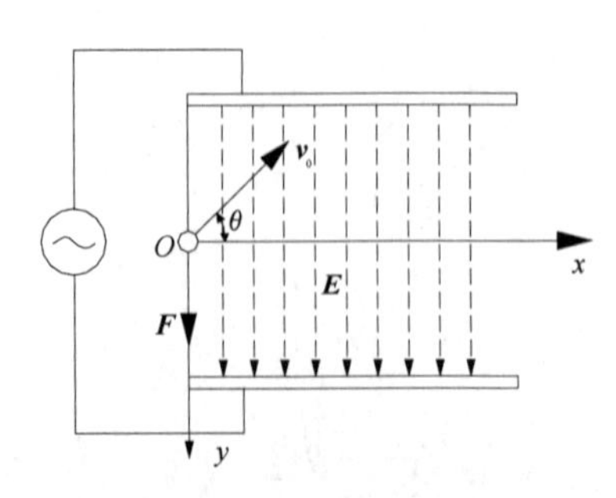

图 9.15　习题 9-4(8)图

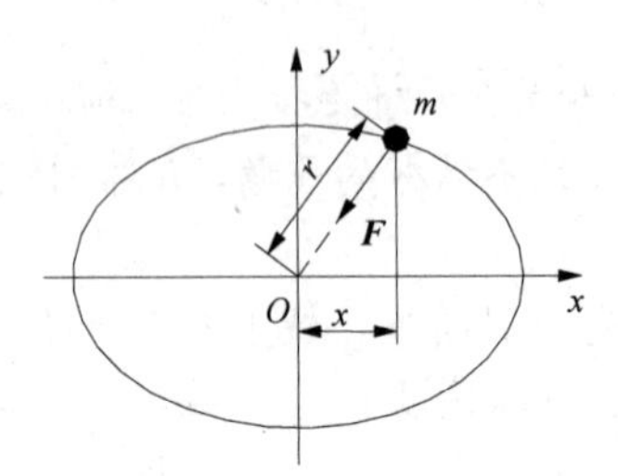

图 9.16　习题 9-4(9)图

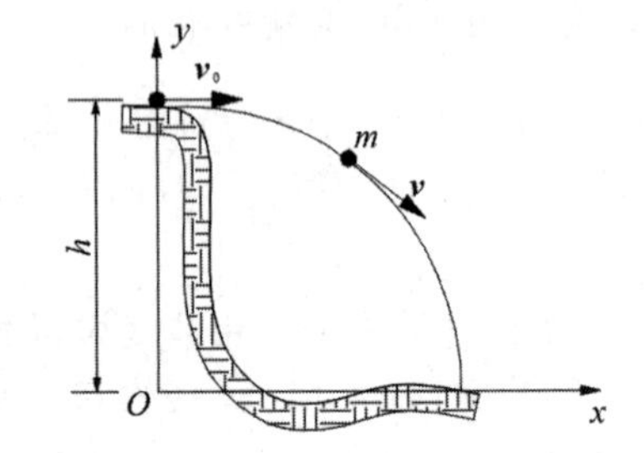

图 9.17　习题 9-4(10)图

第 10 章

动 量 定 理

在第 9 章中我们学习了质点动力学，以及如何建立质点动力学微分方程进行求解。从这一章开始学习质点系动力学问题。它是在质点动力学微分方程的基础上，建立复杂物体系统的动力学理论——动力学普遍定理(动量定理、动量矩定理、动能定理)。不再从单一的质点出发建立质点动力学微分方程，而是从质点系整体的角度来研究质点系的运动量(动量、动量矩、动能)与作用在质点系上的力、力矩和功之间的关系，从而解决质点系动力学的两类问题。

10.1　动量与动量定理

10.1.1　质点和质点系的动量

在工程实际中，物体之间往往进行机械运动量的交换，机械运动量不仅与物体的运动有关，还与物体的质量有关。例如，速度虽小但质量很大的桩锤能使桩柱下沉；质量虽小但速度很大的子弹能穿透物体，它们的共同特点是质量与速度的乘积很大，即动量很大，在发生碰撞时，将机械运动量传递给被交换的物体，从而使自己的机械运动动量减少(或增加)。

质点的动量：质点的质量与速度的乘积，记作 $m\boldsymbol{v}$。

质点的动量是矢量，与速度同向，具有瞬时性，单位为 kg·m/s。

质点系的动量：质点系中所有各质点动量的矢量和，即

$$\boldsymbol{p}=\sum_{i=1}^{n} m_i \boldsymbol{v}_i \tag{10-1}$$

附录 A 中给出了质点系质量中心的概念[①]，从而得质心速度为

$$\boldsymbol{v}_C=\dot{\boldsymbol{r}}_C=\frac{\sum_{i=1}^{n} m_i \dot{\boldsymbol{r}}}{M}$$

---

① 附录 A 为物体重心与质心的计算。

质点系动量的另一种表示为

$$\boldsymbol{p}=M\boldsymbol{v}_C \tag{10-2}$$

其中，$M=\sum_{i=1}^{n}m_i$ 为质点系的质量。即质点系动量等于质点系质量与质心速度的乘积。

由式(10-2)可以很方便地计算几何形状规则的均质刚体和刚体系的动量，即

$$\boldsymbol{p}=\sum_{i=1}^{n}m_i\boldsymbol{v}_{Ci} \tag{10-3}$$

如图10.1所示，几种几何形状规则的均质刚体和刚体系的运动，其动量由式(10-2)、式(10-3)计算得到如下。

图10.1(a)：$p=M\dfrac{\omega l}{2}$；图10.1(b)：$p=Mv_C$；图10.1(c)：$p=0$；图10.1(d)：设T形杆的质量为m，则质点系的动量$p=\dfrac{m}{2}\omega a$，动量方向与质心处的速度相同。

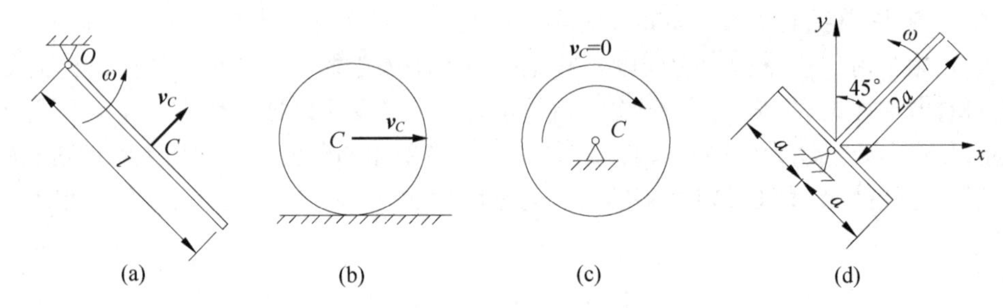

图10.1　几何形状规则的均质刚体和刚体系的运动

10.1.2　质点和质点系的动量定理

1. 质点的动量定理

由式(9-1)得

$$\frac{\mathrm{d}(m\boldsymbol{v})}{\mathrm{d}t}=\boldsymbol{F} \tag{10-4}$$

质点的动量定理：质点动量对时间的导数等于作用于质点上的力。

式(10-4)的微分形式为

$$\mathrm{d}(m\boldsymbol{v})=\boldsymbol{F}\mathrm{d}t=\mathrm{d}\boldsymbol{I} \tag{10-5}$$

质点动量定理的微分形式：质点动量的增量等于作用于质点上的力的元冲量。

式(10-5)的积分形式为

$$m\boldsymbol{v}-m\boldsymbol{v}_0=\int_0^t\boldsymbol{F}\mathrm{d}t=\boldsymbol{I} \tag{10-6}$$

其中，$\mathrm{d}\boldsymbol{I}=\boldsymbol{F}\mathrm{d}t$ 为 $\mathrm{d}t$ 时间内力 $\boldsymbol{F}$ 的元冲量，$\boldsymbol{I}=\int_0^t\boldsymbol{F}\mathrm{d}t$ 为 t 时间内力 $\boldsymbol{F}$ 的冲量，冲量的单位为N·s，它是矢量，与力 $\boldsymbol{F}$ 同向，冲量表示力 $\boldsymbol{F}$ 对物体作用的时间积累。

质点动量定理的积分形式：质点运动时末动量与初动量之差等于作用于质点上的力在此时间间隔内的冲量，常称为冲量定理。

如图 10.2 所示表示动量与冲量的矢量关系，学习时应注意，动量与冲量是描述机械运动的两种不同物理量，由式(10-6)知它们的量纲相同。

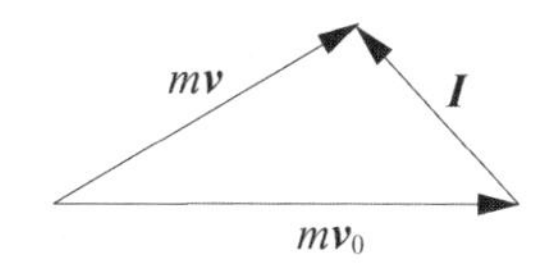

图 10.2　动量与冲量的矢量关系

特殊情形如下。

(1) 当作用在质点上的力等于零时，即 $\boldsymbol{F}=0$ 时，则质点做惯性运动。

(2) 当作用在质点上的力在某个轴上投影等于零时，例如 $F_x=0$，则质点沿该轴(x 轴)做惯性运动。

2. 质点系的动量定理

设质点系由 n 个质点组成，对每一个质点由式(10-4)有

$$\frac{\mathrm{d}(m_i\boldsymbol{v}_i)}{\mathrm{d}t}=\boldsymbol{F}_i^{(\mathrm{e})}+\boldsymbol{F}_i^{(\mathrm{i})}$$

其中，$\boldsymbol{F}_i^{(\mathrm{e})}$ 为质点系以外的物体给该质点的作用力，称为外力；$\boldsymbol{F}_i^{(\mathrm{i})}$ 为质点系以内其他质点给该质点的作用力，称为内力，将上述方程进行左右连加得

$$\sum_{i=1}^{n}\frac{\mathrm{d}(m_i\boldsymbol{v}_i)}{\mathrm{d}t}=\sum_{i=1}^{n}\boldsymbol{F}_i^{(\mathrm{e})}+\sum_{i=1}^{n}\boldsymbol{F}_i^{(\mathrm{i})}$$

其中，内力的合力等于零，即 $\sum_{i=1}^{n}\boldsymbol{F}_i^{(\mathrm{i})}=0$，因为质点系的内力是物体间的相互作用力，它们总是成对出现的，即大小相等、方向相反。同时考虑式(10-1)，从而有

$$\frac{\mathrm{d}\boldsymbol{p}}{\mathrm{d}t}=\sum_{i=1}^{n}\boldsymbol{F}_i^{(\mathrm{e})} \tag{10-7}$$

质点系的动量定理：质点系的动量对时间的导数等于作用于质点系上外力的矢量和(或称外力的主矢)。

式(10-7)的微分形式为

$$\mathrm{d}\boldsymbol{p}=\sum_{i=1}^{n}\boldsymbol{F}_i^{(\mathrm{e})}\mathrm{d}t=\sum_{i=1}^{n}\mathrm{d}\boldsymbol{I}_i \tag{10-8}$$

质点系动量定理的微分形式：质点系动量的增量等于作用于质点系上外力的元冲量的矢量和。

式(10-8)的积分形式为

$$\boldsymbol{p}-\boldsymbol{p}_0=\sum_{i=1}^{n}\int_0^t\boldsymbol{F}_i^{(\mathrm{e})}\mathrm{d}t=\sum_{i=1}^{n}\boldsymbol{I}_i \tag{10-9}$$

质点系动量定理的积分形式：质点系运动时末动量与初动量之差等于作用于质点系上的外力在此时间间隔内冲量的矢量和，常称为冲量定理。

由式(10-7)得质点系动量定理的投影形式如下：

(1) 直角坐标系

$$\begin{cases} \dfrac{\mathrm{d}p_x}{\mathrm{d}t} = \sum\limits_{i=1}^{n} F_{xi}^{(\mathrm{e})} \\ \dfrac{\mathrm{d}p_y}{\mathrm{d}t} = \sum\limits_{i=1}^{n} F_{yi}^{(\mathrm{e})} \\ \dfrac{\mathrm{d}p_z}{\mathrm{d}t} = \sum\limits_{i=1}^{n} F_{zi}^{(\mathrm{e})} \end{cases} \tag{10-10}$$

(2) 自然轴系

$$\begin{cases} \dfrac{\mathrm{d}p_\tau}{\mathrm{d}t} = \sum\limits_{i=1}^{n} F_{\tau i}^{(\mathrm{e})} \\ \dfrac{\mathrm{d}p_n}{\mathrm{d}t} = \sum\limits_{i=1}^{n} F_{ni}^{(\mathrm{e})} \\ \dfrac{\mathrm{d}p_b}{\mathrm{d}t} = \sum\limits_{i=1}^{n} F_{bi}^{(\mathrm{e})} \end{cases} \tag{10-11}$$

3. 质点系动量守恒定律

(1) 当作用于质点系上的外力的主矢等于零，即$\sum\limits_{i=1}^{n} \boldsymbol{F}_i^{(\mathrm{e})} = 0$时，由式(10-7)知，质点系动量$\boldsymbol{p}$为恒矢量，即质点系动量守恒。

(2) 当作用于质点系上的外力的主矢在某个轴上的投影等于零时，例如$\sum\limits_{i=1}^{n} F_{xi}^{(\mathrm{e})} = 0$，由式(10-10)知，质点系沿该轴$x$的动量$p_x$为恒量，即质点系沿该轴$x$的动量守恒。

【例 10.1】如图 10.3 所示的椭圆规尺，已知杆AB的质量为$2m_1$，曲柄OC的质量为m_1，滑块A、B的质量均为m_2，$OC=AC=CB=l$，曲柄OC和杆AB视为均质物体，曲柄OC以匀角速度ω绕轴O转动。初始时曲柄OC水平向右。试求质点系质心的运动方程、轨迹以及质点系的动量。

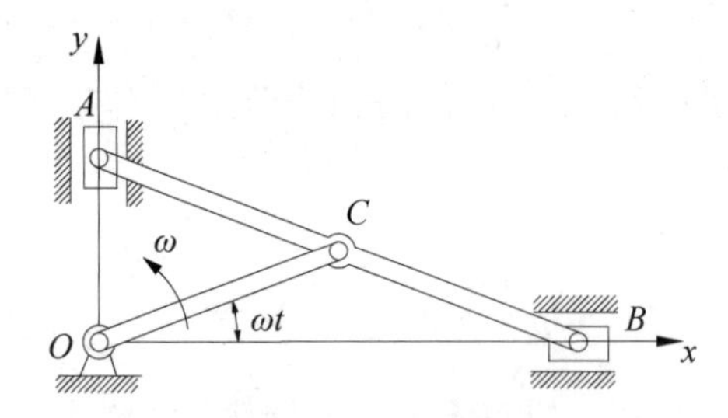

图 10.3　例 10.1 图

解：建立如图 10.3 所示的坐标系，质点系质心的坐标为

$$\begin{cases} x_C = \dfrac{2m_1 l\cos\omega t + m_1 \dfrac{l}{2}\cos\omega t + 2m_2 l\cos\omega t}{2m_1 + m_1 + 2m_2} = \dfrac{5m_1 + 4m_2}{2(3m_1 + 2m_2)} l\cos\omega t \\ y_C = \dfrac{2m_1 l\sin\omega t + m_1 \dfrac{l}{2}\sin\omega t + 2m_2 l\sin\omega t}{2m_1 + m_1 + 2m_2} = \dfrac{5m_1 + 4m_2}{2(3m_1 + 2m_2)} l\sin\omega t \end{cases} \tag{a}$$

式(a)为质点系质心的运动方程，消去时间t，得质点系质心的运动方程为

$$\left[\frac{x_C}{\dfrac{5m_1+4m_2}{2(3m_1+2m_2)}l}\right]^2+\left[\frac{y_C}{\dfrac{5m_1+4m_2}{2(3m_1+2m_2)}l}\right]^2=1$$

即质心的轨迹为一个圆。

对式(a)求导，得质点系动量为

$$p_x=M\dot{x}_C=-\frac{5m_1+4m_2}{2}l\omega\sin\omega t$$

$$p_y=M\dot{y}_C=\frac{5m_1+4m_2}{2}l\omega\cos\omega t$$

则质点系的总动量大小为

$$p=\sqrt{p_x^2+p_y^2}=\frac{5m_1+4m_2}{2}l\omega \tag{b}$$

质点系的总动量方向为

$$\cos(\boldsymbol{p},\boldsymbol{i})=\frac{p_x}{P}=-\sin\omega t=\cos\left(\frac{\pi}{2}+\omega t\right)$$

$$\cos(\boldsymbol{p},\boldsymbol{j})=\frac{p_y}{p}=\cos\omega t$$

质点系的总动量与 x、y 的方向角为

$$\angle(\boldsymbol{p},\boldsymbol{i})=\frac{\pi}{2}+\omega t \qquad \angle(\boldsymbol{p},\boldsymbol{j})=\omega t \tag{c}$$

【例 10.2】如图 10.4 所示，两个重物 M_1 和 M_2 的质量分别为 m_1 和 m_2，系在两根质量不计的绳子上。两根绳子分别缠绕在半径为 r_1 和 r_2 的鼓轮上，鼓轮的质量为 m_3，其质心在轮心 O 处。若轮以角加速度 α 绕轮心 O 逆时针转动，试求轮心 O 处的约束力。

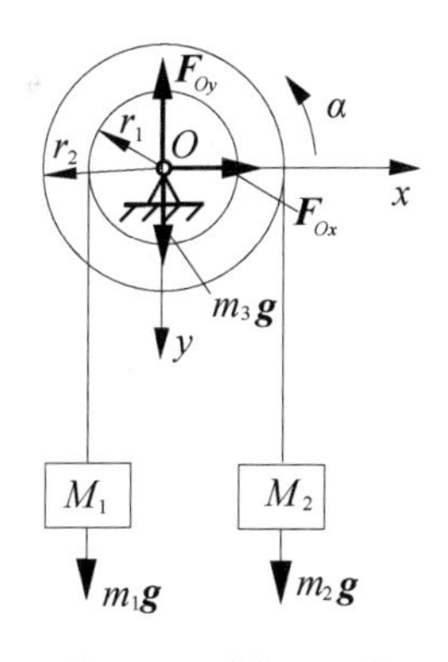

图 10.4　例 10.2 图

解：根据题意，质点系选鼓轮和两个重物为研究对象，系统的受力及坐标如图 10.4 所示。质点系动量在坐标轴上的投影为

$$p_x=0$$

$$p_y=m_1v_1-m_2v_2 \tag{a}$$

作用在质点系上的外力在坐标轴上的投影为

$$F_x=F_{Ox}$$

$$F_y=m_1g+m_2g+m_3g-F_{Oy} \tag{b}$$

将式(a)、式(b)代入质点系的动量定理公式(10-10)中，得

$$F_{Ox}=0$$

$$m_1\dot{v}_1-m_2\dot{v}_2=m_1g+m_2g+m_3g-F_{Oy}$$

又由于 $\dot{v}_1=\alpha r_1$，$\dot{v}_2=\alpha r_2$，则轮心 O 处的约束力为

$$F_{Ox}=0$$

$$F_{Oy}=(m_1+m_2+m_3)g+\alpha(m_2r_2-m_1r_1)$$

【例 10.3】如图 10.5 所示为水流经过变截面弯管的示意图。设流体是不可压缩的，且

是定常稳定的。试求管壁的附加动约束力。

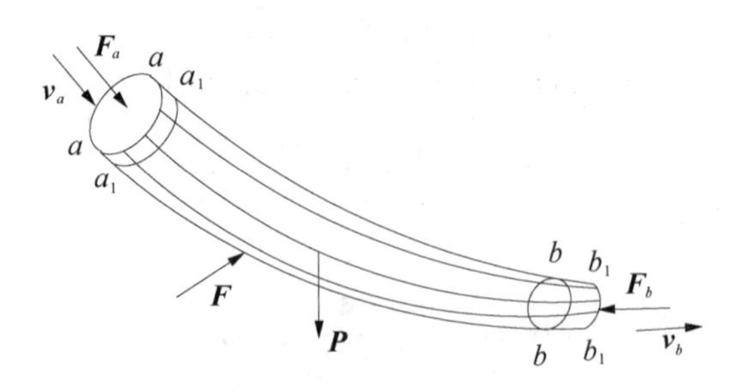

图 10.5 例 10.3 图

解：从管中取出两个截面 aa 与 bb 间的流体作为质点系。作用在这段流体上的外力有重力 $\boldsymbol{P}$、管壁对流体的约束力 $\boldsymbol{F}$ 以及截面 aa 与 bb 上所受到的静水压力 $\boldsymbol{F}_a$ 和 $\boldsymbol{F}_b$。设瞬时 t，流经截面 aa 与 bb 上的流速为 $\boldsymbol{v}_a$、$\boldsymbol{v}_b$。由于流体是定常稳定的，则流体单位时间内流经截面的体积是常数，称为流量。设流量为 q_V，流体的密度为 ρ，则流体在 $\mathrm{d}t$ 时间内流经截面的质量为

$$\mathrm{d}m = \rho q_V \mathrm{d}t$$

在 $\mathrm{d}t$ 时间质点系动量的变化为

$$\mathrm{d}\boldsymbol{p} = \boldsymbol{p}_{a_1b_1} - \boldsymbol{p}_{ab} = (\boldsymbol{p}_{b_1b} + \boldsymbol{p}_{a_1b}) - (\boldsymbol{p}'_{a_1b} + \boldsymbol{p}_{aa_1}) \tag{a}$$

由于流体是不可压缩稳定的，则在不同瞬时流经 a_1b 段上流体的动量可看成相等，即 $\boldsymbol{p}_{a_1b} = \boldsymbol{p}'_{a_1b}$，则式(a)为

$$\mathrm{d}\boldsymbol{p} = \boldsymbol{p}_{a_1b_1} - \boldsymbol{p}_{ab} = \boldsymbol{p}_{b_1b} - \boldsymbol{p}_{aa_1} = \mathrm{d}m(\boldsymbol{v}_b - \boldsymbol{v}_a) = \rho q_V \mathrm{d}t(\boldsymbol{v}_b - \boldsymbol{v}_a)$$

由质点系动量定理的微分形式式(10-8)，即

$$\mathrm{d}\boldsymbol{p} = \sum_{i=1}^{n} \boldsymbol{F}_i^{(\mathrm{e})} \mathrm{d}t \tag{b}$$

将式(a)代入式(b)，并考虑作用该段流体的外力，得

$$\rho q_V \mathrm{d}t(\boldsymbol{v}_b - \boldsymbol{v}_a) = (\boldsymbol{F} + \boldsymbol{P} + \boldsymbol{F}_a + \boldsymbol{F}_b)\mathrm{d}t$$

得管壁对流体的约束力为

$$\boldsymbol{F} = -(\boldsymbol{P} + \boldsymbol{F}_a + \boldsymbol{F}_b) + \rho q_V (\boldsymbol{v}_b - \boldsymbol{v}_a) \tag{c}$$

对式(c)将管壁的约束力分为由流体的重力 $\boldsymbol{P}$ 和静水压力 $\boldsymbol{F}_a$ 与 $\boldsymbol{F}_b$ 构成的静约束力，用 $\boldsymbol{F}'_{静}$ 表示，即

$$\boldsymbol{F}'_{静} = -(\boldsymbol{P} + \boldsymbol{F}_a + \boldsymbol{F}_b) \tag{d}$$

另一部分由流体动量变化构成的，用 $\boldsymbol{F}''_{动}$ 表示，即

$$\boldsymbol{F}''_{动} = \rho q_V (\boldsymbol{v}_b - \boldsymbol{v}_a) \tag{e}$$

$\boldsymbol{F}''_{动}$ 称为附加动约束力。由作用力与反作用力知，流体对管壁附加动作用力为

$$\boldsymbol{F}_{动} = \rho q_V (\boldsymbol{v}_a - \boldsymbol{v}_b) \tag{f}$$

对于不可压缩稳定流体，由流体的连续性定理得流速与流量间的关系为

$$q_V = A_a v_a = A_b v_b \tag{g}$$

其中，A_a、A_b 分别为流经截面 a、截面 b 的横截面面积。

【例 10.4】某输水管道的直径 D=3m，流量 $q_V = 30\ \mathrm{m^3/s}$，进水角和出水角为 $\alpha_1 = \alpha_2 = 30^\circ$，如图 10.6 所示，试求流体对管壁附加动作用力。

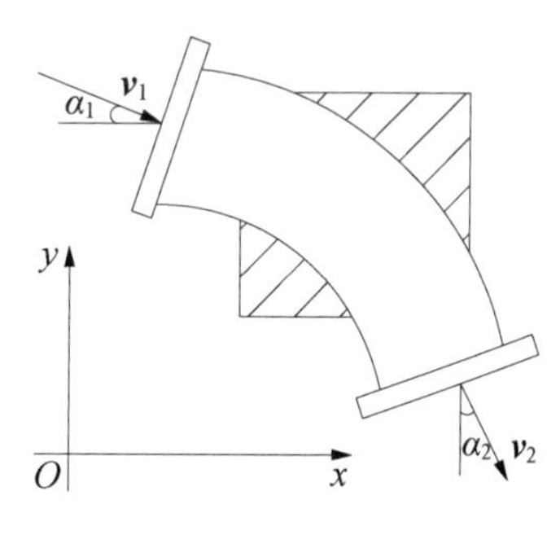

图 10.6　例 10.4 图

解： 进水口和出水口的流速为

$$v_1 = v_2 = \frac{q_V}{A} = \frac{30}{\dfrac{\pi \times 3^2}{4}}\ \mathrm{m/s} = 4.24\ \mathrm{m/s}$$

则流体对管壁的附加动作用力式(f)在坐标轴上的投影为

$$\begin{aligned} \boldsymbol{F}_{动x} &= \rho q_V (v_1 \cos\alpha_1 - v_2 \sin\alpha_2) \\ &= 1000 \times 30 \times 4.24(\cos 30^\circ - \sin 30^\circ)\ \mathrm{kN} = 46.6\ \mathrm{kN} \end{aligned}$$

$$\begin{aligned} \boldsymbol{F}_{动y} &= \rho q_V (-v_1 \sin\alpha_1 + v_2 \cos\alpha_2) \\ &= 1000 \times 30 \times 4.24(-\sin 30^\circ + \cos 30^\circ)\ \mathrm{kN} = 46.69\ \mathrm{kN} \end{aligned}$$

合力为　$\boldsymbol{F}_{动} = \sqrt{\boldsymbol{F}_{动x}^2 + \boldsymbol{F}_{动y}^2} = 65.9\ \mathrm{kN}$

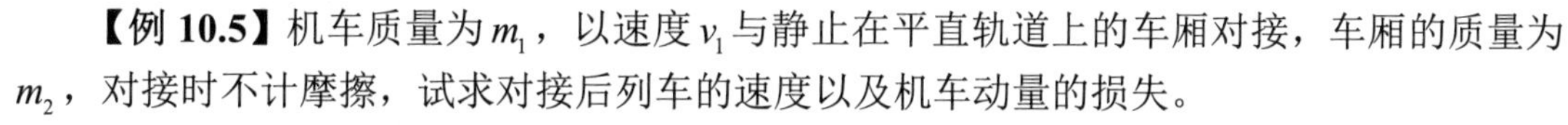

【例 10.5】机车质量为 m_1，以速度 v_1 与静止在平直轨道上的车厢对接，车厢的质量为 m_2，对接时不计摩擦，试求对接后列车的速度以及机车动量的损失。

解： 以机车和车厢构成的质点系为研究对象，由于对接时不计摩擦，质点系水平方向不受力，则质点系的动量在水平方向上守恒。即

$$m_1 v_1 = (m_1 + m_2) v_2$$

则对接后列车的速度为

$$v_2 = \frac{m_1 v_1}{m_1 + m_2}$$

机车动量的损失为

$$\Delta p = m_1 v_1 - m_1 v_2 = m_1 v_1 - \frac{m_1 v_1}{m_1 + m_2} = \frac{m_1 m_2 v_1}{m_1 + m_2} = m_2 v_2$$

由此可见机车动量的损失等于车厢所得的动量。

10.2　质心运动定理

1. 质心运动

由质点系动量定理，将质点系动量式(10-2)代入式(10-7)中，得

$$\frac{\mathrm{d}}{\mathrm{d}t}(M\boldsymbol{v}_C) = \sum_{i=1}^{n} \boldsymbol{F}_i^{(\mathrm{e})}$$

对于确定的质点系，质点系的质量是常数，因此上式为

$$M\frac{\mathrm{d}\boldsymbol{v}_C}{\mathrm{d}t} = \sum_{i=1}^{n} \boldsymbol{F}_i^{(\mathrm{e})}$$

或者写成

$$M\boldsymbol{a}_C = \sum_{i=1}^{n} \boldsymbol{F}_i^{(\mathrm{e})} \tag{10-12}$$

其中，$\boldsymbol{a}_C$ 为质点系质心的加速度。

质心运动定理：质点系质量与质心加速度的乘积等于作用于质点系的外力的矢量和(或称为外力的主矢)。

由式(10-12)得质点系质心运动定理的投影形式如下。

(1) 直角坐标形式

$$\begin{cases} Ma_{Cx}=\sum_{i=1}^{n}F_{ix}^{(e)} \\ Ma_{Cy}=\sum_{i=1}^{n}F_{iy}^{(e)} \\ Ma_{Cz}=\sum_{i=1}^{n}F_{iz}^{(e)} \end{cases} \tag{10-13}$$

(2) 自然轴系形式

$$\begin{cases} Ma_{C\tau}=\sum_{i=1}^{n}F_{i\tau}^{(e)} \\ Ma_{Cn}=\sum_{i=1}^{n}F_{in}^{(e)} \\ Ma_{Cb}=\sum_{i=1}^{n}F_{ib}^{(e)} \end{cases} \tag{10-14}$$

由质心运动定理可以看出质点系质心的运动与一个质点的运动规律相似，这个质点的质量就是质点系的质量，这个质点所受的力就是作用在质点系上的外力。因此在求解质心运动时，与求质点运动问题完全一致。

利用质心运动定理可以解释工程实际中的一些现象，例如在空中爆炸的炸弹，虽然四处飞溅，但它们组成一个质量不变的质点系，若忽略空气阻力，则整个质点系质心只在重力作用下按抛体自由下落，直到有一片碎片落地，质点系质心的位置发生了变化，此时又以新的质点系质心下落。

由质点系动量定理和质心运动定理知，质点系动量的变化和质点系质心的运动均与内力无关，与外力有关，外力是改变质点系动量和质点系质心运动的根本原因。例如在光滑的冰面上，人和汽车都很难行走，原因是冰面的摩擦力较小，要克服它往往需要在冰面上撒一些沙子以增大摩擦力。

2. 质心运动守恒定律

(1) 当作用于质点系上的外力的主矢等于零时，即 $\sum_{i=1}^{n}\boldsymbol{F}_i^{(e)}=0$ 时，由式(10-12)知，质点系质心的速度 $\boldsymbol{v}_C$=恒矢量，则质点系质心做惯性运动。

(2) 当作用于质点系上的外力的主矢在某个轴上投影等于零时，例如 $\sum_{i=1}^{n}F_{xi}^{(e)}=0$，由式(10-13)知，质点系质心沿该轴 x 的速度 v_{Cx}=恒量，即质点系质心沿该轴 x 做惯性运动。若系统初始静止，质心速度 v_{Cx}=0，则质点系质心的 x_C 坐标保持不变。

【例 10.6】曲柄连杆机构安装在平台上，平台放置在光滑的水平基础上，如图 10.7 所示。曲柄 OA 的质量为 m_1，以匀角速度 ω 绕轴 O 转动，连杆 AB 的质量为 m_2，且 OA、AB

为均质杆，$OA=AB=l$，平台质量为 m_3，滑块 B 的质量不计。设初始时，曲柄 OA 和连杆 AB 在同一水平线上，系统初始静止。试求平台的水平运动规律及基础对平台的约束力。

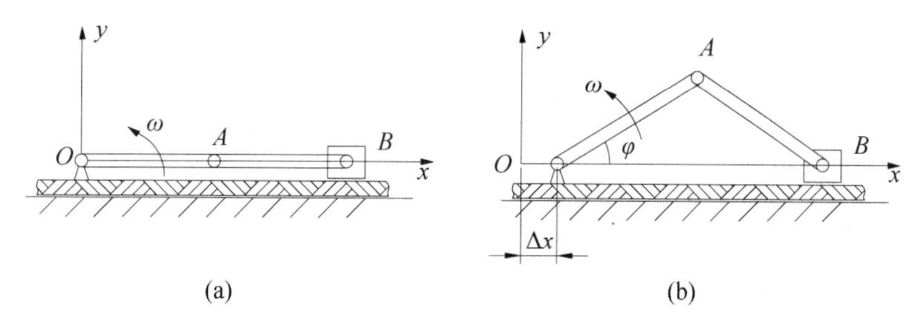

图 10.7　例 10.6 图

解：(1) 求平台的水平运动规律。

选整体为研究对象，建立定坐标系 Oxy，如图 10.7(a)所示。由于平台放置在光滑的水平基础上，则系统水平方向不受力，系统质心运动守恒。又由于系统初始静止，则 x_C 为恒量。

初始时系统质心的水平坐标为

$$x_{C1}=\frac{m_1\dfrac{l}{2}+m_2\dfrac{3l}{2}+m_3x}{m_1+m_2+m_3}$$

其中，x 为初始时平台质心的水平坐标。

当曲柄转过 $\varphi=\omega t$ 时，平台质心移动了 Δx，如图 10.7(b)所示，则系统质心的水平坐标为

$$x_{C2}=\frac{m_1\left(\dfrac{l}{2}\cos\varphi+\Delta x\right)+m_2\left(\dfrac{3l}{2}\cos\varphi+\Delta x\right)+m_3(x+\Delta x)}{m_1+m_2+m_3}$$

由于 $x_{C1}=x_{C2}$，即

$$\frac{m_1\dfrac{l}{2}+m_2\dfrac{3l}{2}+m_3x}{m_1+m_2+m_3}=\frac{m_1\left(\dfrac{l}{2}\cos\varphi+\Delta x\right)+m_2\left(\dfrac{3l}{2}\cos\varphi+\Delta x\right)+m_3(x+\Delta x)}{m_1+m_2+m_3}$$

则得平台的水平运动规律为

$$\Delta x=\frac{m_1+3m_2}{2(m_1+m_2+m_3)}l(1-\cos\omega t)$$

(2) 求基础对平台的约束力。

系统质心的竖直坐标为

$$y_C=\frac{m_1\dfrac{l}{2}\sin\varphi+m_2\dfrac{l}{2}\sin\varphi+m_3y}{m_1+m_2+m_3}$$

其中，y 为平台质心的竖直坐标。则质心的竖向加速度为

$$\ddot{y}_C=-\frac{m_1+m_2}{2(m_1+m_2+m_3)}\omega^2l\sin\omega t$$

因为平台无竖向运动，则平台质心的加速度 $\ddot{y}=0$。

由质心运动定理得

$$Ma_{Cy}=\sum_{i=1}^{n}\boldsymbol{F}_{iy}^{(\mathrm{e})}$$

即

$$(m_1+m_2+m_3)\ddot{y}_C=F_{\mathrm{N}}-(m_1+m_2+m_3)g$$

得基础对平台的约束力为

$$F_{\mathrm{N}}=(m_1+m_2+m_3)g-(m_1+m_2)\frac{\omega^2 l}{2}\sin\omega t$$

【**例 10.7**】如图 10.8 所示，质量为m_1的均质曲柄OA，长为l，以匀角速度ω绕轴O转动，并带动滑块A在竖直的滑道AB内滑动，滑块A的质量为m_2；而滑杆BD在水平滑道内运动，滑杆的质量为m_3，其质心在点C处。开始时曲柄OA为水平向右，各处的摩擦不计。试求系统质心运动规律及作用在轴O处的最大水平约束力。

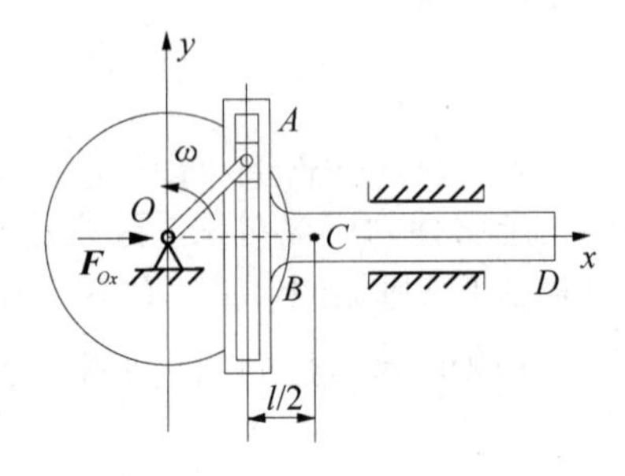

图 10.8　例 10.7 图

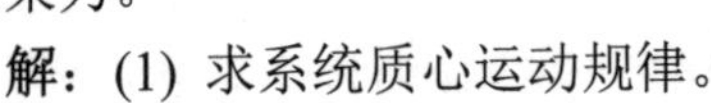

解：(1) 求系统质心运动规律。

如图建立直角坐标系Oxy，系统质心坐标为

$$x_C=\frac{m_1\dfrac{l}{2}\cos\omega t+m_2 l\cos\omega t+m_3\left(l\cos\omega t+\dfrac{l}{2}\right)}{m_1+m_2+m_3}$$

$$=\frac{m_3 l}{2(m_1+m_2+m_3)}+\frac{m_1+2m_2+2m_3}{2(m_1+m_2+m_3)}l\cos\omega t \tag{a}$$

$$y_C=\frac{m_1\dfrac{l}{2}+m_2 l}{m_1+m_2+m_3}\sin\omega t=\frac{m_1+2m_2}{2(m_1+m_2+m_3)}l\sin\omega t$$

(2) 求作用在轴O处的最大水平约束力。

由质心运动定理得

$$Ma_{Cx}=\sum_{i=1}^{n}F_{ix}^{(e)}$$

对式(a)求导，得质心的加速度为

$$\ddot{x}_C=-\frac{m_1+2m_2+2m_3}{2(m_1+m_2+m_3)}l\omega^2\cos\omega t$$

则作用在轴O处的水平约束力为

$$F_{Ox}=Ma_{Cx}=-(m_1+2m_2+2m_3)\frac{l\omega^2}{2}\cos\omega t$$

最大水平约束力为

$$F_{Ox,\max}=Ma_{Cx}=(m_1+2m_2+2m_3)\frac{l\omega^2}{2}$$

若求铅直方向约束力，则由$Ma_{Cy}=\sum\limits_{i=1}^{n}F_{iy}^{(e)}$求出，但只能求出铅直方向的合约束力。

本章小结

小结的具体内容请扫描右侧二维码获取。

习题 10

10-1　是非题(正确的画√，错误的画×)

(1) 质点的动量与冲量是等价的物理量。　(　　)

(2) 质点系的动量等于外力的主矢。　(　　)

(3) 质点系动量守恒是指质点系内各质点的动量不变。　(　　)

(4) 质心运动守恒是指质心位置不变。　(　　)

(5) 质点系动量的变化只与外力有关，与内力无关。　(　　)

10-2　填空题(把正确的答案写在横线上)

(1) 各均质物体，其质量均为 m，其几何尺寸及运动速度和角速度如图 10.9 所示。则各物体的动量为(a)__________；(b)__________；(c)__________；(d)__________。

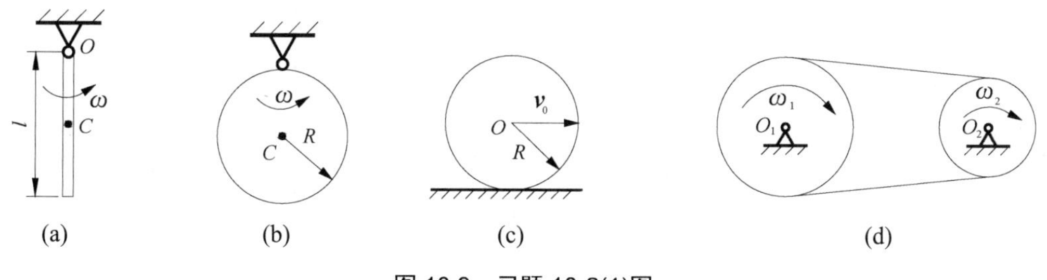

图 10.9　习题 10-2(1)图

(2) 一个质量为 m 的质点做圆周运动，如图 10.10 所示。当质点位于点 A 时，其速度大小为 v_1，方向为铅垂向上。当质点运动到点 B 时，其速度大小为 v_2，方向为铅垂向下。则质点从点 A 运动到点 B 时，作用在该质点上力的冲量大小为__________；冲量的方向为__________。

10-3　简答题

(1) 质点做匀速圆周运动，则质点的动量守恒吗？

(2) 两个物块 A、B，质量分别为 m_A、m_B，初始静止，设系统摩擦不计。若设物块 A 沿斜面下滑的相对速度为 v_r，物块 B 的速度为 v，如图 10.11 所示，则根据动量守恒定律，有 $m_A v_r \cos\theta = m_B v$，对吗？

(3) 小球沿水平面运动，碰到铅直墙壁后返回，设碰撞前和碰撞后小球的速度大小相等，则作用在小球上力的冲量等于零。此说法对吗？为什么？

(4) 两个均质直杆 AC 和 BC，长度相等，质量为 m_1 和 m_2，两个直杆在 C 点铰接，并直立于光滑的平面上，如图 10.12 所示。若初始静止，当两个直杆分开倒下时，问①两个直

杆质量 $m_1=m_2$；② $m_1=2m_2$；C 点的运动轨迹是否相同？

(5) 刚体受一群力的作用，无论各力的作用点如何，刚体质心的加速度都不变吗？

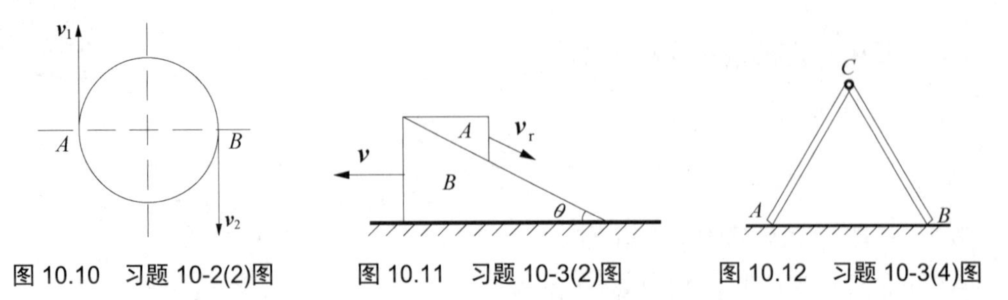

图 10.10 习题 10-2(2)图　　图 10.11 习题 10-3(2)图　　图 10.12 习题 10-3(4)图

10-4 计算题

(1) 有一个木块质量为 2.3kg，放在光滑的水平面上。一颗质量为 0.014kg 的子弹沿水平方向射入后，木块以 3m/s 的速度前进，试求子弹射入木块前的速度。

(2) 跳伞者质量为 60kg，从停留在高空中的直升机中跳出，落下 100m 后，将伞打开。设开伞前的空气阻力忽略不计，伞重不计，开伞后所受的空气阻力不变，经过 5s 后跳伞者的速度减为 4.3m/s，试求空气阻力的大小。

(3) 电动机的质量为 M，放在光滑的基础上，如图 10.13 所示。电动机的转子长为 $2l$，质量为 m_1，转子的另一端固结一个质量为 m_2 的小球，已知电动机的转子以匀角速度 ω 转动。试求：①电动机定子的水平运动方程；②若将电动机固定在基础上，作用在螺栓上的水平约束力和竖直约束力的最大值。

(4) 如图 10.14 所示的曲柄滑块机构，设曲柄 OA 以匀角速度 ω 绕轴 O 转动，滑块 B 沿水平方向滑动。已知 $OA=AB=l$，将 OA 及 AB 视为均质杆，其质量均为 m_1，滑块 B 的质量为 m_2。试求：①系统质心的运动方程；②质心的轨迹；③系统的动量。

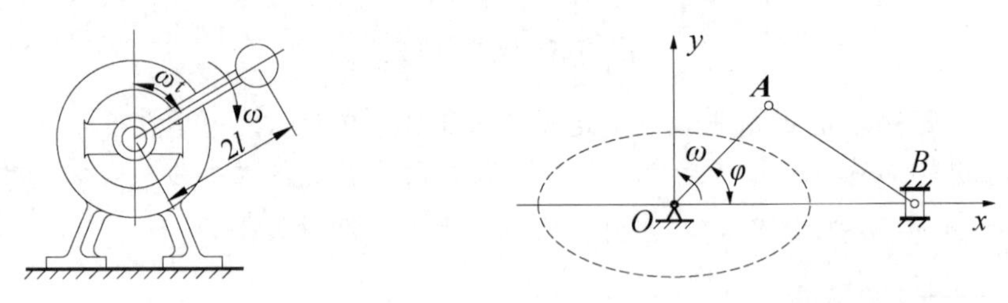

图 10.13 习题 10-4(3)图　　图 10.14 习题 10-4(4)图

(5) 如图 10.15 所示，质量为 m_1 的小车 A，悬挂一个质量为 m_2 的单摆 B，单摆的摆长为 l，按规律 $\varphi=\varphi_O \sin kt$ 摆动，其中 k 为常数。不计水平面的摩擦和摆杆的质量，试求小车的运动方程。

(6) 如图 10.16 所示的平台车，车重为 $P=4.9\text{kN}$，沿水平轨道运动。平台车上站一个人，重 $Q=686\text{N}$。车与人以相同的速度 v_0 向右方运动，若人以相对于平台车的速度 $v_r=2\text{ m/s}$ 向左跳出，试求平台车的速度增加了多少。

(7) 如图 10.17 所示均质杆 AB，杆长为 l，直立在光滑的水平面上。当它从铅垂位置无初速地倒下时，试求杆 A 端的轨迹。

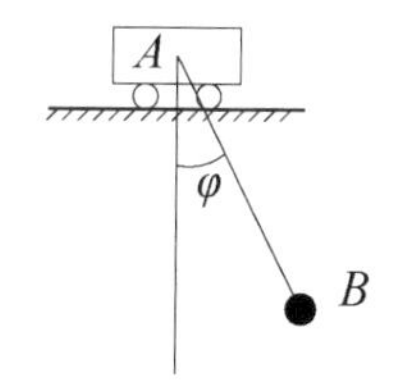

图 10.15 习题 10-4(5)图

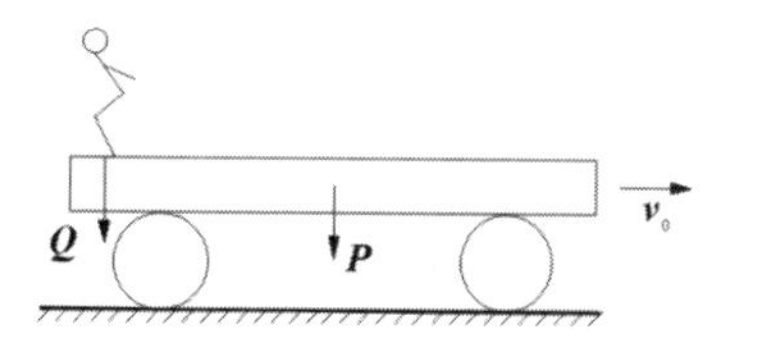

图 10.16 习题 10-4(6)图

(8) 3个重物的质量分别为 $m_1=20\,\text{kg}$，$m_2=15\,\text{kg}$，$m_3=10\,\text{kg}$，由绕过两个定滑轮的绳子相连，如图 10.18 所示。当重物 m_1 下降时，重物 m_2 在四棱柱 $ABCD$ 的水平桌面上向右移动，重物 m_3 则沿斜面上升，四棱柱的质量 $m=100\text{kg}$。如果忽略接触面的摩擦和绳子的质量，试求当重物 m_1 下降 1m 时，四棱柱相对地面移动的距离。

(9) 一个均质的三棱柱 A 放在光滑的水平面上，其斜面上放置另一个均质的三棱柱 B，两个三棱柱的横截面均为直角三角形，其质量为 $m_A=3m_B$，几何尺寸如图 10.19 所示。初始系统静止，试求当三棱柱 B 沿三棱柱 A 滑下接触到水平面时，三棱柱 A 移动的距离。

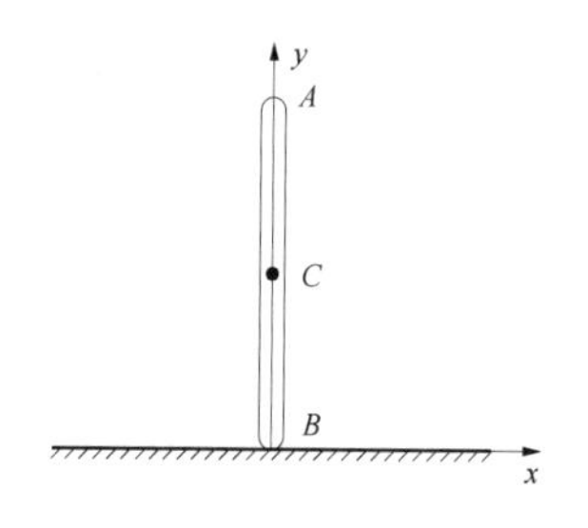

图 10.17 习题 10-4(7)图

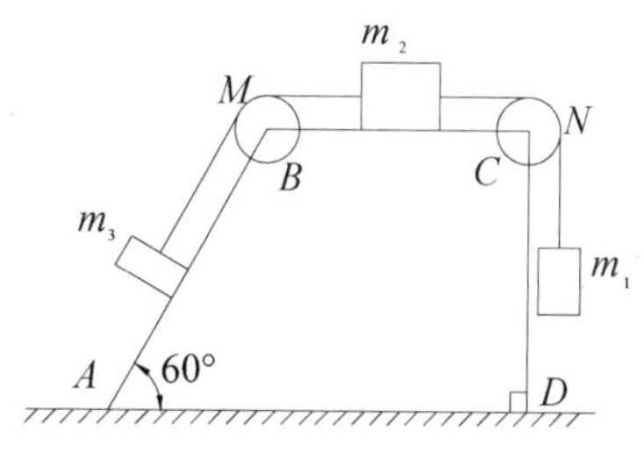

图 10.18 习题 10-4(8)图

(10) 如图 10.20 所示的浮动起重机，起吊重量为 $m_1=2\times10^3\,\text{kg}$ 的重物，设起重机的质量为 $m_2=2\times10^4\,\text{kg}$，起重杆 OA 的长度 $l=8\,\text{m}$。初始时，起重杆与铅垂线成 60° 角，忽略水的阻力和起重杆的自重，试求当起重杆转到与铅垂线成 30° 角时，起重机的位移。

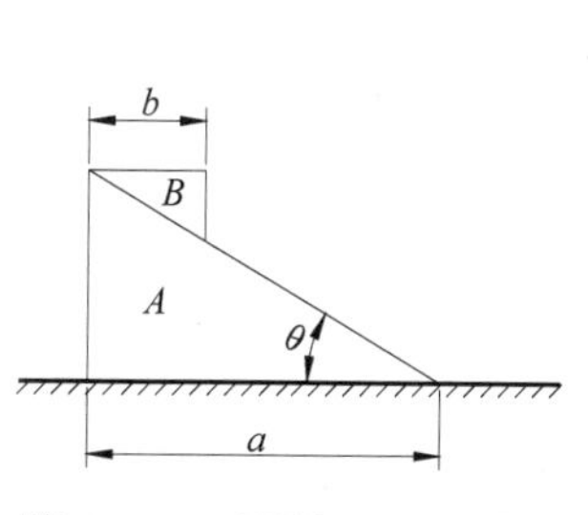

图 10.19 习题 10-4(9)图

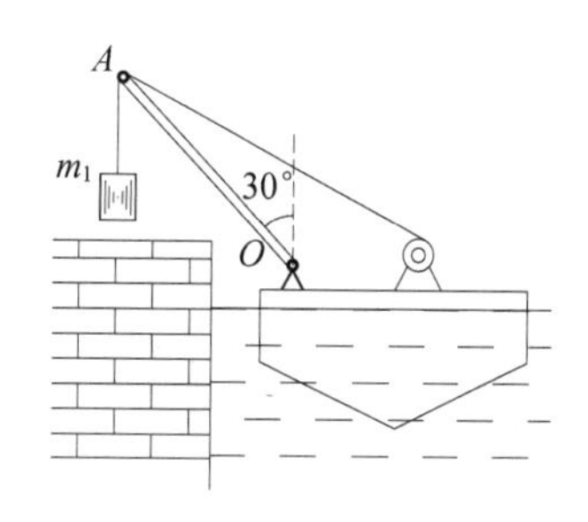

图 10.20 习题 10-4(10)图

(11) 已知水的流量为 $q_V\,(\text{m}^3/\text{s})$，密度为 $\rho\,(\text{kg/m}^3)$，水冲击叶片的速度为 $v_1\,(\text{m/s})$，方向水平向左，水流出叶片的速度为 $v_2\,(\text{m/s})$，与水平线的夹角为 θ，如图 10.21 所示。试求水柱对涡轮机叶片的水平作用力。

(12) 一水管道有一个 45° 的弯头，如图 10.22 所示。已知进水口的直径 $d_1=450\,\text{mm}$，出水口的直径 $d_2=250\,\text{mm}$，水流量 $q_V=0.28\,\text{m}^3/\text{s}$，试求水对弯头的附加动作用力。

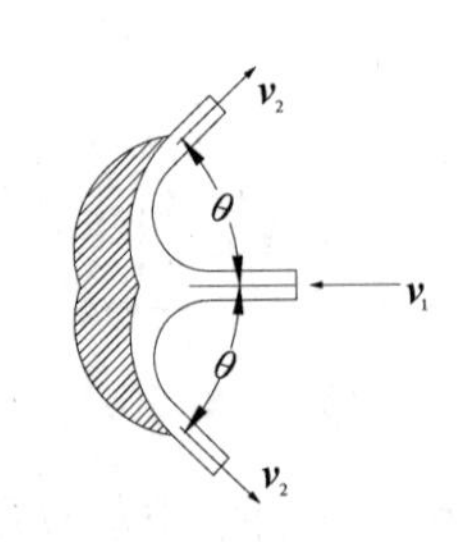

图 10.21　习题 10-4(11)图

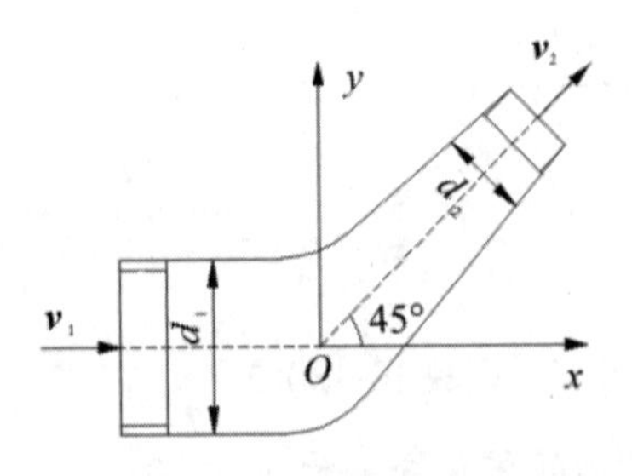

图 10.22　习题 10-4(12)图

第11章

动量矩定理

在第10章我们学习了动量定理，它只是从一个侧面反映了物体间机械运动传递时，动量的变化与作用于物体上力之间的关系。但当物体做定轴转动时，若质心在转轴上，则物体的动量等于零，可见对于转动刚体而言，动量不再适合用来描述其运动规律。在这一章里我们将学习动量矩定理，动量矩是描述转动物体的物理量，其对时间的变化与作用在物体上力矩之间的关系。

11.1 动量矩与动量矩定理

11.1.1 质点和质点系的动量矩

1. 质点的动量矩

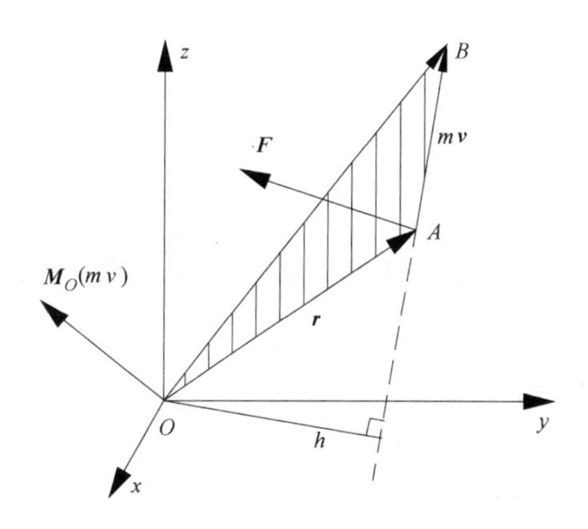

图11.1 质点对固定点的动量矩

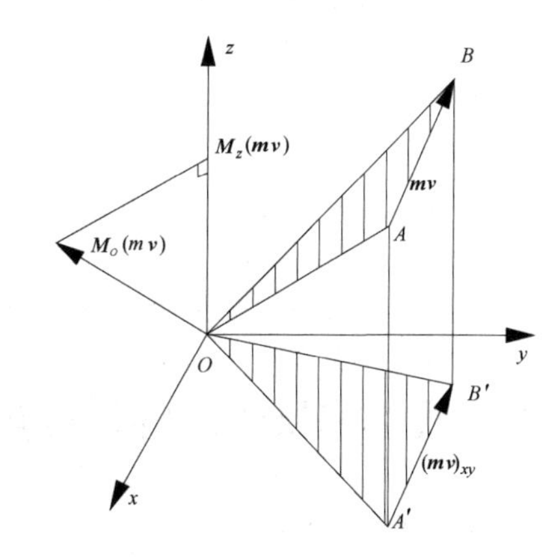

图11.2 质点对固定轴的动量矩

如图11.1所示，设质点在图示瞬时点A的动量为$m\boldsymbol{v}$，矢径为$\boldsymbol{r}$，则质点对固定点O的动量矩与力$\boldsymbol{F}$对点O的矩的矢量表示类似，即有

$$\boldsymbol{M}_O(m\boldsymbol{v}) = \boldsymbol{r} \times m\boldsymbol{v} \tag{11-1}$$

质点对固定点 O 的矩是矢量，方向满足右手螺旋法则，大小为固定点 O 与动量 AB 所围成的三角形面积的 2 倍，即动量与动量臂的乘积，如下表达

$$A_O(m\boldsymbol{v}) = 2A_{\triangle OAB} = mvh$$

其中，h 为固定点 O 到线段 AB 的垂直距离，称为动量臂，动量矩的单位为 $\mathrm{kg{\cdot}m^2/s}$。

质点的动量对固定轴 z 的矩与力 $\boldsymbol{F}$ 对固定轴 z 的矩类似，如图 11.2 所示，质点的动量 $m\boldsymbol{v}$ 在 Oxy 平面上的投影 $(m\boldsymbol{v})_{xy}$ 对固定点 O 的矩，质点的动量对固定轴 z 的矩也等于质点对固定点 O 的动量矩在固定轴 z 上的投影。质点对 z 轴的动量矩是代数量，即

$$M_z(m\boldsymbol{v}) = M_O[(m\boldsymbol{v})_{xy}] = [\boldsymbol{M}_O(m\boldsymbol{v})]_z \tag{11-2}$$

2. 质点系的动量矩

质点系对固定点 O 的动量矩等于质点系内各质点对固定点 O 的动量矩的矢量和，即

$$\boldsymbol{L}_O = \sum_{i=1}^{n} \boldsymbol{M}_O(m_i \boldsymbol{v}_i) \tag{11-3}$$

质点系对固定轴 z 的动量矩等于质点系内各质点对同一轴 z 的动量矩的代数和，即

$$L_z = \sum_{i=1}^{n} M_z(m_i\boldsymbol{v}_i) = [\boldsymbol{L}_O]_z \tag{11-4}$$

(1) 刚体做平移时的动量矩。

将刚体的质量集中在刚体的质心上，按质点的动量矩计算。

(2) 刚体做定轴转动时的动量矩。

设定轴转动刚体如图 11.3 所示，其上任一质点 i 的质量为 m_i，到转轴的垂直距离为 r_i，某瞬时的角速度为 ω，刚体对转轴 z 的动量矩由式(11-4)得

$$L_z = \sum_{i=1}^{n} M_z(m_i\boldsymbol{v}_i) = \sum_{i=1}^{n}(m_i v_i r_i) = \sum_{i=1}^{n}(m_i \omega r_i r_i)$$

$$= \left(\sum_{i=1}^{n} m_i r_i^2\right)\omega = J_z\omega$$

即

$$L_z = J_z\omega \tag{11-5}$$

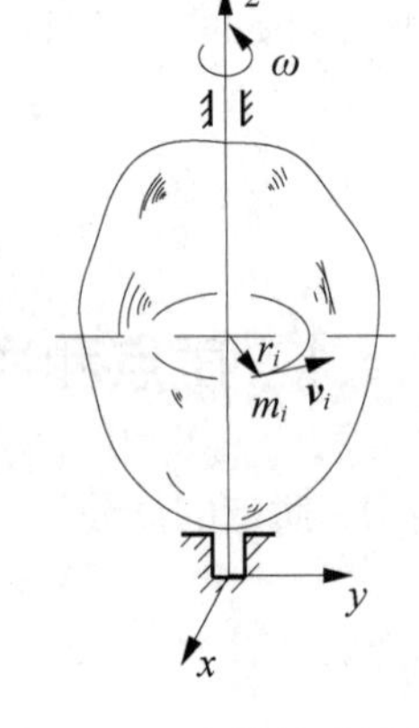

图 11.3　定轴转动刚体

其中，$J_z = \sum_{i=1}^{n} m_i r_i^2$ 为刚体对转轴 z 的转动惯量①。

即定轴转动刚体对转轴 z 的动量矩等于刚体对转轴 z 的转动惯量与角速度的乘积。

11.1.2　质点和质点系的动量矩定理

1. 质点的动量矩定理

如图 11.1 所示，设质点对固定点 O 的动量矩为 $\boldsymbol{M}_O(m\boldsymbol{v})$，力 $\boldsymbol{F}$ 对同一点 O 的力矩为 $\boldsymbol{M}_O(\boldsymbol{F})$，将式(11-1)对时间求导得

---

① 附录 B 为刚体对转轴的转动惯量的计算。

$$\frac{\mathrm{d}}{\mathrm{d}t}[\boldsymbol{M}_O(m\boldsymbol{v})]=\frac{\mathrm{d}}{\mathrm{d}t}(\boldsymbol{r}\times m\boldsymbol{v})=\frac{\mathrm{d}\boldsymbol{r}}{\mathrm{d}t}\times m\boldsymbol{v}+\boldsymbol{r}\times\frac{\mathrm{d}}{\mathrm{d}t}(m\boldsymbol{v})$$
$$=\boldsymbol{v}\times m\boldsymbol{v}+\boldsymbol{r}\times\boldsymbol{F}=\boldsymbol{M}_O(\boldsymbol{F})$$

得

$$\frac{\mathrm{d}}{\mathrm{d}t}[\boldsymbol{M}_O(m\boldsymbol{v})]=\boldsymbol{M}_O(\boldsymbol{F}) \tag{11-6}$$

质点的动量矩定理：质点对某一固定点的动量矩对时间的导数等于作用于质点上的力对同一点的矩。

将式(11-6)向直角坐标轴投影，得

$$\begin{cases}\dfrac{\mathrm{d}}{\mathrm{d}t}[M_x(m\boldsymbol{v})]=M_x(\boldsymbol{F})\\ \dfrac{\mathrm{d}}{\mathrm{d}t}[M_y(m\boldsymbol{v})]=M_y(\boldsymbol{F})\\ \dfrac{\mathrm{d}}{\mathrm{d}t}[M_z(m\boldsymbol{v})]=M_z(\boldsymbol{F})\end{cases} \tag{11-7}$$

特殊情形：如图 11.4 所示，当质点受有心力 $\boldsymbol{F}$ 的作用时力矩 $\boldsymbol{M}_O(\boldsymbol{F})=0$，则质点对固定点 O 的动量矩 $\boldsymbol{M}_O(m\boldsymbol{v})=$ 恒矢量，质点的动量矩守恒。例如行星绕着恒星转，受恒星的引力作用，引力对恒星的矩 $\boldsymbol{M}_O(\boldsymbol{F})=0$，行星的动量矩 $\boldsymbol{M}_O(m\boldsymbol{v})=$恒矢量。此恒矢量的方向不变，说明行星做平面曲线运动。此恒矢量的大小不变，即 $mvh=$恒量，行星的速度 v 与恒星到速度矢量的距离 h 成反比。同时也说明由恒星向行星作有向线段，此有向线段在单位时间内所扫过的面积保持为恒量，此理论称为面积速度定理。

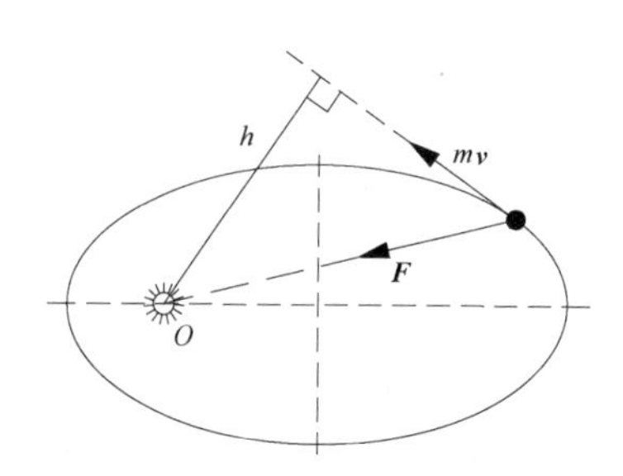

图 11.4　行星绕着恒星运动

【例 11.1】如图 11.5 所示，单摆由质量为 m 的小球和绳索构成。单摆悬吊于点 O 处，绳长为 l，当单摆做微振幅摆动时，试求单摆的运动规律。

解：根据题意，以小球为研究对象，小球受力有铅垂重力 mg 和绳索拉力 $\boldsymbol{F}$。设单摆与铅垂线的夹角为 φ，规定 φ 为逆时针时为正，则质点对点 O 的动量矩为

$$M_O(m\boldsymbol{v})=mvl$$

作用在小球上的力对点 O 的矩为

$$M_O(\boldsymbol{F})=-mgl\sin\varphi$$

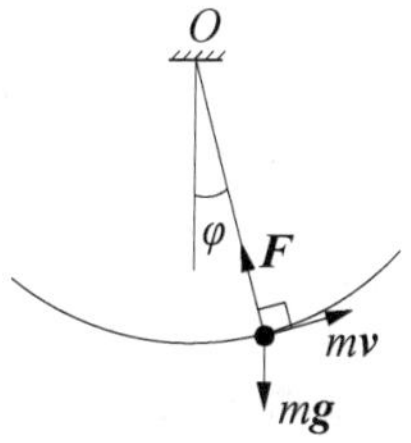

图 11.5　例 11.1 图

由质点的动量矩定理式(11-6)，得

$$m\dot{v}l=-mgl\sin\varphi \tag{a}$$

由于 $v=l\omega=l\dot{\varphi}$，则 $\dot{v}=l\ddot{\varphi}$，又由于单摆做微振幅摆动，则 $\sin\varphi\approx\varphi$。

从而由式(a)，得单摆运动微分方程为

$$\frac{\mathrm{d}^2\varphi}{\mathrm{d}t^2}+\frac{g}{l}\varphi=0 \tag{b}$$

解式(b)，得单摆的运动规律为

$$\varphi = \varphi_O \sin(\omega_n t + \theta)$$

其中，$\omega_n = \sqrt{\dfrac{g}{l}}$ 称为单摆的角频率，φ_O 称为单摆的振幅，θ 称为单摆的初相位，它们由运动的初始条件确定。单摆的周期为

$$T = \frac{2\pi}{\omega_n} = 2\pi\sqrt{\frac{l}{g}}$$

2. 质点系的动量矩定理

设质点系由 n 个质点组成，对每一个质点由式(11-6)，有

$$\frac{\mathrm{d}}{\mathrm{d}t}[\boldsymbol{M}_O(m_i\boldsymbol{v}_i)] = \boldsymbol{M}_O(\boldsymbol{F}_i^{(\mathrm{e})}) + \boldsymbol{M}_O(\boldsymbol{F}_i^{(\mathrm{i})})$$

其中，$\boldsymbol{M}_O(\boldsymbol{F}_i^{(\mathrm{e})})$ 为外力矩，$\boldsymbol{M}_O(\boldsymbol{F}_i^{(\mathrm{e})})$ 为内力矩，上式共列 n 个方程，将这些方程进行左右连加，并考虑内力矩之和为零，有

$$\sum_{i=1}^{n}\frac{\mathrm{d}}{\mathrm{d}t}[\boldsymbol{M}_O(m_i\boldsymbol{v}_i)] = \sum_{i=1}^{n}\boldsymbol{M}_O(\boldsymbol{F}_i^{(\mathrm{e})})$$

$$\frac{\mathrm{d}}{\mathrm{d}t}\sum_{i=1}^{n}[\boldsymbol{M}_O(m_i\boldsymbol{v}_i)] = \sum_{i=1}^{n}\boldsymbol{M}_O(\boldsymbol{F}_i^{(\mathrm{e})})$$

得

$$\frac{\mathrm{d}}{\mathrm{d}t}\boldsymbol{L}_O = \sum_{i=1}^{n}\boldsymbol{M}_O(\boldsymbol{F}_i^{(\mathrm{e})}) \tag{11-8}$$

质点系的动量矩定理：质点系对某一固定点的动量矩对时间的导数等于作用于质点系上的外力对同一点矩的矢量和(或称为外力的主矩)。

将式(11-8)向直角坐标系投影，得

$$\begin{cases} \dfrac{\mathrm{d}}{\mathrm{d}t}L_x = \displaystyle\sum_{i=1}^{n}M_x(\boldsymbol{F}_i^{(\mathrm{e})}) \\ \dfrac{\mathrm{d}}{\mathrm{d}t}L_y = \displaystyle\sum_{i=1}^{n}M_y(\boldsymbol{F}_i^{(\mathrm{e})}) \\ \dfrac{\mathrm{d}}{\mathrm{d}t}L_z = \displaystyle\sum_{i=1}^{n}M_z(\boldsymbol{F}_i^{(\mathrm{e})}) \end{cases} \tag{11-9}$$

特殊情形：

(1) 当作用于质点系上的外力对某一点的矩等于零时，即 $\sum_{i=1}^{n}\boldsymbol{M}_O(\boldsymbol{F}_i^{(\mathrm{e})}) = 0$，由式(11-8)知质点系动量矩 $\boldsymbol{L}_O =$ 恒矢量，则质点系对该点的动量矩守恒。

(2) 当作用于质点系上的外力对某一轴的矩等于零时，则质点系对该轴的动量矩守恒。例如 $\sum_{i=1}^{n}M_x(\boldsymbol{F}_i^{(\mathrm{e})}) = 0$，由式(11-9)知质点系对 x 轴的动量矩 L_x =恒量，则质点系对 x 轴的动量矩守恒。

【例 11.2】 如图 11.6 所示，在矿井提升设备中，两个鼓轮固连在一起，总质量为 m，对转轴 O 的转动惯量为 J_O。在半径为 r_1 的鼓轮上悬挂一个质量为 m_1 的重物 A，而在半径为 r_2 的鼓轮上用绳牵引小车 B 沿倾角为 θ 的斜面向上运动，小车的质量为 m_2。在鼓轮上作用有

一个不变的力偶矩 M。不计绳索的质量和各处的摩擦，绳索与斜面平行，试求小车 B 上升的加速度。

解：选整体为质点系，作用在质点系的主动力有三个物体的重力 mg、m_1g、m_2g，以及作用于鼓轮上不变的力偶矩为 M，作用在轴 O 处和斜面的约束力有 $\boldsymbol{F}_{Ox}$、$\boldsymbol{F}_{Oy}$、$\boldsymbol{F}_{\mathrm{N}}$。则质点系对转轴 O 的动量矩为

$$L_O = J_O\omega + m_1v_1r_1 + m_2v_2r_2$$

其中，$v_1 = r_1\omega$，$v_2 = r_2\omega$。上式为

$$L_O = J_O\omega + m_1r_1^2\omega + m_2r_2^2\omega$$

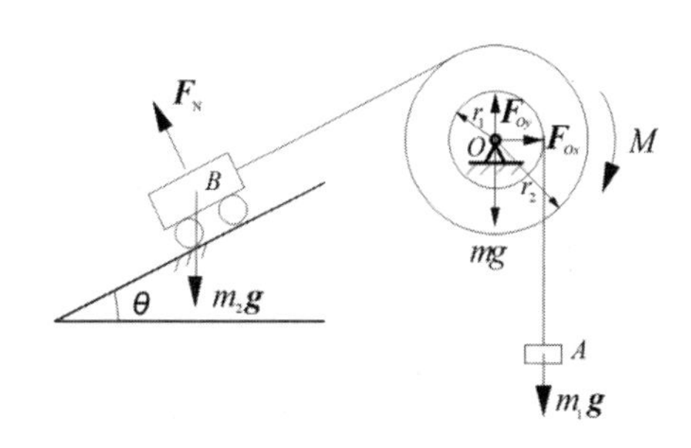

图 11.6 例 11.2 图

作用于质点系上的外力对转轴 O 的矩为

$$M_O = M + m_1gr_1 - m_2gr_2\sin\theta$$

由质点系的动量矩式(11-8)，即

$$\frac{\mathrm{d}}{\mathrm{d}t}\boldsymbol{L}_O = \sum_{i=1}^{n}\boldsymbol{M}_O(\boldsymbol{F}_i^{(\mathrm{e})})$$

得

$$J_O\dot{\omega} + m_1r_1^2\dot{\omega} + m_2r_2^2\dot{\omega} = M + m_1gr_1 - m_2gr_2\sin\theta$$

解得，鼓轮的角加速度为

$$\alpha = \dot{\omega} = \frac{M + m_1gr_1 - m_2gr_2\sin\theta}{J_O + m_1r_1^2 + m_2r_2^2}$$

小车 B 上升的加速度为

$$a = \alpha r_2 = \frac{M + (m_1r_1 - m_2r_2\sin\theta)g}{J_O + m_1r_1^2 + m_2r_2^2}r_2$$

3. 质点系相对于质心的动量矩定理

建立定坐标系 $Oxyz$，以及以质心 C 为坐标原点的平移坐标系 $Cx'y'z'$。设质点系质心 C 的矢径为 $\boldsymbol{r}_C$，任一质点 i 的质量为 m_i，对两个坐标系的矢径分别为 $\boldsymbol{r}_i$、$\boldsymbol{r}_i'$，三者的关系如图 11.7 所示。即

$$\boldsymbol{r}_i = \boldsymbol{r}_C + \boldsymbol{r}_i'$$

则质点系对固定点 O 的动量矩为

$$\begin{aligned}\boldsymbol{L}_O &= \sum_{i=1}^{n}\boldsymbol{r}_i \times m_i\boldsymbol{v}_i = \sum_{i=1}^{n}(\boldsymbol{r}_C + \boldsymbol{r}_i') \times m_i\boldsymbol{v}_i \\ &= \boldsymbol{r}_C \times \sum_{i=1}^{n}m_i\boldsymbol{v}_i + \sum_{i=1}^{n}\boldsymbol{r}_i' \times m_i\boldsymbol{v}_i \\ &= \boldsymbol{r}_C \times \sum_{i=1}^{n}m_i\boldsymbol{v}_i + \left(\sum_{i=1}^{n}\boldsymbol{r}_i'm_i\right) \times \boldsymbol{v}_C + \sum_{i=1}^{n}\boldsymbol{r}_i' \times m_i\boldsymbol{v}_{i\mathrm{r}} \qquad \text{(a)}\end{aligned}$$

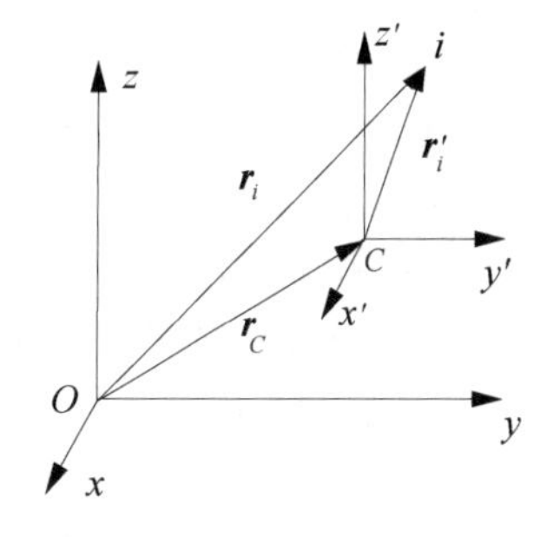

图 11.7 定坐标系与质心坐标系的关系

其中，由速度合成定理有关系式 $\boldsymbol{v}_i = \boldsymbol{v}_C + \boldsymbol{v}_{i\mathrm{r}}$；根据质心 C 在平移坐标系 $Cx'y'z'$ 的位置有

$$\sum_{i=1}^{n}\boldsymbol{r}_i'm_i = m\boldsymbol{r}_C' = 0$$

质点系相对质心 C 的动量矩为

$$L_C = \sum_{i=1}^{n} r_i' \times m_i v_{ir} \tag{b}$$

质点系相对定坐标系的动量为

$$p = \sum_{i=1}^{n} m_i v_i = M v_C \tag{c}$$

将式(b)和式(c)代入式(a)，得质点系对固定点 O 的动量矩和质点系对质心 C 的动量矩间的关系为

$$L_O = r_C \times p + L_C \tag{11-10}$$

式(11-10)表明：质点系对任一固定点 O 的动量矩等于集中于系统质心 C 的动量 Mv_C 对于点 O 的动量矩，再加上此系统对于质心 C 的动量矩 L_C 的矢量和。

式(11-10)对时间求导得

$$\frac{dL_O}{dt} = v_C \times M v_C + r_C \times \frac{dp}{dt} + \frac{dL_C}{dt} \tag{d}$$

作用于质点系上的外力对固定点 O 的力矩为

$$M_O^{(e)} = \sum_{i=1}^{n} r_i \times F_i^{(e)} = \sum_{i=1}^{n} (r_C + r_i') \times F_i^{(e)} = r_C \times \sum_{i=1}^{n} F_i^{(e)} + \sum_{i=1}^{n} r_i' \times F_i^{(e)} \tag{e}$$

作用于质点系的外力对质心 C 的力矩为

$$M_C^{(e)} = \sum_{i=1}^{n} r_i' \times F_i^{(e)} \tag{f}$$

将式(d)、式(e)和式(f)代入质点系动量矩定理式(11-8)中，并考虑质点系动量定理得

$$\frac{dL_C}{dt} = M_C^{(e)} \tag{11-11}$$

质点系相对质心的动量矩定理：质点系相对质心的动量矩对时间的导数等于作用于质点系上的外力对质心的矩的矢量和(或称为主矩)。

应当指出：

(1) 质点系动量矩定理只有对固定点或质心点取矩时其方程的形式才是一致的，若对其他动点取矩，则质点系动量矩定理将更加复杂。

(2) 不论是质点系的动量矩定理还是质点系相对于质心的动量矩定理，质点系动量矩的变化均与内力无关，与外力有关，外力是改变质点系动量矩的根本原因。

【例 11.3】 如图 11.8 所示，质量为 m 的杆 AB 可在质量为 M 的管 CD 内任意地滑动，$AB=CD=l$，CD 管绕铅直轴 z 转动。当运动初始时，杆 AB 与管 CD 重合，角速度为 ω_0，各处摩擦不计。试求杆 AB 伸出一半时此装置的角速度。

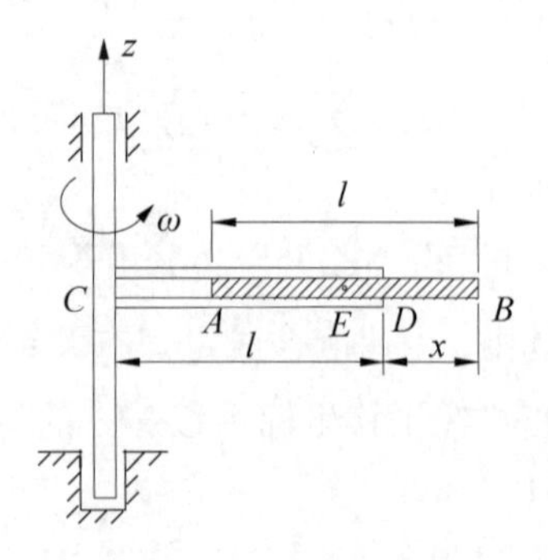

图 11.8　例 11.3 图

解： 以整体为质点系，因为作用在质点系上的外力有重力和转轴处的约束力，对转轴的力矩均为零，则质点系对转轴的动量矩守恒。即

$$L_z = 恒量$$

管 CD 做定轴转动，杆 AB 做平面运动，由运动学知

$$\omega = \omega_{AB} = \omega_{CD}$$

杆 AB 的质心点 E 的速度为

$$\boldsymbol{v}_{Ea} = \boldsymbol{v}_{Ee} + \boldsymbol{v}_{Er}$$

管 CD 对转轴 z 的动量矩为

$$L_{zCD} = J_z\omega = \frac{1}{3}Ml^2\omega$$

当杆 AB 伸出为 x 时，对转轴的动量矩由式(11-10)得

$$L_{zAB} = mv_{Ee}\left(\frac{l}{2}+x\right) + J_E\omega = m\left(\frac{l}{2}+x\right)^2\omega + \frac{1}{12}ml^2\omega$$

则管 CD 和杆 AB 的总动量矩计算如下。

(1) 当 $x=0$ 时，有

$$L_{z1} = L_{zCD} + L_{zAB} = \frac{1}{3}Ml^2\omega_0 + m\frac{l^2}{4}\omega_0 + \frac{1}{12}ml^2\omega_0 = \frac{1}{3}Ml^2\omega_0 + \frac{1}{3}ml^2\omega_0$$

(2) 当 $x=\dfrac{l}{2}$ 时，有

$$L_{z2} = L_{zCD} + L_{zAB} = \frac{1}{3}Ml^2\omega + m\left(\frac{l}{2}+\frac{l}{2}\right)^2\omega + \frac{1}{12}ml^2\omega = \frac{1}{3}Ml^2\omega + \frac{13}{12}ml^2\omega$$

由于 $L_{z1} = L_{z2}$，则此装置在该瞬时的角速度为

$$\omega = \frac{M+m}{M+\dfrac{13}{4}m}\omega_0$$

11.2　刚体定轴转动微分方程

如图 11.9 所示，设定轴转动刚体某瞬时的角速度为 ω，作用在刚体上的主动力为 $\boldsymbol{F}_i\,(i=1，\cdots，n)$、约束力为 $\boldsymbol{F}_{Ni}\,(i=1，\cdots，t)$，刚体对转轴 z 的动量矩由式(11-5)，有

$$L_z = J_z\omega$$

将上面的动量矩代入式(11-9)的第三式中，得刚体定轴转动微分方程为

$$\frac{\mathrm{d}}{\mathrm{d}t}(J_z\omega) = \sum_{i=1}^{n} M_z(\boldsymbol{F}_i) \tag{11-12}$$

或 $\quad J_z\dfrac{\mathrm{d}\omega}{\mathrm{d}t} = \sum\limits_{i=1}^{n} M_z(\boldsymbol{F}_i)\quad$ 或 $\quad J_z\alpha = \sum\limits_{i=1}^{n} M_z(\boldsymbol{F}_i)$

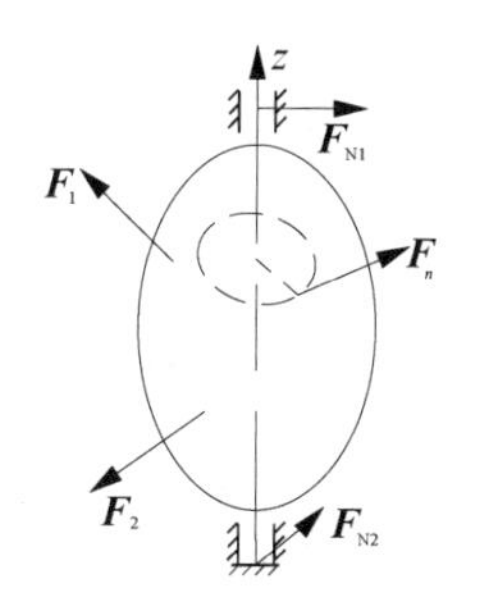

图 11.9　定轴转动刚体上的力

其中，$\sum\limits_{i=1}^{n} M_z(\boldsymbol{F}_i)$ 为主动力对转轴 z 的矩，因为转轴处的约束力对转轴的矩 $\sum\limits_{i=1}^{n} M_z(\boldsymbol{F}_{Ni}) = 0$。

刚体对转轴 z 的转动惯量与角加速度的乘积等于作用于转动刚体的主动力对转轴 z 的矩的代数和(或称为主矩)。

刚体定轴转动微分方程 $J_z\alpha=\sum_{i=1}^{n}M_z(\boldsymbol{F}_i)$ 与质点运动微分方程 $m\boldsymbol{a}=\sum_{i=1}^{n}\boldsymbol{F}_i$ 类似，转动惯量是转动刚体的惯性量度。当 $\sum_{i=1}^{n}M_z(\boldsymbol{F}_i)=0$ 时动量矩守恒，转动刚体对转轴 z 的动量矩 $L_z=J_z\omega=$ 恒量。例如，花样滑冰运动员通过伸展和收缩手臂与另一条腿，改变其转动惯量，从而达到增大和减少旋转的角速度的效果。当 $\sum_{i=1}^{n}M_z(\boldsymbol{F}_i)=$ 恒量时，对于确定的刚体和转轴而言，刚体做匀变速转动。

利用刚体定轴转动微分方程可求解动力学的两类问题。

【例 11.4】 如图 11.10 所示，飞轮以角速度 ω_0 绕轴 O 转动，飞轮对轴 O 的转动惯量为 J_O，当制动时其摩擦阻力矩为 $\boldsymbol{M}=-k\boldsymbol{\omega}$，其中 k 为比例系数，试求飞轮经过多少时间后角速度减少为初角速度的一半，以及在此时间内转过多少圈数。

解：(1) 求飞轮经过多少时间后角速度减少为初角速度的一半。飞轮绕轴 O 转动的微分方程为

$$J_O\frac{\mathrm{d}\omega}{\mathrm{d}t}=M$$

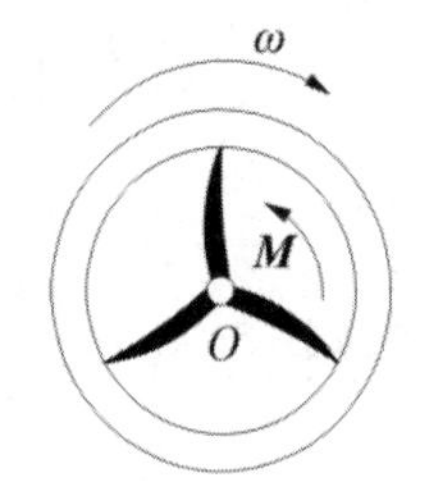

图 11.10　例 11.4 图

将摩擦阻力矩 $M=-k\omega$ 代入上式有

$$J_O\frac{\mathrm{d}\omega}{\mathrm{d}t}=-k\omega$$

采用解微分方程的变量分离法，并积分有

$$\int_{\omega_0}^{\frac{\omega_0}{2}}J_O\frac{\mathrm{d}\omega}{\omega}=-\int_0^t k\mathrm{d}t$$

解得时间为

$$t=\frac{J_O}{k}\ln 2$$

(2) 求飞轮转过的圈数。

飞轮绕轴 O 转动的微分方程为

$$J_O\frac{\mathrm{d}\omega}{\mathrm{d}t}=-k\frac{\mathrm{d}\varphi}{\mathrm{d}t}$$

方程的两边约去 $\mathrm{d}t$，并积分为

$$\int_{\omega_0}^{\frac{\omega_0}{2}}J_O\mathrm{d}\omega=\int_0^{\varphi}-k\mathrm{d}\varphi$$

解得飞轮转过的角度为

$$\varphi=\frac{J_O\omega_0}{2k}$$

飞轮转过的圈数为

$$n=\frac{\varphi}{2\pi}=\frac{J_O\omega_0}{4\pi k}$$

【例 11.5】 如图 11.11(a)所示传动轴系，主动轴Ⅰ和从动轴Ⅱ的转动惯量分别为 J_1 和

J_2，传动比为$i_{12}=\dfrac{R_2}{R_1}$，R_1和R_2分别为主动轴 I 上的主动轮和从动轴 II 上的从动轮的半径。若在轴 I 上作用主动力矩M_1，在轴 II 上有阻力矩M_2，各处摩擦不计，试求主动轴 I 的角加速度。

解： 由于主动轴 I 和从动轴 II 为两个转动的物体，则应用动量矩定理时应分别研究。受力传动轴系如图 11.11(b)所示，设角加速度的方向为建立动量矩方程的正方向，其定轴转动微分方程为

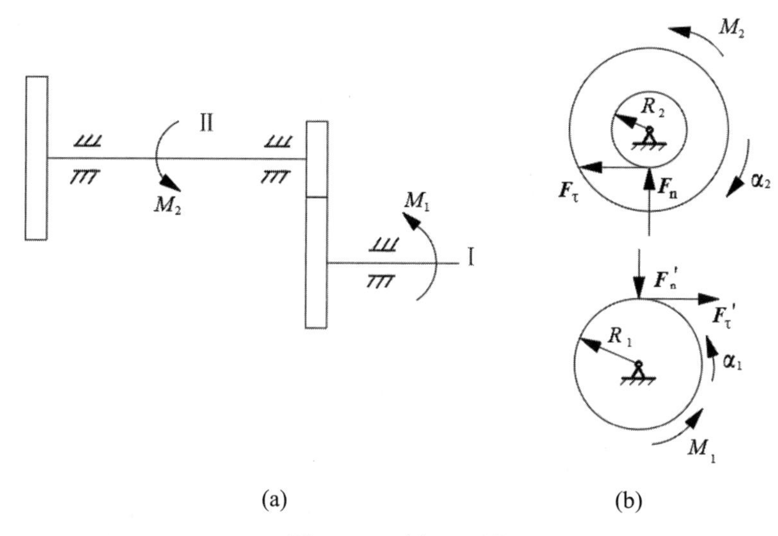

图 11.11　例 11.5 图

$$J_1\alpha_1=M_1-F_\tau' R_1 \tag{a}$$

$$J_2\alpha_2=F_\tau R_2-M_2 \tag{b}$$

因为轮缘上的切向力$F_\tau=F_\tau'$，传动比$i_{12}=\dfrac{R_2}{R_1}=\dfrac{\alpha_1}{\alpha_2}$，

则式(a)×i_{12}+式(b)，并注意$\alpha_2=\dfrac{\alpha_1}{i_{12}}$，得主动轴 I 的角加速度为

$$\alpha_1=\frac{M_1-\dfrac{M_2}{i_{12}}}{J_1+\dfrac{J_2}{i_{12}^2}}$$

11.3　刚体平面运动微分方程

由运动学知，刚体平面运动可以分解为随基点的平移和相对基点转动的两个部分。在动力学中，一般取质心为基点，这两部分运动分别由质心运动定理和相对于质心的动量矩定理来确定。

如图 11.12 所示作用在刚体上的力简化为质心所在平面内一个平面力系$\boldsymbol{F}_i^{(e)}$ (i=1,…,n)，

在质心 C 处建立平移坐标系 $Cx'y'$，由质心运动定理和相对于质心的动量矩定理得

$$\begin{cases} Ma_C = \sum_{i=1}^{n} \boldsymbol{F}_i^{(e)} \\ \dfrac{d}{dt}(J_C\omega) = \sum_{i=1}^{n} M_C(\boldsymbol{F}_i^{(e)}) \end{cases} \tag{11-13}$$

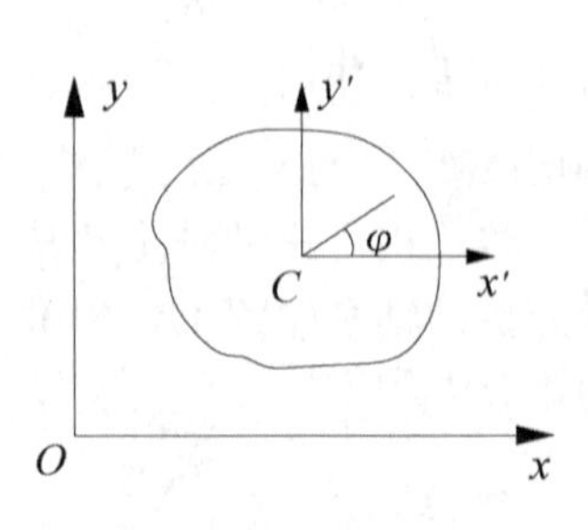

图 11.12 质心坐标系

式(11-13)的投影形式如下。

(1) 直角坐标形式为

$$\begin{cases} Ma_{Cx} = \sum_{i=1}^{n} F_{ix}^{(e)} \\ Ma_{Cy} = \sum_{i=1}^{n} F_{iy}^{(e)} \\ J_C\ddot{\varphi} = \sum_{i=1}^{n} M_C(\boldsymbol{F}_i^{(e)}) \end{cases} \tag{11-14}$$

(2) 自然轴系形式为

$$\begin{cases} Ma_C^{\tau} = \sum_{i=1}^{n} F_{i\tau}^{(e)} \\ Ma_C^{n} = \sum_{i=1}^{n} F_{in}^{(e)} \\ J_C\ddot{\varphi} = \sum_{i=1}^{n} M_C(\boldsymbol{F}_i^{(e)}) \end{cases} \tag{11-15}$$

即式(11-14)或式(11-15)为刚体平面运动微分方程，利用此方程求解刚体平面运动的两类动力学问题。

【例 11.6】如图 11.13 所示，均质鼓轮半径为 R，质量为 m，在半径为 r 处沿水平方向作用有力 $\boldsymbol{F}_1$ 和 $\boldsymbol{F}_2$，使鼓轮沿平直的轨道向右做无滑动滚动，试求轮心点 O 的加速度以及使鼓轮无滑动滚动时的摩擦力。

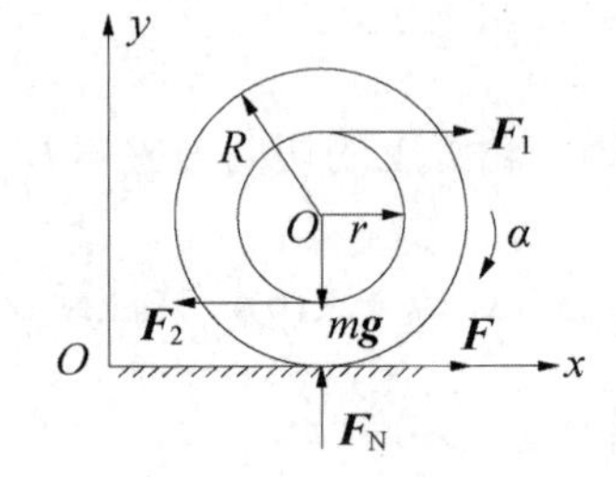

图 11.13 例 11.6 图

解：由于鼓轮做平面运动，其受力如图 11.13 所示。建立鼓轮平面运动微分方程为

$$ma_{Ox} = F_1 - F_2 + F \tag{a}$$

$$ma_{Oy} = F_N - mg \tag{b}$$

$$J_O\alpha = F_1 r + F_2 r - FR \tag{c}$$

其中，F 为摩擦力，F_N 为支承面的法向约束力。因为鼓轮沿平直的轨道做无滑动的滚动，则有

$$a_{Oy} = 0，\quad F_N = mg，\quad \omega = \frac{v_O}{R}，\quad \alpha = \frac{\dot{v}_O}{R} = \frac{a_{Ox}}{R}$$

代入式(c)得

$$J_O \frac{a_{Ox}}{R} = F_1 r + F_2 r - FR \tag{d}$$

式(a)和式(d)联立，得轮心点 O 的加速度为

$$a = a_{Ox} = \frac{(F_1 + F_2)r + (F_1 - F_2)R}{J_O + mR^2} R$$

其中，转动惯量 $J_O = \frac{1}{2}mR^2$，则有

$$a = a_{Ox} = \frac{2[(F_1 + F_2)r + (F_1 - F_2)R]}{3mR}$$

使鼓轮做无滑动滚动时的摩擦力为

$$F = \frac{2(F_1 + F_2)r - (F_1 - F_2)R}{3R}$$

【例 11.7】如图 11.14(a)所示均质杆 AB 质量为 m，长为 l，放在铅直平面内，杆的一端 A 靠在光滑的铅直墙壁上，杆的另一端 B 靠在光滑水平面上。初始时杆 AB 与水平线的夹角为 φ_0，设杆无初速地沿铅直墙面倒下，试求杆质心 C 的加速度和杆 AB 两端 A、B 处的约束力。

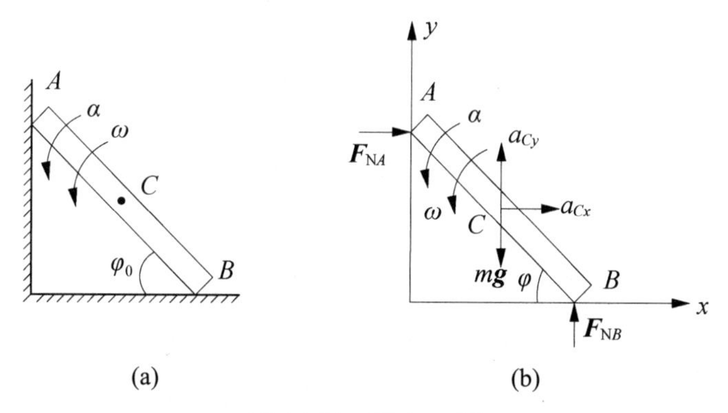

图 11.14　例 11.7 图

解：根据题意，杆 AB 在铅直平面内做平面运动，其受力及坐标如图 11.14(b)所示。建立杆的平面运动微分方程为

$$m\ddot{x}_C = F_{NA} \tag{a}$$

$$m\ddot{y}_C = F_{NB} - mg \tag{b}$$

$$J_C\alpha = F_{NB}\frac{l}{2}\cos\varphi - F_{NA}\frac{l}{2}\sin\varphi \tag{c}$$

由几何条件得质心的坐标为

$$\begin{cases} x_C = \frac{l}{2}\cos\varphi \\ y_C = \frac{l}{2}\sin\varphi \end{cases} \tag{d}$$

并注意 $\dot{\varphi} = -\omega$(即角速度方向与夹角 φ 增大的方向相反)。式(d)对时间求导，得

$$\begin{cases} \ddot{x}_C = \frac{l}{2}(\alpha\sin\varphi - \omega^2\cos\varphi) \\ \ddot{y}_C = -\frac{l}{2}(\alpha\cos\varphi + \omega^2\sin\varphi) \end{cases} \tag{e}$$

其中，转动惯量 $J_C=\dfrac{1}{12}ml^2$。

将式(e)代入式(a)和式(b)并将式(a)、式(b)、式(c)联立求解，得杆 AB 的角加速度为

$$\alpha=\frac{3g\cos\varphi}{2l} \tag{f}$$

对角速度做如下的变换，得

$$\alpha=\frac{\mathrm{d}\omega}{\mathrm{d}t}=\frac{\mathrm{d}\omega}{\mathrm{d}\varphi}\frac{\mathrm{d}\varphi}{\mathrm{d}t}=-\omega\frac{\mathrm{d}\omega}{\mathrm{d}\varphi}$$

代入式(f)并积分，得杆 AB 的角速度为

$$\omega=\sqrt{\frac{3g}{l}(\sin\varphi_0-\sin\varphi)} \tag{g}$$

将式(f)和式(g)代入式(e)，得质心加速度为

$$\begin{cases}\ddot{x}_C=\dfrac{3g}{4}(3\sin\varphi-2\sin\varphi_0)\cos\varphi\\ \ddot{y}_C=-\dfrac{3g}{4}(1+\sin^2\varphi-2\sin\varphi\sin\varphi_0)\end{cases} \tag{h}$$

则杆 AB 两端 A、B 处的约束力为

$$\begin{cases}F_{NA}=\dfrac{3mg}{4}(3\sin\varphi-2\sin\varphi_0)\cos\varphi\\ F_{NB}=\dfrac{1}{4}mg-\dfrac{3mg}{4}(\sin^2\varphi-2\sin\varphi\sin\varphi_0)\end{cases}$$

【例 11.8】如图 11.15 所示均质圆轮半径为 r，质量为 m，受轻微干扰后，在半径为 R 的圆弧轨道上往复无滑动地滚动。试求圆轮轮心 C 的运动方程以及作用在圆轮上的约束力。

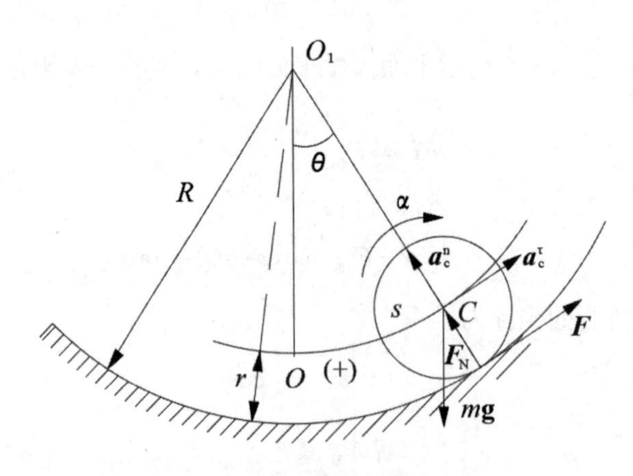

图 11.15 例 11.8 图

解：由题意知，圆轮做平面运动，轮心 C 做圆周运动，则在轮心 C 的最低点 O 建立自然坐标系，并假设圆轮顺时针方向为动量矩方程的正方向，坐标及圆轮的受力如图 11.15 所示。列圆轮平面运动微分方程为

$$ma_C^{\tau}=F-mg\sin\theta \tag{a}$$

$$ma_C^{n}=F_{\mathrm{N}}-mg\cos\theta \tag{b}$$

$$J_C\alpha = -Fr \tag{c}$$

其中，轮心的加速度 $a_C^\tau = \dfrac{\mathrm{d}^2 s}{\mathrm{d}t^2}$，$a_C^n = \dfrac{v_C^2}{R-r}$，转动惯量 $J_C = \dfrac{1}{2}mr^2$。

由于圆轮做无滑动的滚动，则角速度为

$$\omega = \frac{v_C}{r}$$

角速度对时间 t 求导，得角加速度为

$$\alpha = \frac{\dot{v}_C}{r} = \frac{a_C^\tau}{r} \tag{d}$$

轮心 C 运动的弧坐标为

$$s = (R-r)\theta \tag{e}$$

将式(e)代入式(d)得

$$\alpha = \frac{\dot{v}_C}{r} = \frac{a_C^\tau}{r} = \frac{R-r}{r}\ddot{\theta} \tag{f}$$

将式(f)代入式(c)，并与式(a)联立求解，注意当圆轮做微幅滚动时，有 $\sin\theta \approx \theta$，得

$$\frac{\mathrm{d}^2 s}{\mathrm{d}t^2} + \frac{2g}{3(R-r)}s = 0$$

此微分方程的解为

$$s = s_0\sin(\omega_n t + \theta_0) \tag{g}$$

其中，$\omega_n = \sqrt{\dfrac{2g}{3(R-r)}}$ 为圆轮滚动的圆频率，s_0 为振幅，θ_0 为初相位，它们均由初始条件确定。

当 $t = 0$ 时，有

$$\begin{cases} s = 0 \\ v = v_0 \end{cases}$$

则

$$\begin{cases} 0 = s_0\sin\theta_0 \\ v_0 = s_0\omega_n\cos\theta_0 \end{cases}$$

解得 $\theta_0 = 0$，$s_0 = \dfrac{v_0}{\omega_n} = v_0\sqrt{\dfrac{3(R-r)}{2g}}$，代入式(g)，则圆轮轮心 C 的运动方程为

$$s = v_0\sqrt{\frac{3(R-r)}{2g}}\sin\left(\sqrt{\frac{2g}{3(R-r)}}t\right)$$

由式(a)、式(b)得作用在圆轮上的约束力为

$$F = mg\sin\theta - mv_0\sqrt{\frac{2g}{3(R-r)}}\sin\left(\sqrt{\frac{2g}{3(R-r)}}t\right)$$

$$F_\mathrm{N} = mg\cos\theta + m\frac{v_0^2}{R-r}\cos^2\left(\sqrt{\frac{2g}{3(R-r)}}t\right)$$

本 章 小 结

小结的具体内容请扫描右侧二维码获取。

习 题 11

11-1 是非题(正确的画√，错误的画×)

(1) 质点系动量矩定理$\frac{\mathrm{d}}{\mathrm{d}t}\boldsymbol{L}_O=\sum_{i=1}^{n}\boldsymbol{M}_O(\boldsymbol{F}_i^{(e)})$中的矩心点对任意点都成立。 ( )

(2) 质点系动量矩的变化与外力有关，与内力无关。 ( )

(3) 质点系对某点动量矩守恒，则对过该点的任意轴也守恒。 ( )

(4) 当质点的动量与某轴平行时，则质点对该轴的动量矩恒为零。 ( )

(5) 质心轴的转动惯量是所有平行于质心轴转动惯量的最大值。 ( )

11-2 填空题(把正确的答案写在横线上)

(1) 如图11.16所示，在铅垂平面内，均质杆OA可绕轴O自由转动，均质圆盘可绕点A自由转动，当杆OA由水平位置无初速释放时，已知杆长为l，质量为m，转到某瞬时的角速度为ω；圆盘半径为R，质量为M。则杆OA对点O的动量矩$L_O=$_________；圆盘对点O的动量矩$L_O=$________；圆盘对点A的动量矩$L_A=$__________。

(2) 如图11.17所示，两个轮的转动惯量相同，均为J_O，半径为r。图11.17(a)中绳的一端挂重物，图11.17(b)中绳的一端受一力，且$\boldsymbol{F}=\boldsymbol{P}$，则图11.17(a)的角加速度$\alpha=$_______；图11.17(b)的角加速度$\alpha=$________。

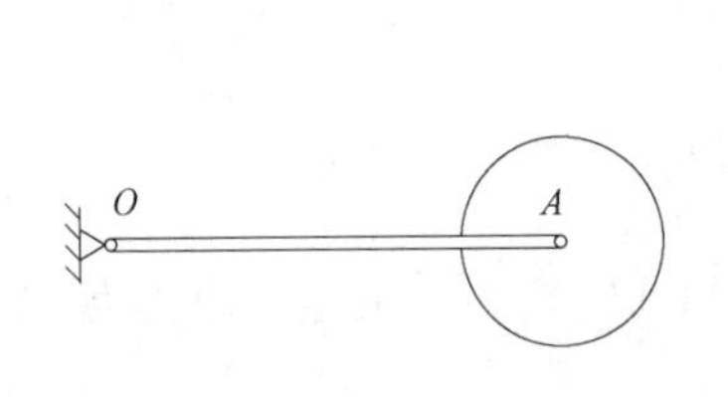

图11.16 习题11-2(1)图

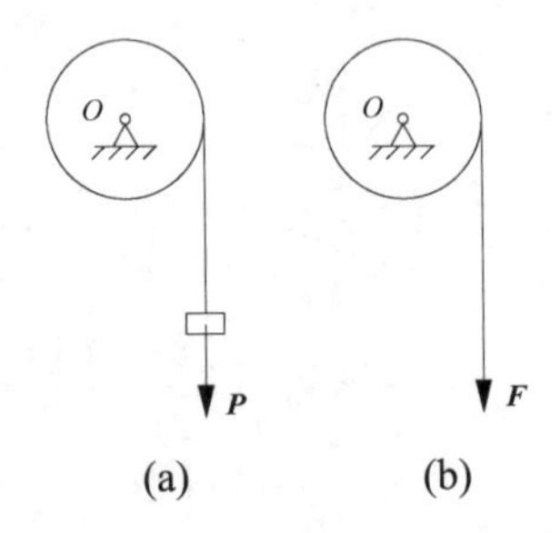

图11.17 习题11-2(2)图

11-3 简答题

(1) 如图11.18所示的传动系统中，J_1、J_2为轮Ⅰ、轮Ⅱ的转动惯量，若以整体为质点系，则由质点系动量矩定理求得轮Ⅰ的角加速度为$\alpha_1=\frac{M_1}{J_1+J_2}$，对吗？

(2) 质量为m的均质圆盘，平放在光滑的水平面上，受力如图11.19所示。初始静止，$r=\frac{R}{2}$，分析图11.19(a)、图11.19(b)、图11.19(c)中的圆盘分别做何种运动？

(3) 花样滑冰运动员通过伸展和收缩手臂与一条腿来改变旋转的速度。其理论依据是什么？为什么？

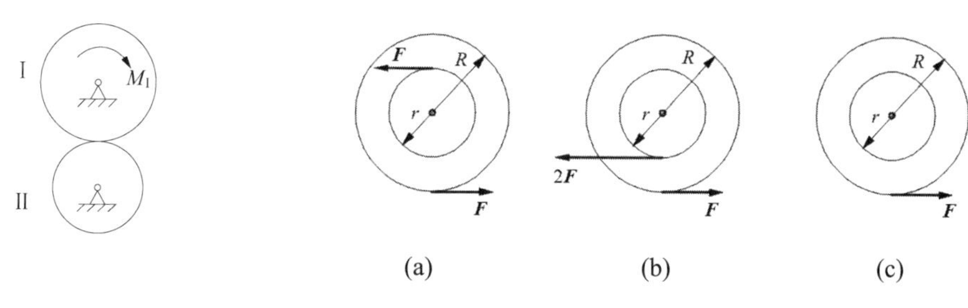

图 11.18 习题 11-3(1)图　　图 11.19 习题 11-3(2)图

11-4 计算题

(1) 如图 11.20 所示的各图中，各物体的质量均为 m，几何尺寸如图，试求系统对轴 O 的动量矩。

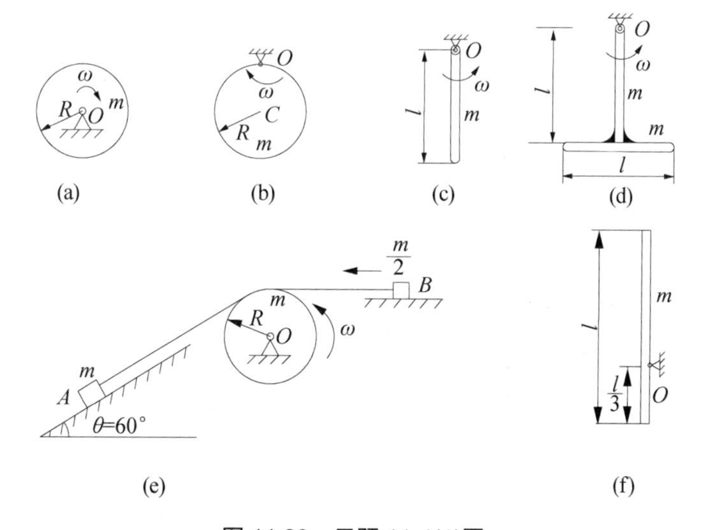

图 11.20 习题 11-4(1)图

(2) 质量为 m 的质点在平面 Oxy 内运动，其运动方程为 $x = a\cos\omega t$、$y = b\sin 2\omega t$，其中 a、b、ω 为常数，试求质点对坐标原点 O 的动量矩。

(3) 半径为 R、质量为 m 的均质圆盘与长为 l、质量为 M 的均质杆铰接如图 11.21 所示。杆以角速度 ω 绕轴 O 转动，圆盘以相对角速度 ω_r 绕点 A 转动，当① $\omega_r = \omega$；② $\omega_r = -\omega$ 时，试求系统对转轴 O 的动量矩。

(4) 两个小球 C、D 质量均为 m，用长为 $2l$ 的均质杆连接，杆的质量为 M，杆的中点固定在轴 AB 上，CD 与轴 AB 的夹角为 θ，如图 11.22 所示。轴以角速度 ω 转动，试求系统对转轴 AB 的动量矩。

(5) 一半径为 R、质量为 m_1 的均质圆盘，可绕通过其中心 O 的铅直轴无摩擦地旋转。一质量为 m_2 的人在圆盘上点 B 按规律 $s = \dfrac{1}{2}at^2$ 沿着半径为 r 的圆周行走，如图 11.23 所示。系统初始静止，试求圆盘的角速度和角加速度。

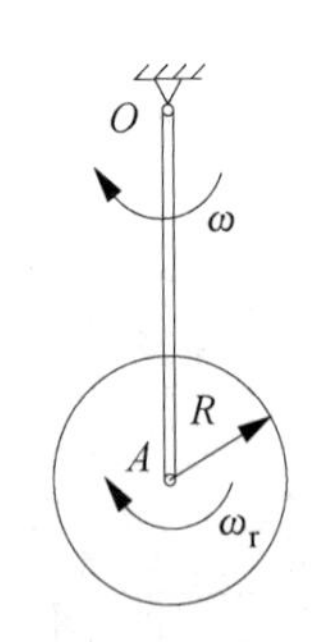

图 11.21 习题 11-4(3)图

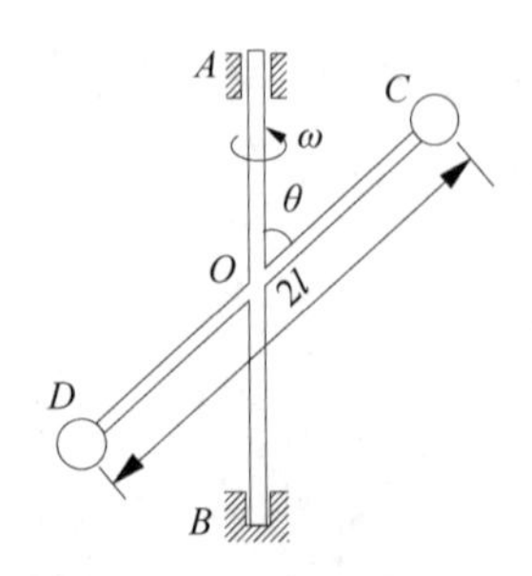

图 11.22 习题 11-4(4)图

(6) 质点 A 在向心力 $\boldsymbol{F}$ 的作用下，绕中心 O 沿椭圆运动，已知质点在短半轴时的速度 $v_1 = 30\text{cm/s}$，短半轴与长半轴的关系为 $a = \dfrac{b}{3}$，如图 11.24 所示。试求质点运动到长半轴时的速度 v_2。

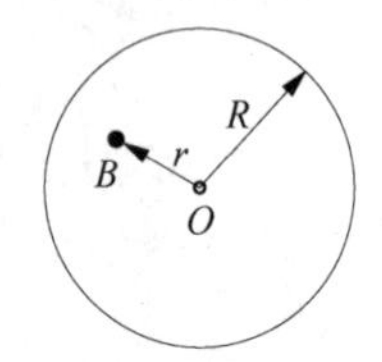

图 11.23 习题 11-4(5)图

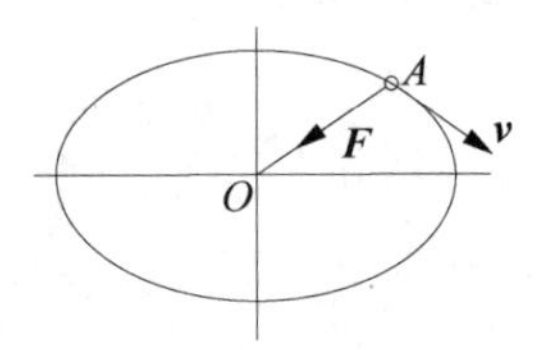

图 11. 24 习题 11-4(6)图

(7) 小球 M 系于线 MOA 的一端，此线穿过一条铅垂管道，如图 11.25 所示。小球 M 绕轴沿半径 $MC = R$ 的水平圆运动，转速为 $n_1 = 120\,\text{r/min}$。今将线 OA 慢慢拉下，使小球 M 在半径为 $M_1C' = \dfrac{R}{2}$ 的水平圆上运动，试求该瞬时小球的转速 n_2。

(8) 飞轮对转轴 O 的转动惯量为 J_O，以角速度 ω_0 绕轴 O 转动，制动时闸块给轮以正压力 $\boldsymbol{F}_\text{N}$，闸块与轮之间的摩擦系数为 f, 轮的半径为 R，如图 11.26 所示，轴承的摩擦不计。试求制动时的时间。

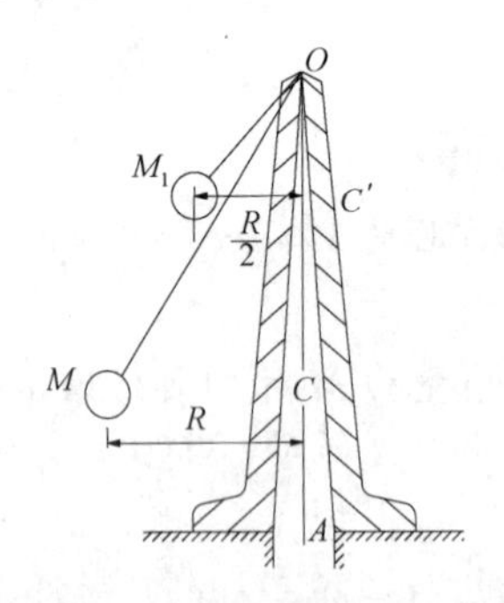

图 11.25 习题 11-4(7)图

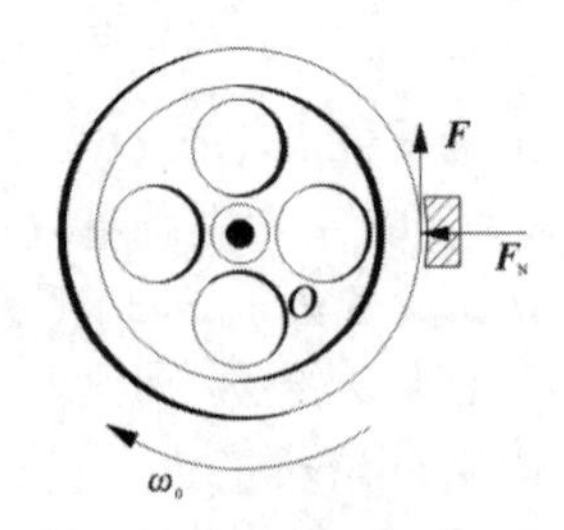

图 11.26 习题 11-4(8)图

(9) 如图 11.27 所示，两个轮的半径为 R_1、R_2。质量分别为 m_1、m_2。两个轮用胶带连接，各绕两个平行的固定轴转动，若在第一个轮上作用主动力矩 M，在第二个轮上作用阻力矩 M'。视圆轮为均质圆盘，胶带与轮间无滑动，胶带质量不计，试求第一个轮的角加速度。

(10) 如图 11.28 所示的绞车，提升一个重为 P 的重物，在其主动轴上作用一个不变的力矩 M。已知主动轴和从动轴的转动惯量分别为 J_1、J_2，传动比 $i_{12}=\dfrac{r_2}{r_1}$，吊索缠绕在鼓轮上，鼓轮半径为 R，轴承的摩擦不计。试求重物的加速度。

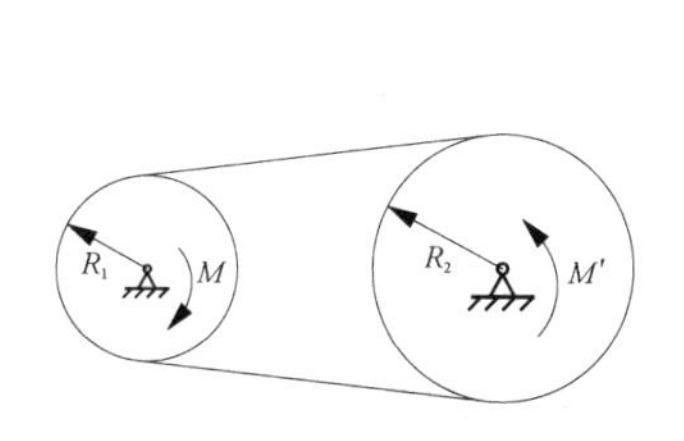

图 11.27　习题 11-4(9)图

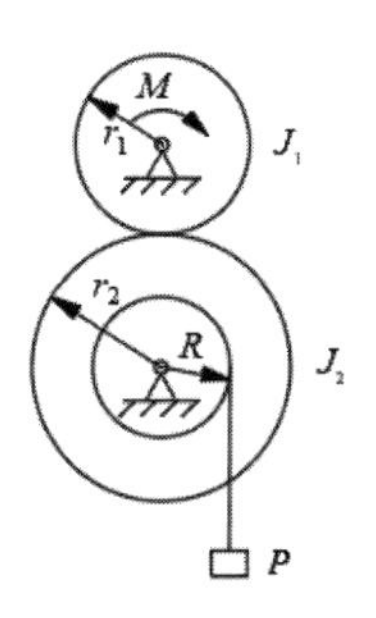

图 11.28　习题 11-4(10)图

(11) 两个质量分别为 m_1、m_2 的重物系于不可伸长的绳索下端，如图 11.29 所示。两根绳的上部分别缠绕在半径为 r_1 和 r_2 的鼓轮上，两个鼓轮在同一个轴上。若两个鼓轮的转动惯量为 J，试求鼓轮的角加速度。

(12) 如图 11.30 所示，均质杆 AB 长为 l，重为 P_1，B 端固结一个重为 P_2 的小球，杆的 D 点与铅垂悬挂的弹簧相连以使杆保持水平位置。已知弹簧的刚度系数为 k，给小球以微小的初位移 δ_0，然后自由释放，试求杆 AB 的运动规律。

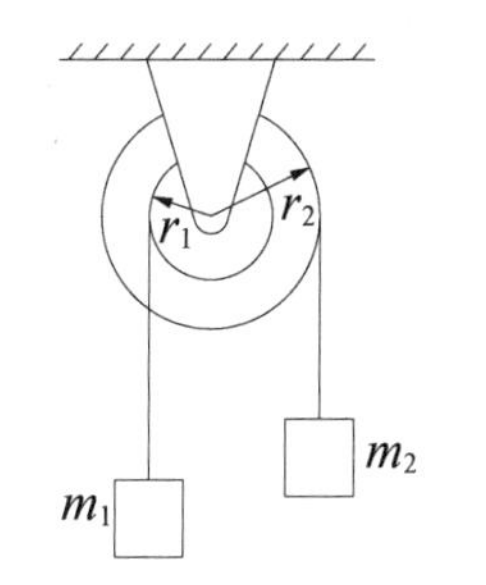

图 11.29　习题 11-4(11)图

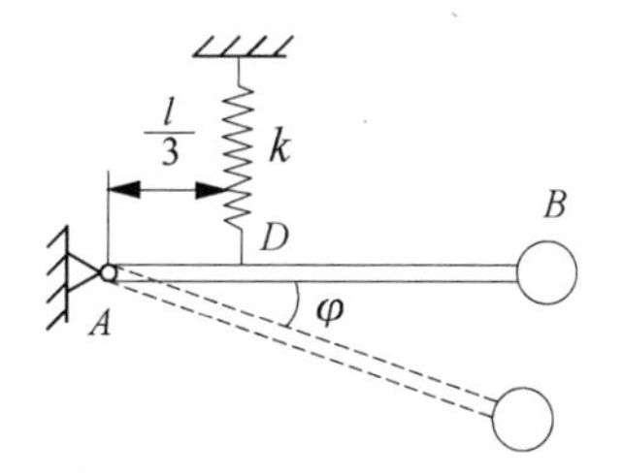

图 11.30　习题 11-4(12)图

(13) 重物 A 的质量为 m_1，系在绳子上，绳子跨过不计质量的固定滑轮 D 上，并缠绕在鼓轮 B 上，如图 11.31 所示。由于重物 A 下降，使轮 C 沿水平轨道做纯滚动而不滑动。设鼓轮的半径为 r，轮 C 的半径为 R，两者固连在一起，总质量为 m_2，对于水平轴 O 的惯性半径为 ρ。试求重物 A 的加速度。

(14) 半径为 r、质量为 m 的均质圆轮沿水平直线做纯滚动，如图 11.32 所示。设轮的惯性半径为 ρ，作用在圆轮上有一个不变力偶矩 M，试求轮心的加速度。若轮对地面的静滑动摩擦因数为 f_S，问力偶矩 M 满足什么条件才不至于使圆轮滑动。

(15) 如图 11.33 所示的均质圆柱体，质量为 m，半径为 r，放在倾角为 60° 的斜面上，一根细绳缠绕在圆柱体上，其一端固定在点 A 处，绳与斜面平行。若圆柱体与斜面间的摩擦因数为 $f=\dfrac{1}{3}$，试求圆柱体沿斜面落下时质心的加速度。

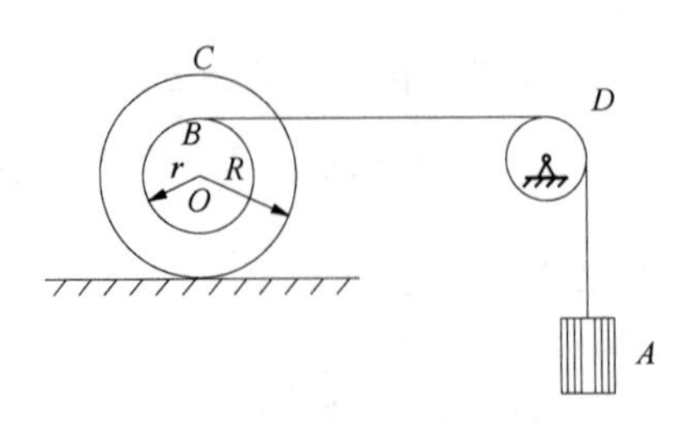

图 11.31　习题 11-4(13)图

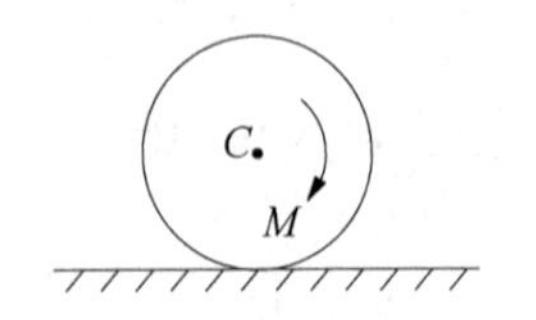

图 11.32　习题 11-4(14)图

(16) 如图 11.34 所示，均质圆柱体 A 的质量为 m，在轮的外缘上缠以细绳，绳的一端 B 固定。当 BC 铅垂时圆柱下降，设初始轮心的速度为零，试求轮心下降为 h 时，轮心的速度和绳的拉力。

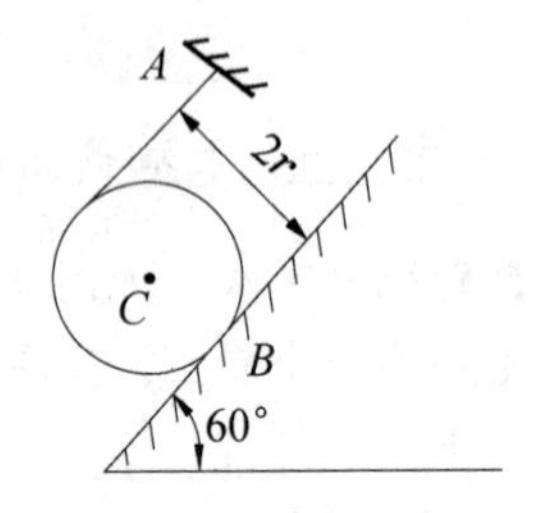

图 11.33　习题 11-4(15)图

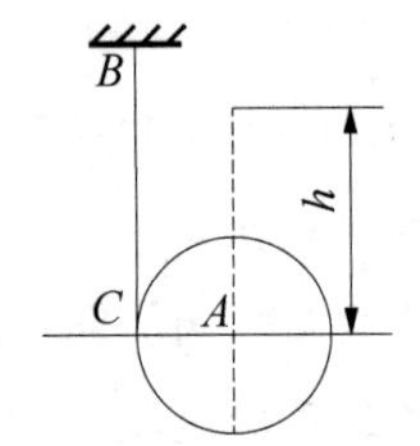

图 11.34　习题 11-4(16)图

(17) 如图 11.35 所示，板的质量为 m_1，受水平力 $\boldsymbol{F}$ 作用，沿水平面运动，板与平面间的动摩擦因数为 f。在板上放一个质量为 m_2 的均质实心圆柱体，此圆柱体在板上只滚动而不滑动，试求板的加速度。

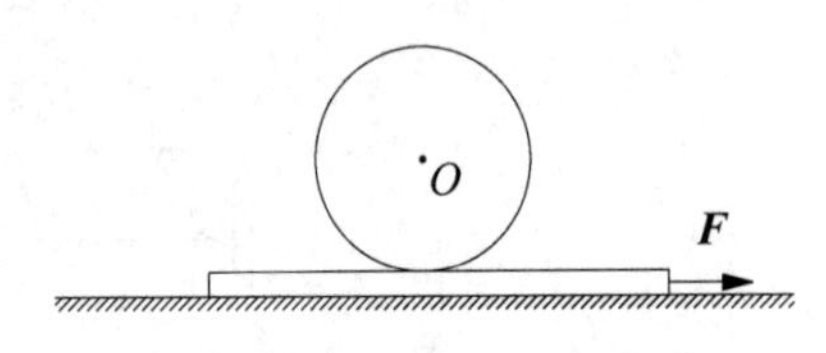

图 11.35　习题 11-4(17)图

第12章

动 能 定 理

动量和动量矩是描述物体做机械运动时与周围物体进行机械运动交换的物理量，动能是描述物体做机械运动时所具有的能量。这一章我们要学习物体动能的变化与作用在物体上力的功之间的关系——动能定理。

12.1 力 的 功

12.1.1 常力做直线运动的功

设质点受一个大小和方向不变的力 $\boldsymbol{F}$ 的作用，由位置 M_1 运动到位置 M_2，且做直线运动。其位移为 $\boldsymbol{s}$，如图 12.1 所示，定义力 $\boldsymbol{F}$ 对物体的功等于力 $\boldsymbol{F}$ 与位移 $\boldsymbol{s}$ 的标量积，即

$$W_{12}=\boldsymbol{F}\cdot\boldsymbol{s}=Fs\cos\theta \tag{12-1}$$

式中，θ 为力 $\boldsymbol{F}$ 与位移 $\boldsymbol{s}$ 间的夹角。

功是代数量，当 $0\leqslant\theta<\dfrac{\pi}{2}$ 时，力 $\boldsymbol{F}$ 做正功，$W_{12}>0$；当 $\dfrac{\pi}{2}<\theta\leqslant\pi$ 时，力 $\boldsymbol{F}$ 做负功，$W_{12}<0$；当 $\theta=\dfrac{\pi}{2}$ 时，力 $\boldsymbol{F}$ 不做功，$W_{12}=0$。功的单位为焦耳(J)，1J=1N·m。

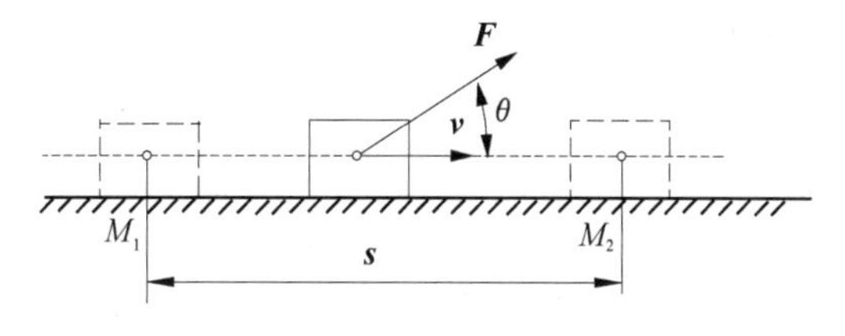

图 12.1 物体在常力作用下做直线运动

12.1.2 变力做曲线运动的功

设质点 M 在变力 $\boldsymbol{F}$ 的作用下做曲线运动，如图 12.2 所示，质点从位置 M_1 运动到位置

M_2。为了计算变力 $\boldsymbol{F}$ 在曲线上的功，将曲线 M_1M_2 分成若干微段，其弧长为 $\mathrm{d}s$，微段 $\mathrm{d}s$ 可视为直线，此段上的力 $\boldsymbol{F}$ 视为常力，此时力 $\boldsymbol{F}$ 的功称为元功①，由式(12-1)有

$$\delta W = F\cos\theta \mathrm{d}s \tag{12-2}$$

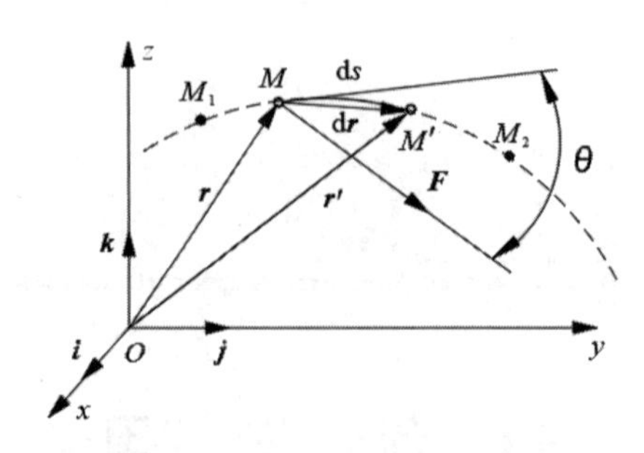

图 12.2　质点在变力作用下做曲线运动

当 $\mathrm{d}s$ 足够小时位移与路程相等，即 $\mathrm{d}s=|\mathrm{d}\boldsymbol{r}|$，$\mathrm{d}\boldsymbol{r}$ 为微小弧段 $\mathrm{d}s$ 上所对应的位移，式(12-2)写成

$$\delta W = \boldsymbol{F}\cdot \mathrm{d}\boldsymbol{r} \tag{12-3}$$

力 $\boldsymbol{F}$ 和位移 $\mathrm{d}\boldsymbol{r}$ 的解析式为

$$\boldsymbol{F} = F_x\boldsymbol{i} + F_y\boldsymbol{j} + F_z\boldsymbol{k}$$

$$\mathrm{d}\boldsymbol{r} = x\boldsymbol{i} + y\boldsymbol{j} + z\boldsymbol{k}$$

则元功的解析式为

$$\delta W = F_x\mathrm{d}x + F_y\mathrm{d}y + F_z\mathrm{d}z \tag{12-4}$$

力 $\boldsymbol{F}$ 从曲线的位置 M_1 到位置 M_2 的功为

$$W_{12} = \int_{M_1}^{M_2}\delta W = \int_{M_1}^{M_2}\boldsymbol{F}\cdot \mathrm{d}\boldsymbol{r} = \int_{M_1}^{M_2}F_x\mathrm{d}x + F_y\mathrm{d}y + F_z\mathrm{d}z \tag{12-5}$$

12.1.3　汇交力系合力功

设质点 M 上作用有 n 个力 $\boldsymbol{F}_1$、$\boldsymbol{F}_2$、…、$\boldsymbol{F}_n$，则力系合力的功为

$$W_{12} = \sum_{i=1}^{n}W_{12i} = \sum_{i=1}^{n}\int_{M_1}^{M_2}\boldsymbol{F}_i\cdot \mathrm{d}\boldsymbol{r} \tag{12-6}$$

即合力在某一路程上的功等于各分力在同一路程上所做功的代数和。

12.1.4　常见力的功

1. 重力做功

设物体受重力 $\boldsymbol{P}$ 的作用，重心沿曲线从位置 M_1 运动到位置 M_2，如图 12.3 所示，则重力 $\boldsymbol{P}$ 在直角坐标轴上的投影为

① 力的元功 δW 不能写成 $\mathrm{d}W$ 的全微分形式，只有当力是势力时才可以写成 $\mathrm{d}W$ 的全微分形式。

$$F_x = F_y = 0 \qquad F_z = -P$$

代入式(12-4)，得重力的元功为

$$\delta W = -P\mathrm{d}z = \mathrm{d}(-Pz)$$

则重力 $\boldsymbol{P}$ 从曲线的位置 M_1 到位置 M_2 做的功为

$$W_{12} = \int_{z_1}^{z_2} \mathrm{d}(-Pz) = P(z_1 - z_2) \tag{12-7}$$

由重力做功式(12-7)可见，重力功只与始末位置的高度差有关，与物体的运动路径无关。重力的元功为全微分形式，故重力称为势力。

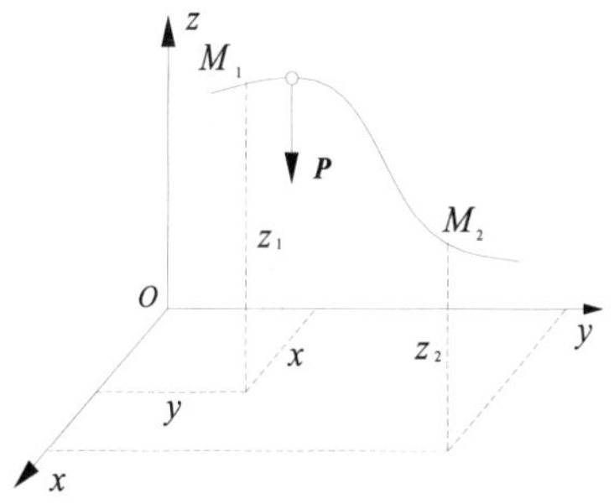

图 12.3　重力作用

2. 弹力做功

如图 12.4 所示，一端固定，另一端连接质点 M 的弹簧，质点受到弹力 $\boldsymbol{F}$ 的作用，从位置 M_1 运动到位置 M_2。设弹簧的原长为 l_0，刚度系数为 k (单位：N/m 或 N/cm)，在弹性范围内，弹力 $\boldsymbol{F}$ 表示为

$$\boldsymbol{F} = -k(r - l_0)\boldsymbol{r}_0$$

式中，$\boldsymbol{r}_0 = \dfrac{\boldsymbol{r}}{r}$ 为矢径 $\boldsymbol{r}$ 方向的单位矢量。当弹簧伸长时 $r > l_0$，$\boldsymbol{F}$ 与 $\boldsymbol{r}$ 方向相反；当弹簧受压时 $r < l_0$，$\boldsymbol{F}$ 与 $\boldsymbol{r}$ 方向相同。由式(12-3)得弹力的元功为

$$\delta W = \boldsymbol{F} \cdot \mathrm{d}\boldsymbol{r} = -k(r - l_0)\boldsymbol{r}_0 \cdot \mathrm{d}\boldsymbol{r} = -k(r - l_0)\frac{\boldsymbol{r}}{r} \cdot \mathrm{d}\boldsymbol{r}$$

其中，$\boldsymbol{r} \cdot \mathrm{d}\boldsymbol{r} = \dfrac{1}{2}\mathrm{d}(\boldsymbol{r} \cdot \boldsymbol{r}) = \dfrac{1}{2}\mathrm{d}(r^2) = r\mathrm{d}r$，代入上式，则有

$$\delta W = -k(r - l_0)\mathrm{d}r = \mathrm{d}\left[-\frac{k}{2}(r - l_0)^2\right]$$

则弹力 $\boldsymbol{F}$ 从位置 M_1 到位置 M_2 做的功为

$$W_{12} = \int_{r_1}^{r_2} \boldsymbol{F} \cdot \mathrm{d}\boldsymbol{r} = \frac{k}{2}[(r_1 - l_0)^2 - (r_2 - l_0)^2]$$

若令 $\delta_1 = r_1 - l_0$、$\delta_2 = r_2 - l_0$ 分别表示质点在初位置 M_1 和末位置 M_2 时弹簧的变形量，则上式为

$$W_{12} = \frac{k}{2}(\delta_1^2 - \delta_2^2) \tag{12-8}$$

由此可见，弹力功与质点始末位置有关，与质点的运动路径无关。弹力的元功为全微分形式，弹力也为势力。式(12-8)的关系为图 12.5 所示的阴影部分的面积的负值。

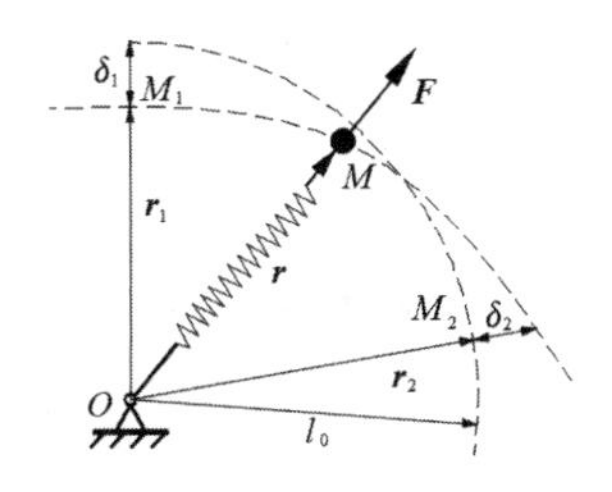

图 12.4　弹性力的作用

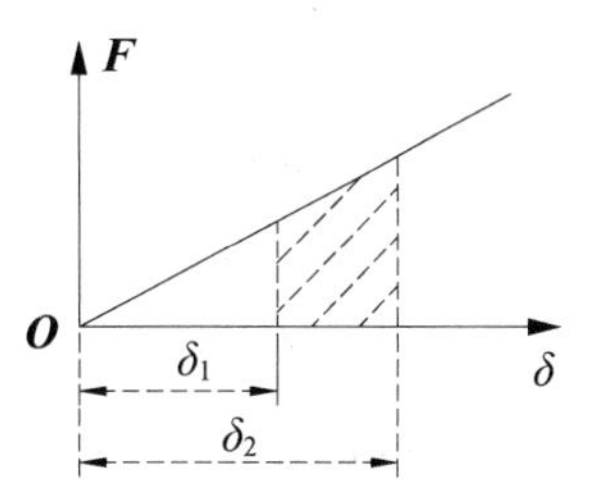

图 12.5　弹性力与伸长量的关系

3. 力矩做功

如图12.6所示，刚体绕转轴z做定轴转动，将作用在刚体上的力$\boldsymbol{F}$投影在与轴z垂直的平面上为F_τ，则刚体转过$\mathrm{d}\varphi$时，所对应的弧长为$\mathrm{d}s = r\mathrm{d}\varphi$，力$\boldsymbol{F}$的元功为

$$\delta W = \boldsymbol{F} \cdot \mathrm{d}\boldsymbol{r} = F_\tau \mathrm{d}s = F_\tau r\mathrm{d}\varphi = M_z \mathrm{d}\varphi$$

则刚体从位置M_1转到位置M_2时，位置M_1的转角为φ_1，位置M_2的转角为φ_2，力$\boldsymbol{F}$做的功为

$$W_{12} = \int_{M_1}^{M_2} M_z \mathrm{d}\varphi = \int_{\varphi_1}^{\varphi_2} M_z \mathrm{d}\varphi \tag{12-9}$$

若刚体在力偶作用下，且力偶矩 M=恒量，则由式(12-9)知力偶矩的功等于力偶矩与刚体沿力偶矩转过的转角的乘积，即

$$W_{12} = M(\varphi_2 - \varphi_1) \tag{12-10}$$

4. 约束力做功

物体所受的约束，例如：①光滑接触面约束、轴承约束、滚动铰支座，其约束力与微小位移$\mathrm{d}\boldsymbol{r}$总是相互垂直，约束力的元功等于零；②铰链约束，其单一的约束力的元功不等于零，但相互间的约束力的元功之和等于零；③不可伸长的绳索、二力杆约束，由于绳索、二力杆不可伸长，所以其约束力的元功等于零；④物体沿固定平面做纯滚动，其法线约束力和摩擦力均不做功。我们把约束力不做功或约束力做功之和等于零的约束称为理想约束。即

$$\delta W = \sum_{i=1}^{s} \boldsymbol{F}_{\mathrm{N}i} \cdot \mathrm{d}\boldsymbol{r}_i = 0 \tag{12-11}$$

其中，式(12-11)中s为物体受到约束的个数。

5. 内力做功

在质点系中设A、B两点间的相互作用力为$\boldsymbol{F}_A$、$\boldsymbol{F}_B$，且有$\boldsymbol{F}_A = -\boldsymbol{F}_B$，如图12.7所示。内力的元功之和为

$$\delta W = \boldsymbol{F}_A \cdot \mathrm{d}\boldsymbol{r}_A + \boldsymbol{F}_B \cdot \mathrm{d}\boldsymbol{r}_B = \boldsymbol{F}_A \cdot (\mathrm{d}\boldsymbol{r}_A - \mathrm{d}\boldsymbol{r}_B) = \boldsymbol{F}_A \cdot \mathrm{d}\boldsymbol{r}_{AB}$$

式中，$\mathrm{d}\boldsymbol{r}_{AB}$为$A$、$B$两点间的相对位移。一般情况下$\mathrm{d}\boldsymbol{r}_{AB} \neq 0$，则其元功$\delta W \neq 0$。但当物体为刚体时$\mathrm{d}\boldsymbol{r}_{AB} = 0$，则内力的元功$\delta W = 0$。

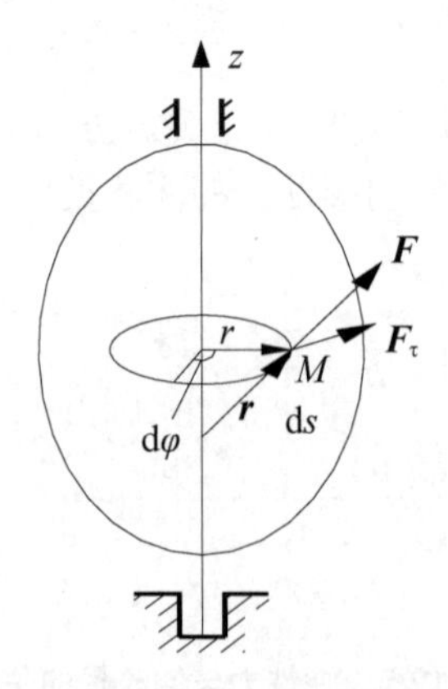

图12.6　作用在转动刚体上的力

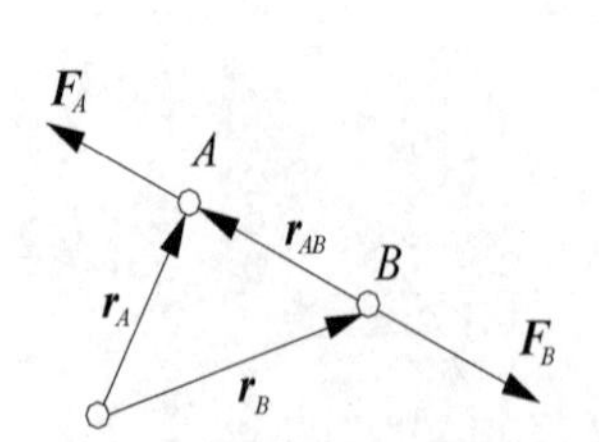

图12.7　质点系中两点间的相互作用力

【例 12.1】如图 12.8 所示，两个等长的杆 AC、CB 组成可动结构，A 处为固定铰支座，B 处为可动铰支座，且在同一个水平面上，两个杆在 C 处由铰链连接，并悬挂质量为 m 的重物 D，以刚度系数为 k 的弹簧连于两个杆的中点。弹簧的原长 $l_0=\dfrac{AC}{2}=\dfrac{BC}{2}$，不计两个杆的重量。试求当 $\angle CAB$ 由 60° 变为 30° 时，重力和弹力的总功。

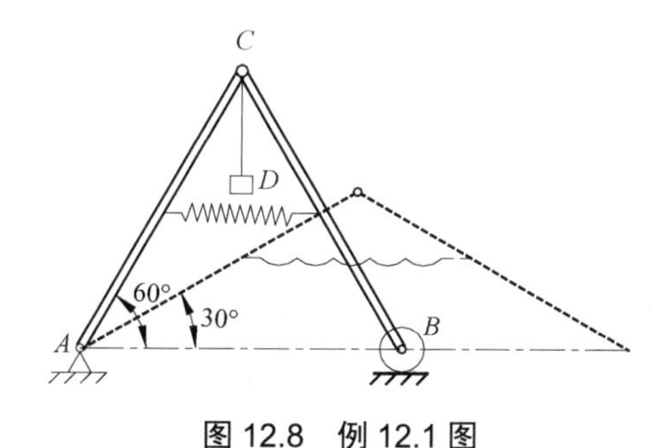

图 12.8　例 12.1 图

解：(1) 求重力做的功。

计算重物 D 下降的高度差为

$$z_1-z_2=2l_0(\sin60^\circ-\sin30^\circ)=(\sqrt{3}-1)l_0$$

则重力的功

$$W'_{12}=mg(z_1-z_2)=mg(\sqrt{3}-1)l_0$$

(2) 求弹力做的功。

当 $\angle CAB=60^\circ$ 时，弹簧伸长量：　$\delta_1=0$

当 $\angle CAB=30^\circ$ 时，弹簧伸长量：　$\delta_2=2l_0\cos30^\circ-l_0=(\sqrt{3}-1)l_0$

则弹力的功为

$$W''_{12}=\frac{k}{2}(\delta_1^2-\delta_2^2)=-\frac{k}{2}(\sqrt{3}-1)^2l_0^2$$

由(1)和(2)得重力和弹力做的总功为

$$W_{12}=W'_{12}+W''_{12}=mg(\sqrt{3}-1)l_0-\frac{k}{2}(\sqrt{3}-1)^2l_0^2$$

【例 12.2】 如图 12.9 所示，均质链条重为 P，长为 l，初始静止，且垂下的部分长为 a，试求链条全部离开桌面时重力的功。

解：在桌面建立向下的坐标轴 z，链条全部离开桌面时其重心的高度差为

$$z_2-z_1=\frac{l}{2}-\frac{\frac{l-a}{l}P\times0+\frac{a}{l}P\times\frac{a}{2}}{P}=\frac{l}{2}-\frac{a^2}{2l}$$

则重力做的功为

$$W_{12}=P(z_2-z_1)=P\left(\frac{l}{2}-\frac{a^2}{2l}\right)=\frac{P(l^2-a^2)}{2l}$$

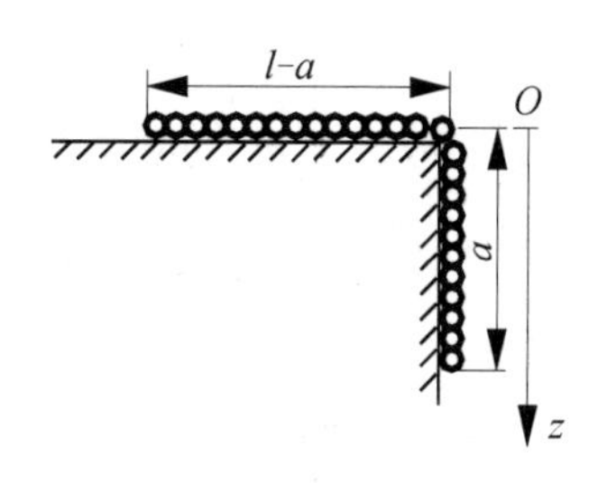

图 12.9　例 12.2 图

另一种解法为

$$W_{12}=\int_a^l P\frac{z}{l}\mathrm{d}z=\frac{P(l^2-a^2)}{2l}$$

12.2　动能与动能定理

12.2.1　质点和质点系的动能

1. 质点的动能

设质点的质量为 m，速度为 v，质点的动能为

$$T=\frac{1}{2}mv^2 \tag{12-12}$$

动能和动量、动量矩是一样的，都是表示机械运动的物理量，但它是标量，恒为正值。动能的单位为焦耳(J)，1J=1N·m。

2. 质点系的动能

设质点系由 n 个质点组成，质点系的动能等于质点系内各质点动能的和，即

$$T=\sum_{i=1}^{n}\frac{1}{2}m_i v_i^2 \tag{12-13}$$

3. 刚体动能的计算

刚体可以看成是由无数点组成的质点系，由于刚体运动形式的不同，其上各点的速度分布也不相同，因此刚体的动能计算也不同。由质点系动能式(12-13)，计算下面常见刚体运动的动能。

(1) 刚体做平移时的动能

当刚体做平移运动时，由于每一个瞬时其上各点的速度都相等，因此用质心的速度 v_C 来代表刚体上各点的速度，则平移刚体的动能为

$$T=\sum_{i=1}^{n}\frac{1}{2}m_i v_i^2=\sum_{i=1}^{n}\left(\frac{1}{2}m_i v_C^2\right)=\frac{1}{2}\left(\sum_{i=1}^{n}m_i\right)v_C^2=\frac{1}{2}Mv_C^2$$

即

$$T=\frac{1}{2}Mv_C^2 \tag{12-14}$$

式中，$M=\sum_{i=1}^{n}m_i$ 为刚体的质量。

平移刚体的动能等于刚体的质量与质心速度平方的乘积的一半，它与质点的动能形式一样。

(2) 刚体做定轴转动时的动能

设刚体某瞬时以角速度 ω 绕固定轴 z 转动，如图 12.10 所示，刚体内第 i 个质点的质量为 m_i，到转轴 z 的距离为 r_i，质点的速度为 $v_i=r_i\omega$，则刚体做定轴转动时的动能为

$$T=\sum_{i=1}^{n}\frac{1}{2}m_i v_i^2=\sum_{i=1}^{n}\frac{1}{2}m_i(r_i\omega)^2=\frac{1}{2}\left(\sum_{i=1}^{n}m_i r_i^2\right)\omega^2=\frac{1}{2}J_z\omega^2$$

即

$$T=\frac{1}{2}J_z\omega^2 \tag{12-15}$$

其中，$J_z=\sum_{i=1}^{n}m_i r_i^2$ 为刚体对转轴 z 的转动惯量。

刚体定轴转动的动能等于刚体对转轴的转动惯量与角速度平方的乘积的一半。

(3) 刚体做平面运动时的动能

刚体做平面运动时，平面图形取刚体质心所在的平面，如图 12.11 所示，设某瞬时平面图形的角速度为 ω，速度瞬心点为 P，平面运动可以看成相对于速度瞬心点 P 的纯转动，则刚体平面运动的动能为

$$T=\frac{1}{2}J_P\omega^2$$

由转动惯量的平行轴定理有

$$J_P=J_C+md^2$$

代入上式得

$$T=\frac{1}{2}J_P\omega^2=\frac{1}{2}(J_C+md^2)\omega^2=\frac{1}{2}J_C\omega^2+\frac{1}{2}md^2\omega^2$$

其中，质心点的速度为 $v_C=\omega d$，于是有

$$T=\frac{1}{2}J_C\omega^2+\frac{1}{2}mv_C^2 \tag{12-16}$$

刚体平面运动的动能等于随质心平移动能和绕质心转动动能之和。

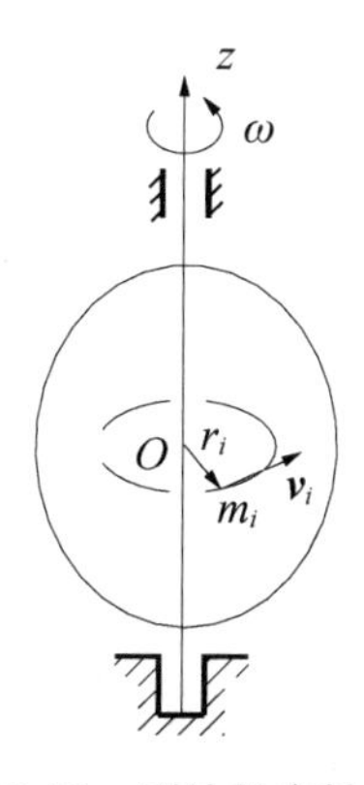

图 12.10　刚体做定轴转动

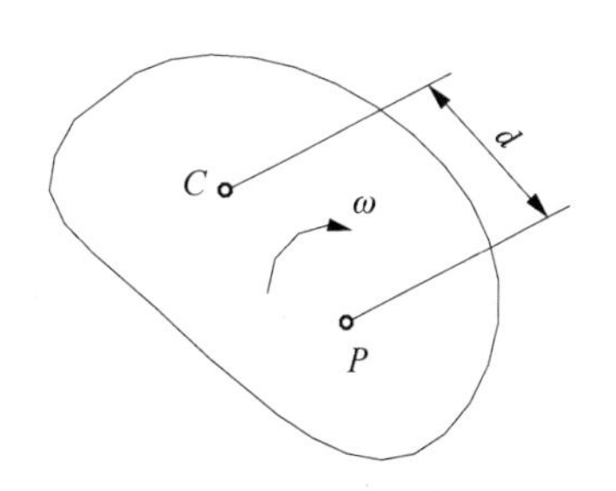

图 12.11　刚体做平面运动

【例 12.3】均质的圆轮半径为 R，质量为 m，轮心 C 以速度 v_C 沿平直的轨道向右做无滑动滚动，如图 12.12 所示，试求圆轮的动能。

解：由刚体平面运动动能的计算式(12-16)得

$$T=\frac{1}{2}J_C\omega^2+\frac{1}{2}mv_C^2$$

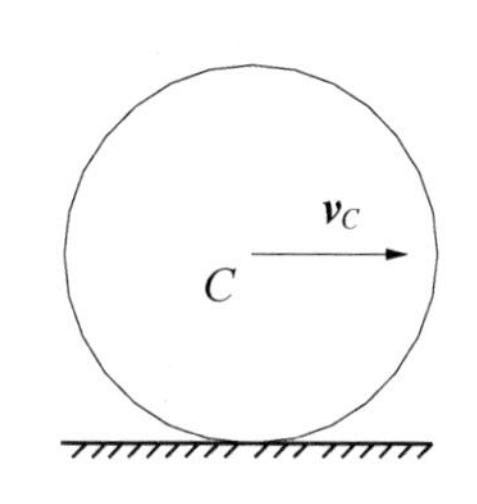

图 12.12　例 12.3 图

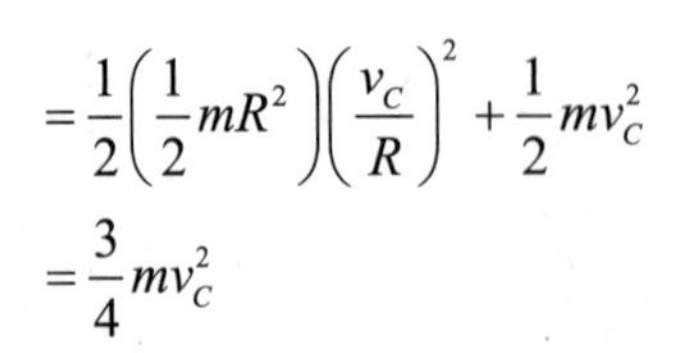

$$
=\frac{1}{2}\left(\frac{1}{2}mR^2\right)\left(\frac{v_C}{R}\right)^2+\frac{1}{2}mv_C^2
$$

$$
=\frac{3}{4}mv_C^2
$$

12.2.2 质点和质点系动能定理

1. 质点动能定理

由牛顿第二定律 $m\boldsymbol{a}=\boldsymbol{F}$

加速度 $\boldsymbol{a}=\dfrac{\mathrm{d}\boldsymbol{v}}{\mathrm{d}t}$ 代入上式，同时在上面的方程中两端点乘 $\mathrm{d}\boldsymbol{r}$，于是有

$$
m\frac{\mathrm{d}\boldsymbol{v}}{\mathrm{d}t}\cdot\mathrm{d}\boldsymbol{r}=\boldsymbol{F}\cdot\mathrm{d}\boldsymbol{r}
$$

因为 $\boldsymbol{v}=\dfrac{\mathrm{d}\boldsymbol{r}}{\mathrm{d}t}$，$\delta W=\boldsymbol{F}\cdot\mathrm{d}r$，代入上式得

$$
m\mathrm{d}\boldsymbol{v}\cdot\boldsymbol{v}=\delta W
$$

其中，$\mathrm{d}\boldsymbol{v}\cdot\boldsymbol{v}=\mathrm{d}\left(\dfrac{1}{2}\boldsymbol{v}\cdot\boldsymbol{v}\right)=\mathrm{d}\left(\dfrac{1}{2}\boldsymbol{v}^2\right)$，则有

$$
\mathrm{d}\left(\frac{1}{2}mv^2\right)=\delta W \tag{12-17}
$$

质点动能定理的微分形式：质点动能的增量等于作用于质点上的力所做的元功。

当质点从位置 M_1 运动到位置 M_2 时，速度由 v_1 变为 v_2，对式(12-17)积分得

$$
\frac{1}{2}mv_2^2-\frac{1}{2}mv_1^2=W_{12} \tag{12-18}
$$

质点动能定理的积分形式：质点在某一段路程上运动时，末动能与初动能之差等于作用于质点上的力在同一段路程上所做的功。

2. 质点系动能定理

设质点系由 n 个质点组成，由式(12-17)，对第 i 个质点建立动能定理的微分形式，即

$$
\mathrm{d}\left(\frac{1}{2}m_iv_i^2\right)=\delta W_i
$$

n 个质点共列 n 个上述方程，并将其方程连加，得

$$
\sum_{i=1}^{n}\mathrm{d}\left(\frac{1}{2}m_iv_i^2\right)=\sum_{i=1}^{n}\delta W_i
$$

考虑式(12-13)，上式为

$$
\mathrm{d}T=\sum_{i=1}^{n}\delta W_i \tag{12-19}
$$

质点系动能定理的微分形式：质点系动能的增量等于作用于质点系上的全部力所做的元功之和。

当质点系从位置 M_1 运动到位置 M_2 时，所对应的动能为 T_1 和 T_2，对式(12-19)积分得

$$T_2 - T_1 = \sum_{i=1}^{n} W_{12} \tag{12-20}$$

其中，$T = \sum_{i=1}^{n}\left(\frac{1}{2}m_i v_i^2\right)$ 为质点系的动能。

质点系动能定理的积分形式：即质点系在某一段路程上运动时，末动能与初动能之差等于作用于质点系的全部力在同一段路程上所做的功之和。

注意： (1) 质点系动能的变化不但与外力功有关，而且还与内力功有关。但当我们研究刚体动力学问题时，作用在刚体上全部力的功应为外力功(内力功为零)，此时的外力功应为主动力的功(因为刚体受理想约束)。同时，若考虑滑动摩擦力，则应将滑动摩擦力按主动力处理。

(2) 动能和功都是标量，动能定理所对应的方程是标量方程，没有投影形式。

(3) 利用动能定理计算时，只需研究始末状态即可。

【**例 12.4**】如图 12.13 所示，质量为 m 的质点，自高度 h 处自由落下，落到下面有弹簧支持的板上，设板的质量为 M，弹簧的刚度系数为 k，弹簧的质量不计。试求弹簧的最大压缩量。

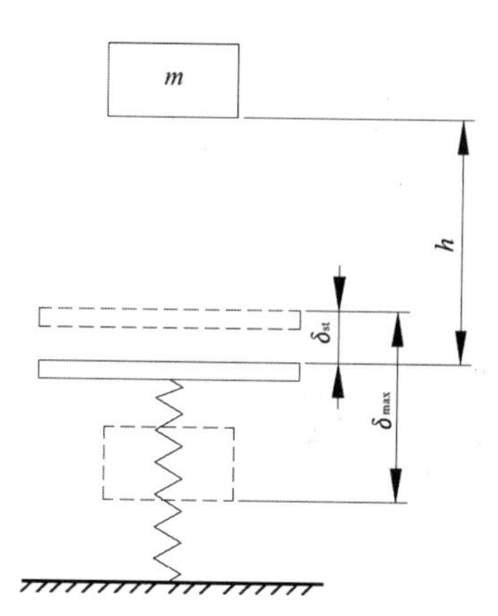

图 12.13　例 12.4 图

解：弹簧静压缩为

$$\delta_1 = \delta_{st} = \frac{Mg}{k} \tag{a}$$

则由质点系动能定理式(12-20)

$$T_2 - T_1 = \sum_{i=1}^{n} W_{12}$$

得

$$0 - 0 = mg(h + \delta_{max} - \delta_1) + Mg(\delta_{max} - \delta_1) + \frac{k}{2}(\delta_1^2 - \delta_{max}^2) \tag{b}$$

将式(a)代入式(b)得

$$\frac{k}{2}\delta_{max}^2 - (mg + Mg)\delta_{max} + \frac{M^2 g^2}{2k} - mgh + \frac{Mmg^2}{k} = 0$$

解得

$$\delta_{max} = \frac{(m+M)g \pm \sqrt{(mg+Mg)^2 - (M^2g^2 - 2kmgh + 2Mmg^2)}}{k}$$

弹簧的最大压缩量应取正号，即

$$\delta_{max} = \frac{(m+M)g + \sqrt{(mg+Mg)^2 - (M^2g^2 - 2kmgh + 2Mmg^2)}}{k}$$

【**例 12.5**】如图 12.14 所示，均质轮 I 的质量为 m_1，半径为 r_1，在曲柄 O_1O_2 的带动下绕 O_2 轴转动，并沿轮 II 只滚动而不滑动。轮 II 固定不动，半径为 r_2，曲柄的质量为 m_2。若已知系统处于水平面内，曲柄上作用有一个不变的力矩 M，初始时系统静止，各处的摩擦

不计。试求曲柄 O_1O_2 转过 φ 角时曲柄的角速度和角加速度。

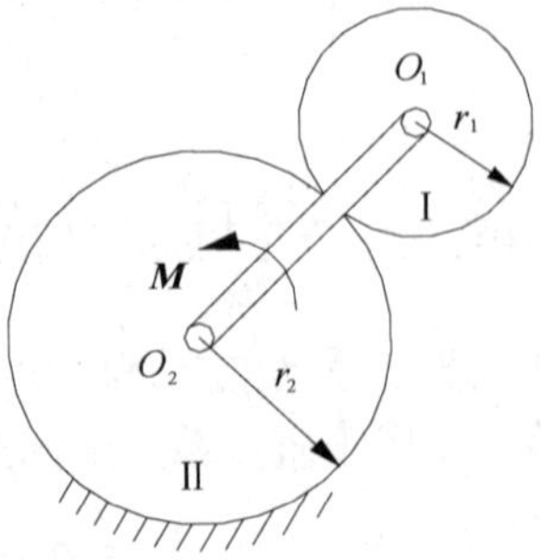

解： 取杆和轮 I 为质点系，质点系的初动能为

$$T_1 = 0$$

曲柄 O_1O_2 转过 φ 角时质点系的动能为

$$T_2 = \frac{1}{2}\left[\frac{1}{3}m_2(r_1+r_2)^2\right]\omega^2 + \frac{1}{2}m_1 v_{O_1}^2 + \frac{1}{2}\left(\frac{1}{2}m_1 r_1^2\right)\omega_1^2$$

其中，$\omega_1 = \dfrac{v_{O_1}}{r_1} = \dfrac{\omega(r_1+r_2)}{r_1}$，则上式为

$$T_2 = \frac{1}{2}\left(\frac{m_2}{3} + \frac{3m_1}{2}\right)\omega^2(r_1+r_2)^2$$

图 12.14　例 12.5 图

由于系统处于水平面内，因此重力不做功。力的功为

$$W_{12} = M\varphi$$

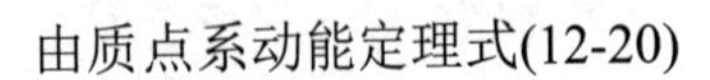

由质点系动能定理式(12-20)

$$T_2 - T_1 = \sum_{i=1}^{n} W_{12}$$

得

$$\frac{1}{2}\left(\frac{m_2}{3} + \frac{3m_1}{2}\right)\omega^2(r_1+r_2)^2 = M\varphi \tag{a}$$

则曲柄的角速度

$$\omega = \sqrt{\frac{12M\varphi}{(9m_1+2m_2)(r_1+r_2)^2}} \tag{b}$$

式(a)两边对时间求导，得曲柄的角加速度

$$\alpha = \frac{6M}{(9m_1+2m_2)(r_1+r_2)^2} \tag{c}$$

【例 12.6】 如图 12.15 所示，均质杆 AB 长为 l，质量为 m_1，B 端靠在光滑的墙壁上，另一端 A 用光滑的铰链与均质圆轮的轮心 A 相连。已知圆轮的质量为 m_2，半径为 R，放在粗糙的水平面上由静止开始滚动而不滑动，初瞬时杆 AB 与水平线的夹角为45°，试求初瞬时轮心 A 的加速度。

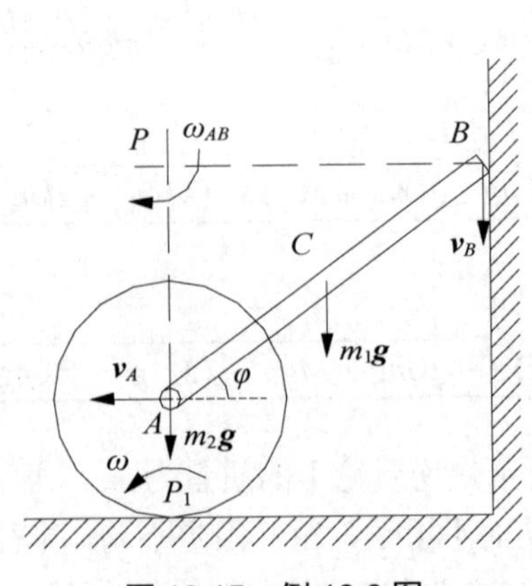

图 12.15　例 12.6 图

解： 根据题意，选杆和圆轮作为质点系。由于杆和圆轮都做平面运动，杆的速度瞬心为点 P，圆轮的速度瞬心为地面接触的点 P_1。系统的初动能为

$$T_1 = 0$$

设杆 AB 与水平线的夹角为 φ，任意瞬时系统的动能为

$$T_2 = T_{杆} + T_{轮}$$

其中：

$$T_{杆} = \frac{1}{2}J_P\omega_{AB}^2 = \frac{1}{2}\left(\frac{1}{3}m_1 l^2\right)\left(\frac{v_A}{l\sin\varphi}\right)^2 = \frac{1}{6}m_1\frac{v_A^2}{\sin^2\varphi}$$

$$T_{轮} = \frac{1}{2}m_2 v_A^2 + \frac{1}{2}J_A\omega^2 = \frac{1}{2}m_2 v_A^2 + \frac{1}{2}\left(\frac{1}{2}m_2 R^2\right)\omega^2 = \frac{1}{2}m_2 v_A^2 + \frac{1}{2}\left(\frac{1}{2}m_2 R^2\right)\left(\frac{v_A}{R}\right)^2 = \frac{3}{4}m_2 v_A^2$$

杆 AB 的角速度为

$$\omega_{AB} = \frac{v_A}{l\sin\varphi}$$

重力所做的功为

$$W_{12} = \frac{1}{2}m_1 gl(\sin 45^\circ - \sin\varphi)$$

由质点系动能定理式(12-20)

$$T_2 - T_1 = \sum_{i=1}^{n} W_{12}$$

得

$$\frac{1}{6}m_1\frac{v_A^2}{\sin^2\varphi} + \frac{3}{4}m_2 v_A^2 = \frac{1}{2}m_1 gl(\sin 45^\circ - \sin\varphi) \tag{a}$$

式(a)两边对时间 t 求导，并注意 $\boldsymbol{v}_A$ 为正时，$\dot{\varphi} = -\omega_{AB} = -\dfrac{v_A}{l\sin\varphi}$(因为角速度方向与夹角 φ 增大的方向相反)。即

$$v_A^2\left(\frac{1}{6}m_1\right)\frac{\mathrm{d}}{\mathrm{d}t}\left(\frac{1}{\sin^2\varphi}\right) + 2v_A\dot{v}_A\left(\frac{3}{4}m_2 + \frac{1}{6}m_1\frac{1}{\sin^2\varphi}\right) = -\frac{1}{2}m_1 gl\dot{\varphi}\cos\varphi$$

$$v_A^2\left(\frac{1}{6}m_1\right)\frac{\mathrm{d}}{\mathrm{d}t}\left(\frac{1}{\sin^2\varphi}\right) + 2v_A\dot{v}_A\left(\frac{3}{4}m_2 + \frac{1}{6}m_1\frac{1}{\sin^2\varphi}\right) = \frac{1}{2}m_1 gl\frac{v_A}{l\sin\varphi}\cos\varphi \tag{b}$$

当 $t = 0$ 时系统静止，$\boldsymbol{v}_A = 0$，$\varphi = 45^\circ$，代入式(b)，得初瞬时轮心 A 的加速度为

$$a_A = \dot{v}_A = \frac{3m_1 g}{4m_1 + 9m_2}$$

12.3 机械能守恒定律

12.3.1 势力场和势能

1. 势力场

当物体在某一空间时，所受力的大小和方向完全由物体所在的位置决定，这样的空间称为力场，例如重力场和万有引力场等。若在力场中力所做的功与物体的运动路径无关，只与运动的始末位置有关，则这样的力场称为势力场(或称为保守力场)。势力场中的力称为势力(或称为保守力)。例如重力和弹性力、万有引力都是势力(或保守力)。

2. 势能

定义：在势力场中，质点从位置 M 运动到位置 M_0 时势力所做的功称为质点在位置 M 相对于位置 M_0 的势能，即

$$V=\int_{M_1}^{M_2}\boldsymbol{F}\cdot\mathrm{d}\boldsymbol{r}=\int_{M}^{M_0}F_x\mathrm{d}x+F_y\mathrm{d}y+F_z\mathrm{d}z \tag{12-21}$$

其中，定义位置 M_0 的势能等于零，点 M_0 称为零势能点。在势力场中势能的大小是相对于零势能点而言的。因此势力场中同一点相对于不同零势能点，其势能的大小是不相等的；零势能点的选择是任意的。

3. 常见力的势能

(1) 重力势能

在重力场中，质点受重力 P 作用，设 z 轴铅垂向上，z_0 为零势能点，质点在任意 z 处的重力势能，由式(12-21)得

$$V=\int_{M}^{M_0}\boldsymbol{F}\cdot\mathrm{d}\boldsymbol{r}\quad=P(z-z_0) \tag{12-22a}$$

若取坐标原点为零势能点，则重力势能为

$$V=Pz \tag{12-22b}$$

(2) 弹力势能

设一端固定，另一端连接一个质点的弹簧，弹簧的刚度系数为 k，设变形量 δ_0 为零势能点，变形量 δ 处的弹性力势能由式(12-8)，得弹力势能为

$$V=\frac{k}{2}(\delta^2-\delta_0^2) \tag{12-23a}$$

若取弹簧的自然位置为零势能点，即 $\delta_0=0$，则弹力势能为

$$V=\frac{k}{2}\delta^2 \tag{12-23b}$$

(3) 万有引力势能

设质量为 m_1 的星球，受到质量为 m_2 的星球的万有引力 $\boldsymbol{F}$ 的作用，如图12.16所示。设 M_0 点为零势能点，则质量为 m_1 的星球在位置 M 处的万有引力势能，由式(12-21)得

$$V=\int_{M}^{M_0}\boldsymbol{F}\cdot\mathrm{d}\boldsymbol{r}=\int_{r}^{r_0}-\frac{fm_1m_2}{r^2}\boldsymbol{r}_0\cdot\mathrm{d}\boldsymbol{r}$$

其中，f 为引力因数，M_0 处的矢径为 $\boldsymbol{r}_0$，M 处的矢径为 $\boldsymbol{r}$，$\boldsymbol{r}_0\cdot\mathrm{d}\boldsymbol{r}=\frac{\boldsymbol{r}}{r}\cdot\mathrm{d}\boldsymbol{r}=\frac{1}{2r}\mathrm{d}(\boldsymbol{r}\cdot\boldsymbol{r})=\frac{1}{2r}\mathrm{d}r^2=\mathrm{d}r$。则万有引力势能为

$$V=\int_{M}^{M_0}\boldsymbol{F}\cdot\mathrm{d}\boldsymbol{r}=\int_{r}^{r_0}-\frac{fm_1m_2}{r^2}\mathrm{d}r=fm_1m_2\left(\frac{1}{r_0}-\frac{1}{r}\right)\tag{12-24a}$$

若取零势能点为无限远处，即 $r_0\to\infty$，则有

$$V=-\frac{fm_1m_2}{r}\tag{12-24b}$$

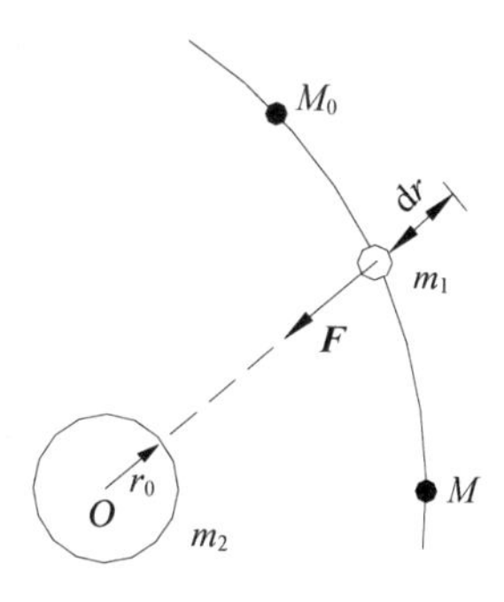

图 12.16 万有引力作用

以上讨论的是一个质点受到势力作用时的势能计算，对质点系而言，其势能应等于质点系内每个质点势能的代数和。

4. 势力功与势能的关系

在势力场中，如图 12.17 所示，设零势能点为 M_0 点。质点系从位置 M_1 运动到位置 M_2 时，势力的功为 W_{12}；质点系从位置 M_2 运动到位置 M_0 时，势力的功为 W_{20}；质点系从位置 M_1 运动到位置 M_0 时，势力的功为 W_{10}，则有

$$W_{10}=W_{12}+W_{20}$$

由势能的定义知：

$$W_{10}=V_1,\quad W_{20}=V_2$$

代入上式，则有

$$W_{12}=V_1-V_2\tag{12-25}$$

即势力的功等于质点系在运动过程中始末位置的势能差。

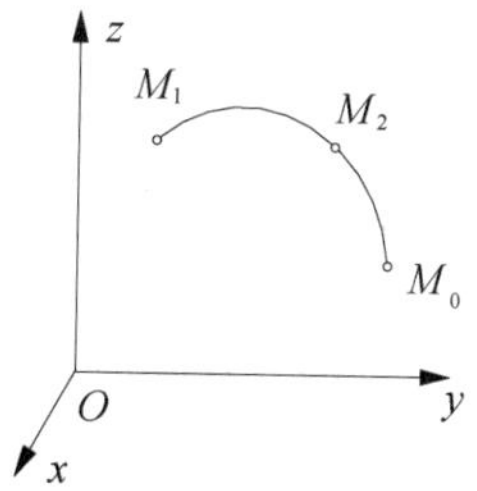

图 12.17 质点系的运动

5. 力与势能的关系

在势力场中，由于质点系势能的大小与所在势力场中的位置有关，因此势能是势力场位置坐标的函数。设势力从一个位置运动到另一个位置时，两点的势能分别为 $V(x,y,z)$ 和 $V(x+\mathrm{d}x,y+\mathrm{d}y,z+\mathrm{d}z)$，由式(12-25)得势力的元功为

$$\delta W=V(x,y,z)-V(x+\mathrm{d}x,y+\mathrm{d}y,z+\mathrm{d}z)=-\mathrm{d}V\tag{12-26}$$

其中，势能的全微分为

$$\mathrm{d}V=\frac{\partial V}{\partial x}\mathrm{d}x+\frac{\partial V}{\partial y}\mathrm{d}y+\frac{\partial V}{\partial z}\mathrm{d}z\tag{a}$$

势力元功的解析式为

$$\delta W=F_x\mathrm{d}x+F_y\mathrm{d}y+F_z\mathrm{d}z\tag{b}$$

将式(a)和式(b)代入式(12-26)中，得

$$F_x=-\frac{\partial V}{\partial x}\qquad F_y=-\frac{\partial V}{\partial y}\qquad F_z=-\frac{\partial V}{\partial z}\tag{12-27}$$

势力的元功等于势能微分的负值；势力在直角坐标轴上的投影等于势能对该坐标的偏导数的负值。

12.3.2 机械能守恒定律

设质点系在势力作用下，从位置 M_1 运动到位置 M_2 时，相应的势能分别为 V_1 和 V_2，动能分别为 T_1 和 T_2，则势力所做的功由式(12-25)，得

$$W_{12}=V_1-V_2$$

根据质点系动能定理式(12-20)

$$W_{12}=T_2-T_1$$

于是有

$$V_1-V_2=T_2-T_1$$

即

$$V_1+T_1=V_2+T_2 \tag{12-28}$$

其中，势能和动能之和称为机械能，即 $E=T+V$。式(12-28)表明，物体在势力下机械能守恒。

机械能守恒定律：质点系在势力作用下机械能保持不变。

如果将作用在质点系上的力分为势力(或保守力)和非势力(或非保守力)两类，势力的功为 W_{12}，非势力的功为 W'_{12}，则由质点系动能定理，得

$$W_{12}+W'_{12}=T_2-T_1$$

考虑式(12-25)，上式变为

$$W'_{12}=(T_2+V_2)-(T_1+V_1) \tag{12-29}$$

式(12-29)表明，非势力的功等于机械能的变化。当非势力做正功时，$W'_{12}\geqslant 0$，机械能增加，质点系做加速运动；当非势力做负功时，$W'_{12}<0$，机械能减少，质点系做减速运动。

【例 12.7】如图 12.18 所示，均质圆柱体 A 和 B 的质量均为 m，半径均为 r，一根绳缠绕在绕固定轴 O 转动的圆柱体 A 上，绳的另一端缠绕在圆柱体 B 上，直线绳段为铅垂。若轴 O 的摩擦不计，系统初始静止，两轮心初始时在同一水平线上，试求当圆柱体 B 下落 h 时，圆柱体 B 的轮心速度和加速度，以及圆柱体 A 的角速度和角加速度。

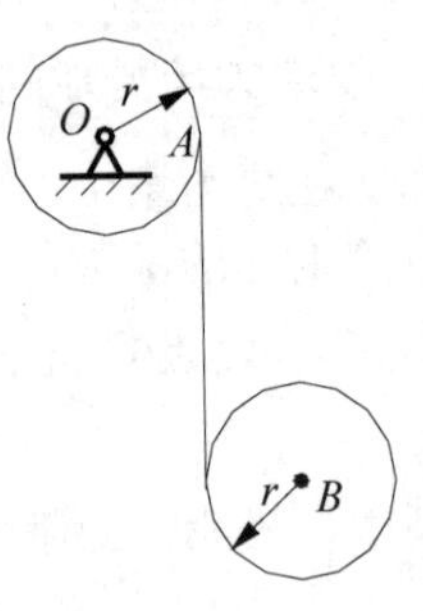

图 12.18 例 12.7 图

解：选均质圆柱体 A 和 B 为质点系。由于轴 O 处的约束力不做功，因此系统机械能守恒。选轮心初始位置为零势能点，根据题意，初始位置时系统的动能和势能为

$$T_1=0 \qquad V_1=0$$

圆柱体 B 下落 h 时，系统的动能为

$$T_2=\frac{1}{2}mv_B^2+\frac{1}{2}J_B\omega_B^2+\frac{1}{2}J_A\omega_A^2$$

其中，两圆柱体的角速度 $\omega_A=\omega_B=\omega$，$v_B=2\omega r$，$\omega=\dfrac{v_B}{2r}$，则上式为

$$T_2=\frac{1}{2}mv_B^2+\frac{1}{2}J_B\omega^2+\frac{1}{2}J_A\omega^2$$

$$=\frac{1}{2}mv_B^2+2\times\frac{1}{2}\left(\frac{1}{2}mr^2\right)\left(\frac{v_B}{2r}\right)^2=\frac{5}{8}mv_B^2$$

圆柱体 B 下落 h 时，系统的势能为

$$V_2=-mgh$$

由机械能守恒定律

$$V_1+T_1=V_2+T_2$$

得

$$-mgh+\frac{5}{8}mv_B^2=0 \tag{a}$$

则圆柱体 B 轮心的速度为

$$v_B=\sqrt{\frac{8gh}{5}} \tag{b}$$

式(a)两边对时间 t 求导，并注意 $\dot{h}=v_B$，得圆柱体 B 轮心的加速度为

$$a_B=\frac{4}{5}g \tag{c}$$

圆柱体 A 的角速度为

$$\omega=\frac{v_B}{2r}=\frac{1}{2r}\sqrt{\frac{8gh}{5}} \tag{d}$$

式(d)对时间 t 求导，得圆柱体 A 的角加速度为

$$\alpha=\frac{2}{5r}g \tag{e}$$

12.4 动力学普遍定理的综合应用

动量定理(质心运动定理)、动量矩定理和动能定理构成动力学普遍定理，它们从不同的侧面反映了机械运动量与作用在物体上的力、力矩和功之间的关系。动量定理和动量矩定理是矢量式，有投影式；动能定理是标量式，没有投影式。动量定理和质心运动定理是分析质点系所受外力与质点系的动量和质点系质心运动的关系；动量矩定理是分析质点系所受外力矩与质点系动量矩的关系。这三个定理中，动量、质心运动和动量矩的变化与外力有关，与内力无关，内力是不能改变质点系动量、质心运动和动量矩的，但内力可以改变质点系内单个质点的动量和动量矩；动能定理是从能量角度研究质点系动能的变化与作用在质点系上力的功的关系，质点系动能的变化不仅与外力有关，而且还与内力有关。但当质点系是刚体时，动能的变化只与外力功有关，此时若刚体受理想约束，约束力不做功，外力功(包括滑动摩擦力的功)为主动力的功。

在动力学计算方面，应根据问题适当选择普遍定理中的某一个定理，有时是这些定理的联合应用。一般情形下，动量定理和质心运动定理主要是研究平移运动的质点系动力学问题；动量矩定理主要是研究定轴转动质点系动力学问题；质心运动定理和动量矩定理联合应用是研究刚体平面运动动力学问题；动能定理是研究一般机械运动的问题，当要求质点系的运动量(例如速度、加速度、角速度和角加速度)时，一般先采用动能定理较好，因为它是标量方程，易于求解；当要求作用在质点系上的力时，应根据问题选择动量定理、质

心运动定理或动量矩定理。

动力学求解分为两类，一类是已知质点系的运动，求作用于质点系上的力；另一类是已知作用于质点系上的力，求质点系的运动。

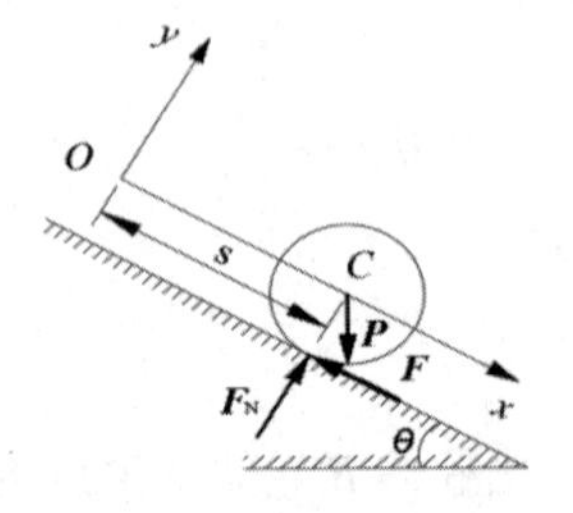

图 12.19　例 12.8 图

【例 12.8】 均质圆轮重为P，半径为r，沿倾角为θ的斜面做无滑动的滚动，如图 12.19 所示，不计滚阻摩擦。试求轮心沿斜面运动s路程时的加速度，以及斜面的法向约束力和摩擦力。

解： 根据题意，圆轮做平面运动，受重力$\boldsymbol{P}$、法向约束力$\boldsymbol{F}_{\rm N}$、滑动摩擦力$\boldsymbol{F}$的作用。

(1) 求轮心的加速度。

圆轮的初动能为

$$T_1 = C(\text{恒量})$$

圆轮运动到任一瞬时的动能为

$$T_2 = \frac{1}{2}J_C\omega^2 + \frac{1}{2}mv_C^2 = \frac{1}{2}\left(\frac{1}{2}\frac{P}{g}r^2\right)\left(\frac{v_C}{r}\right)^2 + \frac{1}{2}\frac{P}{g}v_C^2$$
$$= \frac{3P}{4g}v_C^2$$

当圆轮轮心运动到距离为s时，主动力的功为

$$W_{12} = Ps\sin\theta$$

由质点系动能定理式(12-20)

$$T_2 - T_1 = \sum_{i=1}^{n} W_{12}$$

得

$$\frac{3P}{4g}v_C^2 - C = Ps\sin\theta \tag{a}$$

式(a)两边对时间t求导，并注意$\dot{s} = v_C$，得轮心的加速度为

$$a_C = \frac{2}{3}g\sin\theta \tag{b}$$

(2) 求斜面的法向约束力和斜面的滑动摩擦力。

建立图示坐标系，由质心运动定理得

$$\begin{cases} \dfrac{P}{g}a_{Cx} = P\sin\theta - F \\ \dfrac{P}{g}a_{Cy} = F_{\rm N} - P\cos\theta \end{cases}$$

由于$a_{Cx} = a_C = \dfrac{2}{3}g\sin\theta$，$a_{Cy} = 0$，则法向约束力为

$$F_{\rm N} = P\cos\theta$$

斜面的滑动摩擦力为

$$F = \frac{1}{3}P\sin\theta$$

【例 12.9】如图 12.20 所示，弹簧两端各系重物 A 和 B，放在光滑的水平面上。重物 A 的质量为 m_1，重物 B 的质量为 m_2，弹簧原长为 l_0，刚度系数为 k。若将弹簧拉到 l 后，无初速释放。试求弹簧回到原长时重物 A 和 B 的速度。

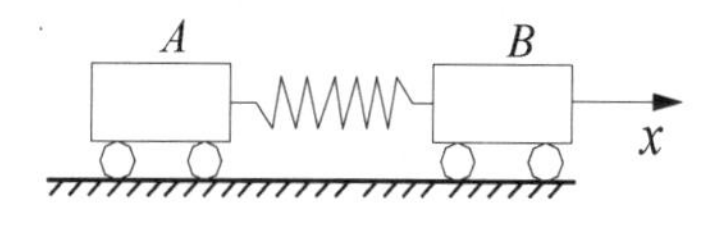

图 12.20　例 12.9 图

解：选两个重物 A 和 B 为质点系。由于重物 A 和 B 放在光滑的水平面上，则质点系在水平方向不受力动量守恒。质点系在水平方向的动量为

$$P_{x1} = 0$$

$$P_{x2} = m_1 v_A - m_2 v_B$$

由于 $P_{x1} = P_{x2}$，则

$$m_1 v_A - m_2 v_B = 0 \tag{a}$$

由质点系动能定理式(12-20)

$$T_2 - T_1 = \sum_{i=1}^{n} W_{12}$$

其中，质点系动能为

$$T_1 = 0$$

$$T_2 = \frac{1}{2} m_1 v_A^2 + \frac{1}{2} m_2 v_B^2$$

作用在质点系上力的功为

$$W_{12} = \frac{k}{2}(l - l_0)^2$$

则有

$$\frac{1}{2} m_1 v_A^2 + \frac{1}{2} m_2 v_B^2 = \frac{k}{2}(l - l_0)^2 \tag{b}$$

式(a)和式(b)联立，求得重物 A 和 B 的速度为

$$v_A = \frac{\sqrt{k m_2}(l - l_0)}{\sqrt{m_1(m_1 + m_2)}} \qquad v_B = \frac{\sqrt{k m_1}(l - l_0)}{\sqrt{m_2(m_1 + m_2)}}$$

【例 12.10】如图 12.21(a)所示，均质细杆长为 l，质量为 m，静止直立于光滑的水平面上，当有微小的干扰而倒下时，试求杆刚与地面接触时质心的加速度和地面的约束力。

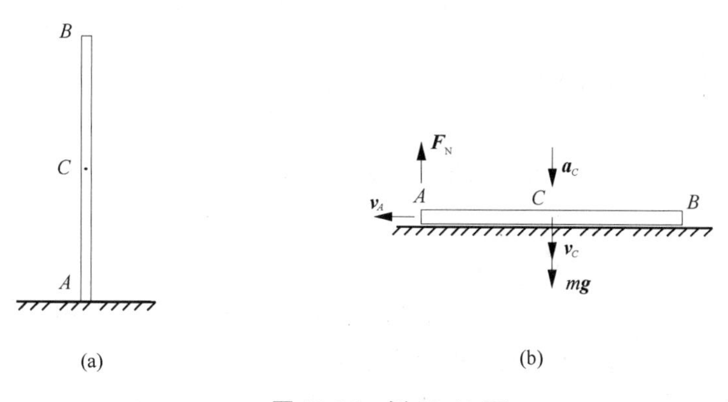

图 12.21　例 12.10 图

解：由题意，均质杆的初动能为

$$T_1 = 0$$

如图12.21(b)所示，杆 AB 的速度瞬心为杆端 A 点，其角速度为

$$\omega = \frac{v_C}{\frac{l}{2}} = \frac{2v_C}{l}$$

则杆刚倒地时的动能为

$$T_2 = \frac{1}{2}mv_C^2 + \frac{1}{2}J_C\omega^2 = \frac{1}{2}mv_C^2 + \frac{1}{2}\left(\frac{1}{12}ml^2\right)\left(\frac{2v_C}{l}\right)^2 = \frac{2}{3}mv_C^2$$

作用在杆上的力有重力 mg 和法向约束力 $\boldsymbol{F}_{\mathrm{N}}$，但法向约束力 $\boldsymbol{F}_{\mathrm{N}}$ 不做功，因为 A 的速度与之垂直。重力做的功为

$$W_{12} = mgh$$

由质点系动能定理式(12-20)

$$T_2 - T_1 = \sum_{i=1}^{n} W_{12}$$

得

$$\frac{2}{3}mv_C^2 = mgh \tag{a}$$

式(a)两边对时间 t 求导，并注意 $\dot{h} = v_C$，得质心的加速度为

$$a_C = \frac{3}{4}g \tag{b}$$

由质心运动定理式(10-12)，得

$$ma_C = mg - F_{\mathrm{N}} \tag{c}$$

式(b)代入式(c)，得地面的约束力为

$$F_{\mathrm{N}} = \frac{1}{4}mg$$

上面的例子还可以有其他的解法，请读者自己练习。在学习这部分时，应根据具体问题，恰当地选择动力学普遍定理中的某一个或几个的联立，才能求解。

本章小结

小结的具体内容请扫描右侧二维码获取。

习题 12

12-1 是非题(正确的画√，错误的画×)

(1) 圆轮做纯滚动时，与地面接触点的法向约束力和滑动摩擦力均不做功。 ( )

(2) 理想约束，其约束力做功之和恒等于零。 ( )

(3) 质点系动能的变化与作用在质点系上的外力有关，与内力无关。 ( )

(4) 动能定理的方程是矢量式。 ( )

(5) 弹簧由其自然位置拉长 10cm，再拉长 10cm，在这两个过程中弹力做功相等。 ( )

12-2 填空题(把正确的答案写在横线上)

(1) 如图 12.22 所示，质量为 m_1 的均质杆 OA，一端铰接在质量为 m_2 的均质圆轮的轮心处，另一端放在水平面上，圆轮在地面上做纯滚动。若轮心的速度为 v_0，则系统的动能 $T=$______________。

(2) 如图 12.23 所示，圆轮的一端连接弹簧，其刚度系数为 k，另一端连接一个重为 P 的重物。初始时弹簧为自然长，当重物下降为 h 时，系统的总功 $W=$________________。

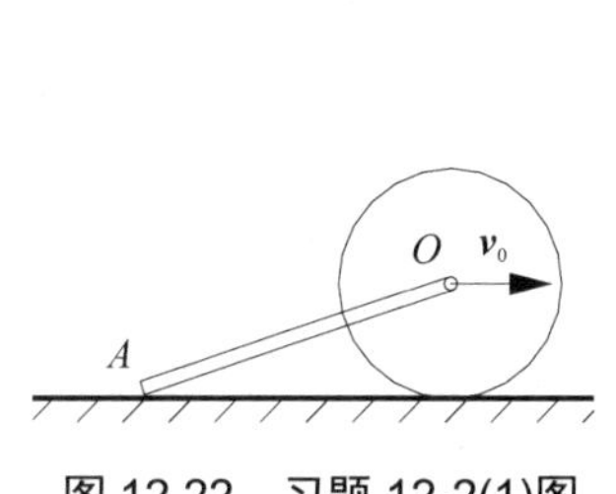

图 12.22 习题 12-2(1)图

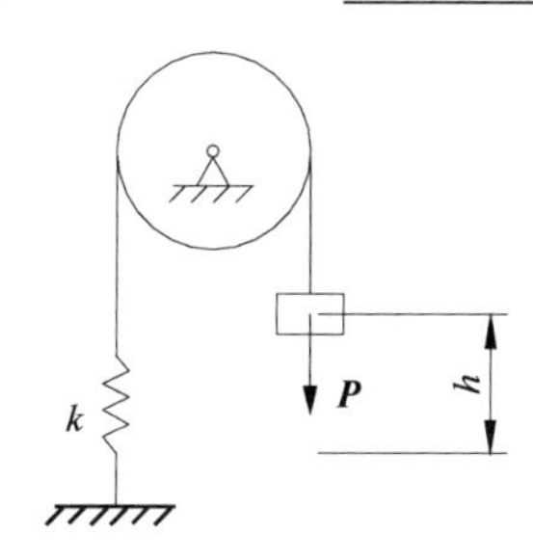

图 12.23 习题 12-2(2)图

12-3 简答题

(1) 3 个质量相同的质点，同时由 A 处，以大小相同的初速度 $\boldsymbol{v}_0$ 抛出，但它们的方向不相同，如图 12.24 所示。若不计空气的阻力，3 个质点落在水平面时速度的大小是否相等？方向是否相同？三者的重力功是否相等？

(2) 如图 12.25 所示，均质圆轮无初速地沿斜面纯滚动，问轮到达水平面时，轮心的速度 $\boldsymbol{v}$ 与轮的半径有关吗？当轮半径趋于零时，与质点下滑的结果是否一致？轮还能做纯滚动吗？

(3) 汽车在行驶的过程中，靠什么力改变汽车的动量？靠什么力改变汽车的动能？

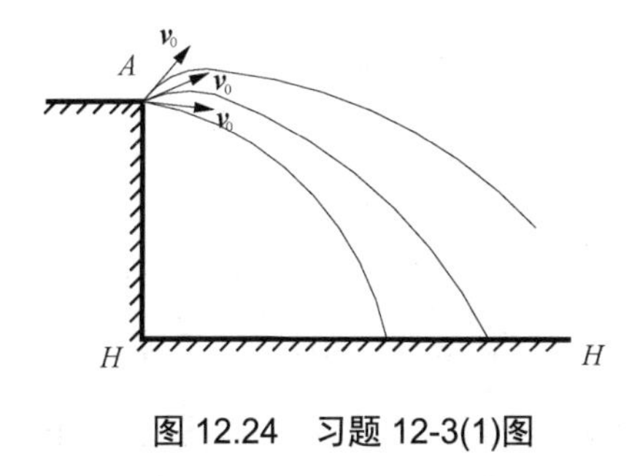

图 12.24 习题 12-3(1)图

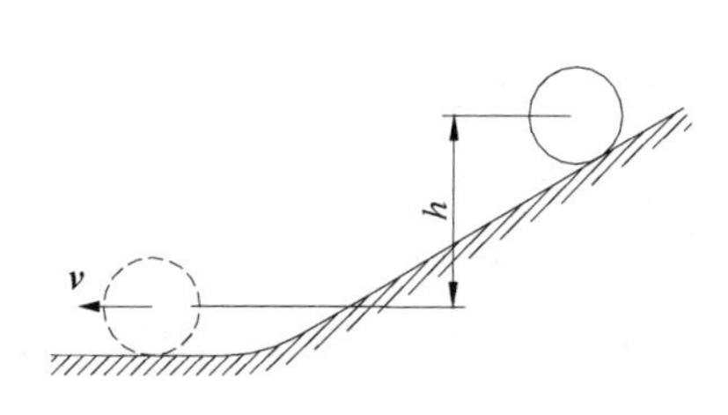

图 12.25 习题 12-3(2)图

12-4 计算题

(1) 计算如图 12.26 所示的各物体的动能。已知物体均为均质，其质量为 m，几何尺寸如图所示。

(2) 如图 12.27 所示，坦克履带的质量为 m，两个轮的质量为 m_1，轮可视为均质圆盘，半径为 R，两个轮轴间的距离为 πR。设坦克以速度 $\boldsymbol{v}$ 沿直线运动。试求此质点系的动能。

(3) 长为l、质量为m的均质杆OA以球铰链O固定，并以等角速度ω绕铅直线转动，如图12.28所示。若杆OA与铅直线的夹角为θ，试求杆的动能。

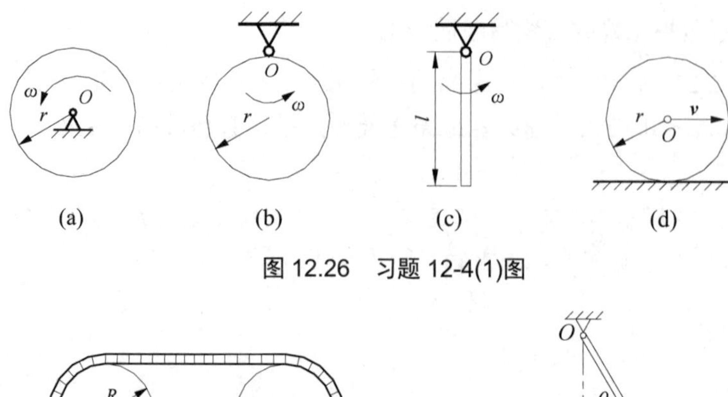

图12.26　习题12-4(1)图

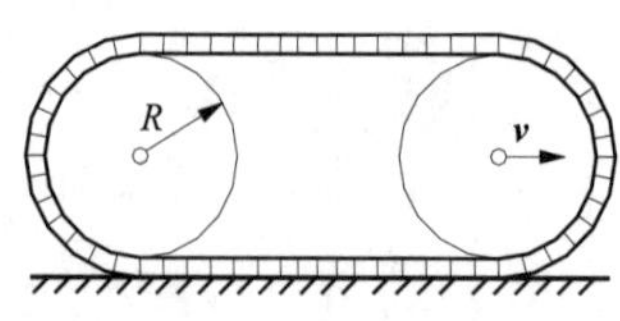

图12.27　习题12-4(2)图

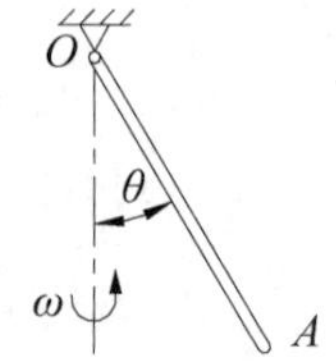

图12.28　习题12-4(3)图

(4) 如图12.29所示，一个纯滚动的圆轮重为P，半径为R和r，拉力$\boldsymbol{F}$与水平线所成的角为θ，轮与水平间的滑动摩擦系数为f，不计滚阻摩擦，试求轮心C移动s距离时，作用在轮上所有力的总功。

(5) 如图12.30所示，圆盘的半径为$r = 0.5\,\text{m}$，可绕水平轴O转动。在绕过圆盘的绳上吊有两个物块A、B，质量分别为$m_A = 3\text{kg}$，$m_B = 2\text{kg}$。绳与盘无相对滑动。在圆盘上作用有一个力偶，按$M = 4\varphi$的规律变化(M以N·m计，φ以rad计)，试求从$\varphi = 0$到$\varphi = 2\pi$时，作用在轮上所有力的总功。

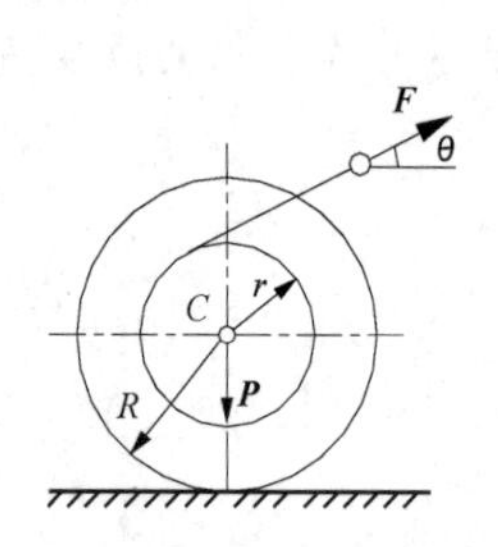

图12.29　习题12-4(4)图

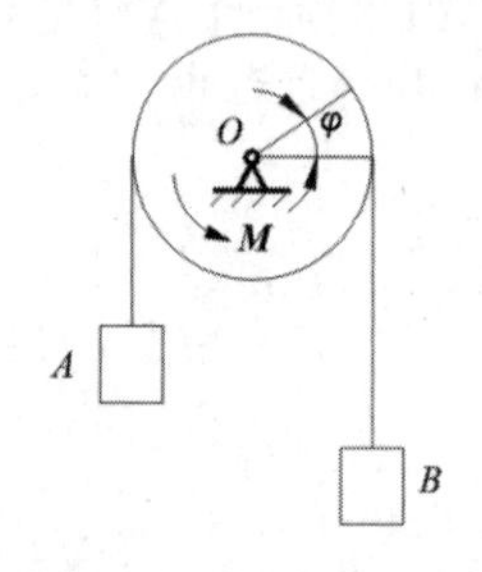

图12.30　习题12-4(5)图

(6) 自动弹射器如图12.31所示放置，弹簧在未受到力的作用时其原长为200mm，恰好等于筒长。欲使弹簧的长度改变10mm，需要的力为2N。如将弹簧压缩到100mm，然后让质量为30g的小球自弹射器中射出，试求小球离开弹射器口时的速度。

(7) 如图12.32所示，一个不变力偶矩M作用在绞车的鼓轮上，鼓轮的半径为r，鼓轮的质量为m_1。绕在鼓轮上绳索的另一端系一个质量为m_2的重物，此重物沿倾角为α的斜面上升。设初始系统静止，斜面与重物间的摩擦系数为f。试求绞车转过φ后的角速度。

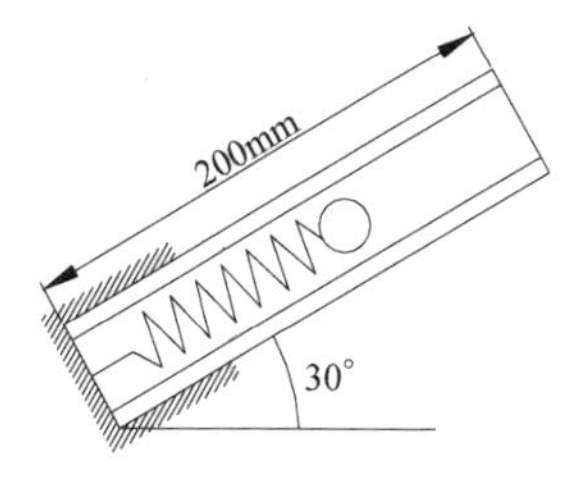

图 12.31　习题 12-4(6)图

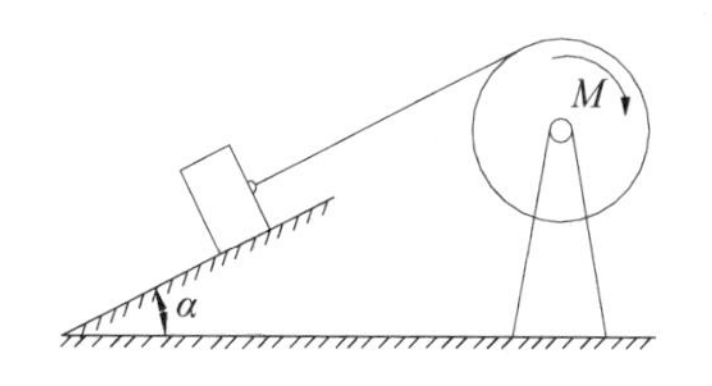

图 12.32　习题 12-4(7)图

(8) 两个均质杆 AC 和 BC 各重为 P，长为 l，在点 C 由铰链相连，放在光滑的水平面上，如图 12.33 所示。由于 A 和 B 端的滑动，杆系在铅垂平面内落下。设点 C 初始时的高度为 h，初始系统静止。试求铰链 C 落地时的速度大小。

(9) 两个均质杆 AB 和 BO 用铰链 B 相连，杆的 A 端放在光滑的水平面上，杆的 O 端为固定铰支座，如图 12.34 所示。已知两个杆的质量均为 m，长均为 l，在杆 AB 上作用一个不变的力偶矩 M，杆系从图示位置由静止开始运动。试求当杆的 A 端碰到铰支座 O 时，杆 A 端的速度。

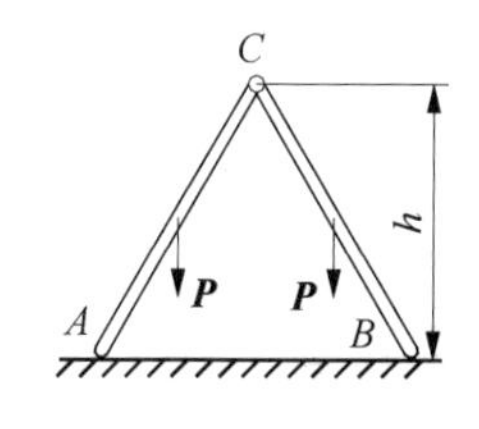

图 12.33　习题 12-4(8)图

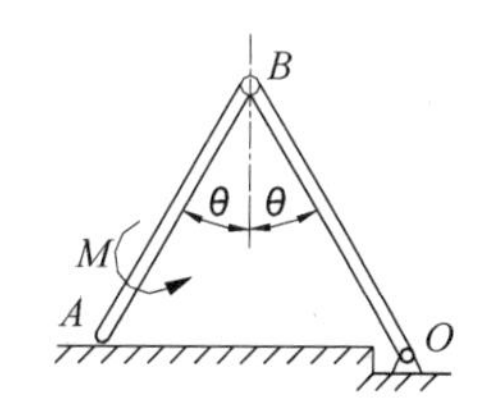

图 12.34　习题 12-4(9)图

(10) 如图 12.35 所示，带式运输机的 B 轮受常力偶矩 M 的作用，使胶带运输机由静止开始运动。若被提升的重物 A 的质量为 m_1，轮 B 和轮 C 的半径均为 r，质量均为 m_2，并视为均质圆盘。运输机胶带与水平线成的交角为 θ，胶带的质量不计，胶带与重物间无相对滑动。试求重物 A 移动 s 时的速度和加速度。

(11) 如图 12.36 所示，三棱柱 A 沿三棱柱 B 的斜面滑动，A、B 的质量分别为 m_1 和 m_2，三棱柱 B 的斜面与水平线成的角为 θ。若初始时系统静止，忽略摩擦，试求三棱柱 B 的加速度。

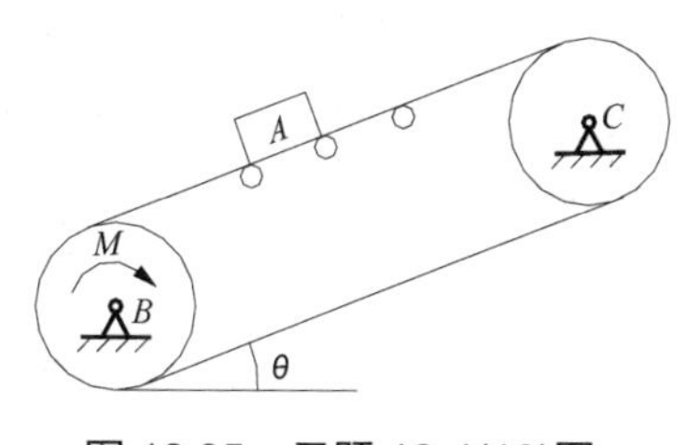

图 12.35　习题 12-4(10)图

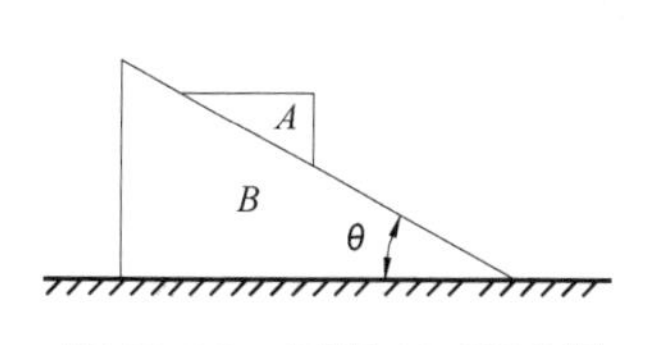

图 12.36　习题 12-4(11)图

(12) 均质杆 AB 的质量为 $m=4\text{kg}$，其两端悬挂在两条平行等长的绳子上，如图 12.37 所示。杆 AB 处于水平位置，设其中一根绳突然断了，试求此瞬时另一根绳的张力。

(13) 均质杆 OA 可绕水平轴 O 转动，另一端铰接一个圆盘，圆盘可绕铰 A 在铅垂平面内自由旋转，如图 12.38 所示。已知杆 OA 长为 l，质量为 m_1，圆盘的半径为 R，质量为 m_2。

摩擦不计，初始时杆 OA 水平，且杆和圆盘静止。试求杆 OA 与水平线成 θ 角时，杆的角速度和角加速度。

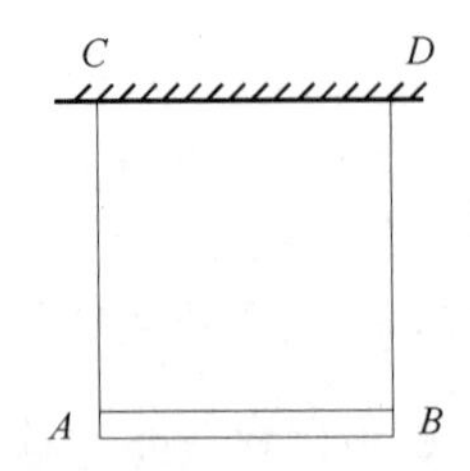

图 12.37　习题 12-4(12)图

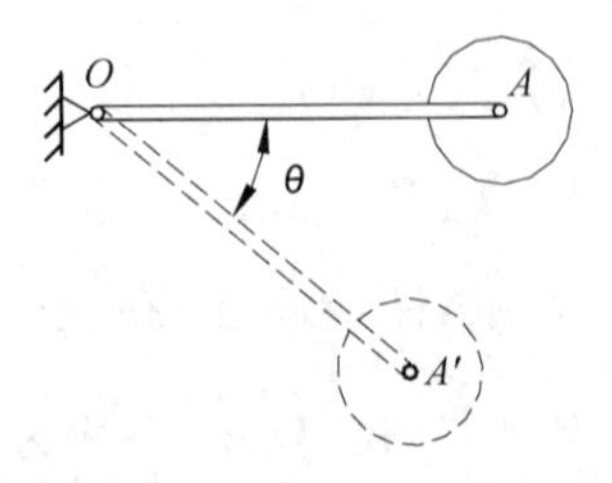

图 12.38　习题 12-4(13)图

(14) 圆轮 A 的质量为 m_1，沿倾角为 θ 的斜面向下滚动而不滑动，如图 12.39 所示。其质心连接绳索，并跨过滑轮 B 提升质量为 m_2 的重物 C，滑轮 B 绕轴 O 转动。设圆轮 A 和滑轮 B 的质量相同，半径相同，且为均质圆盘。试求圆轮 A 的质心加速度和系在圆盘上绳索的拉力。

(15) 如图 12.40 所示的系统中，物块及两个均质轮的质量均为 m，轮半径均为 R。轮 C 上缘缠绕一个刚度系数为 k 的无重弹簧，轮 C 在地面上无滑动地滚动。初始时，弹簧无伸长，此时在轮 O 上挂一个重物，试求当重物由静止下落为 h 时的速度和加速度，以及轮 C 与地面间的摩擦力。

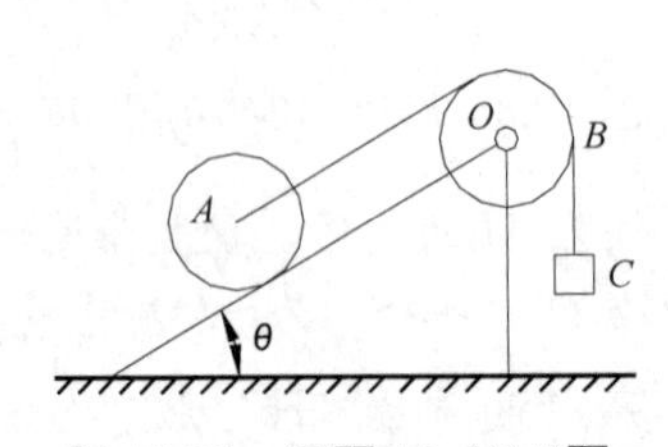

图 12.39　习题 12-4(14)图

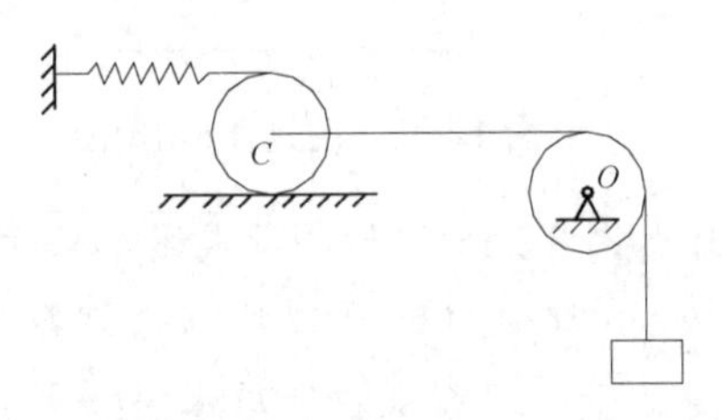

图 12.40　习题 12-4(15)图

(16) 均质细杆 AB 长为 l，质量为 m，靠在铅直的墙壁上，由于微小干扰而倒下，如图 12.41 所示。试求①杆未脱离墙时的角速度、角加速度，以及 B 端的约束力；②B 端脱离墙时的 θ_1 角；③杆刚着地时质心的速度和杆的角速度。

(17) 如图 12.42 所示，均质细杆 AB 长为 l，质量为 m，靠在铅直的墙壁上，由于微小干扰无初速地倒下，杆 A 端在铅直墙壁上滑下，杆 B 端沿水平面右滑。试求当细杆滑到任一位置 φ 时的角速度、角加速度，以及 A、B 端的约束力。

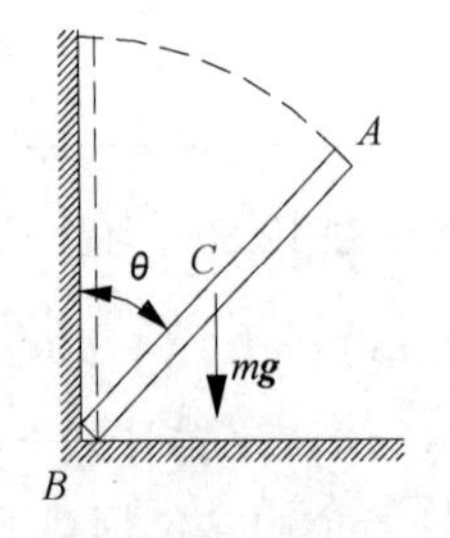

图 12.41　习题 12-4(16)图

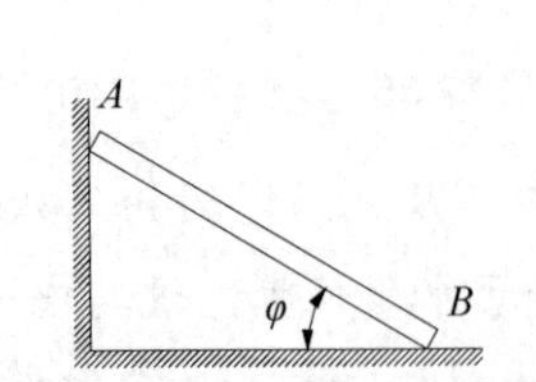

图 12.42　习题 12-4(17)图

第13章

达朗贝尔原理

前面几章我们以牛顿定律为基础研究了质点和质点系的动力学问题，给出了求解质点和质点系动力学问题的普遍定理。这一章我们将学习求解非自由质点系动力学问题的新方法——达朗贝尔原理，它是用静力学平衡的观点解决动力学问题，又称为动静法。它在解决已知运动求约束力方面特别方便，因此在工程中得到广泛的应用。

13.1　质点和质点系的达朗贝尔原理

13.1.1　惯性力与质点的达朗贝尔原理

设非自由质点的质量为 m，加速度为 $\boldsymbol{a}$，作用在质点上的主动力为 $\boldsymbol{F}$，约束力为 $\boldsymbol{F}_{\mathrm{N}}$，如图 13.1 所示。根据牛顿第二定律，有

$$m\boldsymbol{a} = \boldsymbol{F} + \boldsymbol{F}_{\mathrm{N}}$$

将上式移项写为

$$\boldsymbol{F} + \boldsymbol{F}_{\mathrm{N}} - m\boldsymbol{a} = 0 \tag{13-1}$$

引入记号

$$\boldsymbol{F}_{\mathrm{I}} = -m\boldsymbol{a} \tag{13-2}$$

式(13-1)变为

$$\boldsymbol{F} + \boldsymbol{F}_{\mathrm{N}} + \boldsymbol{F}_{\mathrm{I}} = 0 \tag{13-3}$$

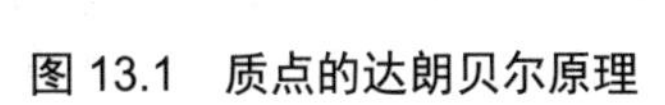

图 13.1　质点的达朗贝尔原理

其中，$\boldsymbol{F}_{\mathrm{I}}$ 具有力的量纲，称为质点的惯性力，它是一个虚拟力，它的大小等于质点的质量和加速度的乘积，方向与质点的加速度方向相反。

式(13-3)为一个汇交力系的平衡方程。它表示作用在质点上的主动力、约束力和虚拟的惯性力在形式上构成平衡力系，称为质点的达朗贝尔原理。此原理是法国科学家达朗贝尔于 1743 年提出的。利用达朗贝尔原理在质点上虚拟添加惯性力，将动力学问题转化成静力学平衡问题进行求解的方法称为动静法。

应当指出：

(1) 达朗贝尔原理并没有改变动力学问题的性质。因为质点实际上并不是受到力的作用而真正处于平衡状态，而是假想地加在质点上的惯性力与作用于质点上的主动力、约束力在形式上构成平衡力系。

(2) 惯性力是一种虚拟力，但它是使质点改变运动状态的施力物体的反作用力。例如，系在绳子一端质量为 m 的小球，速度为 $\boldsymbol{v}$，用手拉住小球在水平面内做匀速圆周运动，如图 13.2 所示。小球受到绳子的拉力 $\boldsymbol{F}$，使小球改变运动状态产生法向加速度 $\boldsymbol{a}_n$，即 $\boldsymbol{F}=m\boldsymbol{a}_n$。小球对绳子的反作用力 $\boldsymbol{F}'=-\boldsymbol{F}=-m\boldsymbol{a}_n$，这是由于小球具有惯性，力图保持其原有的运动状态，而对绳子施加的反作用力。

(3) 质点的加速度不仅可以由一个力引起，而且还可以由同时作用在质点上的几个力共同引起。因此惯性力可以是对多个施力物体的反作用力。例如圆锥摆，如图 13.3 所示，小球在摆线拉力 $\boldsymbol{F}_\mathrm{T}$ 和重力 $m\boldsymbol{g}$ 作用下做匀速圆周运动，有

$$\boldsymbol{F}_\mathrm{T}+m\boldsymbol{g}=m\boldsymbol{a}$$

此时的惯性力为

$$\boldsymbol{F}_\mathrm{I}=-m\boldsymbol{a}=-\boldsymbol{F}_\mathrm{T}-m\boldsymbol{g}=\boldsymbol{F}_\mathrm{T}'+(-m\boldsymbol{g})$$

式中，$\boldsymbol{F}_\mathrm{T}'$ 和 $-m\boldsymbol{g}$ 分别为摆线和地球所受到的小球的反作用力。由于它们不作用在同一个物体上，所以没有合力，但它们构成了小球的惯性力系。

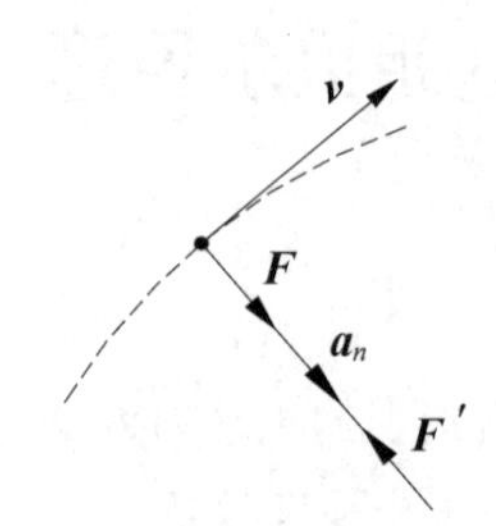

图 13.2 小球在水平面内做圆周运动

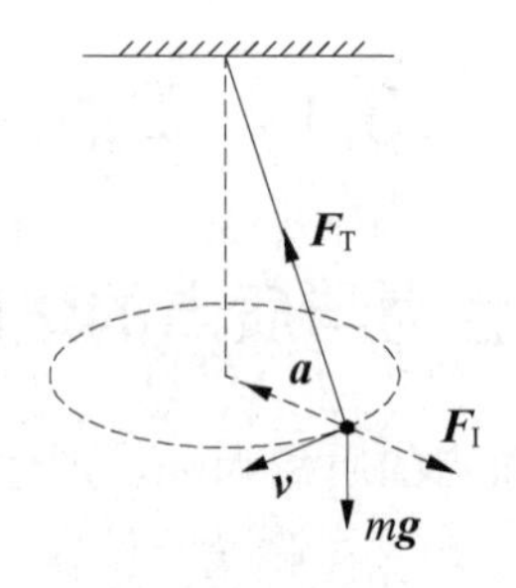

图 13.3 圆锥摆

【例 13.1】一个圆锥摆如图 13.4 所示，重为 $P=9.8\mathrm{N}$ 的小球系于长为 $l=30\,\mathrm{cm}$ 的绳上，绳的另一端系在固定点 O，并与铅直线成 $\varphi=60^\circ$ 角。已知小球在水平面内做匀速圆周运动，试求小球的速度和绳子的拉力。

解： 以小球为研究对象，受有重力 $\boldsymbol{P}$、绳子的拉力 $\boldsymbol{F}_\mathrm{T}$ 以及在小球上虚拟的惯性力如图。由于小球在水平面内做匀速圆周运动，所以其惯性力只有法向惯性力 $\boldsymbol{F}_\mathrm{I}^\mathrm{n}$，即

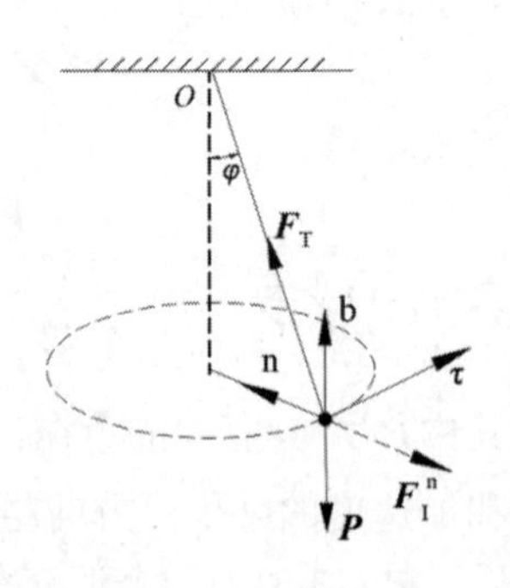

图 13.4 例 13.1 图

$$F_\mathrm{I}^\mathrm{n}=\frac{P}{g}a_\mathrm{n}=\frac{P}{g}\frac{v^2}{l\sin\varphi}$$

方向与法向加速度相反。

由质点的达朗贝尔原理得

$$\boldsymbol{F}_\mathrm{T}+\boldsymbol{P}+\boldsymbol{F}_\mathrm{I}^\mathrm{n}=0$$

将上式向自然轴上投影，得平衡方程为

$$\sum_{i=1}^{n} F_n = 0 , \qquad F_T \sin\varphi - F_I^n = 0$$

$$\sum_{i=1}^{n} F_b = 0 , \qquad F_T \cos\varphi - P = 0$$

解得

$$F_T = \frac{P}{\cos\varphi} = 19.6\text{N} \qquad v = \sqrt{\frac{F_T g l \sin^2\varphi}{P}} = 2.1\text{m/s}$$

13.1.2　质点系的达朗贝尔原理

设质点系由 n 个质点组成，其中第 i 个质点的质量为 m_i，加速度为 $\boldsymbol{a}_i$，作用于该质点的主动力 $\boldsymbol{F}_i$、约束力 $\boldsymbol{F}_{Ni}$、惯性力 $\boldsymbol{F}_{Ii} = -m_i\boldsymbol{a}_i$，则由式(13-3)有

$$\boldsymbol{F}_i + \boldsymbol{F}_{Ni} + \boldsymbol{F}_{Ii} = 0 \quad (i = 1, 2, \cdots, n) \tag{13-4}$$

式(13-4)表明：质点系中的每一个质点受到主动力 $\boldsymbol{F}_i$、约束力 $\boldsymbol{F}_{Ni}$、惯性力 $\boldsymbol{F}_{Ii}$ 作用下在形式上处于平衡。

若将作用在质点系上的力按外力和内力分，设第 i 个质点上的外力为 $\boldsymbol{F}_i^{(e)}$、内力为 $\boldsymbol{F}_i^{(i)}$，式(13-4)为

$$\boldsymbol{F}_i^{(e)} + \boldsymbol{F}_i^{(i)} + \boldsymbol{F}_{Ii} = 0 \quad (i = 1, 2, \cdots, n) \tag{13-5}$$

式(13-5)表明：质点系中的每一个质点在外力 $\boldsymbol{F}_i^{(e)}$、内力 $\boldsymbol{F}_i^{(i)}$、惯性力 $\boldsymbol{F}_{Ii}$ 作用下，在形式上处于平衡。对于整个质点系而言，外力 $\boldsymbol{F}_i^{(e)}$、内力 $\boldsymbol{F}_i^{(i)}$、惯性力 $\boldsymbol{F}_{Ii}$ $(i = 1, 2, \cdots, n)$ 在形式上构成空间平衡力系，由静力学平衡理论知，空间任意力系平衡的必要与充分条件是力系的主矢和对任一点的主矩均为零。即

$$\begin{cases} \sum_{i=1}^{n} \boldsymbol{F}_i^{(e)} + \sum_{i=1}^{n} \boldsymbol{F}_i^{(i)} + \sum_{i=1}^{n} \boldsymbol{F}_{Ii} = 0 \\ \sum_{i=1}^{n} \boldsymbol{M}_O(\boldsymbol{F}_i^{(e)}) + \sum_{i=1}^{n} \boldsymbol{M}_O(\boldsymbol{F}_i^{(i)}) + \sum_{i=1}^{n} \boldsymbol{M}_O(\boldsymbol{F}_{Ii}) = 0 \end{cases} \tag{13-6}$$

由于内力是成对出现的，内力的主矢 $\sum_{i=1}^{n} \boldsymbol{F}_i^{(i)} = 0$，内力的主矩 $\sum_{i=1}^{n} \boldsymbol{M}_O(\boldsymbol{F}_i^{(i)}) = 0$。则式(13-6)为

$$\begin{cases} \sum_{i=1}^{n} \boldsymbol{F}_i^{(e)} + \sum_{i=1}^{n} \boldsymbol{F}_{Ii} = 0 \\ \sum_{i=1}^{n} \boldsymbol{M}_O(\boldsymbol{F}_i^{(e)}) + \sum_{i=1}^{n} \boldsymbol{M}_O(\boldsymbol{F}_{Ii}) = 0 \end{cases} \tag{13-7}$$

质点系的达朗贝尔原理：作用在质点系上的所有外力与虚加在质点上的惯性力在形式上构成平衡力系。

式(13-7)在直角坐标轴上的投影形式如下：

(1) 空间力系

$$\begin{cases}\sum_{i=1}^{n}F_{xi}^{(e)}+\sum_{i=1}^{n}F_{\mathrm{I}xi}^{(e)}=0\\ \sum_{i=1}^{n}F_{yi}^{(e)}+\sum_{i=1}^{n}F_{\mathrm{I}yi}^{(e)}=0\\ \sum_{i=1}^{n}F_{zi}^{(e)}+\sum_{i=1}^{n}F_{\mathrm{I}zi}^{(e)}=0\\ \sum_{i=1}^{n}M_x(\boldsymbol{F}^{(e)})+\sum_{i=1}^{n}M_x(\boldsymbol{F}_{\mathrm{I}i}^{(e)})=0\\ \sum_{i=1}^{n}M_y(\boldsymbol{F}^{(e)})+\sum_{i=1}^{n}M_y(\boldsymbol{F}_{\mathrm{I}i}^{(e)})=0\\ \sum_{i=1}^{n}M_z(\boldsymbol{F}^{(e)})+\sum_{i=1}^{n}M_z(\boldsymbol{F}_{\mathrm{I}i}^{(e)})=0\end{cases} \tag{13-8}$$

(2) 平面力系

$$\begin{cases}\sum_{i=1}^{n}F_{xi}^{(e)}+\sum_{i=1}^{n}F_{\mathrm{I}xi}^{(e)}=0\\ \sum_{i=1}^{n}F_{yi}^{(e)}+\sum_{i=1}^{n}F_{\mathrm{I}yi}^{(e)}=0\\ \sum_{i=1}^{n}M_O(\boldsymbol{F}^{(e)})+\sum_{i=1}^{n}M_O(\boldsymbol{F}_{\mathrm{I}i}^{(e)})=0\end{cases} \tag{13-9}$$

13.2 刚体惯性力系的简化

在应用动静法解决非自由质点系的动力学问题时，往往需要在每个质点上虚加惯性力，当质点较多，特别是为刚体时，非常不方便。因此需要对虚加惯性力系进行简化以便求解。下面对刚体做平移、绕定轴转动和刚体做平面运动时的惯性力系进行简化。

13.2.1 平移刚体惯性力系的简化

当刚体做平移时，由于同一瞬时刚体上各点的加速度相等，则各点的加速度都用质心 C 的加速度表示，即 $\boldsymbol{a}_C=\boldsymbol{a}_i$，如图 13.5 所示。将惯性力加在每个质点上，组成平行的惯性力系，且均与质心 C 的加速度方向相反，惯性力系向任一点 O 简化，得惯性力系主矢为

$$\begin{aligned}\boldsymbol{F}_{\mathrm{I}R}'&=\sum_{i=1}^{n}\boldsymbol{F}_{\mathrm{I}i}=\sum_{i=1}^{n}(-m_i\boldsymbol{a}_i)=\sum_{i=1}^{n}(-m_i\boldsymbol{a}_C)\\&=\left(\sum_{i=1}^{n}-m_i\right)\boldsymbol{a}_C=-M\boldsymbol{a}_C\end{aligned} \tag{13-10}$$

惯性力系的主矩为

$$\begin{aligned}\boldsymbol{M}_{\mathrm{I}O}&=\sum_{i=1}^{n}\boldsymbol{r}_i\times\boldsymbol{F}_{\mathrm{I}i}=\sum_{i=1}^{n}\boldsymbol{r}_i\times(-m_i\boldsymbol{a}_i)\\&=-\left(\sum_{i=1}^{n}m_i\boldsymbol{r}_i\right)\times\boldsymbol{a}_C=-M\boldsymbol{r}_C\times\boldsymbol{a}_C\end{aligned} \tag{13-11}$$

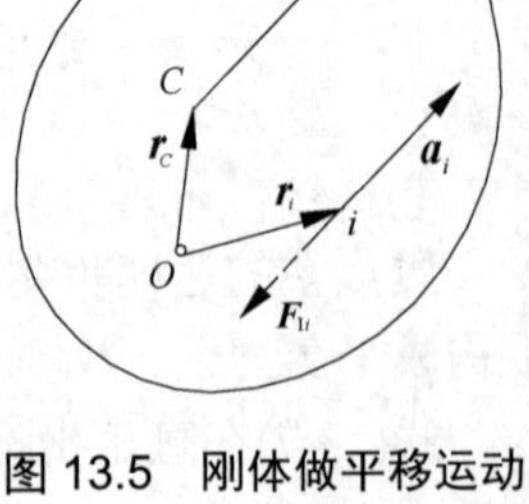

图 13.5 刚体做平移运动

式(13-11)中，$\boldsymbol{r}_C$ 为简化中心点 O 到质心 C 的矢径。若取质心 C 为简化中心，则 $\boldsymbol{r}_C=0$。

惯性力系的主矩为

$$M_{IO}=0 \tag{13-12}$$

当简化中心不在质心 C 处时，其主矩 $\boldsymbol{M}_{IO}\neq 0$ 。

结论：刚体做平移时，惯性力系简化为通过质心的一个合力，其大小等于刚体的质量和质心加速度的乘积，方向与质心加速度方向相反。

13.2.2 定轴转动刚体惯性力系的简化

这里只限于刚体具有质量对称平面且转轴垂直于此对称平面的特殊情形。

当刚体做定轴转动时，先将刚体上的惯性力简化在质量对称平面上，构成平面力系，再将平面力系向转轴与对称平面的交点 O 简化。以轴心 O 为简化中心，如图 13.6 所示，惯性力系的主矢为

$$\boldsymbol{F}'_{IR}=\sum_{i=1}^{n}\boldsymbol{F}_{Ii}=\sum_{i=1}^{n}(-m_i\boldsymbol{a}_i)=-\frac{\mathrm{d}}{\mathrm{d}t}\left(\sum_{i=1}^{n}m_i\boldsymbol{v}_i\right)$$
$$=-\frac{\mathrm{d}}{\mathrm{d}t}(M\boldsymbol{v}_C)=-M\boldsymbol{a}_C \tag{13-13}$$

惯性力系的主矩为

$$M_{IO}=\sum_{i=1}^{n}\boldsymbol{M}_O(\boldsymbol{F}_{Ii}^{\tau})=-\left(\sum_{i=1}^{n}m_i\alpha r_i\cdot r_i\right)$$
$$=-\alpha\sum_{i=1}^{n}m_ir_i^2=-J_O\alpha \tag{13-14}$$

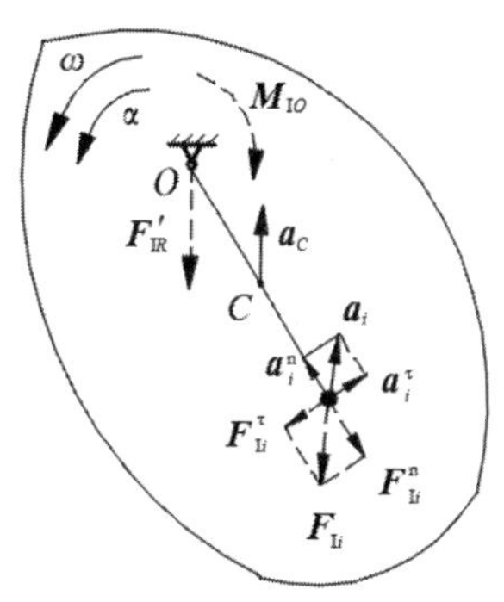

图 13.6 定轴转动刚体

式中，J_O 为刚体对转轴的转动惯量。

结论：具有质量对称平面且转轴垂直于此对称平面的定轴转动刚体的惯性力系，向转轴简化为一个力和一个力偶。此力的大小等于刚体的质量和质心加速度的乘积，方向与质心加速度方向相反，作用线通过转轴；此力偶矩的大小等于刚体对转轴的转动惯量与角加速度的乘积，转向与角加速度转向相反。

当转轴通过质心时，质心的加速度 $\boldsymbol{a}_C=0$，$\boldsymbol{F}'_{IR}=0$，则惯性力系简化为一个力矩。即

$$M_{IC}=-J_C\alpha \tag{13-15}$$

13.2.3 平面运动刚体惯性力系的简化

设刚体具有质量对称平面，且刚体上的各点在与对称平面保持平行的平面内运动。此时刚体上的惯性力简化为在此对称平面内的平面力系。由平面运动的特点，取质心 C 为基点，如图 13.7 所示，质心的加速度为 $\boldsymbol{a}_C$，绕质心 C 转动的角速度为 ω，角加速度为 α，惯性力系的主矢为

$$\boldsymbol{F}'_{IR}=-M\boldsymbol{a}_C \tag{13-16}$$

惯性力系的主矩为

$$M_{IC}=-J_C\alpha \tag{13-17}$$

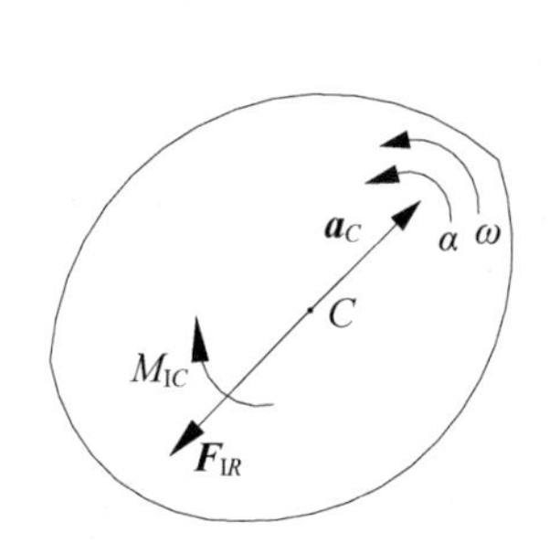

图 13.7 平面运动刚体

式中，J_C 为过质心且垂直于质量对称平面的轴的转动惯量。

结论：具有质量对称平面的刚体，在平行于此平面运动时，刚体的惯性力系简化为在此平面内的一个力和一个力偶。此力大小等于刚体的质量和质心加速度的乘积，方向与质心加速度方向相反，作用线通过质心；此力偶矩的大小等于刚体对通过质心且垂直于质量对称平面的轴的转动惯量和角加速度的乘积，转向与角加速度的转向相反。

【例 13.2】均质圆柱体 *A* 的质量为 *m*，在外缘上绕有一根细绳，绳的一端 *B* 固定不动，如图 13.8(a)所示，圆柱体无初速度地自由下降，试求圆柱体质心的加速度和绳的拉力。

解：对圆柱体 *A* 进行受力分析，作用其上的力有圆柱体的重力 $m\boldsymbol{g}$、绳的拉力 $\boldsymbol{F}_{\mathrm{T}}$、作用在圆柱质心的虚拟惯性力 $\boldsymbol{F}_{\mathrm{I}}$ 和惯性力矩 $\boldsymbol{M}_{\mathrm{I}A}$，即

$$\begin{cases} F_{\mathrm{I}} = ma_A = mR\alpha \\ M_{\mathrm{I}A} = J_A\alpha = \dfrac{1}{2}mR^2\alpha \end{cases} \tag{a}$$

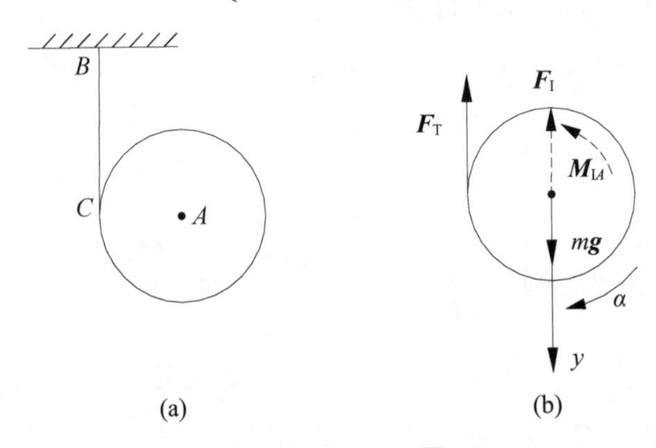

图 13.8　例 13.2 图

其方向如图 13.8(b)所示，R 为圆柱体的半径。

列平衡方程为

$$\sum_{i=1}^{n} M_C = 0 \qquad M_{\mathrm{IA}} - mgR + F_{\mathrm{I}}R = 0 \tag{b}$$

$$\sum_{i=1}^{n} F_y = 0 \qquad mg - F_{\mathrm{T}} - F_{\mathrm{I}} = 0 \tag{c}$$

将式(a)代入式(b)和式(c)，并联立求解，得圆柱体的角加速度和绳的拉力为

$$\alpha = \frac{2g}{3R}$$

$$F_{\mathrm{T}} = \frac{1}{3}mg$$

圆柱体质心的加速度为

$$a_A = R\alpha = \frac{2}{3}g$$

【例 13.3】如图 13.9(a)所示，均质圆盘 *D* 的质量为 m_1，由水平绳拉着沿水平面做纯滚动，绳的另一端跨过定滑轮 *B* 并系一个重物 *A*，重物的质量为 m_2。绳和定滑轮 *B* 的质量不计，试求重物下降的加速度、圆盘质心 *C* 的加速度以及作用在圆盘上绳的拉力。

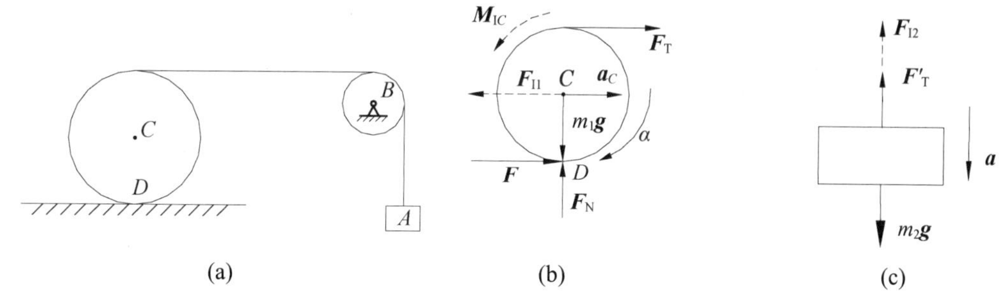

图 13.9　例 13.3 图

解：以圆盘为研究对象，作用在圆盘上的力有重力 $m_1\boldsymbol{g}$、绳的拉力 $\boldsymbol{F}_T$、法向约束力 $\boldsymbol{F}_N$、摩擦力 $\boldsymbol{F}$、虚拟惯性力 $\boldsymbol{F}_{I1}$ 和惯性力矩 $\boldsymbol{M}_{IC}$。虚拟惯性力 $\boldsymbol{F}_{I1}$ 和 $\boldsymbol{M}_{IC}$ 为

$$F_{I1} = m_1 a_C = \frac{1}{2} m_1 a_A$$

$$M_{IC} = J_C \alpha = \frac{1}{2} m_1 r^2 \frac{a_C}{r} = \frac{1}{2} m_1 r \frac{a_A}{2} = \frac{1}{4} m_1 r a_A$$

方向如图 13.9(b)所示，r 为圆盘的半径。

列平衡方程为

$$\sum_{i=1}^{n} M_D = 0 \qquad M_{IC} + F_{I1} r - F_T 2r = 0 \tag{a}$$

再以重物 A 为研究对象，作用在重物 A 上的力有重力 $m_2\boldsymbol{g}$、绳的拉力 $\boldsymbol{F}'_T$、虚拟惯性力 $\boldsymbol{F}_{I2}$。虚拟惯性力为

$$F_{I2} = m_2 a_A$$

方向如图 13.9(c)所示。

列平衡方程为

$$\sum_{i=1}^{n} F_y = 0 \qquad m_2 g - F'_T - F_{I2} = 0 \tag{b}$$

式(a)和式(b)联立，并注意 $F_T = F'_T$，解得重物下降的加速度为

$$a_A = \frac{8m_2}{3m_1 + 8m_2} g$$

圆盘质心的加速度为

$$a_C = \frac{1}{2} a_A = \frac{4m_2}{3m_1 + 8m_2} g$$

作用在圆盘上绳的拉力为

$$F_T = \frac{3m_1 m_2}{3m_1 + 8m_2} g$$

【例 13.4】均质直杆 AB 重为 P，杆长为 l，A 为球铰链，B 端自由，以匀角速度 ω 绕铅垂轴 Az 转动，如图 13.10(a)所示。试求杆 AB 与铅垂轴的夹角以及铰链 A 处的约束力。

解：(1) 计算惯性力。

如图 13.10(b)所示，将杆 AB 分割成微段 $\mathrm{d}r$，且距 A 为 r，则 $\mathrm{d}r$ 段上的惯性力为

$$\mathrm{d}F_{\mathrm{I}}^{n}=\mathrm{d}ma_{i}^{n}=(\rho\mathrm{d}r)r\sin\beta\omega^{2}=\frac{P}{gl}r\sin\beta\omega^{2}\mathrm{d}r \tag{a}$$

其中，$\rho=\dfrac{P}{gl}$为杆的线密度。

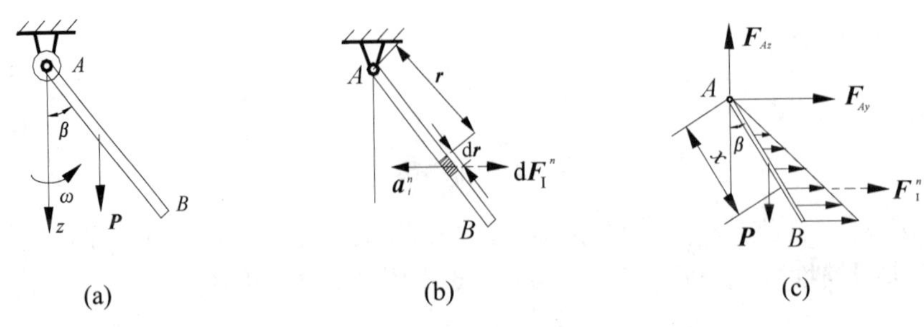

图 13.10　例 13.4 图

对式(a)积分，求合惯性力为

$$F_{\mathrm{I}}^{n}=\int_{0}^{l}\frac{P}{gl}r\sin\beta\omega^{2}\mathrm{d}r=\frac{P}{2g}l\omega^{2}\sin\beta \tag{b}$$

合惯性力的作用线位置，由合力矩定理有

$$M_{A}(F_{\mathrm{I}}^{n})=\sum_{i=1}^{n}M_{A}(F_{\mathrm{I}i}^{n})$$

得

$$F_{\mathrm{I}}^{n}x\cos\beta=\int_{0}^{l}\frac{P}{gl}r\sin\beta\omega^{2}r\cos\beta\mathrm{d}r$$

其中，x为合惯性力到A的距离。

解得

$$F_{\mathrm{I}}^{n}x\cos\beta=\frac{P}{3g}l^{2}\omega^{2}\sin\beta\cos\beta$$

将式(b)代入得

$$x=\frac{2}{3}l \tag{c}$$

由式(a)和式(c)知，此惯性力为线性分布荷载，其合力为荷载图的面积，合力的作用线通过荷载图的形心。

(2) 求杆AB与铅垂轴的夹角β以及铰链A处的约束力。

对杆AB进行受力分析，如图 13.10(c)所示，在杆所在的铅垂平面内，杆受重力为$\boldsymbol{P}$，铰链A处的约束力为$\boldsymbol{F}_{Ay}$、$\boldsymbol{F}_{Az}$，虚拟惯性力为$\boldsymbol{F}_{\mathrm{I}}^{n}$。列平衡方程为

$$\sum_{i=1}^{n}M_{A}=0\qquad F_{\mathrm{I}}^{n}\frac{2}{3}l\cos\beta-P\frac{1}{2}l\sin\beta=0 \tag{d}$$

$$\sum_{i=1}^{n}F_{y}=0\qquad F_{\mathrm{I}}^{n}+F_{Ay}=0 \tag{e}$$

$$\sum_{i=1}^{n}F_{z}=0\qquad F_{Az}-P=0 \tag{f}$$

将惯性力式(b)代入式(d)、式(e)、式(f)得

$$F_{Ay}=-F_{\mathrm{I}}^{n}=-\frac{P}{2g}l\omega^2\sin\beta$$

$$F_{Az}=P$$

$$\beta=\arccos\frac{3g}{2l\omega^2}$$

本章小结

小结的具体内容请扫描右侧二维码获取。

习　题　13

13-1　是非题(正确的画√，错误的画×)

(1) 质量相同的物体其惯性力也相同。　(　　)

(2) 惯性力是使质点改变运动状态的施力物体的反作用力。　(　　)

(3) 凡是运动的质点都具有惯性力。　(　　)

(4) 惯性力是真实力。　(　　)

(5) 平移刚体的惯性力可简化为质心上的一个力。　(　　)

13-2　填空题(把正确的答案写在横线上)

(1) 如图 13.11 所示的平面机构，$AC\parallel BD$，且 $AC=BD=l$，均质杆 AB 的质量为 m，杆长为 l，杆 AC 以角速度 ω 和角加速度 α 摆动，则杆 AB 的惯性力向其质心点 E 简化为 $F_{\mathrm{I}E}=$________、$M_{\mathrm{I}E}=$________。

(2) 如图 13.12 所示，在水平面做定轴转动的均质杆 OA，以匀角速度 ω 转动，质量为 m，则距转轴 O 为 x 处的惯性力 $F_{\mathrm{I}}=$________；若假设杆受拉，则最大内力 $F=$________，发生在 $x=$________处。

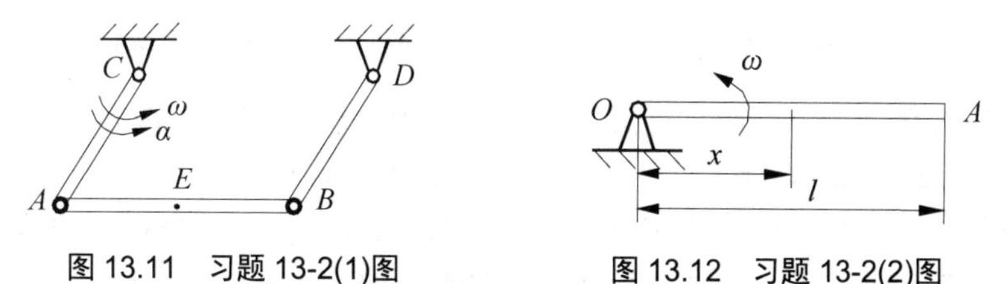

图 13.11　习题 13-2(1)图　　图 13.12　习题 13-2(2)图

13-3　简答题

(1) 一列火车在起动过程中，哪节车厢的挂钩受力最大？为什么？

(2) 均质圆环绕通过中心且与圆环平面垂直的轴转动，其上各点的惯性力是否相等？为什么？

(3) 为什么说惯性力是使质点改变运动状态的施力物体的反作用力？举例说明。

13-4　计算题

(1) 物体 A 重为 P_1，放在水平面上，水平面的摩擦因数为 f，物体 B 重为 P_2，滑轮 C 的细绳连接物体 A 和物体 B，如图 13.13 所示。滑轮 C 的质量和轴承的摩擦不计，试求当物体 B 下降时，物体 A 的加速度和细绳的拉力。

(2) 两个重物重为 $P=20\,\text{kN}$ 和 $Q=8\,\text{kN}$，连接如图 13.14 所示，并由电动机 A 拖动。如电动机的绳的拉力为 3kN，滑轮的重量不计，试求重物 P 的加速度和绳 ED 的拉力。

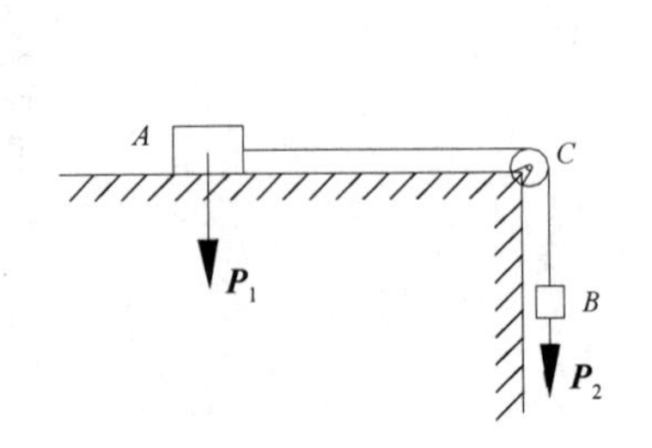

图 13.13　习题 13-4(1)图

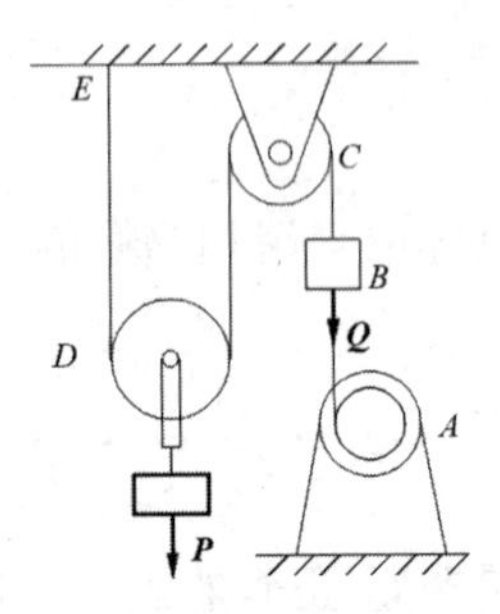

图 13.14　习题 13-4(2)图

(3) 如图 13.15 所示的轮轴质心位于 O 处，对轴的转动惯量为 J_O。在轮轴上系有两个质量为 m_1 和 m_2 的物体，若此轮轴顺时针转动，试求轮轴的角加速度 α 和轴承的动约束力。

(4) 如图 13.16 所示，质量为 m_1 的物体 A 下落时，带动质量为 m_2 的均质圆盘 B 转动，不计支架和绳子的重量以及轴处的摩擦，$BC=a$，圆盘 B 的半径为 R。试求固定端 C 的约束力。

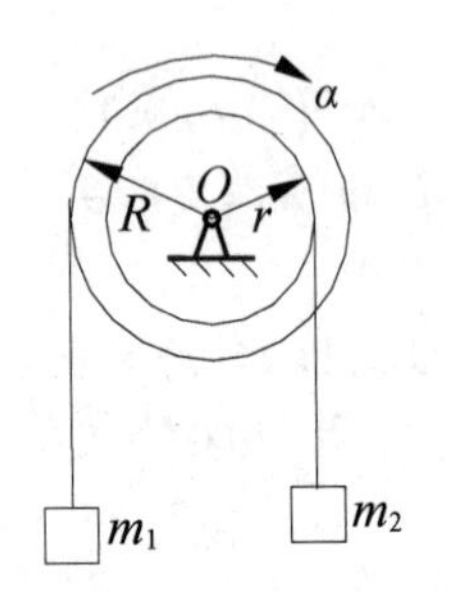

图 13.15　习题 13-4(3)图

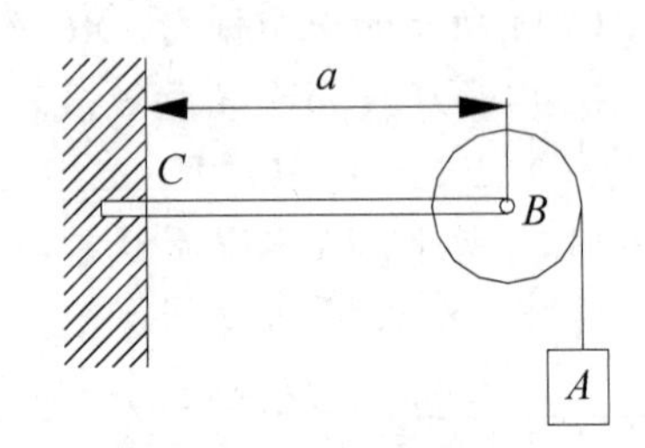

图 13.16　习题 13-4(4)图

(5) 均质杆 AB 长为 l，重为 P，由铰链 A 和绳索支持，如图 13.17 所示。若连接点 B 的绳索突然断开，试求此瞬时铰支座 A 的约束力和点 B 的加速度。

(6) 如图 13.18 所示的长方形均质板，边长为 $a=20\,\text{cm}$，$b=15\,\text{cm}$，质量为 27kg，用两个销子 A 和 B 悬挂。若突然撤去销子 B，试求此瞬时均质板的角加速度和销子 A 的约束力。

(7) 正方形均质板重为 40N，在铅垂面内以三根软绳拉住，板的边长为 $b=10\,\text{cm}$，如图 13.19 所示。试求：①当软绳 FG 剪断后，方板开始运动时板中心的加速度以及 AD 和 BE 两绳的拉力；②当绳 AD 和绳 BE 位于铅直位置时，板中心 C 的加速度以及 AD 和 BE 两绳的拉力。

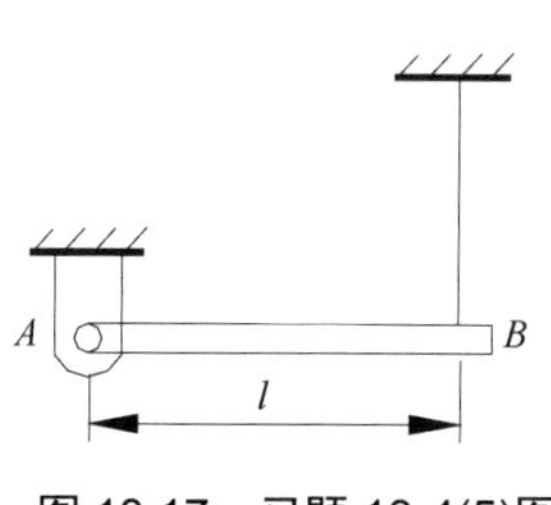

图 13.17　习题 13-4(5)图

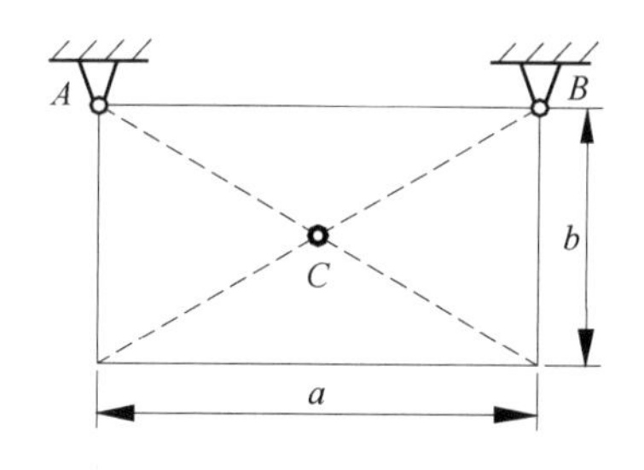

图 13.18　习题 13-4(6)图

(8) 如图 13.20 所示，直角杆其边长为 a 和 b，直角点与铅直轴相连，并以匀角速度 ω 转动，试求杆与铅垂线的夹角 φ 与角速度 ω 的关系。

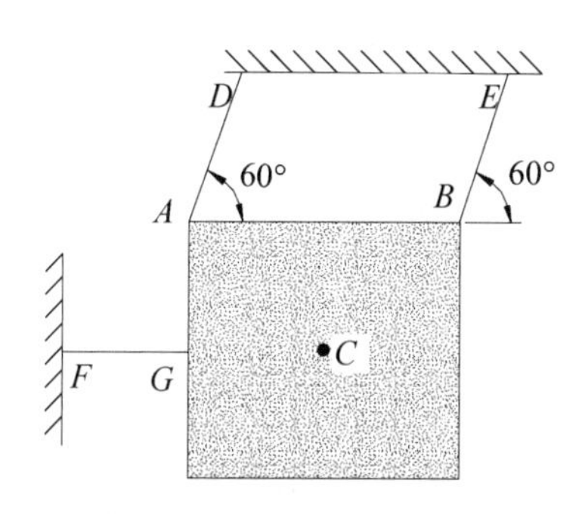

图 13.19　习题 13-4(7)图

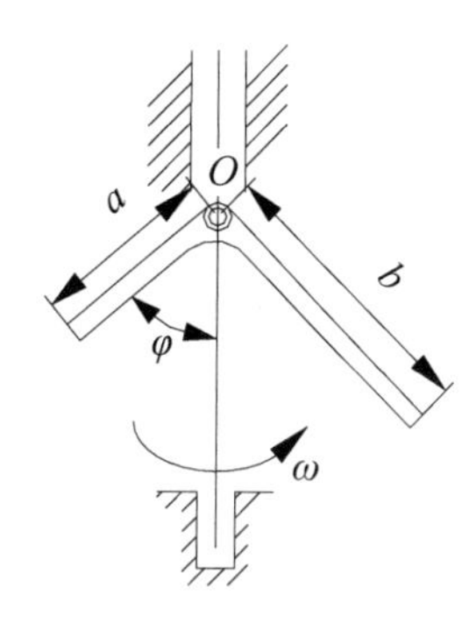

图 13.20　习题 13-4(8)图

(9) 长为 l 的均质直杆 OA，质量为 m，如图 13.21 所示，从铅垂位置自由倒下。试求当 d 为多大时，AB 段的点 B 受到力偶矩 M 为最大，因而杆容易在此折断。

(10) 如图 13.22 所示，长度为 l、质量为 m 的均质杆 AB 铰接在半径为 r，质量为 m 的均质圆盘的中心点 A 处，圆盘在水平面上做无滑动的滚动。若杆 AB 由图示水平位置无初速释放，试求杆 AB 运动到铅垂位置时，①杆 AB 的角速度 ω_{AB}，盘心 A 的速度 v_A；②杆 AB 的角加速度 α_{AB}，盘心 A 的加速度 a_A；③地面作用于盘上的力。

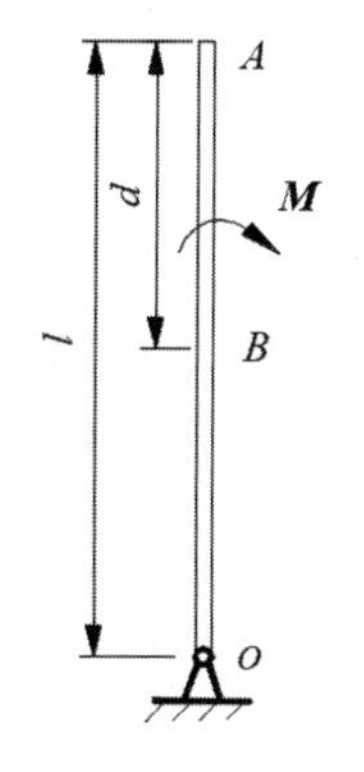

图 13.21　习题 13-4(9)图

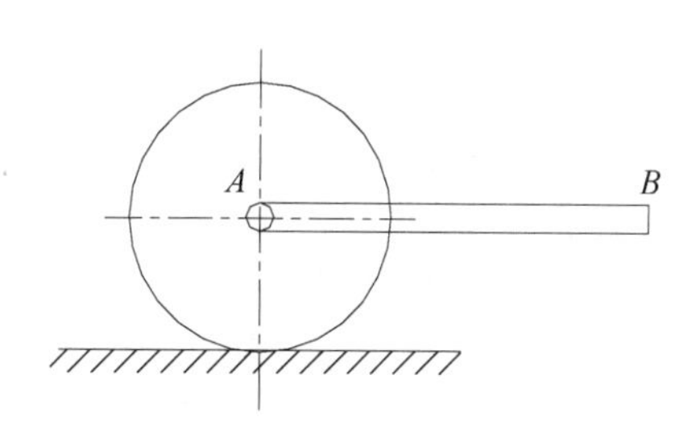

图 13.22　习题 13-4(10)图

第 14 章

虚位移原理

在静力学中，我们利用力系的平衡条件研究了刚体在力作用下的平衡问题，但对有许多约束的刚体系而言，求解某些未知力需要取几次研究对象，建立足够多的平衡方程，才能求出所要求的未知力。这样做是非常繁杂的，同时平衡方程的确立只是对刚体而言是必要充分条件；而对任意的非自由质点系而言，它只是必要条件，不是充分条件。

从本章开始我们学习用数学分析的方法来研究非自由质点系的力学问题，称为分析力学。1788 年，法国科学家拉格朗日发表的《分析力学》一书，给出了解决非自由质点系的新方法，即利用广义坐标描述非自由质点系的运动，使描述系统运动量大大减少。同时从能量角度出发将质点系的动能、势能与功用广义坐标联系起来，给出了动力学普遍方程和拉格朗日方程。

虚位移原理是静力学的一般原理，它给出了任意质点系平衡的必要和充分条件，减少了不必要的平衡方程，从系统主动力做功的角度出发研究质点系的平衡问题。

14.1　约束、自由度与广义坐标

14.1.1　约束

质点或质点系的运动受到它周围物体的限制作用，这种限制作用称为约束，表示约束的数学方程称为约束方程。按约束方程的形式对约束进行以下分类。

1. 几何约束和运动约束

限制质点或质点系在空间几何位置的约束称为几何约束。例如图 14.1 所示的单摆，其约束方程为

$$x^2 + y^2 = l^2$$

又如图 14.2 所示的曲柄连杆机构，其约束方程为

$$\begin{cases} x_A^2+y_A^2=r^2 \\ (x_A-x_B)^2+(y_A-y_B)^2=l^2 \\ y_B=0 \end{cases}$$

上述例子中的约束方程均表示几何约束。

如果约束方程中含有坐标对时间的导数，或者是限制质点或质点系运动的约束，则称为运动约束。如图 14.3 所示，在平直轨道上做纯滚动的圆轮，轮心 C 的速度为

$$v_C=\omega r$$

运动约束方程为

$$v_C-\omega r=0$$

设 x_C 和 φ 分别为轮心 C 的坐标和圆轮的转角，则上式可改写为

$$\dot{x}_C-\dot{\varphi}r=0$$

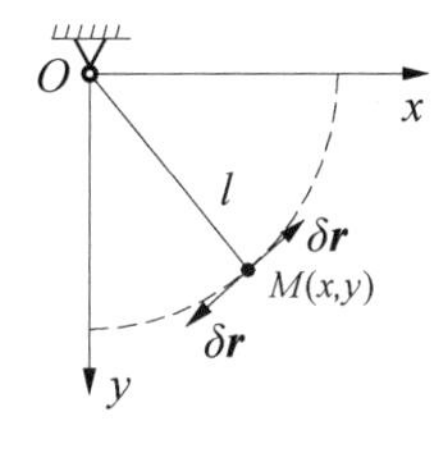

图 14.1 单摆

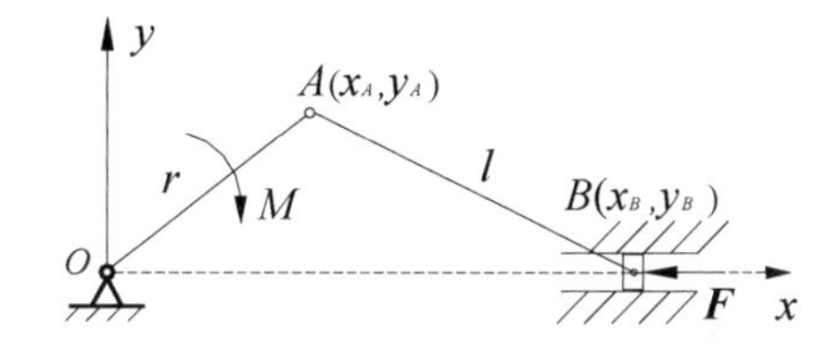

图 14.2 曲柄连杆机构

2. 定常约束与非定常约束

约束方程中不显示含时间的约束称为定常约束，上面各例中的约束均为定常约束。约束方程中显示含时间的约束称为非定常约束，例如将单摆的绳穿在小环上，如图 14.4 所示，设初始摆长为 l_0，以不变的速度拉动摆绳，单摆的约束方程为

$$x^2+y^2=(l_0-vt)^2$$

因为约束方程中有时间变量 t，所以属于非定常约束。

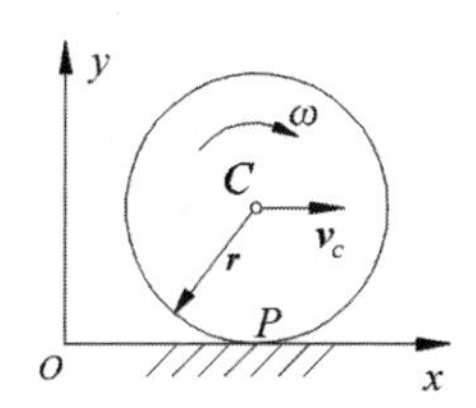

图 14.3 在平直轨道上做纯滚动的圆轮

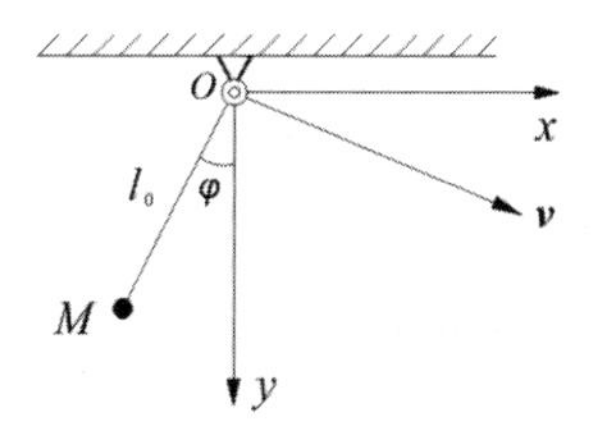

图 14.4 穿小环的单摆

3. 完整约束与非完整约束

约束方程中含有坐标对时间的导数，而且方程不能积分成有限形式的，称为非完整约束。反之，约束方程中不含有坐标对时间的导数或约束方程中含有坐标对时间的导数，但能积分成有限形式的，称为完整约束。上述例子中在平直轨道上做纯滚动的圆轮，其运动约束方程为完整约束。

4. 双侧约束与单侧约束

如果约束不仅限制物体沿某一方向的位移，同时也限制物体沿相反方向的位移，这种约束称为双侧约束。如图14.1所示的单摆是用直杆制成的，摆杆不仅限制小球拉伸方向的位移，而且也限制小球沿压缩方向的位移，此约束为双侧约束。若将摆杆换成绳索，则绳索不能限制小球沿压缩方向的位移，这样的约束为单侧约束。即约束仅限制物体沿某一方向的位移，不能限制物体沿相反方向的位移，这种约束称为单侧约束。

本章非自由质点系的约束只限于几何、定常的双侧约束，约束方程的一般形式为

$$f_j(x_1,y_1,z_1,\cdots,x_n,y_n,z_n)=0 \quad (j=1,2,\cdots,s) \tag{14-1}$$

式中，n 为质点系中质点的数目，s 为约束方程的数目。

14.1.2 自由度

确定具有完整约束的质点系位置所需独立坐标的数目称为质点系的自由度数，简称自由度，用k表示。例如，在空间运动的质点，其独立坐标为(x,y,z),自由度为$k=3$；在平面运动的质点，其独立坐标为(x,y)，自由度为$k=2$；做平面运动的刚体，其独立坐标为(x_A,y_A,φ)，自由度为 k=3。

一般情况下，设由 n 个质点组成的质点系，受有 s 个几何约束，此完整系统的自由度数如下。

空间运动的自由度数：$k=3n-s$。

平面运动的自由度数：$k=2n-s$。

14.1.3 广义坐标

确定质点系位置的独立参量称为质点系的广义坐标，常用q_j $(j=1,2,\cdots,s)$表示。广义坐标的形式有多种，可以是笛卡儿直角坐标x、y、z，或弧坐标s，或转角φ等。

一般情况下，设具有理想、双侧约束的质点系，由 n 个质点组成，受有 s 个几何约束，系统的自由度为$k=3n-s$，若以$q_1,q_2,\cdots,q_k$表示质点系的广义坐标，则质点系第 i 个质点的直角坐标形式的广义坐标为

$$\begin{cases}x_i=x_i(q_1,q_2,\ldots,q_k,t)\\ y_i=y_i(q_1,q_2,\ldots,q_k,t)\\ z_i=z_i(q_1,q_2,\ldots,q_k,t)\end{cases} \quad (i=1,2,\cdots,n) \tag{14-2}$$

矢量形式为

$$\boldsymbol{r}_i=\boldsymbol{r}_i(q_1,q_2,\ldots,q_k,t) \quad (i=1,2,\cdots,n) \tag{14-3}$$

14.2　虚位移原理概述

14.2.1　虚位移和虚功

1. 虚位移

在某给定瞬时，质点或质点系在约束允许的条件下可能实现的无限小的位移称为质点或质点系的虚位移。虚位移既可以是线位移，也可以是角位移。用变分符号 $\delta \boldsymbol{r}$ 表示，以区别于真实位移 $\mathrm{d}\boldsymbol{r}$ 。

如图 14.1 所示的单摆，沿圆弧的切线有虚位移 $\delta \boldsymbol{r}$ 。

虚位移与实际位移是两个截然不同的概念。虚位移只与约束条件有关，与时间、作用力和运动的初始条件无关。实位移是质点或质点系在一定的时间内发生的真实位移，除了与约束条件有关以外，还与作用在其上的主动力和运动的初始条件有关。虚位移是任意的无限小的位移，在定常约束下，可以有沿不同方向的虚位移。

2. 虚功

力在虚位移上所做的功称为虚功，用 δW 表示，即

$$\delta W = \boldsymbol{F} \cdot \delta \boldsymbol{r} \tag{14-4}$$

虚功与实际位移中的元功在本教材中的符号相同，但它们之间有着本质的区别。因为虚位移是假想的，不是真实的位移，因此其虚功就不是真实的功，是假想的，它与实际位移无关；而实际位移中的元功是真实位移的功，它与物体运动的路径有关。这一点学习时需要注意。

3. 理想约束

如果约束力在质点系的任意虚位移中所做的虚功之和等于零，这样的约束称为理想约束。若用 $\boldsymbol{F}_{\mathrm{N}i}$ 表示质点系中第 i 个质点所受的约束力，$\delta \boldsymbol{r}_i$ 表示质点系中第 i 个质点的虚位移，则理想约束为

$$\delta W = \sum_{i=1}^{s} \boldsymbol{F}_{\mathrm{N}i} \cdot \delta \boldsymbol{r}_i = 0 \tag{14-5}$$

将第 12 章的式(12-11)中的 $\mathrm{d}\boldsymbol{r}_i$ 变换为 $\delta \boldsymbol{r}_i$ 即成为式(14-5)。如光滑接触面、铰链、不可伸长绳索、刚杆(二力杆)等均为理想约束。将第 12 章的理想约束推广到某些非定常约束，也能成为理想约束。例如变长度单摆如图 14.5 所示，绳的约束力在实位移上所做的功 $\boldsymbol{F}_{\mathrm{T}} \cdot \mathrm{d}\boldsymbol{r} \neq 0$ ，但虚位移上的虚功 $\boldsymbol{F}_{\mathrm{T}} \cdot \delta \boldsymbol{r} = 0$ ，因而也是理想约束。

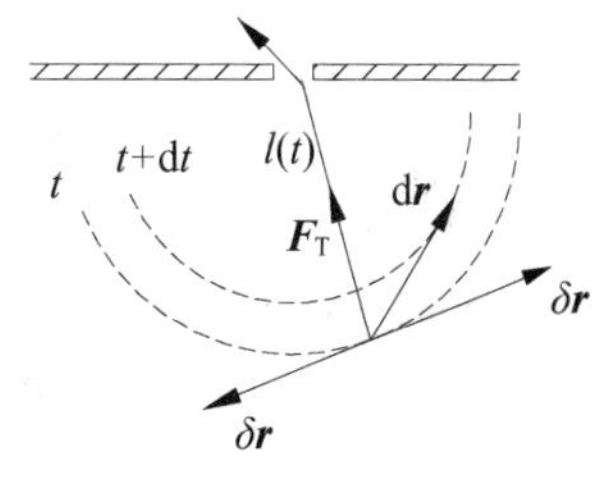

图 14.5　变长度单摆

14.2.2　虚位移原理

具有理想、双侧、定常约束的质点系，其平衡的必要与充分条件是：作用在质点系上

的所有主动力在任何虚位移中所做的虚功的和等于零，此原理称为虚位移原理。即

$$\delta W_F=\sum_{i=1}^{n}\boldsymbol{F}_i\cdot\delta\boldsymbol{r}_i=0 \tag{14-6}$$

式(14-6)的解析式为

$$\sum_{i=1}^{n}(F_{xi}\delta x_i+F_{yi}\delta y_i+F_{zi}\delta z_i)=0 \tag{14-7}$$

虚位移原理是由拉格朗日于 1764 年提出的，又称为虚功原理，它是研究一般质点系平衡的普遍定理，也称为静力学普遍定理。

(1) 虚位移原理的必要性证明。

当质点系平衡时，质点系中的每个质点受到主动力 $\boldsymbol{F}_i$ 和约束力 $\boldsymbol{F}_{\mathrm{N}i}$，则有

$$\boldsymbol{F}_i+\boldsymbol{F}_{\mathrm{N}i}=0 \quad (i=1,2,\cdots,n)$$

将上式两端同乘以 $\delta\boldsymbol{r}_i$，并连加得

$$\sum_{i=1}^{n}\boldsymbol{F}_i\cdot\delta\boldsymbol{r}_i+\sum_{i=1}^{s}\boldsymbol{F}_{\mathrm{N}i}\cdot\delta\boldsymbol{r}_i=0$$

由于质点系受有理想约束，即

$$\sum_{i=1}^{s}\boldsymbol{F}_{\mathrm{N}i}\cdot\delta\boldsymbol{r}_i=0$$

则有

$$\delta W_F=\sum_{i=1}^{n}\boldsymbol{F}_i\cdot\delta\boldsymbol{r}_i=0$$

(2) 虚位移原理的充分性证明。

假设质点系受到力系作用时，不处于平衡状态，则作用在质点系上的某一个主动力 $\boldsymbol{F}_i$ 和约束力 $\boldsymbol{F}_{\mathrm{N}i}$ 在其相应的虚位移上所做的虚功必有

$$(\boldsymbol{F}_i+\boldsymbol{F}_{\mathrm{N}i})\cdot\delta\boldsymbol{r}_i\neq 0$$

由于质点系受有理想约束，即

$$\sum_{i=1}^{s}\boldsymbol{F}_{\mathrm{N}i}\cdot\delta\boldsymbol{r}_i=0$$

则对于质点系必有

$$\delta W_F=\sum_{i=1}^{n}\boldsymbol{F}_i\cdot\delta\boldsymbol{r}_i\neq 0$$

这与式(14-6)矛盾，质点系必处于平衡。

【例 14.1】如图 14.6 所示的结构中，当曲柄 OC 绕轴 O 转动时，滑块 A 沿曲柄滑动，从而带动杆 AB 在铅直的滑槽内移动，不计各杆的自重与各处的摩擦。试求平衡时力 $\boldsymbol{F}_1$ 和 $\boldsymbol{F}_2$ 的关系。

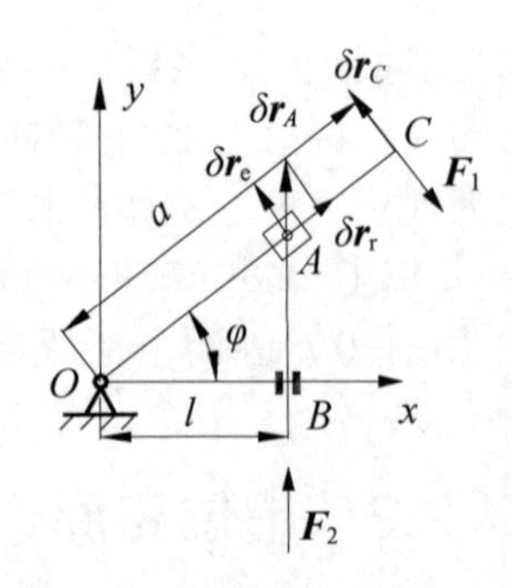

图 14.6 例 14.1 图

解：作用在该机构上的主动力为力 $\boldsymbol{F}_1$ 和 $\boldsymbol{F}_2$，约束是理想约束，且为一个自由度体系。有如下的两种解法。

(1) 几何法。

如图 A、C 两点的虚位移为 $\delta\boldsymbol{r}_A$、$\delta\boldsymbol{r}_C$，则由虚位移原理式(14-6)，得

$$F_2\delta\boldsymbol{r}_A - F_1\delta\boldsymbol{r}_C = 0 \tag{a}$$

由图中的几何关系得

$$\delta\boldsymbol{r}_e = \delta\boldsymbol{r}_A\cos\varphi$$

$$\delta\boldsymbol{r}_C = \frac{\delta\boldsymbol{r}_e}{OA}a = \frac{\delta\boldsymbol{r}_A\cos\varphi}{\dfrac{l}{\cos\varphi}}a = \delta\boldsymbol{r}_A\frac{\cos^2\varphi}{l}a \tag{b}$$

将式(b)代入式(a)，得

$$\left(F_2 - F_1\frac{\cos^2\varphi}{l}a\right)\delta\boldsymbol{r}_A = 0$$

由于虚位移 $\delta\boldsymbol{r}_A$ 是任意独立的，则

$$F_2 - F_1\frac{\cos^2\varphi}{l}a = 0$$

即

$$\frac{F_1}{F_2} = \frac{l}{a\cos^2\varphi}$$

(2) 解析法。

由于体系具有一个自由度，广义坐标为曲柄 OC 绕轴 O 转动时的转角 φ，则滑块 A 在图示坐标系中的坐标为

$$y = l\tan\varphi$$

滑块 A 的虚位移为

$$\delta\boldsymbol{r}_A = \delta y = \frac{l}{\cos^2\varphi}\delta\varphi$$

C 点的虚位移为

$$\delta\boldsymbol{r}_C = \delta(a\varphi) = a\delta\varphi$$

将点 A 、C 的虚位移代入式(a)得

$$\left(F_2\frac{l}{\cos^2\varphi} - F_1 a\right)\delta\varphi = 0$$

由于广义虚位移 $\delta\varphi$ 是任意独立的，则有

$$F_2\frac{l}{\cos^2\varphi} - F_1 a = 0$$

即

$$\frac{F_1}{F_2} = \frac{l}{a\cos^2\varphi}$$

【例 14.2】如图 14.7 所示的平面结构中，已知各杆和弹簧的原长均为 l，重量均略去不计。滑块 A 重为 P，弹簧刚度系数为 k，铅直滑道是光滑的。试求平衡时重力 $\boldsymbol{P}$ 与 θ 之间的关系。

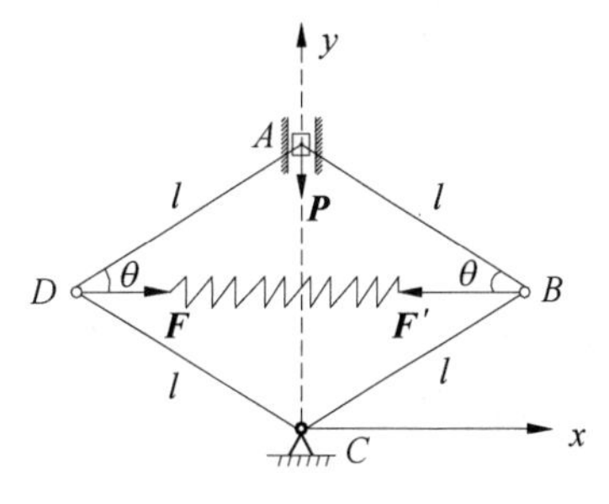

图 14.7 例 14.2 图

解：去掉弹簧的约束，以弹力 $\boldsymbol{F}$ 、$\boldsymbol{F}'$ 代替，体系的约束为理想约束，在主动力重力 $\boldsymbol{P}$ 和弹力 $\boldsymbol{F}$ 、$\boldsymbol{F}'$ 的作用

下处于平衡。此体系具有一个自由度，广义坐标为θ，建立图示坐标系，则由虚位移原理式(14-6)，得

$$-P\delta y_A - F'\delta x_B + F\delta x_D = 0 \tag{a}$$

主动力作用点的坐标为

$$\begin{cases} y_A = 2l\sin\theta \\ x_B = l\cos\theta \\ x_D = -l\cos\theta \end{cases}$$

则各作用点的虚位移为上式取变分，得

$$\begin{cases} \delta y_A = 2l\cos\theta\delta\theta \\ \delta x_B = -l\sin\theta\delta\theta \\ \delta x_D = l\sin\theta\delta\theta \end{cases} \tag{b}$$

弹簧的弹力$\boldsymbol{F}$、$\boldsymbol{F}'$为

$$F = F' = k(2l\cos\theta - l) \tag{c}$$

将式(b)和式(c)代入式(a)，得

$$-P2l\cos\theta\delta\theta + k(2l\cos\theta - l)l\sin\theta\delta\theta + k(2l\cos\theta - l)l\sin\theta\delta\theta = 0$$

整理得

$$[-P + kl(2\sin\theta - \tan\theta)]\delta\theta = 0$$

由于广义虚位移$\delta\theta$是任意独立的，则有

$$-P + kl(2\sin\theta - \tan\theta) = 0$$

即得平衡时重力P与θ之间的关系为

$$P = kl(2\sin\theta - \tan\theta)$$

【例 14.3】一多跨静定梁受力如图 14.8(a)所示，试求支座B的约束力。

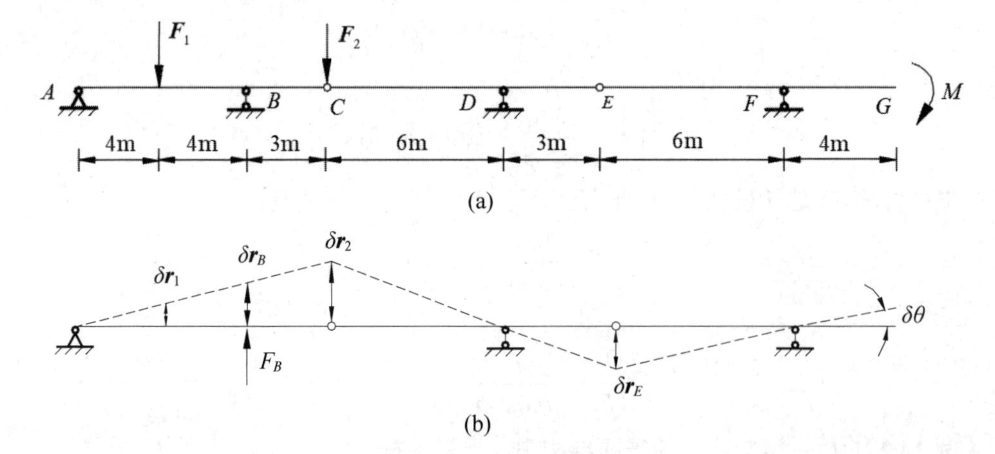

图 14.8　例 14.3 图

解：将支座B处的约束解除，用力$\boldsymbol{F}_B$代替。此梁为一个自由度体系。由虚位移原理式(14-6)，得

$$-F_1\delta r_1 + F_B\delta r_B - F_2\delta r_2 - M\delta\theta = 0$$

则

$$F_B = F_1\frac{\delta r_1}{\delta r_B} + F_2\frac{\delta r_2}{\delta r_B} + M\frac{\delta\theta}{\delta r_B}$$

其中，各处的虚位移关系为

$$\frac{\delta r_1}{\delta r_B} = \frac{1}{2}, \qquad \frac{\delta r_2}{\delta r_B} = \frac{11}{8}$$

$$\frac{\delta\theta}{\delta r_B} = \frac{1}{\delta r_B}\cdot\frac{\delta r_G}{4} = \frac{1}{\delta r_B}\cdot\frac{\delta r_E}{6} = \frac{1}{6\delta r_B}\cdot\frac{3\delta r_2}{6} = \frac{3}{36}\cdot\frac{\delta r_2}{\delta r_B} = \frac{1}{12}\cdot\frac{11}{8} = \frac{11}{96}$$

从而得支座 B 的约束力为

$$F_B = \frac{1}{2}F_1 + \frac{11}{8}F_2 + \frac{11}{96}M$$

14.2.3 质点系的平衡方程和势能与广义坐标的关系

1. 广义坐标表示的质点系平衡方程

设由 n 个质点组成的质点系，受有 s 个定常完整约束，系统的自由度为 $k = 3n - s$，对质点系中第 i 个质点的广义坐标求变分，由式(14-2)得

$$\begin{cases} \delta x_i = \sum_{j=1}^{k}\frac{\partial x_i}{\partial q_j}\delta q_j \\ \delta y_i = \sum_{j=1}^{k}\frac{\partial y_i}{\partial q_j}\delta q_j \qquad (i = 1,2,\cdots,n) \\ \delta z_i = \sum_{j=1}^{k}\frac{\partial z_i}{\partial q_j}\delta q_j \end{cases} \tag{14-8}$$

其矢量式为

$$\delta \boldsymbol{r}_i = \sum_{j=1}^{k}\frac{\partial \boldsymbol{r}_i}{\partial q_j}\delta q_j \qquad (i = 1,2,\cdots,n)$$

将式(14-8)代入式(14-7)，得

$$\begin{aligned} \delta W_F &= \sum_{i=1}^{n}\left[F_{xi}\left(\sum_{j=1}^{k}\frac{\partial x_i}{\partial q_j}\delta q_j\right) + F_{yi}\left(\sum_{j=1}^{k}\frac{\partial y_i}{\partial q_j}\delta q_j\right) + F_{zi}\left(\sum_{j=1}^{k}\frac{\partial z_i}{\partial q_j}\delta q_j\right)\right] \\ &= \sum_{j=1}^{k}\left[\sum_{i=1}^{n}\left(F_{xi}\frac{\partial x_i}{\partial q_j} + F_{yi}\frac{\partial y_i}{\partial q_j} + F_{zi}\frac{\partial z_i}{\partial q_j}\right)\right]\delta q_j = 0 \end{aligned} \tag{14-9}$$

令

$$\begin{aligned} Q_j &= \sum_{i=1}^{n}\left(F_{xi}\frac{\partial x_i}{\partial q_j} + F_{yi}\frac{\partial y_i}{\partial q_j} + F_{zi}\frac{\partial z_i}{\partial q_j}\right) \\ &= \sum_{i=1}^{n}\boldsymbol{F}_i\cdot\frac{\partial \boldsymbol{r}_i}{\partial q_j} \qquad (j = 1,2,\cdots,k) \end{aligned} \tag{14-10}$$

将式(14-10)代入式(14-9)，得

$$\delta W_F = \sum_{j=1}^{k}Q_j\delta q_j = 0 \tag{14-11}$$

其中，$Q_j\delta q_j$ 具有功的量纲，Q_j 称为与广义坐标 q_j 对应的广义力。

由于广义坐标 q_j 具有独立性，则式(14-11)有下面的关系：

$$Q_j = 0 \quad (j = 1, 2, \cdots, k) \tag{14-12}$$

质点系平衡的必要与充分条件：系统中所有广义力都等于零。式(14-12)是广义力表示的平衡方程。

求广义力有两种方法：一种是直接从式(14-10)中求出；另一种求法是利用广义坐标具有独立和任意的性质，令某一虚位移 $\delta q_j \neq 0$，其余的 $k-1$ 个虚位移为零，则有

$$\delta W_F = Q_j \delta q_j$$

从而

$$Q_j = \frac{\delta W_F}{\delta q_j} \tag{14-13}$$

在实际求解中常采用后一种方法。

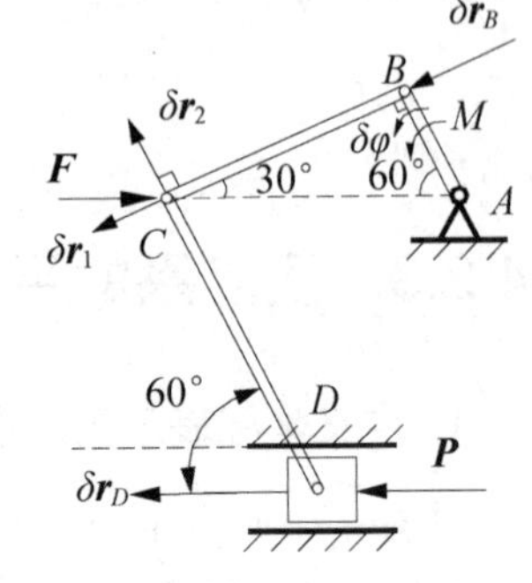

图 14.9 例 14.4 图

【**例 14.4**】平面结构在如图 14.9 所示的位置上平衡，已知在曲柄 AB 上作用有力偶矩 M，在铰链 C 处，受有水平力 $\boldsymbol{F}$。$AB = \frac{1}{2}CD = l$，各杆的重量和摩擦不计，试求水平力 $\boldsymbol{P}$ 与力偶矩 M 的关系。

解： 此结构为两个自由度体系。设广义坐标为曲柄 AB 与水平轴的夹角 φ，滑块 D 的水平位移 r_D。

(1) 求广义坐标 φ 所对应的广义力。

令滑块 D 不动，虚位移 $\delta x_D = 0$，则广义力

$$Q_1 = \frac{\delta W_1}{\delta q_1} = \frac{M\delta\varphi - F\cos 30^\circ \delta r_1}{\delta\varphi}$$

图示位置，杆 BC 可以看成瞬时平移，则有

$$\delta r_1 = \delta r_B = l\delta\varphi$$

代入上式，再由质点系平衡的必要与充分条件是系统中所有广义力都等于零。即

$$Q_1 = 0$$

则

$$\frac{M\delta\varphi - F\cos 30^\circ l\delta\varphi}{\delta\varphi} = 0$$

解得

$$M - F\cos 30^\circ l = 0$$

水平力 $\boldsymbol{F}$ 与力偶矩 M 的关系为

$$F = \frac{M}{l\cos 30^\circ} = \frac{2\sqrt{3}M}{3l} \tag{a}$$

(2) 求广义坐标 x_D 所对应的广义力。

令曲柄 AB 不动，虚位移 $\delta\varphi = 0$。此时体系相当于 BC 为曲柄，杆 CD 为连杆组成的曲柄连杆机构。铰链 C 处的虚位移 δr_2 垂直于杆 BC，由速度投影定理得

$$\delta r_2 = \delta r_D \cos 60^\circ$$

广义力为

$$Q_2 = \frac{\delta W_2}{\delta q_2} = \frac{P\delta r_D - F\cos 60^\circ \delta r_2}{\delta x_D} = \frac{P\delta r_D - F\cos 60^\circ \delta r_D \cos 60^\circ}{\delta r_D}$$

由质点系平衡条件

$$Q_2 = 0$$

得

$$P - F\cos^2 60^\circ = 0$$

则水平力 **F** 与 **P** 的关系为

$$P = F\cos^2 60^\circ \tag{b}$$

将式(a)代入式(b)，得水平力 **P** 与力偶矩 M 的关系为

$$P = \frac{M}{l\cos 30^\circ}\cos^2 60^\circ = \frac{\sqrt{3}M}{6l}$$

【例 14.5】如图 14.10 所示，两个重物 A 和 B 的重量分别为 P_1 和 P_2，并系在细绳上，分别放在倾角为 θ 和 β 的斜面上，绳子绕过两个定滑轮与动滑轮相连。动滑轮上挂重物 C，重量为 P_3 的重物。若滑轮和细绳的自重以及各处的摩擦不计，试求体系平衡时，P_1、P_2 和 P_3 的关系。

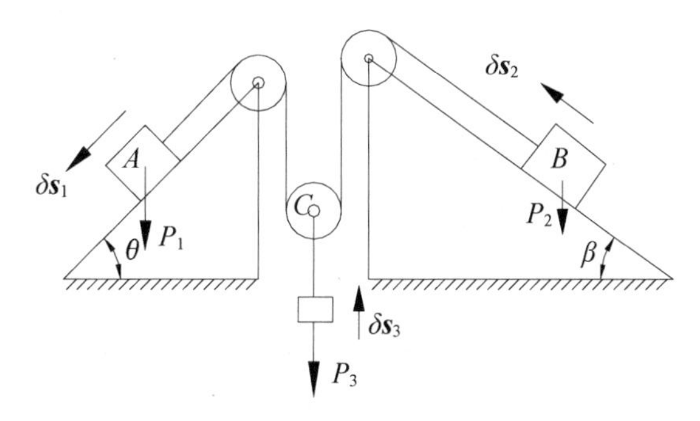

图 14.10 例 14.5 图

解：此结构为两个自由度体系。设广义坐标为重物 A 沿斜面向下的位移为 s_1，重物 B 沿斜面向上的位移为 s_2，重物 C 的竖直位移为 s_3。

(1) 求广义坐标 δs_1 所对应的广义力。

令重物 B 不动，虚位移 $\delta s_2 = 0$，则广义力为

$$Q_1 = \frac{\delta W_1}{\delta q_1} = \frac{P_1\sin\theta\delta s_1 - P_3\delta s_3}{\delta s_1}$$

由运动关系得

$$\delta s_3 = \frac{1}{2}\delta s_1$$

则上式为

$$Q_1 = \frac{\delta W_1}{\delta q_1} = \frac{P_1\sin\theta\,\delta s_1 - P_3\dfrac{1}{2}\delta s_1}{\delta s_1} = P_1\sin\theta - \frac{1}{2}P_3$$

由质点系平衡条件式(14-12)

$$Q_1 = 0$$

得

$$P_3 = 2P_1 \sin\theta \tag{a}$$

(2) 求广义坐标 δs_2 所对应的广义力。

令重物 A 不动，虚位移 $\delta s_1 = 0$，则广义力

$$Q_2 = \frac{\delta W_2}{\delta q_2} = \frac{P_3 \delta s_3 - P_2 \sin\beta \delta s_2}{\delta s_2}$$

由运动关系得

$$\delta s_3 = \frac{1}{2}\delta s_2$$

则上式为

$$Q_2 = \frac{\delta W_2}{\delta q_2} = \frac{P_3 \frac{1}{2}\delta s_2 - P_2 \sin\beta \delta s_2}{\delta s_2} = \frac{1}{2}P_3 - P_2 \sin\beta$$

由质点系平衡条件式(14-12)

$$Q_2 = 0$$

得

$$P_3 = 2P_2 \sin\beta \tag{b}$$

由式(a)和式(b)，得 P_1、P_2 和 P_3 的关系为

$$2P_1 \sin\theta = P_3 = 2P_2 \sin\beta$$

2. 势能与广义坐标的关系

当主动力是势力时，势能也是广义坐标的函数，即

$$V = V(q_1, q_2, \cdots, q_k)$$

主动力与势能的关系由式(12-27)有

$$\boldsymbol{F}_i = -\left(\frac{\partial V}{\partial x_i}\boldsymbol{i} + \frac{\partial V}{\partial y_i}\boldsymbol{j} + \frac{\partial V}{\partial z_i}\boldsymbol{k}\right) \quad (i = 1, 2, \cdots, n) \tag{14-14}$$

质点系中任意点的虚位移为

$$\frac{\partial \boldsymbol{r}_i}{\partial q_j} = \frac{\partial x_i}{\partial q_j}\boldsymbol{i} + \frac{\partial y_i}{\partial q_j}\boldsymbol{j} + \frac{\partial z_i}{\partial q_j}\boldsymbol{k} \quad (i = 1, 2, \cdots, n) \tag{14-15}$$

将式(14-14)、式(14-15)代入式(14-10)中，得

$$\begin{aligned} Q_j &= \sum_{j=1}^{k} \boldsymbol{F}_i \cdot \frac{\partial \boldsymbol{r}_i}{\partial q_j} = -\left(\sum_{j=1}^{k} \frac{\partial V}{\partial x_i}\frac{\partial x_i}{\partial q_j} + \frac{\partial V}{\partial y_i}\frac{\partial y_i}{\partial q_j} + \frac{\partial V}{\partial z_i}\frac{\partial z_i}{\partial q_j}\right) \\ &= -\frac{\partial V}{\partial q_j} \end{aligned} \tag{14-16}$$

则广义坐标表示的平衡方程式(14-12)变为

$$\frac{\partial V}{\partial q_j}=0 \quad (j=1,2,\cdots,k) \tag{14-17}$$

或者为

$$\delta V=0 \tag{14-18}$$

在势力场中，具有理想、双侧、定常约束的质点系平衡的必要与充分条件是：势能对每个广义坐标的偏导数都等于零，或者势能在平衡位置取驻值。

【例14.6】用广义坐标法，试求例14.2中平衡时重力$\boldsymbol{P}$与θ之间的关系。

解：此机构为一个自由度体系。广义坐标θ。设铰链C为重力的零势能点，弹簧为原长为弹力的零势能点，则体系的势能为

$$V=2Pl\sin\theta+\frac{1}{2}k(2l\cos\theta-l)^2$$

系统平衡，由式(14-18)，有

$$\delta V=0$$

则

$$\begin{aligned}\delta V&=2Pl\cos\theta\,\delta\theta+k(2l\cos\theta-l)(-2l\sin\theta\,\delta\theta)\\&=[2Pl\cos\theta+k(2l\cos\theta-l)(-2l\sin\theta)]\delta\theta\\&=0\end{aligned}$$

由于虚位移是任意、独立性的，则得

$$P=kl(2\sin\theta-\tan\theta)$$

本章小结

小结的具体内容请扫描右侧二维码获取。

习题14

14-1　是非题(正确的画√，错误的画×)

(1) 虚位移是质点或质点系在约束所允许的条件下可能实现的无限小位移。　(　　)

(2) 虚位移可以有多种不同的方向，但实位移只能有唯一确定的方向。　(　　)

(3) 虚位移是假想的、极其微小的位移，它与时间以及运动的初始条件无关。　(　　)

(4) 广义坐标是确定物体位置的坐标，与物体的自由度无关。　(　　)

(5) 理想约束为约束力在质点系的某个虚位移中所做的虚功之和等于零。　(　　)

14-2　填空题(把正确的答案写在横线上)

(1) 当体系处于平衡时，与广义坐标对应的广义力应等于__________。

(2) 具有理想、双侧、定常约束的质点系，其平衡的必要与充分条件是__________。

(3) 在势力场中，具有理想、双侧、定常约束的质点系平衡的必要与充分条件是__________。

14-3　简答题

(1) 在定常约束条件下，虚位移与实位移有何异同？

(2) 虚位移原理与刚体静力学平衡理论有何异同？

14-4　计算题

(1) 如图14.11所示，一个折梯由两个杆 AC、BC 组成，每个杆长为 l，重为 P，放在粗糙的水平面上，设梯子与地面之间的滑动摩擦因数为 f_S。试求平衡时，梯子与地面所成的最小角 θ_{min}。

(2) 在如图14.12所示机构中，两个等长杆 AB 与 BC 在点 B 处用铰链连接，又在杆的 D、E 两点连接一个水平弹簧。弹簧的刚度系数为 k，当距离 $AC=a$ 时，弹簧为原长。如果在点 C 处作用一个水平力 $\boldsymbol{F}$，杆系处于平衡，$AB=l$，$BD=b$，杆的自重不计。试求距离 AC 的 x 值。

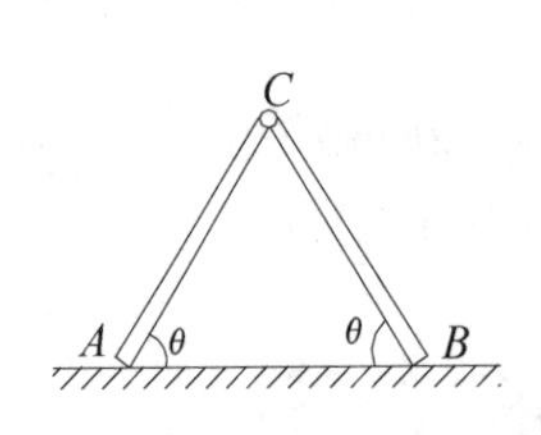

图14.11　习题14-4(1)图

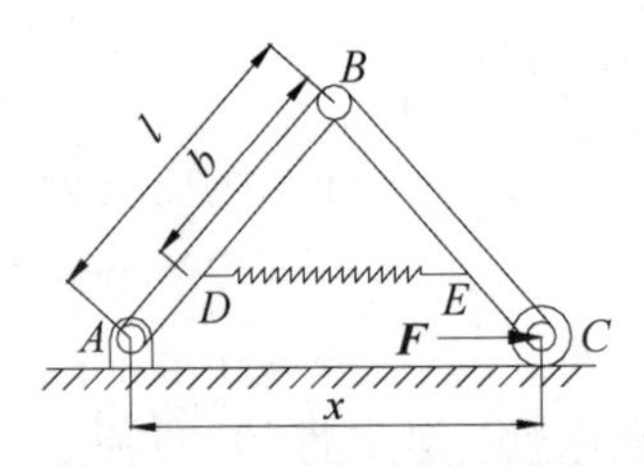

图14.12　习题14-4(2)图

(3) 如图14.13所示，在曲柄式压榨机的销子 B 上作用水平力 $\boldsymbol{F}$，此力位于平面 ABC 内，作用线平分 $\angle ABC$，$AB=BC$，各处的摩擦及杆的自重不计。试求压榨机对物体的压力。

(4) 在如图14.14所示的结构中，曲柄 OA 上作用一个力偶矩 M，另一个滑块 D 上作用水平力 $\boldsymbol{F}$。结构的几何尺寸如图，各处的摩擦及杆的自重不计。试求当结构平衡时，水平力 $\boldsymbol{F}$ 与力偶矩 M 的关系。

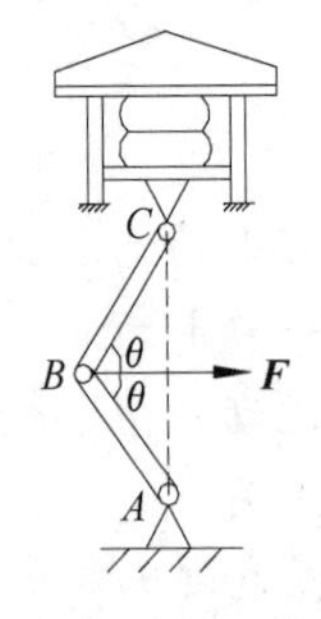

图14.13　习题14-4(3)图

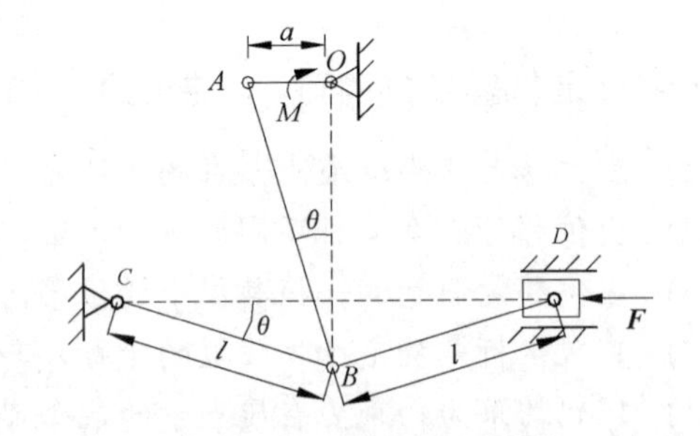

图14.14　习题14-4(4)图

(5) 如图14.15所示的滑轮组，吊起重物 A、B，其重为 P_A、P_B，如绳和滑轮的自重不计，当两物体平衡时，试求重量 P_A 与 P_B 的关系。

(6) 如图14.16所示的套筒 D 在光滑的直杆 AB 上，并带动杆 CD 在铅直滑道上滑动。已知 $\theta=0^\circ$ 时弹簧等于原长，弹簧的刚度系数为5kN/m，试求在任意位置平衡时，力偶矩 M 为多少？

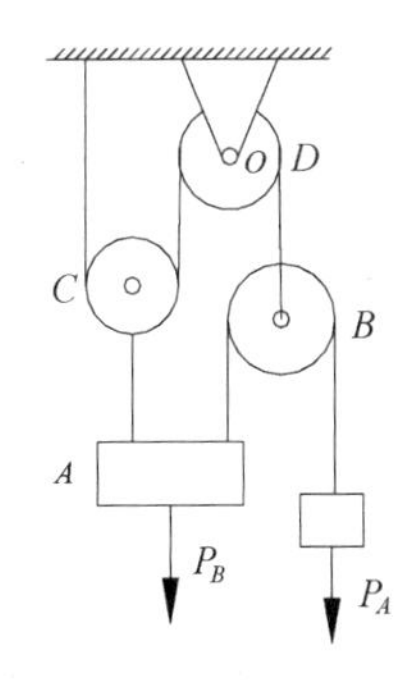

图 14.15 习题 14-4(5)图

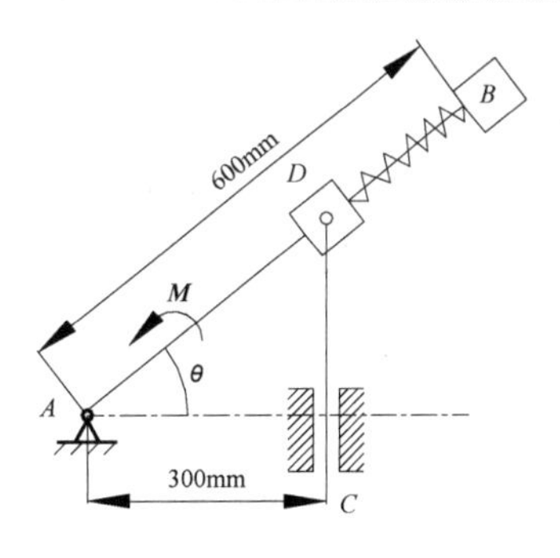

图 14.16 习题 14-4(6)图

(7) 如图 14.17 所示的结构在力 $\boldsymbol{F}_1$ 与 $\boldsymbol{F}_2$ 的作用下平衡，各杆的自重及各处的摩擦不计。$OC = BC = l_1$， $AC = l_2$，试求 F_1 / F_2 的值。

(8) 系统在力偶矩 M 和水平力 $\boldsymbol{F}$ 的作用下平衡，如图 14.18 所示。各物体的自重及各处的摩擦不计，$AC = CB = \dfrac{l}{2}$。试求杆与水平线的夹角 φ。

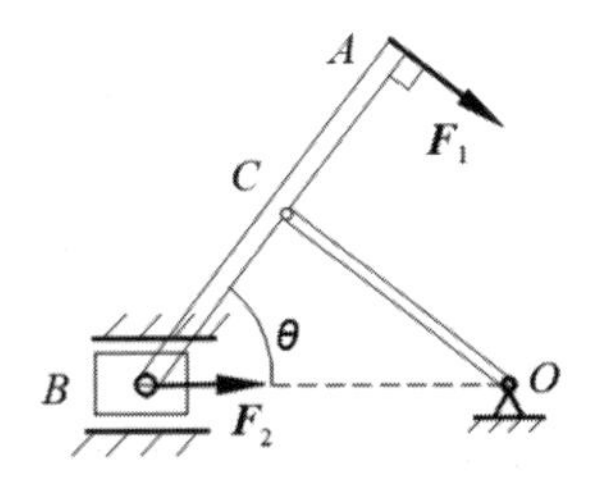

图 14.17 习题 14-4(7)图

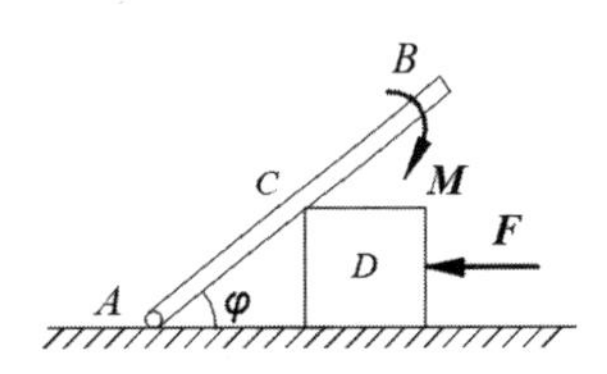

图 14.18 习题 14-4(8)图

(9) 半径为 R 的磙子放在粗糙的水平面上，连杆 AB 的两端分别与轮缘上的点 A 和滑块 B 铰接。现在磙子上施加力偶矩为 M，在滑块 B 上施加水平力 $\boldsymbol{F}$，使系统在如图 14.19 所示位置处于平衡。已知磙子的重力 $\boldsymbol{P}$ 足够大，连杆 AB 和滑块 B 的自重及铰链处的摩擦不计，不计滚阻摩擦。试求力偶矩 M 与水平力 $\boldsymbol{F}$ 间的关系以及磙子与地面间的滑动摩擦力。

(10) 如图 14.20 所示，重物 A、B 分别连接在细绳的两端，重物 A 放在粗糙的水平面上，重物 B 绕过定滑轮 E 铅垂悬挂，动滑轮 H 的轴心挂重物 C。设重物 A 重为 $2\boldsymbol{P}$，重物 B 重为 $\boldsymbol{P}$，试求平衡时，重物 C 的重量 W 以及重物 A 与水平面间的滑动摩擦因数。

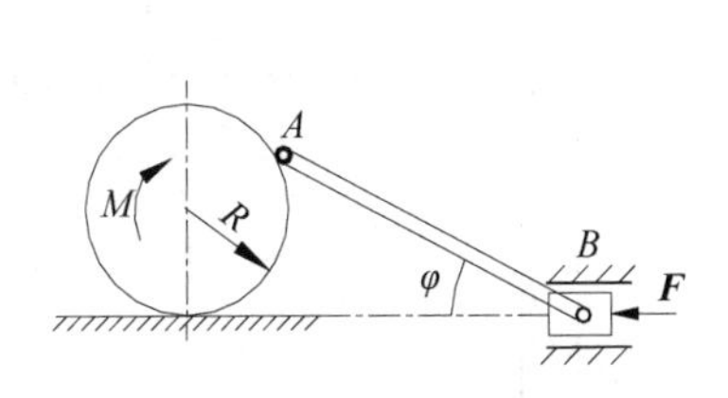

图 14.19 习题 14-4(9)图

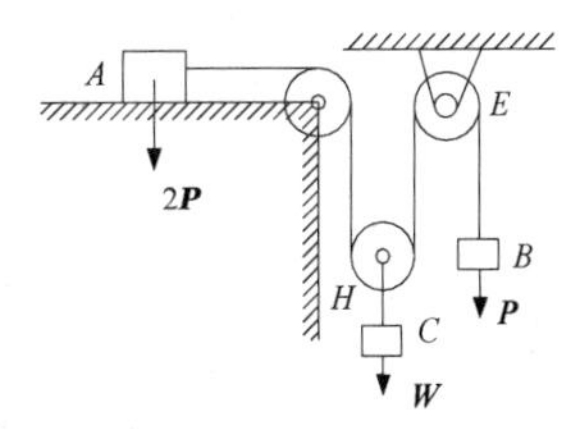

图 14.20 习题 14-4(10)图

(11) 如图 14.21 所示的构架中，AB、CD 由光滑铰链 C 连接。在水平构件的 B 端作用一个铅垂力 $\boldsymbol{F}$，在 CD 上作用一个力偶矩 M，各杆的自重不计，几何尺寸如图所示。试求固定铰支座 D 处的约束力。

(12) 求如图 14.22 所示的铰支座 C 的约束力。

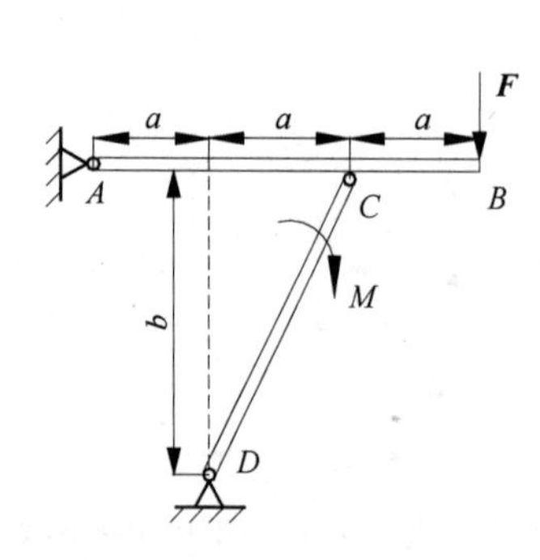

图 14.21　习题 14-4(11)图

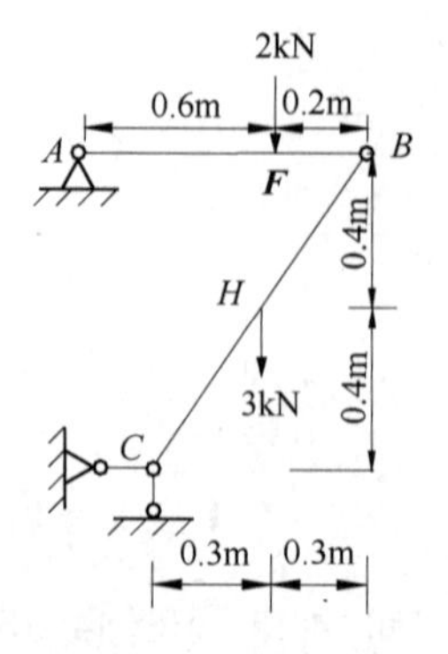

图 14.22　习题 14-4(12)图

(13) 如图 14.23 所示的杆系结构中，$OA=r$，$h=2r$，弹簧的刚度系数为 k，在杆 OA 上作用力偶矩为 M_1，套筒 B 套在杆 AD 上，杆 BC 在水平滑槽内运动，若在图示位置杆 OA 水平，各处的摩擦及各杆的自重不计。试求在图示位置杆系平衡时，作用在杆 AD 上的力偶矩 M_2 及弹簧的变形量 δ。

(14) 求如图 14.24 所示桁架中杆 3 的内力。

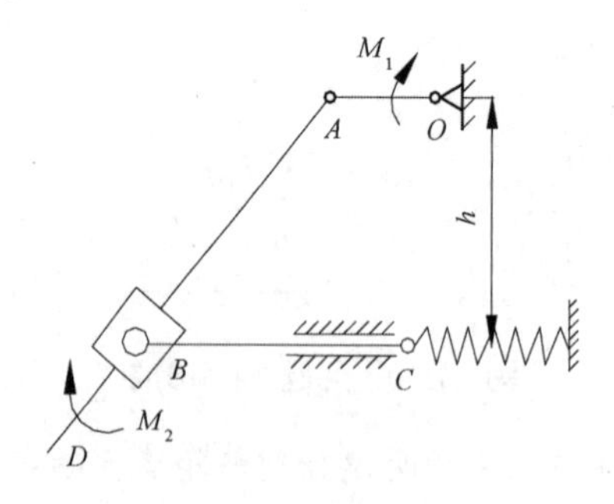

图 14.23　习题 14-4(13)图

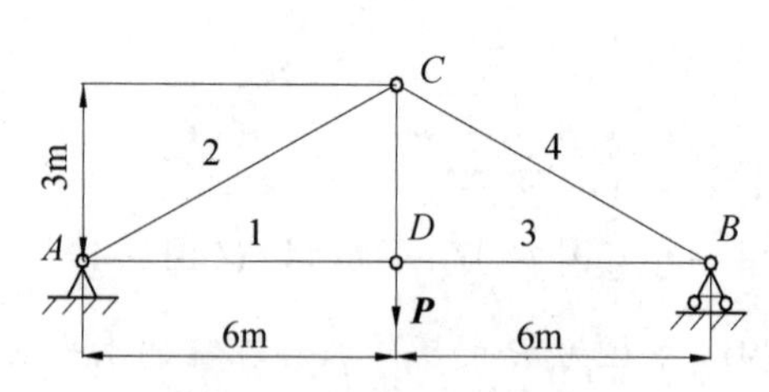

图 14.24　习题 14-4(14)图

(15) 如图 14.25 所示为组合梁荷载分布，已知跨度 $l=8\text{ m}$，$F=4900\text{ N}$，荷载集度 $q=2450\text{ N/m}$，力偶矩 $M=4900\text{ N·m}$。试求支座约束。

(16) 直角杆 AC 与直杆 BC 在点 C 处铰接。杆 BC 中点作用一个力 $\boldsymbol{F}$，各杆的自重不计，几何尺寸如图 14.26 所示。试求支座 A 的水平约束力。

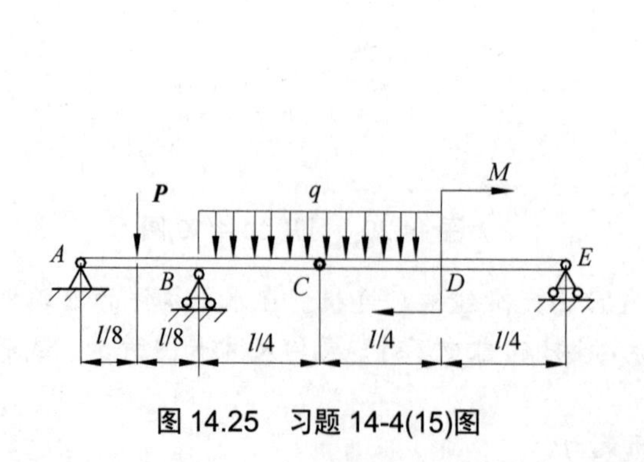

图 14.25　习题 14-4(15)图

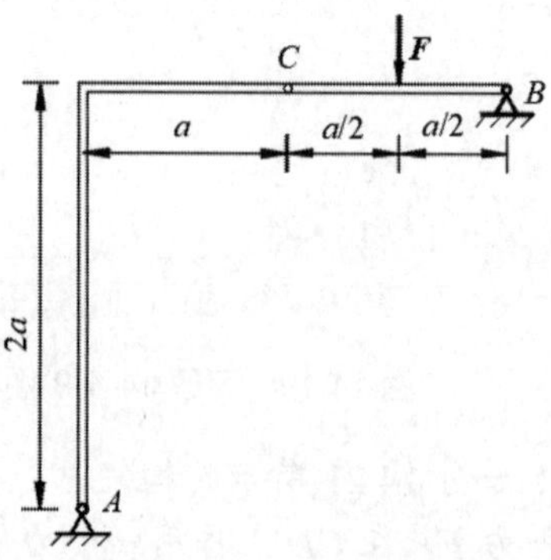

图 14.26　习题 14-4(16)图

第 15 章

分析力学基础

在这一章里，我们将达朗贝尔原理与虚位移原理结合起来，建立动力学普遍方程和拉格朗日方程。它们是分析力学的基础，是解决非自由质点系动力学问题的最一般原理。

15.1 动力学普遍方程

设质点系由 n 个质点组成，应用达朗贝尔原理，第 i 个质点的惯性力 $\boldsymbol{F}_{\mathrm{I}i}=-m_i\boldsymbol{a}_i$，则作用于该质点的主动力 $\boldsymbol{F}_i$、约束力 $\boldsymbol{F}_{\mathrm{N}i}$、惯性力 $\boldsymbol{F}_{\mathrm{I}i}$ 构成平衡力系。其平衡方程为

$$\boldsymbol{F}_i+\boldsymbol{F}_{\mathrm{N}i}+\boldsymbol{F}_{\mathrm{I}i}=0 \quad (i=1,2,\cdots,n)$$

将上式两端点乘以虚位移，即“$\cdot\delta\boldsymbol{r}_i$”，并将 n 个方程连加，得

$$\sum_{i=1}^{n}(\boldsymbol{F}_i+\boldsymbol{F}_{\mathrm{N}i}+\boldsymbol{F}_{\mathrm{I}i})\cdot\delta\boldsymbol{r}_i=0$$

若质点系受到理想、双侧约束时，有

$$\sum_{i=1}^{s}\boldsymbol{F}_{\mathrm{N}i}\cdot\delta\boldsymbol{r}_i=0$$

则上式为

$$\sum_{i=1}^{n}(\boldsymbol{F}_i+\boldsymbol{F}_{\mathrm{I}i})\cdot\delta\boldsymbol{r}_i=0 \tag{15-1}$$

或者

$$\sum_{i=1}^{n}(\boldsymbol{F}_i-m_i\boldsymbol{a})\cdot\delta\boldsymbol{r}_i=0 \tag{15-2}$$

式(15-1)或式(15-2)称为动力学普遍方程，也称为达朗贝尔-拉格朗日方程。它表明：具有完整、理想、双侧约束的质点系在运动的任一瞬时，作用在质点系上的主动力和惯性力在任一组虚位移中所做的虚功之和为零。它建立了质点系动力学问题的普遍规律，特别是对于非自由质点系来说，在求解时不必考虑未知的约束力，只需研究主动力，从而大大地简化了计算过程。

式(15-2)的解析式为

$$\sum_{i=1}^{n}[(\boldsymbol{F}_{xi}-m_i\boldsymbol{a}_{xi})\delta x_i+(\boldsymbol{F}_{yi}-m_i\boldsymbol{a}_{yi})\delta y_i+(\boldsymbol{F}_{zi}-m_i\boldsymbol{a}_{zi})\delta z_i]=0 \tag{15-3}$$

在应用动力学普遍方程求解时，应遵循以下步骤。

(1) 判断系统是不是理想、双侧约束，确定系统的自由度。

(2) 计算主动力和惯性力，对于刚体而言将惯性力进行简化。

(3) 确定系统的虚位移。

(4) 由式(15-1)或式(15-2)进行计算。

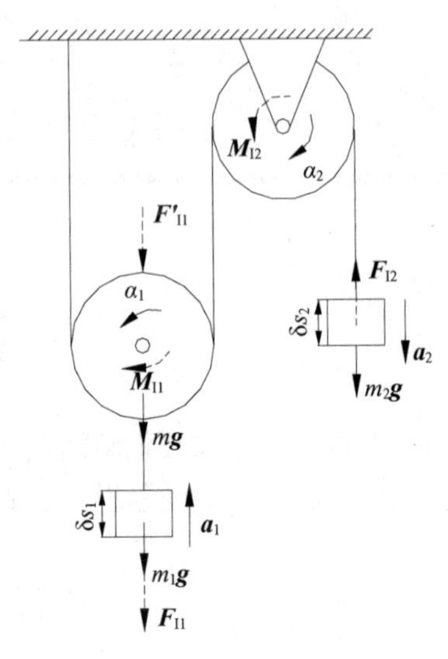

图 15.1　例 15.1 图

【例 15.1】如图 15.1 所示的滑轮系统，动滑轮上悬挂质量为m_1的重物，绳子绕过定滑轮后悬挂质量为m_2的重物，设两均质滑轮的质量为m，半径为r，绳的质量及轮轴处的摩擦不计，试求定滑轮的角加速度α_2及质量为m_2的重物加速度$\boldsymbol{a}_2$。

解：取整个滑轮系统为研究对象，系统为完整、理想、双侧的约束，所受到的主动力为$m_1\boldsymbol{g}$、$m_2\boldsymbol{g}$和$m\boldsymbol{g}$，惯性力为重物：$F_{I1}=m_1a_1$，$F_{I2}=m_2a_2$，轮：$F'_{I1}=ma_1$，$M_{I1}=\dfrac{1}{2}mr^2\alpha_1$，$M_{I2}=\dfrac{1}{2}mr^2\alpha_2$，则由达朗贝尔−拉格朗日方程式(15-1)，得

$$-(m_1g+m_1a_1+ma_1+mg)\delta s_1-M_{I1}\delta\varphi_1+(m_2g-m_2a_2)\delta s_2-M_{I2}\delta\varphi_2=0 \tag{a}$$

因为系统为一个自由度，设广义虚位移为动滑轮的角位移$\delta\varphi_1$，则虚位移之间的关系为

$$\delta s_1=r\delta\varphi_1 \qquad \delta s_2=2\delta s_1=2r\delta\varphi_1 \qquad \delta\varphi_2=\frac{\delta s_2}{r}=\frac{2r\delta\varphi_1}{r}=2\delta\varphi_1 \tag{b}$$

则式(a)为

$$-(m_1g+m_1a_1+ma_1+mg)r\delta\varphi_1-M_{I1}\delta\varphi_1+(m_2g-m_2a_2)2r\delta\varphi_1-M_{I2}2\delta\varphi_1=0$$

即

$$[-(m_1g+m_1a_1+ma_1+mg)r-M_{I1}+2r(m_2g-m_2a_2)-2M_{I2}]\delta\varphi_1=0$$

由于虚位移$\delta\varphi_1$是任意独立的，则有

$$-(m_1g+m_1a_1+ma_1+mg)r-M_{I1}+2r(m_2g-m_2a_2)-2M_{I2}=0$$

又由运动学知，角加速度关系：$\alpha_2=2\alpha_1$

加速度关系：$a_1=r\alpha_1=\dfrac{r\alpha_2}{2}$　　$a_2=r\alpha_2$

则定滑轮的角加速度为

$$\alpha_2=\frac{4(2m_2-m_1-m)}{(2m_1+8m_2+7m)r}g$$

质量为m_2的重物加速度为

$$a_2=\frac{4(2m_2-m_1-m)}{(2m_1+8m_2+7m)}g$$

【例 15.2】如图 15.2 所示的椭圆规机构在水平面内运动，曲柄 OC 上作用一个力偶矩

为 M，已知曲柄 OC 的质量为 m_1，连杆 AB 的质量为 $2m_1$，滑块 A、B 的质量均为 m_2，$OC=AC=BC=l$。若各处的摩擦不计，试求曲柄的角加速度。

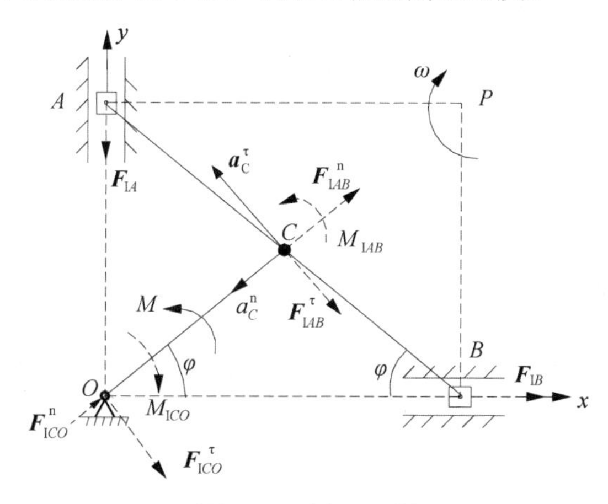

图 15.2 例 15.2 图

解：此结构为一个自由度体系，设广义坐标为曲柄与 x 轴的夹角 φ，受完整、理想、双侧的约束。P 为杆 AB 的速度瞬心，作用在结构上的主动力为力偶矩 M 对应的作用力，惯性力为以下部件或机构运动对应的作用力。

曲柄 OC： $M_{ICO}=\dfrac{1}{3}m_1l^2\ddot{\varphi}$；

连杆 AB： $M_{IAB}=\dfrac{1}{12}2m_1(2l)^2\ddot{\varphi}=\dfrac{2}{3}m_1l^2\ddot{\varphi}$， $F_{IAB}^\tau=2m_1a_c^\tau=2m_1l\ddot{\varphi}$；

滑块 A、B： $F_{IA}=m_2a_A=m_2\ddot{y}_A$， $F_{IB}=m_2a_B=m_2\ddot{x}_B$。

由达朗贝尔-拉格朗日方程式(15-1)，得

$$M\delta\varphi-M_{ICO}\delta\varphi-M_{IAB}\delta\varphi-F_{IAB}^\tau l\delta\varphi-F_{IA}\delta y_A-F_{IB}\delta x_B=0 \tag{a}$$

将上面惯性力的相关式子代入式(a)中，有

$$M\delta\varphi-\frac{1}{3}m_1l^2\ddot{\varphi}\delta\varphi-\frac{2}{3}m_1l^2\ddot{\varphi}\delta\varphi-2m_1l\ddot{\varphi}l\delta\varphi-m_2\ddot{y}_A\delta y_A-m_2\ddot{x}_B\delta x_B=0 \tag{b}$$

由运动学知：

(1) 曲柄 OC 和连杆 AB 的角速度相等，其虚位移也相等，即为 $\delta\varphi$。

(2) $\begin{cases} x_B=2l\cos\varphi: \quad \delta x_B=-2l\sin\varphi\delta\varphi, \quad \ddot{x}_B=-2l(\dot{\varphi}\cos\varphi+\ddot{\varphi}\sin\varphi) \\ y_A=2l\sin\varphi: \quad \delta y_A=2l\cos\varphi\delta\varphi, \quad \ddot{y}_A=2l(-\dot{\varphi}\sin\varphi+\ddot{\varphi}\cos\varphi) \end{cases}$

由于虚位移 $\delta\varphi$ 是任意独立的，则式(b)为

$$M-\frac{1}{3}m_1l^2\ddot{\varphi}-\frac{2}{3}m_1l^2\ddot{\varphi}-2m_1l^2\ddot{\varphi}-m_2[2l(-\sin\varphi\dot{\varphi}+\cos\varphi\ddot{\varphi})]2l\cos\varphi-$$
$$m_2[-2l(\cos\varphi\dot{\varphi}+\sin\varphi\ddot{\varphi})](-2l\sin\varphi)=0$$

解得曲柄的角加速度为

$$\ddot{\varphi}=\frac{M}{(3m_1+4m_2)l^2}$$

15.2　拉格朗日方程及其应用

在应用动力学普遍方程求解复杂质点系问题时，如何将复杂的惯性力系表示成简洁方式，普遍方程中并没有给出，因此求解非常不方便。拉格朗日方程有效地解决了这个问题。

15.2.1　拉格朗日关系式

设具有理想、双侧约束的质点系，由 n 个质点组成，受有 s 个几何约束，系统的自由度为 $k=3n-s$，若以 q_1、q_2、…、q_k 表示质点系的广义坐标，则质点系第 i 个质点广义坐标的矢量形式为

$$\boldsymbol{r}_i=\boldsymbol{r}_i(q_1,q_2,\cdots,q_k,t)\quad(i=1,2,\cdots,n)\tag{15-4}$$

式(15-4)对时间 t 求导

$$\boldsymbol{v}_i=\frac{\mathrm{d}\boldsymbol{r}_i}{\mathrm{d}t}=\sum_{j=1}^{k}\frac{\partial\boldsymbol{r}_i}{\partial q_j}\dot{q}_j+\frac{\partial\boldsymbol{r}_i}{\partial t}\tag{15-5}$$

式中，$\dot{q}_j=\frac{\mathrm{d}q_j}{\mathrm{d}t}$ 称为广义速度，由于 $\frac{\partial\boldsymbol{r}_i}{\partial q_j}$、$\frac{\partial\boldsymbol{r}_i}{\partial t}$ 只是广义坐标 q_j 和时间 t 的函数，因此式(15-5)对 $\dot{q}_j$ 求偏导得

$$\frac{\partial\boldsymbol{v}_i}{\partial\dot{q}_j}=\frac{\partial\boldsymbol{r}_i}{\partial q_j}\tag{15-6}$$

式(15-6)表示：任一质点的速度对广义速度的偏导数等于其矢径对广义坐标的偏导数，即称为拉格朗日关系式第一式。

式(15-5)对任一广义坐标 q_s 求偏导，得

$$\frac{\partial v_i}{\partial q_s}=\sum_{j=1}^{k}\frac{\partial^2\boldsymbol{r}_i}{\partial q_j\partial q_s}\dot{q}_j+\frac{\partial^2\boldsymbol{r}_i}{\partial t\partial q_s}\tag{a}$$

将 $\frac{\partial\boldsymbol{r}_i}{\partial q_s}$ 对时间 t 求导，得

$$\frac{\mathrm{d}}{\mathrm{d}t}\left(\frac{\partial\boldsymbol{r}_i}{\partial q_s}\right)=\sum_{j=1}^{k}\frac{\partial^2\boldsymbol{r}_i}{\partial q_j\partial q_s}\dot{q}_j+\frac{\partial^2\boldsymbol{r}_i}{\partial t\partial q_s}\tag{b}$$

比较式(a)和式(b)，得

$$\frac{\partial\boldsymbol{v}_i}{\partial q_s}=\frac{\mathrm{d}}{\mathrm{d}t}\left(\frac{\partial\boldsymbol{r}_i}{\partial q_s}\right)\tag{15-7}$$

式(15-7)表示：任一质点的速度对广义坐标的偏导数等于其矢径对广义坐标的偏导数，再对时间的一阶导数，即称为拉格朗日关系式第二式。

15.2.2 拉格朗日方程

式(15-4)求变分，得

$$\delta \boldsymbol{r}_i = \sum_{j=1}^{k} \frac{\partial \boldsymbol{r}_i}{\partial q_j} \delta q_j$$

代入动力学普遍方程式(15-1)中，得

$$\sum_{i=1}^{n} \left[(\boldsymbol{F}_i + \boldsymbol{F}_{\mathrm{I}i}) \cdot \sum_{j=1}^{k} \frac{\partial \boldsymbol{r}_i}{\partial q_j} \delta q_j \right] = 0$$

$$\sum_{j=1}^{k} \left(\sum_{i=1}^{n} \boldsymbol{F}_i \cdot \frac{\partial \boldsymbol{r}_i}{\partial q_j} + \sum_{i=1}^{n} \boldsymbol{F}_{\mathrm{I}i} \cdot \frac{\partial \boldsymbol{r}_i}{\partial q_j} \right) \delta q_j = 0$$

即有

$$\sum_{j=1}^{k} (Q_j + Q_{\mathrm{I}j}) \delta q_j = 0 \qquad (j = 1, 2, \cdots, k) \tag{15-8}$$

其中，$Q_j = \sum_{i=1}^{n} \boldsymbol{F}_i \cdot \frac{\partial \boldsymbol{r}_i}{\partial q_j} = \sum_{i=1}^{n} \frac{\partial (\boldsymbol{F}_i \cdot \boldsymbol{r}_i)}{\partial q_j} = \sum_{i=1}^{n} \frac{\partial W_i}{\partial q_j}$，$Q_j$为广义坐标$q_j$对应的广义力，即$Q_j$表示主动力$\boldsymbol{F}_i$所做的功$W_i$对相应广义坐标$q_j$导数之和；$Q_{\mathrm{I}j} = \sum_{i=1}^{n} \boldsymbol{F}_{\mathrm{I}i} \cdot \frac{\partial \boldsymbol{r}_i}{\partial q_j}$为广义坐标$q_j$对应的广义惯性力。

由于虚位移δq_j是任意独立的，式(15-8)中δq_j前面的系数为

$$Q_j + Q_{\mathrm{I}j} = 0 \tag{15-9}$$

式(15-9)表明，具有完整、理想、双侧约束的质点系，每个广义坐标所对应的广义力和广义惯性力相平衡。

将广义惯性力进行如下变换：

$$Q_{\mathrm{I}j} = \sum_{i=1}^{n} \boldsymbol{F}_{\mathrm{I}i} \cdot \frac{\partial \boldsymbol{r}_i}{\partial q_j} = -\sum_{i=1}^{n} \left(m_i \boldsymbol{a}_i \cdot \frac{\partial \boldsymbol{r}_i}{\partial q_j} \right) \tag{15-10}$$

考虑到式(15-6)、式(15-7)，将式(15-10)右边变换为

$$\begin{aligned} m_i \boldsymbol{a}_i \cdot \frac{\partial \boldsymbol{r}_i}{\partial q_j} &= \frac{\mathrm{d}}{\mathrm{d}t} \left(m_i \boldsymbol{v}_i \cdot \frac{\partial \boldsymbol{r}_i}{\partial q_j} \right) - m_i \boldsymbol{v}_i \cdot \frac{\mathrm{d}}{\mathrm{d}t} \left(\frac{\partial \boldsymbol{r}_i}{\partial q_j} \right) \\ &= \frac{\mathrm{d}}{\mathrm{d}t} \left(m_i \boldsymbol{v}_i \cdot \frac{\partial \boldsymbol{v}_i}{\partial \dot{q}_j} \right) - m_i \boldsymbol{v}_i \cdot \frac{\partial \boldsymbol{v}_i}{\partial q_j} \\ &= \frac{\mathrm{d}}{\mathrm{d}t} \left(\frac{\partial \left(\frac{1}{2} m_i v_i^2 \right)}{\partial \dot{q}_j} \right) - \frac{\partial}{\partial q_j} \left(\frac{1}{2} m_i v_i^2 \right) \end{aligned} \tag{15-11}$$

并注意到$T = \sum_{i=1}^{n} \left(\frac{1}{2} m_i v_i^2 \right)$是质点系的动能。

将式(15-11)代入式(15-10)得

$$Q_{\text{I}j} = -\frac{\mathrm{d}}{\mathrm{d}t}\left(\frac{\partial T}{\partial \dot{q}_j}\right) + \frac{\partial T}{\partial q_j} \tag{15-12}$$

再将式(15-12)代入式(15-9)，得广义力

$$Q_j = \frac{\mathrm{d}}{\mathrm{d}t}\left(\frac{\partial T}{\partial \dot{q}_j}\right) - \frac{\partial T}{\partial q_j} \quad (j = 1, 2, \cdots, k) \tag{15-13}$$

式(15-13)称为拉格朗日方程，它建立了完整约束的主动力与运动之间的关系。只要将动能表示成广义坐标的函数，即得到与自由度相等的方程组。

当主动力是势力时，由式(14-16)有

$$Q_j = -\frac{\partial V}{\partial q_j} \quad (j = 1, 2, \cdots, k)$$

并注意到势能 V 是广义坐标的函数，与广义速度无关，因此有 $\frac{\partial V}{\partial \dot{q}_j} = 0$。

于是式(15-13)为

$$-\frac{\partial V}{\partial q_j} = \frac{\mathrm{d}}{\mathrm{d}t}\left(\frac{\partial T}{\partial \dot{q}_j}\right) - \frac{\partial T}{\partial q_j}$$

整理后得

$$\frac{\mathrm{d}}{\mathrm{d}t}\frac{\partial (T - V)}{\partial \dot{q}_j} - \frac{\partial (T - V)}{\partial q_j} = 0 \tag{15-14}$$

令

$$L = T - V \tag{15-15}$$

其中，式(15-15)表示质点系的动能和势能之差，称为拉格朗日函数，简称拉氏函数。则有

$$\frac{\mathrm{d}}{\mathrm{d}t}\frac{\partial L}{\partial \dot{q}_j} - \frac{\partial L}{\partial q_j} = 0 \quad (j = 1, 2, \cdots, k) \tag{15-16}$$

式(15-16)为主动力为势力时的拉格朗日方程。

15.2.3 广义力的求法

求广义力有如下三种方法。

(1) 当主动力是势力时，由式(14-16)有

$$Q_j = -\frac{\partial V}{\partial q_j} \quad (j = 1, 2, \cdots, k) \tag{15-17}$$

(2) 由式(14-10)中求出。即

$$\begin{aligned} Q_j &= \sum_{i=1}^{n}\left(F_{xi}\frac{\partial x_i}{\partial q_j} + F_{yi}\frac{\partial y_i}{\partial q_j} + F_{zi}\frac{\partial z_i}{\partial q_j}\right) \\ &= \sum_{i=1}^{n}\boldsymbol{F}_i \cdot \frac{\partial \boldsymbol{r}_i}{\partial q_j} \quad (j = 1, 2, \cdots, k) \end{aligned} \tag{15-18}$$

(3) 由式(14-13)求出。即

$$Q_j = \frac{\delta W_F}{\delta q_j} \tag{15-19}$$

根据问题的要求，选择上述方法。计算时通常采用方法(3)，它具有普遍性。

【**例 15.3**】如图 15.3 所示，平板重为 $\boldsymbol{P}$，放在两个轮子上，每个轮子视为均质的，其重为 $\boldsymbol{P}_1$，在一个水平推力 $\boldsymbol{F}$ 作用下沿直线只滚不滑地运动，假设平板和轮子无相对滑动。试求平板的加速度。

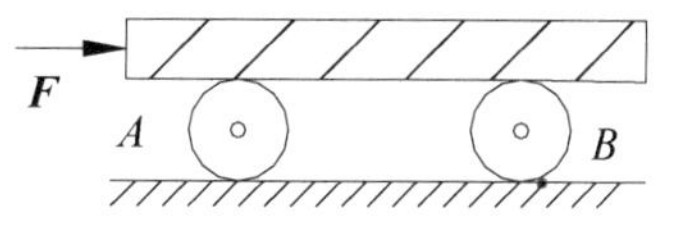

图 15.3　例 15.3 图

解：取整体为研究对象，系统为一个自由度体系，取广义坐标为平板前进的位移 x。系统所受的主动力为水平推力 $\boldsymbol{F}$，受完整、理想、双侧约束。其广义力由式(15-19)求得

$$Q_x = \frac{\delta W}{\delta x} = \frac{F\delta x}{\delta x} = F \tag{a}$$

系统的动能为

$$T = T_1 + T_2$$

其中平板做平移，其动能为 $T_1 = \frac{1}{2}\frac{P}{g}(2v)^2 = \frac{2P}{g}v^2$；轮子做平面运动，其动能由例 12.3 知，即

$$T_2 = 2\times\frac{3}{4}\frac{P_1}{g}v^2 = \frac{3}{2}\frac{P_1}{g}v^2$$

对系统动能做如下的运算：

$$\frac{\partial T}{\partial v} = \frac{4P}{g}v + 3\frac{P_1}{g}v \tag{b}$$

$$\frac{\mathrm{d}}{\mathrm{d}t}\left(\frac{\partial T}{\partial v}\right) = \frac{4P}{g}\dot{v} + 3\frac{P_1}{g}\dot{v} \tag{c}$$

$$\frac{\partial T}{\partial x} = 0 \tag{d}$$

将式(a)、式(b)、式(c)、式(d)代入拉格朗日方程式(15-13)，得平板的加速度为

$$a = \frac{F}{4P+3P_1}g$$

【**例 15.4**】如图 15.4 所示，定滑轮绕水平轴 O 转动，在定滑轮上有一根不可伸长的绳索，绳索的一端悬挂一个质量为 m 的重物，另一端与弹簧 A 端相连；弹簧的另一端 B 与地相连，弹簧处于铅垂位置。若已知弹簧的刚度系数为 k，定滑轮的质量为 M，且均匀地分布在轮缘上，绳索与定滑轮之间无相对滑动，试求重物振动的周期。

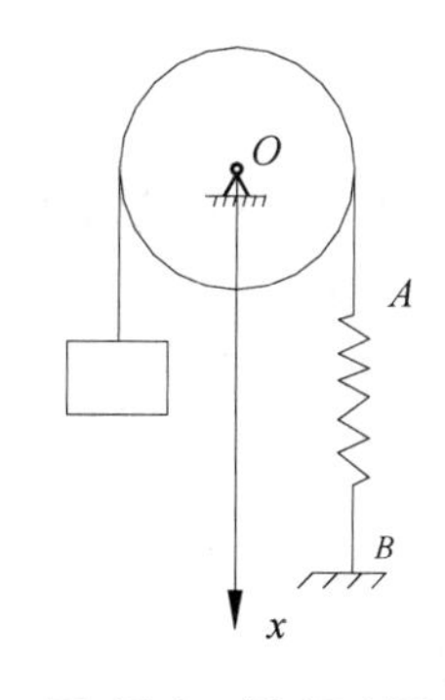

图 15.4　例 15.4 图

解：取整体为研究对象，系统为一个自由度体系，设广义坐标为重物的铅垂位移 x。系统受完整、理想、双侧约束。

系统的动能为

$$T=\frac{1}{2}mv^2+\frac{1}{2}MR^2\left(\frac{v}{R}\right)^2=\frac{1}{2}mv^2+\frac{1}{2}Mv^2=\frac{1}{2}m\dot{x}^2+\frac{1}{2}M\dot{x}^2$$

取水平轴O为重力的零势能点，弹簧原长为弹力的零势能点。则系统的势能为

$$V=-mgx+\frac{1}{2}kx^2$$

拉格朗日函数为

$$L=T-V=\frac{1}{2}m\dot{x}^2+\frac{1}{2}M\dot{x}^2+mgx-\frac{1}{2}kx^2$$

对拉格朗日函数做如下运算：

$$\frac{\partial L}{\partial \dot{x}}=m\dot{x}+M\dot{x}$$

$$\frac{\mathrm{d}}{\mathrm{d}t}\left(\frac{\partial L}{\partial \dot{x}}\right)=m\ddot{x}+M\ddot{x}$$

$$\frac{\partial L}{\partial x}=mg-kx$$

代入拉格朗日方程：

$$\frac{\mathrm{d}}{\mathrm{d}t}\frac{\partial L}{\partial \dot{x}}-\frac{\partial L}{\partial x}=0$$

得重物振动的微分方程：

$$m\ddot{x}+M\ddot{x}-mg+kx=0$$

即

$$\ddot{x}+\frac{k}{m+M}x-mg=0$$

令圆频率为

$$\omega_{\mathrm{n}}=\sqrt{\frac{k}{m+M}}$$

则重物振动的周期为

$$T=\frac{2\pi}{\omega_{\mathrm{n}}}=2\pi\sqrt{\frac{m+M}{k}}$$

【例 15.5】如图15.5所示，质量为m_1、半径为R的均质圆轮在水平面上沿直线做纯滚动，质量为m_2、长为l的均质杆AB一端用光滑铰链铰接于圆轮中心A处，C为杆AB的质心，试求系统运动微分方程。

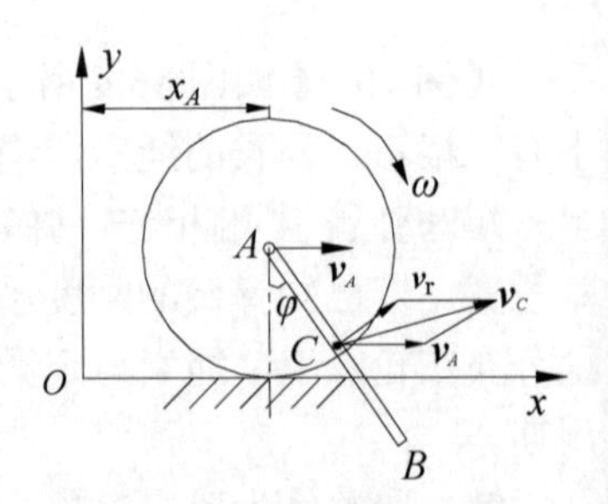

图15.5　例15.5图

解：根据题意，此系统为两个自由度体系，其广义坐标为轮心的水平坐标x_A、杆AB与铅垂线的夹角φ。系统所受的主动力为重力$m_1\boldsymbol{g}$和$m_2\boldsymbol{g}$，受完整、理想、双侧的约束。轮心A处为重力的零势能点。

系统的动能为

$$T = T_1 + T_2$$

均质圆轮的动能为

$$T_1 = \frac{1}{2}m_1\dot{x}_A + \frac{1}{2}\left(\frac{1}{2}m_1 r^2\right)\left(\frac{\dot{x}_A}{r}\right)^2 = \frac{3}{4}m_1\dot{x}_A^2$$

均质杆的动能为

$$T_2 = \frac{1}{2}m_2 v_C^2 + \frac{1}{2}\left(\frac{1}{12}m_2 l^2\right)\dot{\varphi}^2$$

由运动学知 $\boldsymbol{v}_C = \boldsymbol{v}_A + \boldsymbol{v}_{\mathrm{r}}$，如图由余弦定理得

$$v_C^2 = v_A^2 + v_{\mathrm{r}}^2 + 2v_A v_{\mathrm{r}}\cos\varphi = \dot{x}_A^2 + \frac{l^2}{4}\dot{\varphi}^2 + 2\cdot\frac{l}{2}\dot{\varphi}\dot{x}_A\cos\varphi$$

代入上式得均质杆的动能为

$$T_2 = \frac{1}{2}m_2\left(\dot{x}_A^2 + \frac{l^2}{4}\dot{\varphi}^2 + 2\times\frac{l}{2}\dot{\varphi}\dot{x}_A\cos\varphi\right) + \frac{1}{2}\left(\frac{1}{12}m_2 l^2\right)\dot{\varphi}^2$$

则系统的动能为

$$\begin{aligned} T &= \frac{3}{4}m_1\dot{x}_A^2 + \frac{1}{2}m_2\left(\dot{x}_A^2 + \frac{l^2}{4}\dot{\varphi}^2 + 2\times\frac{l}{2}\dot{\varphi}\dot{x}_A\cos\varphi\right) + \frac{1}{2}\left(\frac{1}{12}m_2 l^2\right)\dot{\varphi}^2 \\ &= \left(\frac{3}{4}m_1 + \frac{1}{2}m_2\right)\dot{x}_A^2 + \frac{1}{2}m_2\left(\frac{l^2}{3}\dot{\varphi}^2 + l\dot{\varphi}\dot{x}_A\cos\varphi\right) \end{aligned}$$

系统的势能为

$$V = -\frac{1}{2}m_2 g l\cos\varphi$$

拉格朗日函数为

$$L = T - V = \left(\frac{3}{4}m_1 + \frac{1}{2}m_2\right)\dot{x}_A^2 + \frac{1}{2}m_2\left(\frac{l^2}{3}\dot{\varphi}^2 + l\dot{\varphi}\dot{x}_A\cos\varphi\right) + \frac{1}{2}m_2 g l\cos\varphi$$

对拉格朗日函数做如下运算：

$$\frac{\partial L}{\partial\dot{x}_A} = \left(\frac{3}{2}m_1 + m_2\right)\dot{x}_A + \frac{1}{2}m_2 l\dot{\varphi}\cos\varphi$$

$$\frac{\mathrm{d}}{\mathrm{d}t}\left(\frac{\partial L}{\partial\dot{x}_A}\right) = \left(\frac{3}{2}m_1 + m_2\right)\ddot{x}_A + \frac{1}{2}m_2 l(\ddot{\varphi}\cos\varphi - \dot{\varphi}^2\sin\varphi)$$

$$\frac{\partial L}{\partial x_A} = 0$$

$$\frac{\partial L}{\partial\dot{\varphi}} = \frac{1}{2}m_2\left(\frac{2l^2}{3}\dot{\varphi} + l\dot{x}_A\cos\varphi\right)$$

$$\frac{\mathrm{d}}{\mathrm{d}t}\left(\frac{\partial L}{\partial\dot{\varphi}}\right) = \frac{1}{2}m_2\left(\frac{2l^2}{3}\ddot{\varphi} - l\dot{x}_A\dot{\varphi}\sin\varphi + l\ddot{x}_A\cos\varphi\right)$$

$$\frac{\partial L}{\partial\varphi} = \frac{1}{2}m_2(-l\dot{\varphi}\dot{x}_A\sin\varphi) - \frac{1}{2}m_2 g l\sin\varphi$$

代入拉格朗日方程

$$\frac{\mathrm{d}}{\mathrm{d}t}\frac{\partial L}{\partial \dot{x}_A}-\frac{\partial L}{\partial x_A}=0$$

$$\frac{\mathrm{d}}{\mathrm{d}t}\frac{\partial L}{\partial \dot{\varphi}}-\frac{\partial L}{\partial \varphi}=0$$

得系统运动微分方程为

$$\begin{cases}\left(\dfrac{3}{2}m_1+m_2\right)\ddot{x}_A+\dfrac{1}{2}m_2 l(\ddot{\varphi}\cos\varphi-\dot{\varphi}^2\sin\varphi)=0\\ \ddot{x}_A\cos\varphi+\dfrac{2}{3}l\ddot{\varphi}+g\sin\varphi=0\end{cases}$$

本 章 小 结

小结的具体内容请扫描右侧二维码获取。

习 题 15

15-1 是非题(正确的画√，错误的画×)

(1) 动力学普遍方程中包括内力虚功。 ( )

(2) 动力学普遍方程是由达朗贝尔原理与虚位移原理组成的。 ( )

15-2 填空题(把正确的答案写在横线上)

(1) 在具有完整、理想、双侧约束的质点系，动力学问题可看成每个广义坐标所对应的__________和__________相平衡。

(2) 当主动力是势力时，拉氏函数 $L=$__________。

(3) 如图15.6所示的行星齿轮机构中，轮Ⅰ、Ⅱ的半径为 $r_1=r_2=r$，在曲柄上作用力偶矩为 M，行星齿轮Ⅱ为均质圆轮，其质量为 m。若以行星齿轮Ⅱ的绝对转角 φ_2 为广义坐标，则所对应的广义力 $Q=$__________。

(4) 如图15.7所示，半径为 r 的均质圆轮绕水平轴 O 转动，其上作用有力偶矩 M，在轮缘上 A 处铰接一个长为 l、质量为 m 的均质细杆 AB，则体系的自由度为__________；以广义坐标 θ 和 φ 表示的广义力 $Q_\theta=$__________；$Q_\varphi=$__________。

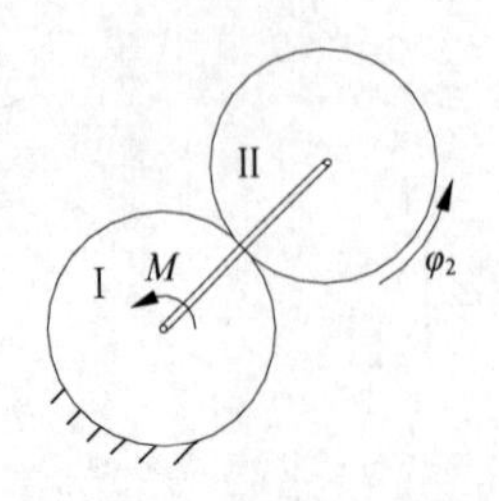

图15.6 习题15-2(3)图

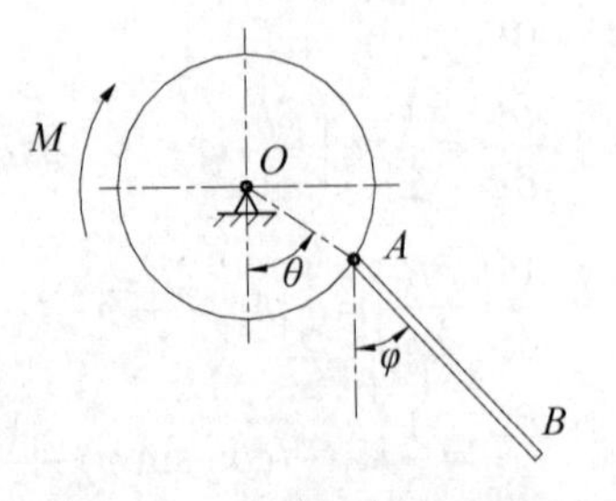

图15.7 习题15-2(4)图

15-3 简答题

(1) 达朗贝尔原理、虚位移原理和动力学普遍方程三者之间的关系是什么？

(2) 在推导拉格朗日方程的过程中，哪一步用到完整约束条件？对于非完整约束的质点系是否能应用拉格朗日方程？

(3) 试应用拉格朗日方程推导刚体平面运动的运动微分方程。

(4) 当研究的系统中有摩擦力时，在动力学普遍方程或拉格朗日方程中应怎样处理？

15-4 计算题

(1) 如图 15.8 所示，应用拉格朗日方程推导单摆的运动微分方程。分别以下列参数为广义坐标:

① 转角 φ；

② 水平坐标 x；

③ 铅直坐标 y。

(2) 如图 15.9 所示的绞车，提升一重为 P 的重物，在其主动轴上作用一个不变的力偶矩 $\boldsymbol{M}$。已知主动轴和从动轴连同安装的这两个轴上的齿轮以及其他附属零件对各自轴的转动惯量分别为 J_1、J_2，传动比 $i=\dfrac{z_2}{z_1}$，吊索缠绕在鼓轮上，鼓轮半径为 R，轴承的摩擦不计。试求重物的加速度。

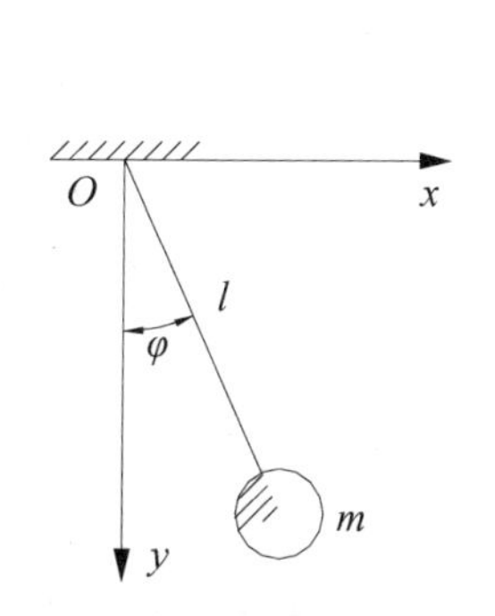

图 15.8 习题 15-4(1)图

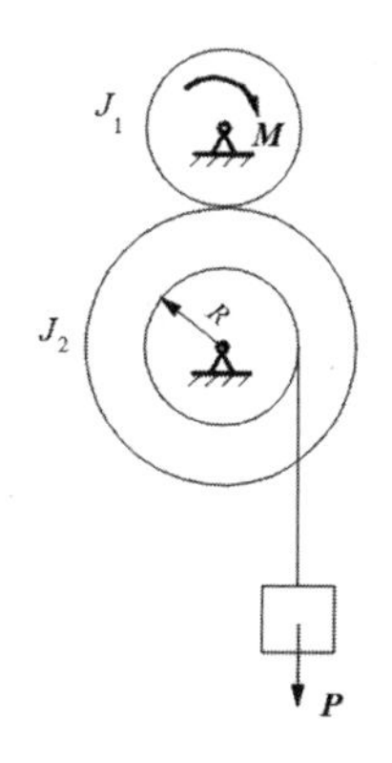

图 15.9 习题 15-4(2)图

(3) 均质圆轮半径为 r，质量为 m，受轻微干扰后，在半径为 R 的圆弧轨道上往复无滑动地滚动，如图 15.10 所示，试求圆轮轮心 O_1 的运动方程。

(4) 如图 15.11 所示，质量为 m_1 的均质圆柱体 A，其上缠绕有细绳，细绳的一端跨过滑轮与质量为 m_2 的物体 B 相连。已知物体 B 与水平面间的滑动摩擦因数为 f，略去滑轮的质量，系统初始静止。试求圆柱体 A 的质心加速度和物体 B 的加速度。

(5) 如图 15.12 所示，斜块 A 的质量为 m_A，在常力 $\boldsymbol{F}$ 作用下水平向右推动活塞杆 BC 向上运动；活塞杆与杆 BC 的质量为 m，上端被弹簧压住，弹簧的刚度系数为 k。运动开始时系统静止，弹簧未变形摩擦不计。试求杆 BC 的运动微分方程。

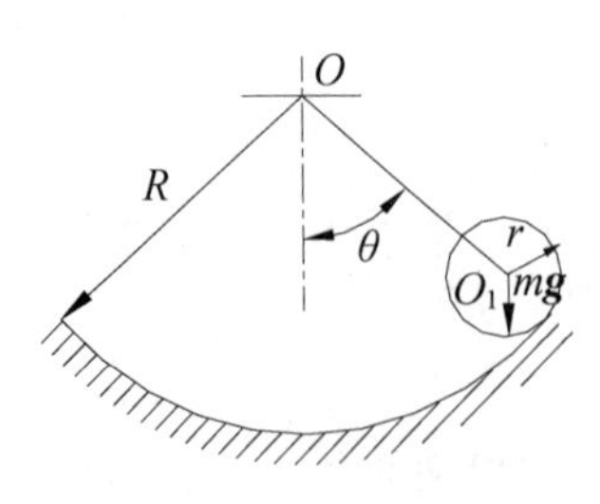

图 15.10　习题 15-4(3)图

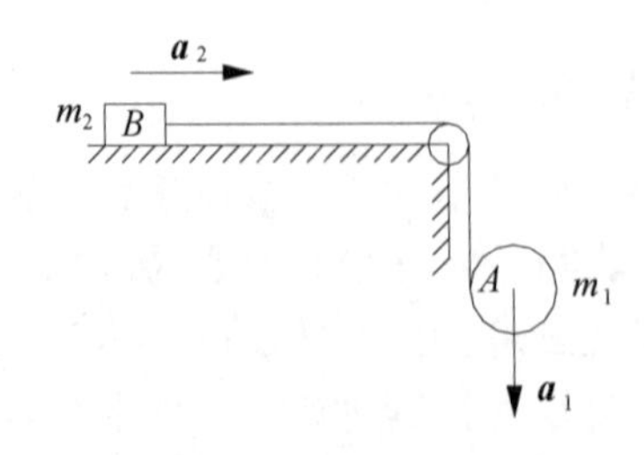

图 15.11　习题 15-4(4)图

(6) 在光滑的水平面上放置一个质量为 m_1 的三棱柱 ABC，斜面 AB 的倾角为 θ。一个质量为 m_2 的均质圆柱体沿三棱柱的斜面无滑动地滚下，如图 15.13 所示。试求三棱柱的加速度。

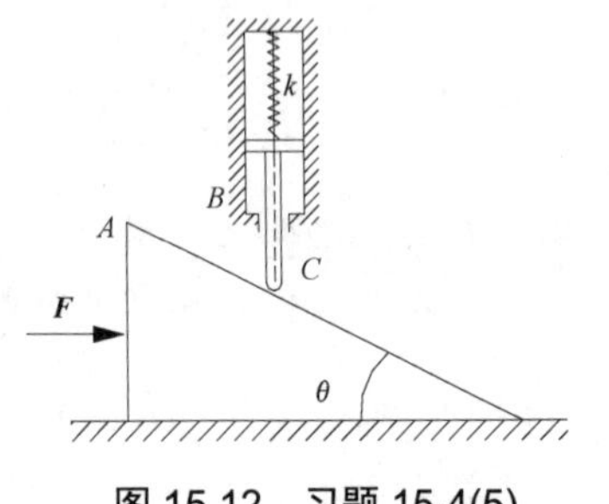

图 15.12　习题 15-4(5)

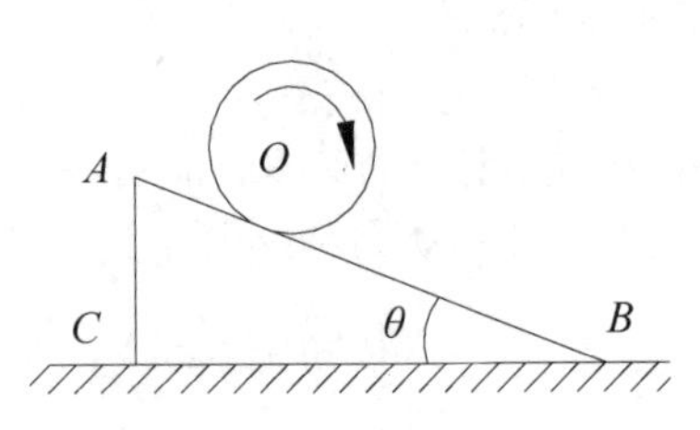

图 15.13　习题 15-4(6)图

(7) 设有一个与弹簧相连的滑块 A，其质量为 m_1，可沿光滑的水平面无摩擦地往复滑动，弹簧的刚度系数为 k。在滑块 A 上又连接一个单摆，如图 15.14 所示。设摆长为 l，小球 B 的质量为 m_2，试求杆系统的运动微分方程。

(8) 重为 W_1 的物块 A，在倾角为 α 的斜面上滑动，并与一个刚度系数为 k 的弹簧相连，均质杆 AB 重为 W_2，长为 l，铰接于物块 A 上，如图 15.15 所示，摩擦不计。试求系统的运动微分方程。

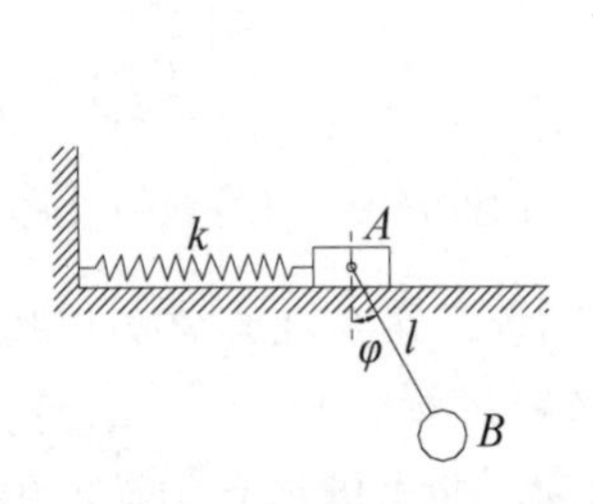

图 15.14　习题 15-4(7)图

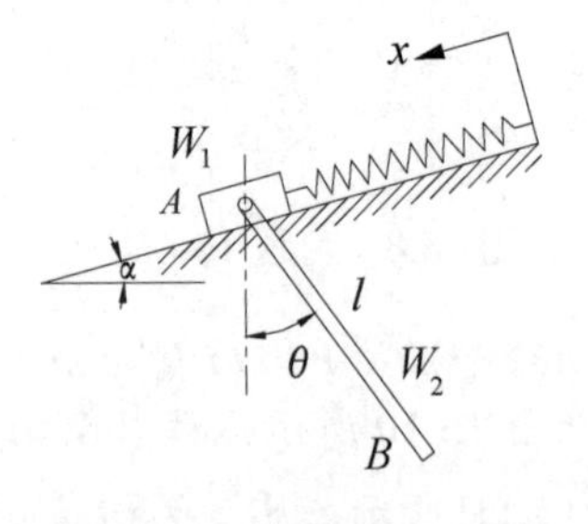

图 15.15　习题 15-4(8)图

(9) 如图 15.16 所示的轮系，由定滑轮 A、动滑轮 B 以及由不可伸长的绳索吊起的三个重物 M_1、M_2 和 M_3 组成。各重物的质量分别为 m_1、m_2 和 m_3，且 $m_1 < m_2 + m_3$，滑轮的质量不计，系统初始静止。试求质量 m_1、m_2 和 m_3 应为何种关系时，重物 M_1 才能下降？并求悬挂重物 M_1 的绳子的拉力。

(10) 如图 15.17 所示的轮系中，三个物块的质量为 $m_A = 10\,\text{kg}$，$m_B = m_C = 20\,\text{kg}$，物块

A、C 与水平面之间的滑动摩擦因数为 $f=0.2$，绳索和滑轮的质量不计。试求各物块的加速度。

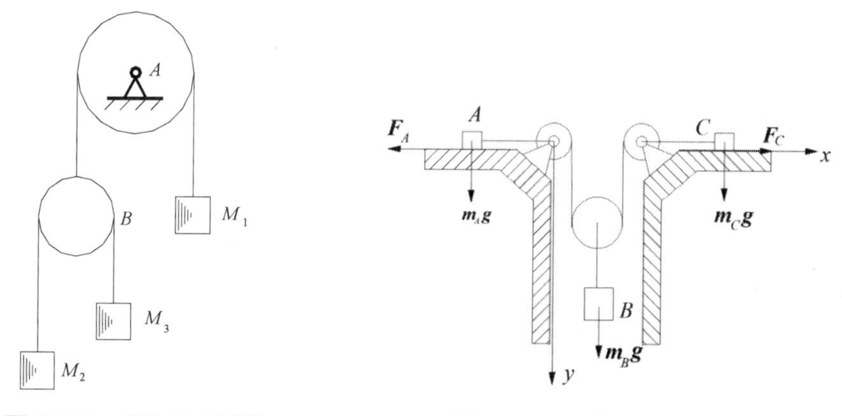

图 15.16　习题 15-4(9)图　　图 15.17　习题 15-4(10)图

(11) 如图 15.18 所示的绕在圆柱体 A 上的细绳，跨过质量为 m 的均质滑轮 O，与一质量为 m_B 的重物 B 相连。圆柱体的质量为 m_A，半径为 r，对轴的回转半径为 ρ。设绳与轮之间无滑动，系统初始静止。试求回转半径 ρ 满足什么条件时，重物 B 向上运动。

(12) 如图 15.19 所示的行星齿轮机构中，以 O_1 为轴的轮不动，其半径为 r。整个机构在同一水平面内运动。设轮 O_2 和 O_3 为均质圆盘，质量为 m，半径为 r。若作用在曲柄 O_1O_2 上的力偶矩为 M，曲柄的质量不计。试求曲柄 O_1O_2 的角加速度。

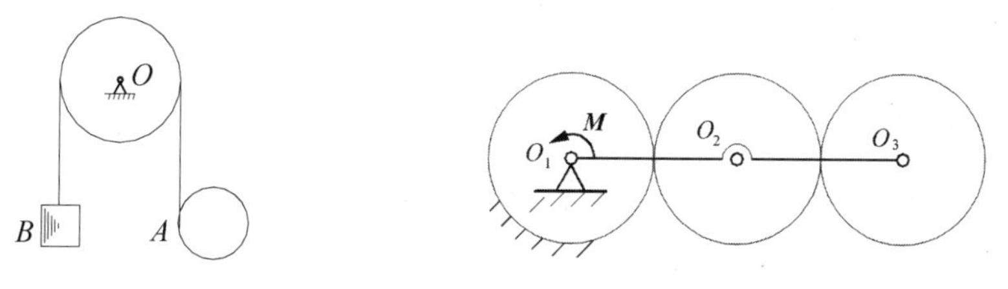

图 15.18　习题 15-4(11)图　　图 15.19　习题 15-4(12)图

(13) 如图 15.20 所示的行星齿轮机构中，在一个水平面内绕铅垂轴 O 转动，各齿轮的半径为 $r_1=r_3=3r_2=0.3\,\text{m}$，各轮的质量为 $m_1=m_3=9m_2=90\,\text{kg}$，皆为均质圆盘。曲柄 OA 上的驱动力矩 $M_0=180\ \text{N·m}$，轮Ⅰ上的驱动力矩 $M_1=150\ \text{N·m}$，轮Ⅲ上的阻力矩 $M_3=120\,\text{N·m}$。曲柄的质量及各处的摩擦不计，试求轮Ⅰ和曲柄的角加速度。

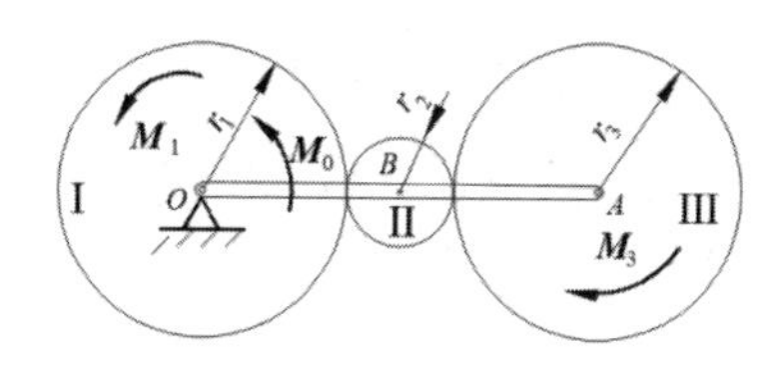

图 15.20　习题 15-4(13)图

第 16 章

碰　　撞

两个或两个以上运动的物体在瞬间突然接触发生冲击，其速度在极短时间内改变的现象，称为碰撞。碰撞是工程实际中的一种常见的现象，既有有利的一面，也有不利的一面，它是一个较复杂的动力学问题。在这一章里，我们将研究两个物体间碰撞问题的基本规律及其在刚体运动中的作用。

16.1　碰撞的基本特征及碰撞问题的简化

16.1.1　碰撞的基本特征及碰撞过程的两个阶段

1. 碰撞的基本特征

在实际生活中，碰撞现象如锤锻、打桩、飞机着陆时与跑道接触瞬间、球类与壁面接触等，其基本特征是动量的变化在极短(为$10^{-4}\sim10^{-3}$ s)的时间内进行的，速度变化为有限值，获得的加速度巨大，碰撞时两个物体的作用力称为碰撞力，其碰撞力也是巨大的。例如，一个锤头重 30N，以速度$v_1=3\text{m/s}$打在钉子上，测得碰撞时间为 0.002s，锤头反弹速度为$v_1=0.5\text{m/s}$。为简化起见，设碰撞过程为匀减速运动，可得碰撞力为 3856N，碰撞力约为锤头重的 129 倍，此值为平均值。若测得其最大值，则碰撞力会更大。又如，鸟与飞机在飞行过程中相撞时，碰撞力甚至高达鸟重的 2 万倍。因此，我们将碰撞力在极短的时间内发生的碰撞现象用碰撞冲量来描述，设碰撞时间为τ，碰撞力为$\boldsymbol{F}$，则碰撞冲量为

$$\boldsymbol{I}=\int_0^{\tau}\boldsymbol{F}\mathrm{d}t \tag{16-1}$$

实际上，碰撞力在极短的时间内的变化是极其复杂的，它与物体碰撞时的速度、材料性质及接触表面状况等因素有关。当发生碰撞时，测得瞬时碰撞力是一件困难的事，一般用碰撞冲量来描述。若能测得碰撞的时间τ，则可计算其平均碰撞力$\boldsymbol{F}^*$，即

$$\boldsymbol{F}^*=\frac{1}{\tau}\int_0^{\tau}\boldsymbol{F}\mathrm{d}t=\frac{\boldsymbol{I}}{\tau} \tag{16-2}$$

2. 碰撞过程的两个阶段

1) 变形阶段

从发生碰撞的物体接触开始到产生最大变形为止，称为碰撞的变形阶段。若将此变形阶段的时间间隔计为$(0, \tau_1)$，则该阶段的碰撞冲量为

$$\boldsymbol{I}_1 = \int_0^{\tau_1} \boldsymbol{F} \mathrm{d}t$$

2) 恢复阶段

从发生碰撞物体产生最大变形到两个碰撞物体脱离接触，称为碰撞的恢复阶段。若物体的变形完全恢复到原来的形状，则称为完全弹性碰撞。若物体的变形部分恢复到原来的形状，则称为弹塑性碰撞。若物体的变形不能恢复到原来的形状，则称为塑性碰撞。若将此变形阶段的时间间隔计为(τ_1, τ)，则碰撞冲量为

$$\boldsymbol{I}_2 = \int_{\tau_1}^{\tau} \boldsymbol{F} \mathrm{d}t$$

值得注意的是，由于碰撞是在瞬间发生的行为，上述两个阶段很难区分，因此计算碰撞冲量时直接为

$$\boldsymbol{I} = \int_0^{\tau} \boldsymbol{F} \mathrm{d}t$$

时间间隔计为$(0, \tau)=(0, \tau_1)+(\tau_1, \tau)$，略去中间瞬时$\tau_1$。

16.1.2 碰撞问题的简化

由于在极短的时间内的变化是极其复杂的，同时力又是巨大的，则通常做以下简化。

(1) 在碰撞过程中，由于非碰撞力(例如重力、弹性力等普通力)远远小于碰撞力的冲量，因此这些普通力的冲量通常忽略不计。值得注意的是，这只限于碰撞过程发生在极短时间内，其他时间不可忽略，应加以考虑。

(2) 在碰撞过程中，忽略物体位移的影响。由于碰撞是在极短时间内发生的，而物体的速度是有限的，因此可认为物体在碰撞过程中的位置无变化，只是速度改变了。

16.1.3 碰撞的分类

当两个物体碰撞时，通常有以下几种分类方式。

(1) 按相撞位置分类，碰撞可分为对心碰撞、偏心碰撞或正碰撞、斜碰撞。若碰撞力的作用线通过两个物体的质心，则称为对心碰撞，如图 16.1(a)所示。反之，如图 16.1(b)所示为偏心碰撞。若碰撞时各自质心的速度沿接触表面的公法线 BB，则又称为正碰撞，如图 16.1(a)所示，反之称为斜碰撞。

(2) 按碰撞时接触处有无摩擦分类，碰撞可分为光滑碰撞与非光滑碰撞。

(3) 按物体碰撞后变形的恢复程度(或能量有无损失)分类，碰撞可分为完全弹性碰撞、弹塑性碰撞、塑性碰撞。

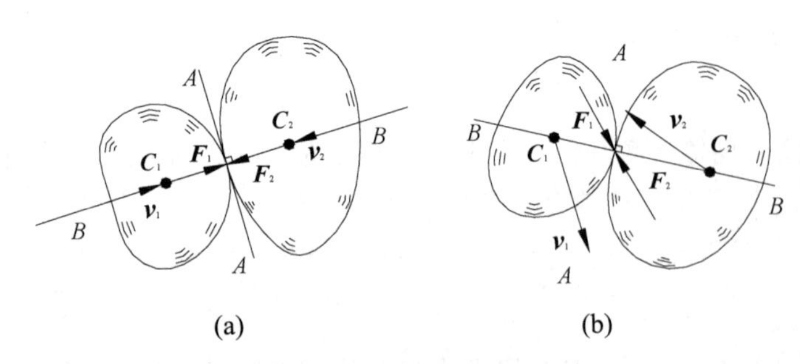

(a) (b)

图 16.1 正碰撞与斜碰撞

16.2 碰撞过程的基本原理

由于碰撞过程是在极短时间内发生的，且情形复杂，因此不宜用动力学微分方程描述瞬时状态下力与运动间的关系。同时，碰撞过程将伴随发热、发光和发声等物理现象，因此碰撞必将有机械能的损失，而这种机械能的损失与材料的性质及其碰撞表面的环境等诸多因素有关，难以用力所做的功的形式计算损失的机械能。因此，动能定理不宜解决碰撞问题。

综上所述，描述碰撞问题的方法是建立碰撞前、碰撞后的动量或动量矩的变化与作用在物体上的冲量或冲量矩的关系——冲量定理和冲量矩定理。

16.2.1 碰撞过程的动量定理——冲量定理

设质点的质量为 m，质点碰撞前的速度为$\boldsymbol{v}_0$，碰撞后的速度为$\boldsymbol{v}$，则由式(10-6)有质点动量定理的积分形式为

$$m\boldsymbol{v}-m\boldsymbol{v}_0=\int_0^t \boldsymbol{F}\mathrm{d}t=\boldsymbol{I} \tag{16-3}$$

其中，$\mathrm{d}\boldsymbol{I}=\boldsymbol{F}\mathrm{d}t$ 为 $\mathrm{d}t$ 时间内力 $\boldsymbol{F}$ 的元冲量，$\boldsymbol{I}=\int_0^t \boldsymbol{F}\mathrm{d}t$ 为 t 时间内力 $\boldsymbol{F}$ 的冲量，冲量的单位为 N·s，它是矢量，与力 $\boldsymbol{F}$ 同向，冲量表示力 $\boldsymbol{F}$ 对物体作用的时间积累。

式(16-3)表明：在碰撞过程中，质点碰撞后动量与碰撞前动量的差等于作用于质点的力在此时间间隔内的冲量。式中 $\boldsymbol{I}$ 为碰撞冲量，非碰撞力的冲量忽略不计。

对于碰撞的质点系，则由式(10-9)有质点系动量定理的积分形式为

$$\boldsymbol{p}-\boldsymbol{p}_0=\sum_{i=1}^{n}\int_0^t \boldsymbol{F}_i^{(e)}\mathrm{d}t=\sum_{i=1}^{n}\boldsymbol{I}_i \tag{16-4}$$

其中，$\boldsymbol{p}=\sum_{i=1}^{n}m_i\boldsymbol{v}_i=M\boldsymbol{v}_C$，$\boldsymbol{p}$ 为质点系碰撞后动量，$\boldsymbol{p}_0$ 为质点系碰撞前动量，$M=\sum_{i=1}^{n}m_i$ 为质点系的质量。

式(16-4)表明：在碰撞过程中，质点系碰撞后动量与碰撞前动量的差等于作用于质点系的外力在此时间间隔内冲量的矢量和(或称为碰撞冲量的主矢)。

16.2.2　碰撞过程的动量矩定理——冲量矩定理

设质点对固定点O的动量矩为$\boldsymbol{M}_O(m\boldsymbol{v})$，力$\boldsymbol{F}$对同一点$O$的力矩为$\boldsymbol{M}_O(\boldsymbol{F})$，则由式(11-6)有质点的动量矩定理，即

$$\frac{\mathrm{d}}{\mathrm{d}t}[\boldsymbol{M}_O(m\boldsymbol{v})]=\boldsymbol{M}_O(\boldsymbol{F})$$

变换上式有

$$\mathrm{d}[\boldsymbol{M}_O(m\boldsymbol{v})]=\boldsymbol{M}_O(\boldsymbol{F})\mathrm{d}t=\mathrm{d}\boldsymbol{M}_O(\boldsymbol{I})$$

积分得

$$\boldsymbol{M}_O(m\boldsymbol{v})-\boldsymbol{M}_O(m\boldsymbol{v}_0)=\boldsymbol{M}_O(\boldsymbol{I}) \tag{16-5}$$

其中，$\boldsymbol{M}_O(m\boldsymbol{v})$为质点碰撞后动量矩，$\boldsymbol{M}_O(m\boldsymbol{v}_0)$为质点碰撞前动量矩，$\boldsymbol{M}_O(\boldsymbol{I})$为碰撞时碰撞冲量矩。

式(16-5)表明：在碰撞过程中，质点碰撞后动量矩与碰撞前动量矩的差等于作用于质点的力在此时间间隔内的冲量矩。式中$\boldsymbol{I}$为碰撞冲量，非碰撞力的冲量矩忽略不计。

对于碰撞的质点系，则由式(11-8)有质点系的动量矩定理，即

$$\frac{\mathrm{d}}{\mathrm{d}t}\boldsymbol{L}_O=\sum_{i=1}^{n}\boldsymbol{M}_O(\boldsymbol{F}_i^{(e)})$$

同理有

$$\boldsymbol{L}-\boldsymbol{L}_O=\sum_{i=1}^{n}\boldsymbol{M}_O(\boldsymbol{I}_i^{(e)}) \tag{16-6}$$

其中，$\boldsymbol{L}$为质点系碰撞后动量矩，$\boldsymbol{L}_O$为质点系碰撞前动量矩，$\sum_{i=1}^{n}\boldsymbol{M}_O(\boldsymbol{I}_i^{(e)})$为外碰撞冲量矩。

式(16-6)表明：在碰撞过程中，质点系碰撞后动量矩与碰撞前动量矩的差等于作用于质点系的外碰撞冲量对同一点的矩的矢量和(或称为外碰撞冲量对同一点的主矩)。式中$\boldsymbol{I}_i^{(e)}$为外碰撞冲量，非碰撞力的冲量矩忽略不计。

注意： 质点系动量矩的变化与外碰撞冲量矩有关，内碰撞冲量矩不改变质点系动量矩的变化。

16.2.3　碰撞过程中基本原理的应用

1. 定轴转动刚体的碰撞方程

设定轴转动刚体受到外碰撞冲量的作用如图 16.2 所示，根据冲量矩定理在z轴上的投影有

$$\boldsymbol{L}_z-\boldsymbol{L}_{z0}=\sum_{i=1}^{n}\boldsymbol{M}_z(\boldsymbol{I}_i^{(e)})$$

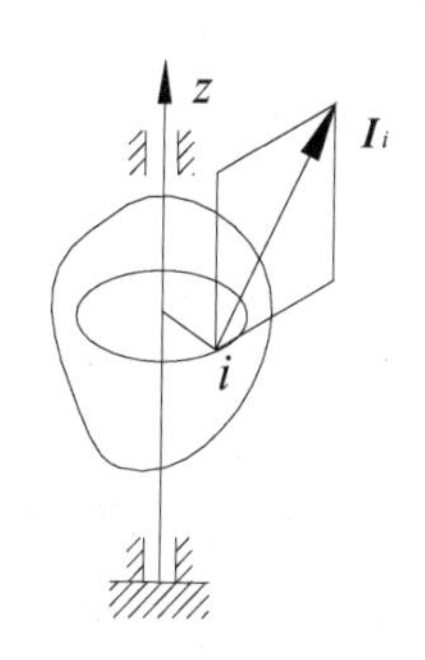

图 16.2　转动刚体的碰撞

其中，$\boldsymbol{L}_z$为质点系碰撞后动量矩，$\boldsymbol{L}_{z0}$为质点系碰撞前动量矩，

$\sum_{i=1}^{n} \boldsymbol{M}_z(\boldsymbol{I}_i^{(e)})$ 为外碰撞冲量对转轴 z 的矩。

若设碰撞前、碰撞后定轴转动刚体的角速度分别为 ω_0、ω，转动惯量为 J_z，则上式为

$$J_z\omega - J_z\omega_0 = \sum_{i=1}^{n} \boldsymbol{M}_z(\boldsymbol{I}_i^{(e)}) \tag{16-7}$$

式(16-7)为定轴转动刚体的碰撞方程。

由式(16-7)得定轴转动刚体角速度变化，即

$$\omega - \omega_0 = \frac{\sum_{i=1}^{n} \boldsymbol{M}_z(\boldsymbol{I}_i^{(e)})}{J_z} \tag{16-8}$$

2. 平面运动刚体的碰撞方程

质点系相对于质心的动量矩定理与质点系对固定点的动量矩定理相似，则可推得碰撞过程中质点系相对于质心的动量矩定理，即

$$\boldsymbol{L}_C - \boldsymbol{L}_{C0} = \sum_{i=1}^{n} \boldsymbol{M}_C(\boldsymbol{I}_i^{(e)}) \tag{16-9}$$

对于平行于其对称平面的平面运动刚体，由碰撞过程中质点系相对于质心的动量矩定理式(16-9)得

$$J_C\omega - J_C\omega_0 = \sum_{i=1}^{n} \boldsymbol{M}_C(\boldsymbol{I}_i^{(e)}) \tag{16-10}$$

式中：ω_0、ω 为碰撞前、碰撞后定轴转动刚体的角速度；J_C 为对质心轴的转动惯量；$\sum_{i=1}^{n} \boldsymbol{M}_C(\boldsymbol{I}_i^{(e)})$ 为对质心轴外碰撞冲量矩。

由式(16-4)质点系冲量定理为

$$\boldsymbol{p} - \boldsymbol{p}_0 = \sum_{i=1}^{n} \int_0^t \boldsymbol{F}_i^{(e)} \mathrm{d}t = \sum_{i=1}^{n} \boldsymbol{I}_i \tag{16-11}$$

式(16-10)和式(16-11)为平面运动刚体的碰撞方程。

16.3 恢复因数

牛顿在研究对心正碰撞时发现，对于材料确定的物体，无论碰撞前后的速度如何，两个物体碰撞后的速度大小与碰撞前速度大小的比值是不变的，此比值称为恢复因数，即

$$k = \frac{v}{v_0} \tag{16-12}$$

式中：v 为碰撞后的速度大小；v_0 为碰撞前速度大小；k 为恢复因数。

恢复因数需实验测定。用待测恢复因数的材料做成小球和质量很大的平板，将平板固定，令小球自高度为 h_1 处自由落下，碰撞后小球跳离固定平板升至 h_2 处，如图 16.3 所示。

(1) 小球与平板接触前瞬时的速度，即碰撞开始的瞬时，小球的速度为

$$v_0 = \sqrt{2gh_1}$$

(2) 小球离开平板瞬时的速度，即碰撞结束的瞬时，小球的速度为

$$v=\sqrt{2gh_2}$$

则恢复因数为

$$k=\frac{v}{v_0}=\sqrt{\frac{h_2}{h_1}} \tag{16-13}$$

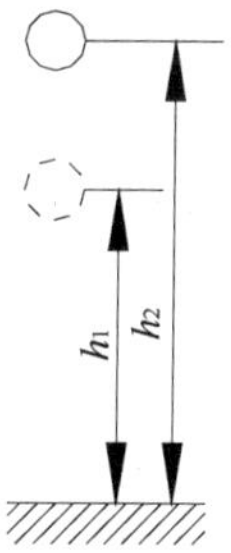

图 16.3　小球与平板的碰撞

应用冲量定理：

(1) 在变形阶段，若碰撞前小球的动量为 mv_0，碰撞中速度减为零，设此阶段碰撞冲量为 $\boldsymbol{I}_1$，则将冲量定理投影在竖向 y 轴上有

$$0-(-mv_0)=I_1$$

(2) 在恢复阶段，小球弹性变形逐渐恢复，重新得到反向速度，离开固定平面的速度为 v，动量为 mv，设此阶段碰撞冲量为 $\boldsymbol{I}_2$，同理有

$$mv-0=I_2$$

则恢复因数为

$$k=\frac{v}{v_0}=\left|\frac{I_2}{I_1}\right| \tag{16-14}$$

比较式(16-13)和式(16-14)，恢复阶段与在变形阶段的碰撞冲量之比等于恢复因数。几种常见材料的恢复因数见表 16.1。

表 16.1　几种常见材料的恢复因数

碰撞物体的材料	铁对铅	木对胶木	木对木	钢对钢	玻璃对玻璃
恢复因数	0.14	0.26	0.50	0.56	0.94

恢复因数表示物体在碰撞后速度恢复的程度，也表示物体变形恢复的程度。并且反映出碰撞过程中机械能损失程度。材料恢复因数越小，说明动能损失越多。

若 $k=0$ 为极限状态，即在碰撞结束时，物体的变形不能恢复，则称为非弹性碰撞或塑性碰撞。

若 $k=1$ 为理想状态，即在碰撞结束时，物体的变形完全恢复，动能没有损失，则称为完全弹性碰撞。

若 $0<k<1$ 为一般物体的碰撞，则称为弹塑性碰撞。

如果小球与固定面对心斜碰撞，碰撞开始瞬时的速度为 v_0，与接触处法线的夹角为 θ；碰撞结束时反弹速度为 v，与接触处法线的夹角为 β，如图 16.4 所示，若不计摩擦，两个物体只在法线方向上发生碰撞，其恢复因数为

$$k=\left|\frac{v_{\mathrm{n}}}{v_{\mathrm{n0}}}\right|$$

式中，$\boldsymbol{v}_{\mathrm{n}}$、$\boldsymbol{v}_{\mathrm{n0}}$ 为速度为 $\boldsymbol{v}$、$\boldsymbol{v}_0$ 在法线方向的投影。

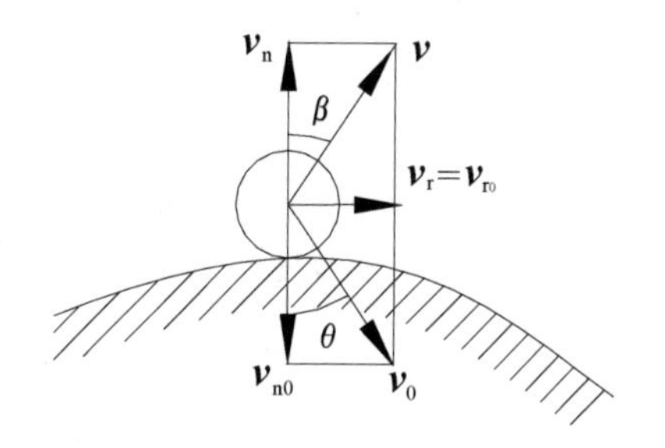

图 16.4　小球与固定平板对心斜碰撞

由于不计摩擦，所以发生碰撞时切线方向速度相等，如图 16.4 所示。即

$$|v_{\mathrm{n}}|\tan\beta = |v_{\mathrm{n0}}|\tan\theta$$

于是，恢复因数为

$$k = \left|\frac{v_{\mathrm{n}}}{v_{\mathrm{n0}}}\right| = \frac{\tan\theta}{\tan\beta}$$

对于实际材料，当 $k<1$ 时，由于碰撞表面光滑，所以有 $\beta > \theta$。

在不考虑摩擦的一般情况下，两个碰撞物体碰撞前后有相对运动时，则此时恢复因数为两个物体碰撞后和碰撞前沿接触点法线方向的相对速度大小的比值，即

$$k = \left|\frac{v_{\mathrm{r}}^{\mathrm{n}}}{v_{\mathrm{r_0}}^{\mathrm{n}}}\right| \tag{16-15}$$

式中，$v_{\mathrm{r}}^{\mathrm{n}}$、$v_{\mathrm{r_0}}^{\mathrm{n}}$ 为碰撞后和碰撞前沿接触点法线方向的相对速度。

16.4 碰撞冲量对定轴转动刚体的作用

当刚体绕某固定轴 z 转动时，由于受到外碰撞冲量 $\boldsymbol{I}$ 的作用，则转动轴处受到反碰撞冲量 $\boldsymbol{I}_O$ 的作用，这样必然对轴承产生损伤，因此应设法消除由于反碰撞冲量作用所带来的不良后果。

如图 16.5 所示，设刚体有质量对称平面，且绕垂直于此对称平面的轴 z 转动，刚体的质心 C 在质量对称平面内，外碰撞冲量 $\boldsymbol{I}$ 也作用于此质量对称平面内，求轴承 O 处的反碰撞冲量 $\boldsymbol{I}_{Ox}$ 和 $\boldsymbol{I}_{Oy}$。

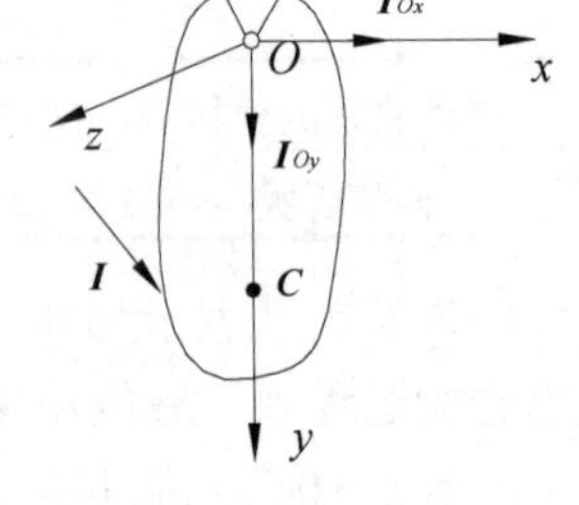

图 16.5 定轴转动刚体

设 Oy 轴通过质心 C，则由质点系动量定理的积分形式(16-4)，得 x 轴、y 轴投影形式的冲量定理为

$$\begin{cases} mv_{Cx} - mv_{Cx0} = I_x + I_{Ox} \\ mv_{Cy} - mv_{Cy0} = I_y + I_{Oy} \end{cases} \tag{16-16}$$

其中，绕定轴转动刚体碰撞前后的动量在 x 轴、y 轴投影分别为 mv_{Cx0}、mv_{Cx}、mv_{Cy0}、mv_{Cy}。

若设发生碰撞时轴承没有破坏，则有 $v_{Cy0} = v_{Cy} = 0$，由式(16-16)得轴承 O 处的反碰撞冲量 $\boldsymbol{I}_{Ox}$ 和 $\boldsymbol{I}_{Oy}$ 为

$$\begin{cases} I_{Ox} = mv_{Cx} - mv_{Cx0} - I_x \\ I_{Oy} = -I_y \end{cases} \tag{16-17}$$

可见，一般情况下，轴承处存在反碰撞冲量。

为消除反碰撞冲量 $\boldsymbol{I}_{Ox}$ 和 $\boldsymbol{I}_{Oy}$，必须满足以下条件。

(1) $I_x = mv_{Cx} - mv_{Cx0}$。

(2) $I_y = 0$。

讨论：由条件(2)知，外碰撞冲量 $\boldsymbol{I}$ 与 y 应垂直，即 $\boldsymbol{I}$ 必须垂直轴承 O 与质心 C 的连线，

如图 16.6 所示。

由条件(1)，设质心 C 到轴承 O 的距离为 a，则

$$I_x = mv_{Cx} - mv_{Cx0} = ma(\omega - \omega_0)$$

将碰撞前、碰撞后定轴转动刚体的角速度变化式(16-8)代入

$$I_x = ma\left(\frac{\sum_{i=1}^{n}\boldsymbol{M}_z(\boldsymbol{I}_i^{(e)})}{J_z}\right) = ma\frac{I_x l}{J_z}$$

即得

$$l = \frac{J_z}{ma} \tag{16-18}$$

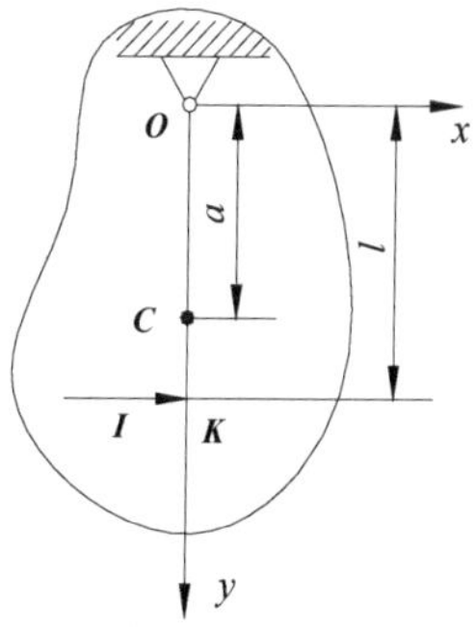

图 16.6 碰撞冲量 $\boldsymbol{I}$ 与 y 轴的关系

式中，$l = OK$，K 为外碰撞冲量 $\boldsymbol{I}$ 的作用线与 OC 连线的交点。点 K 称为撞击中心。

于是得出结论，当外碰撞冲量作用于物体质量对称平面内的撞击中心处，且垂直于轴承中心与质心连线时，轴承处不引起反碰撞冲量。

上述结论在工程中得到广泛的应用，例如，摆式撞击试验机，撞击点设计在摆的撞击中心处，这样做撞击试验时轴承处不会引起碰撞冲量，不至于使轴承处因为撞击而损伤破坏。在日常生活中，用锤子锤钉子，若打击的地方正好是锤杆的撞击中心，则打击时手不会感到撞击，反之手将会感到强烈的撞击，所以锤头应设计在撞击中心处。

【例 16.1】 均质杆质量为 m，长为 $2a$，其上端由轴承连接，如图 16.7 所示，杆由水平位置无初速地落下，撞到铅直位置处一个固定物块上。设恢复因数为 k，试求轴承处的反碰撞冲量及撞击中心的位置。

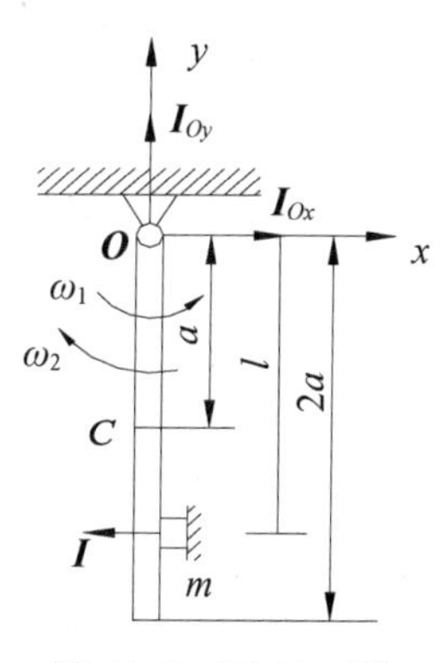

图 16.7 例 16.1 图

解： (1) 求轴承处的反碰撞冲量。

杆在铅直位置与物块碰撞，设碰撞开始和结束时杆的角速度分别为 ω_1、ω_2。在碰撞前，杆自水平位置自由落下，应用动能定理得

$$\frac{1}{2}J_O\omega_1^2 - 0 = mga$$

得碰撞开始时的角速度为

$$\omega_1 = \sqrt{\frac{2mga}{J_O}} = \sqrt{\frac{2mga}{\frac{m(2a)^2}{3}}} = \sqrt{\frac{3g}{2a}}$$

在碰撞过程中，角速度变化由式(16-8)为

$$\omega_2 - (-\omega_1) = \frac{Il}{J_O}$$

则外碰撞冲量为

$$I = \frac{J_O}{l}(\omega_2 + \omega_1) = \frac{m(2a)^2}{3l}(\omega_2 + \omega_1) \tag{a}$$

由冲量定理的投影形式(16-16)

$$\begin{cases} mv_{Cx} - mv_{Cx0} = I_x + I_{Ox} \\ mv_{Cy} - mv_{Cy0} = I_y + I_{Oy} \end{cases} \tag{b}$$

考虑到碰撞，式(b)变为

$$\begin{cases} m(-a\omega_2 - a\omega_1) = I_{Ox} - I \\ I_{Oy} = 0 \end{cases} \tag{c}$$

将式(a)代入式(c)，得

$$\begin{cases} I_{Ox} = m(-a\omega_2 - a\omega_1) + I = ma(\omega_2 + \omega_1)\left(\dfrac{4a}{3l} - 1\right) \\ I_{Oy} = 0 \end{cases} \tag{d}$$

再由碰撞的恢复因数 $k = \dfrac{v}{v_0} = \dfrac{\omega_2 l}{\omega_1 l} = \dfrac{\omega_2}{\omega_1}$，则有

$$\omega_2 = k\omega_1$$

将 ω_1、ω_2 代入式(d)，得轴承处的反碰撞冲量为

$$I_{Ox} = ma(1+k)\sqrt{\frac{3g}{2a}}\left(\frac{4a}{3l} - 1\right)$$

(2) 求撞击中心的位置。

令 $I_{Ox} = 0$，则得

$$l = \frac{4a}{3}$$

其结果与式(16-18)一致。

16.5 碰撞问题的应用

应用动量定理和动量矩定理的积分形式，结合恢复因数建立补充方程，可以分析碰撞前后物体受力与运动变化之间的关系。

【例 16.2】 两个物体的质量分别为 m_1、m_2，恢复因数为 k，产生对心正碰撞，如图 16.1(a)所示。试求碰撞结束时各自质心的速度和碰撞过程中动能的损失。

解： (1) 求碰撞结束时各自质心的速度。

两个物体的碰撞条件是 $v_1 > v_2$，且两个物体为同向对心正碰撞。因为两个物体构成一个质点系，又无外碰撞冲量，故质点系动量守恒。设两个物体的碰撞前后的速度分别为 v_1、v_1'，v_2、v_2'，在法线方向建立动量守恒方程，为

$$m_1 v_1 + m_2 v_2 = m_1 v_1' + m_2 v_2' \tag{a}$$

由式(16-15)，得恢复因数为

$$k = \frac{v_2' - v_1'}{v_1 - v_2} \tag{b}$$

联立式(a)和式(b)得

$$\begin{cases} v_1' = v_1 - (1+k)\dfrac{m_2}{m_1+m_2}(v_1 - v_2) \\ v_2' = v_2 + (1+k)\dfrac{m_1}{m_1+m_2}(v_1 - v_2) \end{cases} \tag{c}$$

讨论：

① 当 $k=1$ 时，

$$\begin{cases} v_1' = v_1 - \dfrac{2m_2}{m_1+m_2}(v_1 - v_2) \\ v_2' = v_2 + \dfrac{2m_1}{m_1+m_2}(v_1 - v_2) \end{cases}$$

若 $m_1 = m_2$，则上式为 $v_1' = v_2$，$v_2' = v_1$，即两个物体碰撞结束时交换了速度。

②当 $k=0$ 时，$v_1' = v_2' = \dfrac{m_1 v_1 + m_2 v_2}{m_1 + m_2}$，即两个物体碰撞结束时一起运动。

(2) 碰撞过程中动能的损失。

设碰撞前、后质点系动能为 T_1、T_2，即

$$\begin{cases} T_1 = \dfrac{1}{2}m_1 v_1^2 + \dfrac{1}{2}m_2 v_2^2 \\ T_2 = \dfrac{1}{2}m_1 v_1'^2 + \dfrac{1}{2}m_2 v_2'^2 \end{cases} \tag{d}$$

碰撞过程中动能的损失为

$$\Delta T = T_1 - T_2 \tag{e}$$

将式(c)、式(d)代入式(e)，得

$$\Delta T = T_1 - T_2 = \frac{1}{2}(1+k)\frac{m_1 m_2}{m_1+m_2}(v_1 - v_2)\left[(v_1 + v_1') - (v_2 + v_2')\right]$$

考虑式(b)，即 $v_1' - v_2' = -k(v_1 - v_2)$。则上式简化为

$$\Delta T = T_1 - T_2 = \frac{m_1 m_2}{2(m_1+m_2)}(1-k^2)(v_1 - v_2)^2$$

讨论：

① 当 $k=1$ 时，$\Delta T = 0$，即完全弹性碰撞动能无损失；

② 当 $k=0$ 时，$\Delta T = T_1 - T_2 = \dfrac{m_1 m_2}{2(m_1+m_2)}(v_1 - v_2)^2$。

假设第二个物体碰撞前静止，即 $v_2 = 0$，则

$$\Delta T = T_1 - T_2 = \frac{m_1 m_2}{2(m_1+m_2)} v_1^2$$

同时注意到 $T_1 = \dfrac{1}{2}m_1 v_1^2$，上式改写为

$$\Delta T = T_1 - T_2 = \frac{m_2}{m_1+m_2}T_1 = \frac{1}{\dfrac{m_1}{m_2}+1}T_1$$

可见塑性碰撞过程中动能的损失与两个物体的质量有关。

① 当$m_2 \gg m_1$时，$\Delta T \approx T_1$，即碰撞开始时的动能完全损失在碰撞过程中。

② 当$m_2 \ll m_1$时，$\Delta T \approx 0$，即碰撞动能无损失，这是理想的。对于打桩机，我们希望在碰撞结束时使桩获得较大的动能克服阻力，因此在工程中，桩锤比桩柱重得多。又如锤子比钉子重也是这个道理。

【例 16.3】如图 16.8 所示，质量为$m_1 = 2\text{kg}$的小球，以速度$v_0 = 5\text{m/s}$水平向右运动，撞在一个铅垂悬挂的刚性杆AB的下端，杆的质量为$m_2 = 8\text{kg}$，杆长$l = 1.2\text{m}$，A端为铰接，碰撞前处于静止状态。已知杆和小球间的恢复因数$k = 0.8$，试求碰撞后杆的角速度和小球的速度。

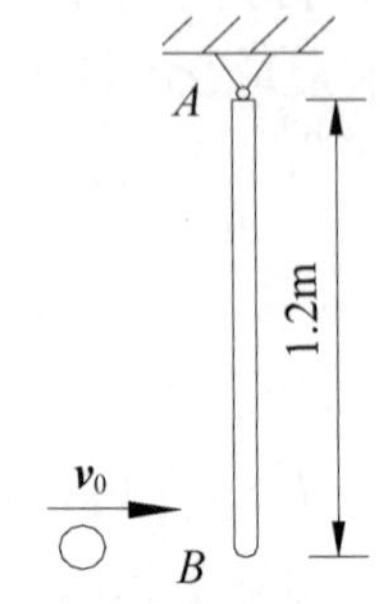

图 16.8 例 16.3 图

解：将杆和小球组成一个质点系，设碰撞后杆的角速度为ω，小球的速度为v_1。由于碰撞前杆处于静止状态，其角速度$\omega_0 = 0$，作用在铰A端处的是外碰撞冲量，故应用对A的冲量矩守恒，设逆时针为正方向。即对A点动量矩守恒。

$$J_A\omega + m_1 v_1 l - m_1 v_0 l = 0 \tag{a}$$

式中，$J_A = \dfrac{m_2 l^2}{3}$。

由式(16-15)得杆和小球间的恢复因数为

$$k = \frac{\omega l - v_1}{v_0} = 0.8 \tag{b}$$

联立式(a)、式(b)得碰撞后杆的角速度和小球的速度为

$$\omega = 3.21\text{rad/s}$$
$$v_1 = -0.148\text{m/s}$$

负号说明与假设方向相反。

【例 16.4】如图 16.9 所示，在铅垂平面内由平移下落的均质细直杆AB长为l，质量为m，与铅垂线成角β。当杆下端A碰到光滑水平面时，杆具有铅垂速度v_0。(1)设接触点A的碰撞为完全弹性，试求碰撞结束时杆的角速度；(2)若接触点A的碰撞为塑性，试求碰撞结束时杆的角速度。

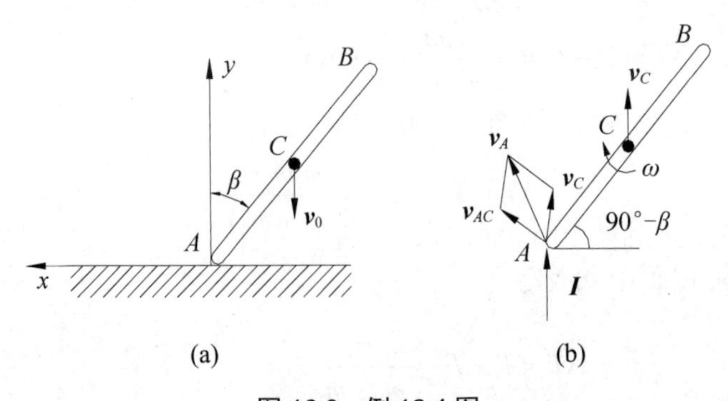

图 16.9 例 16.4 图

解：(1) 均质细直杆AB碰撞时为平面运动，设碰撞结束时质心的速度为$\boldsymbol{v}_C$，杆的角速

度为ω，则由平面运动刚体的碰撞方程式(16-10)和式(16-11)有

$$J_C\omega - 0 = I\frac{l}{2}\sin\beta \tag{a}$$

$$mv_C - (-mv_0) = I \tag{b}$$

由于$k=1$，且被碰撞的水平面为固定的，则水平面碰撞前后的速度为$v_2 = v_2' = 0$，杆下端A碰撞前后的速度大小为$v_{Ay} = v_1' = v_1 = v_0$。又由平面运动知

$$\boldsymbol{v}_A = \boldsymbol{v}_C + \boldsymbol{v}_{AC}$$

其中，$v_{AC} = \frac{l}{2}\omega$，将上式投影到$y$轴上，得

$$v_{Ay} = v_C + \frac{l}{2}\omega\sin\beta \tag{c}$$

联立式(a)、式(b)和式(c)，得碰撞结束时杆的角速度为

$$\omega = \frac{12\sin\beta}{3\sin^2\beta + 1}\frac{v_0}{l}$$

(2) 若$k=0$，碰撞为塑性阶段，杆下端A碰撞后的速度在y方向的大小为$v_{Ay}=0$，即杆下端A碰撞后沿水平面方向滑动，则由式(c)得，$v_C = -\frac{l}{2}\omega\sin\beta$，再与式(a)、式(b)联立得碰撞结束时杆的角速度为

$$\omega = \frac{6\sin\beta}{3\sin^2\beta + 1}\frac{v_0}{l}$$

本章小结

小结的具体内容请扫描右侧二维码获取。

习　题　16

16-1　是非题(正确的画√，错误的画×)

(1) 碰撞的基本特征是动量的变化在极短的时间内进行的。（　）

(2) 碰撞过程中碰撞冲量表示作用在物体上所有力的冲量。（　）

(3) 两个发生完全弹性碰撞的物体，其系统动能无损失。（　）

(4) 弹性碰撞与塑性碰撞的区别是前者碰撞后彼此有不同的速度，后者是以相同的速度一起运动。（　）

(5) 绕定轴转动的物体，若质心与转轴重合，则没有撞击中心。（　）

(6) 恢复因数等于正碰撞物体两个阶段碰撞冲量的比。（　）

(7) 一个质点被抛出后与地面发生完全弹性碰撞，每次撞击地面均以相同的运动轨迹运动。（　）

(8) 在光滑的水平面上，若运动的物体发生完全弹性碰撞，则其速度互换。（　）

(9) 碰撞过程中其动量的改变与质点系所受的全部力有关。（　）

(10) 锤子锤钉子，锤在撞击中心处，则手会感到很大的撞击力。 (　　)

16-2　填空题(把正确的答案写在横线上)

(1) 如图16.10所示，均质杆OA长为l，质量为m_1，在铅垂平面内开始静止，一个小球以初速度v_0撞击杆A端，其质量为m_2，碰撞后的小球速度为v，则恢复因数为________，O处的反碰撞冲量为__________，杆的撞击中心K的位置为__________。

(2) 如图16.11所示，两个质量相同的小球A和B相碰，碰撞前小球A的速度为$\boldsymbol{v}_A$，小球B静止。若设恢复因数为k，则碰撞后小球B的速度为__________________。

(3) 小球自高H处无初速沿铅垂线落在水平面上，其回弹高度为h，则恢复因数为________。若小球的质量为m，则碰撞冲量为__________。

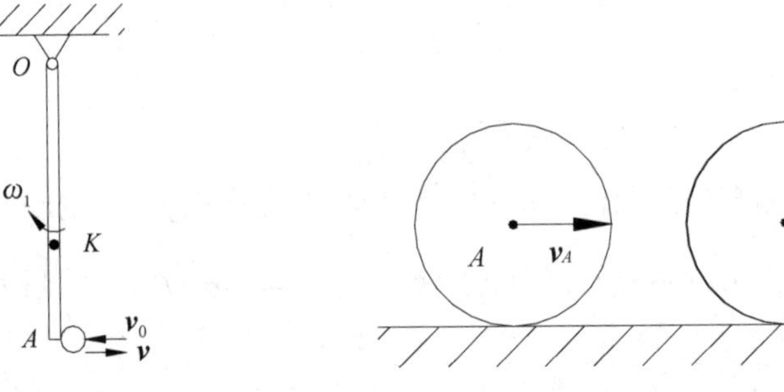

图16.10　习题16-2(1)图　　图16.11　习题16-2(2)图

(4) 绕定轴转动的物体，若外碰撞冲量作用在撞击中心处，则轴转处的反碰撞冲量为____________。

16-3　简答题

(1) 研究碰撞问题时为什么采用动量定理和动量矩定理的积分形式？

(2) 为什么弹性碰撞时不用动能定理？当恢复因数$k=0$时可否应用？

(3) 试分别计算下列两种情况下两个小球的质量比。已知恢复因数为k：①两个小球以等速、反向的速度正碰撞，碰撞后一个小球静止；②碰撞前一个小球静止，碰撞后另一个小球静止。

(4) 均质细杆，质量为m，长为l，静止于光滑的水平面上，若杆端受有垂直于细杆的碰撞冲量$\boldsymbol{I}$，则碰撞后杆中心的速度和角速度如何？欲使此杆的某个端点碰撞结束瞬时速度为零，则碰撞冲量$\boldsymbol{I}$应作用在杆的什么位置？

16-4　计算题

(1) 如图16.12所示，物块A自高度$h=4.9\text{m}$处自由落下，与安装在弹簧上的物块B相碰。已知物块A的质量$m_1=1\text{kg}$，物块B的质量$m_2=0.5\text{kg}$，弹簧的刚度系数$k=10\text{N/mm}$。设碰撞结束后，两个物块一起运动，试求碰撞结束时的速度和弹簧的最大压缩量。

(2) 如图16.13所示，棒球的质量为$m=0.14\text{kg}$，以速度$v_0=50\text{m/s}$向右沿水平线运动。当被棒撞击后，其速度自原来的方向改变了角$\alpha=135^\circ$而向左朝上运动，其速度降低至$v=40\text{m/s}$。试求球棒作用于球的水平和铅直方向的分碰撞冲量。设球和棒的接触时间为

$t=\dfrac{1}{50}\text{s}$，试求击球时碰撞力的平均值。

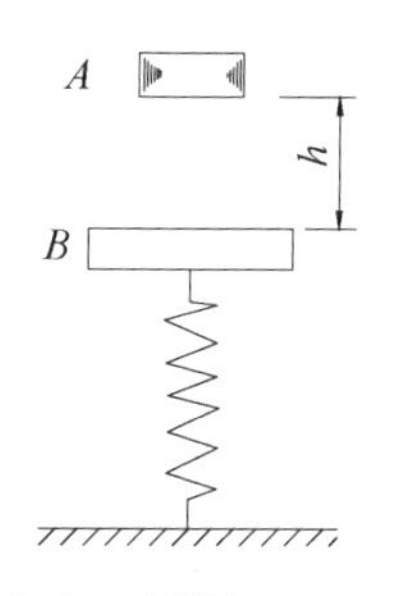

图 16.12 习题 16-4(1)图

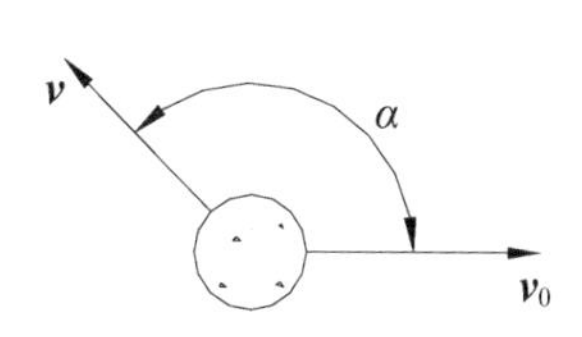

图 16.13 习题 16-4(2)图

(3) 设小球与固定面发生斜碰撞，入射角为α，反射角为β(指速度方向与固定面法线间的夹角)，如图 16.14 所示。设固定面是光滑的，试求其恢复因数。

(4) 如图 16.15 所示是测定子弹速度的装置。已知子弹的质量为$m_1=50\text{g}$，沙箱A的质量为$m_2=10\text{kg}$，弹簧的刚度系数$k=100\text{kN/m}$，并测得子弹射进沙箱后弹簧压缩2.52m，不计沙箱与水平面间的摩擦，试求子弹的速度。

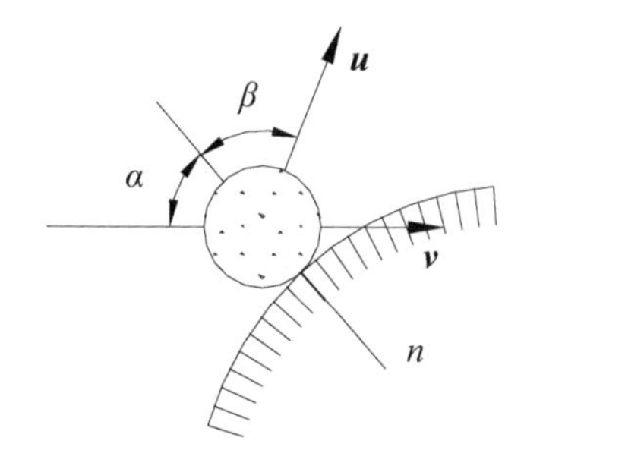

图 16.14 习题 16-4(3)图

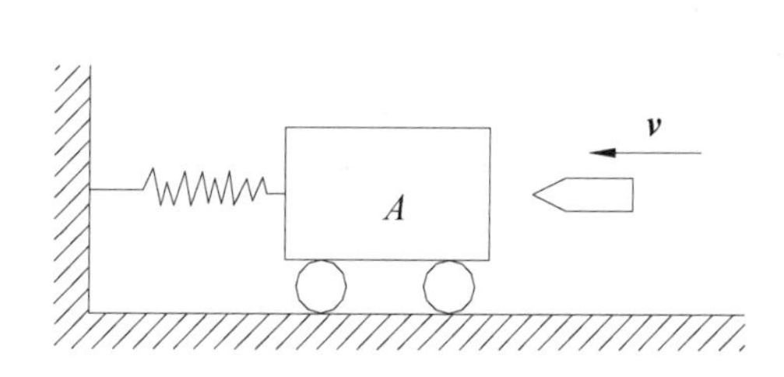

图 16.15 习题 16-4(4)图

(5) 如图 16.16 所示，一个钢球从高 2m 处自由下落到一块光滑的钢板上，钢板的倾角为 30°，碰撞的恢复因数为 0.7，试求钢球的回弹最大高度。

(6) 如图 16.17 所示，一个钢球从高处自由下落，碰在固定光滑斜面上。设碰撞前的速度为$\boldsymbol{v}_1$，恢复因数为k，欲使回弹速度$\boldsymbol{v}_2$的方向为水平，试求斜面的倾角θ和回弹的速度$\boldsymbol{v}_2$。

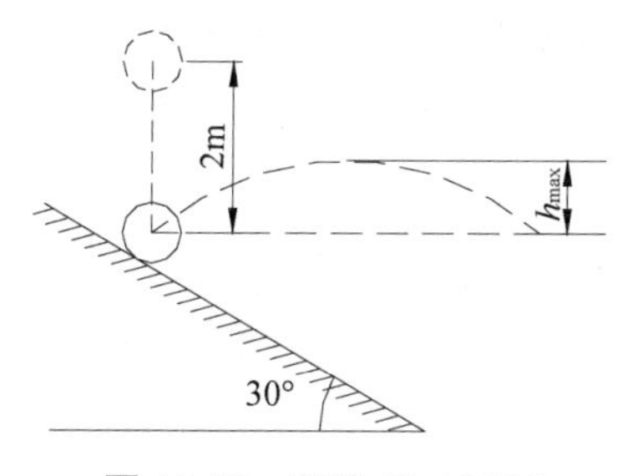

图 16.16 习题 16-4(5)图

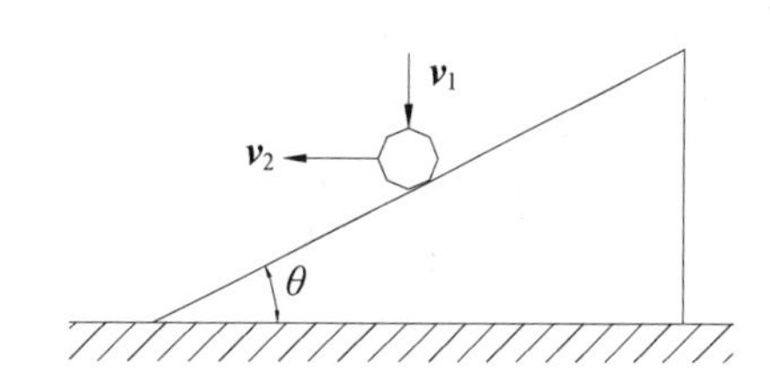

图 16.17 习题 16-4(6)图

(7) 如图 16.18 所示，质量为m、长为l的均质杆AB，水平地自由下落一段距离h后，与支座D碰撞$\left(BD=\dfrac{l}{4}\right)$。假定碰撞为塑性的，试求碰撞后的角速度$\omega$和碰撞冲量$\boldsymbol{I}$。

(8) 如图16.19所示，均质杆AB置于光滑水平面上，绕其质心以角速度ω_0转动。若突然将端点B固定(作为转轴)，试求此时杆的角速度ω。

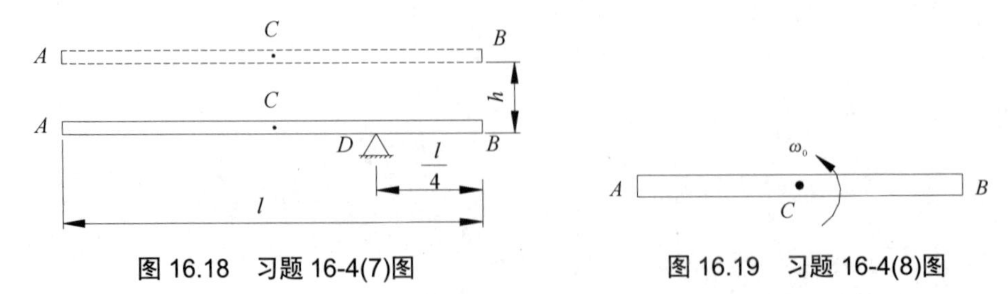

图16.18 习题16-4(7)图　　图16.19 习题16-4(8)图

(9) 均质圆轮O的半径为r，质量为m_1，置于光滑的水平面上，均质杆AB长为l，质量为m，铰接于轮上的A端。设$OA=\frac{1}{4}r$，$l=3r$，$m_1=2m$。开始时系统静止，如图16.20所示，今有一水平碰撞冲量$\boldsymbol{I}$作用于杆的B端，试求碰撞结束时轮心O的速度。

(10) 一个质量为$m=2\text{kg}$的均质圆球，以速度$v=5\text{m/s}$沿与水平面成45°角的方向落到地面上，如图16.21所示。设球与地面接触后立即在地面上向前滚动，试求：①滚动的速度；②受到地面的碰撞冲量；③碰撞时动能的损失。

图16.20 习题16-4(9)图　　图16.21 习题16-4(10)图

(11) 如图16.22所示，一个球放在水平面上，其半径为r，在球上作用一个水平冲量$\boldsymbol{I}$，欲使接触点A无滑动，试求冲量作用线离水平面的高度h。

(12) 平台车以速度$\boldsymbol{v}$沿水平路轨运动，其上放置均质正方形物块A，边长为a，质量为m，如图16.23所示。在平台上靠近物块有一个突出的棱B，能阻碍物块向前滑动，但不能阻碍物块绕棱转动，试求当平台车突然停止时，物块A绕棱B转动的角速度。

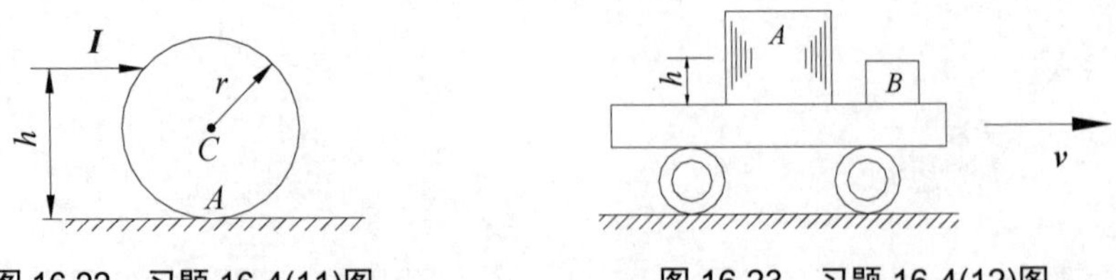

图16.22 习题16-4(11)图　　图16.23 习题16-4(12)图

(13) 一个均质杆的质量为m_1，长为l，其上端固定在圆柱铰链O处，如图16.24所示。杆由水平位置自由落下，杆在铅垂位置处撞到一个质量为m_2的物块，使物块在水平面上滑动，动滑动摩擦因数为f。若碰撞为非弹性的，试求物块移动的距离。

(14) 如图 16.25 所示，质量为 m_1 的物块 A 置于光滑水平面上，它与质量为 m_2、长为 l 的均质杆相铰接。系统初始静止，杆 AB 在铅垂位置，$m_1 = 2m_2$。今有一个水平冲量 $\boldsymbol{I}$ 作用于杆的 B 端，试求碰撞结束时，物块 A 的速度。

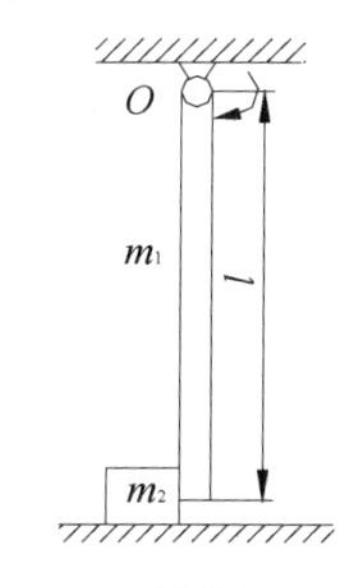

图 16.24　习题 16-4(13)图

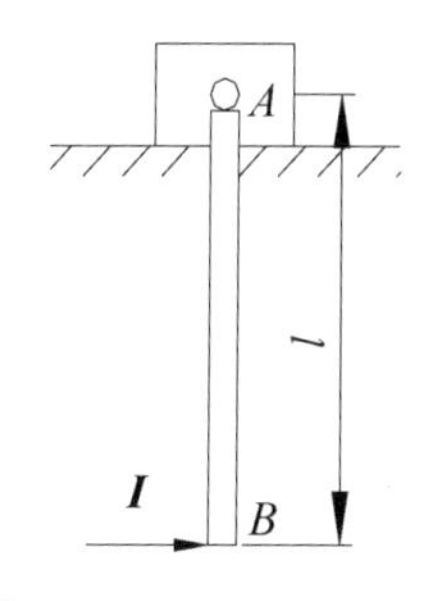

图 16.25　习题 16-4(14)图

(15) 如图 16.26 所示，均质杆 AB 绕其一端自铅垂位置无初速地倒下，当到达水平位置时，另一端与地面碰撞，恢复因数为 0.5。试求弹回的角度 α 和碰撞时损失的动能与原来动能的比。

(16) AB、BC 两均质杆刚性连接，如图 16.27 所示。设 $l_{AB} = l_{BC} = l$，$m_{BC} = 2m_{AB}$。试求当以 A 端为转轴时，撞击中心的位置。

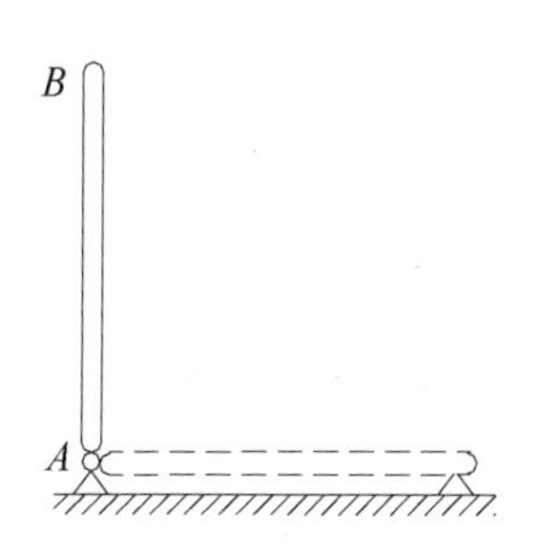

图 16.26　习题 16-4(15)图

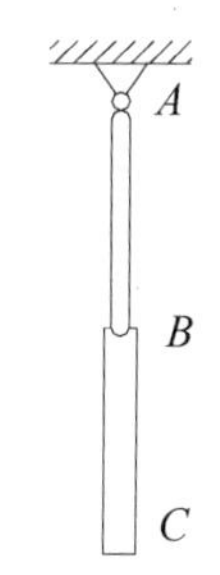

图 16.27　习题 16-4(16)图

第 17 章

机械振动基础

机械振动是指物体(此物体通常称为系统)在其平衡位置附近往复地运动。机械振动在生产与生活中是一种常见的运动形式。例如，钟摆的摆动、地面行驶的车辆、宇宙中的电磁波、声、光都是通过振动的方式传播的。可见掌握和了解机械振动基本规律，对更好地利用振动、减少振动的危害都具有重要意义。同时，由于机械系统的振动是复杂多样的，研究机械振动通常简化为单自由度系统和多自由度系统的力学模型，利用力学和数学的方法建立机械振动系统的相关微分方程进行分析。本章要学习单自由度系统振动问题的基本规律，此理论是研究多自由度系统振动的基础。

17.1　单自由度系统的自由振动

17.1.1　单自由度系统自由振动微分方程及其解答

1. 单自由度系统

由于机械系统振动的复杂多样性，为了更好地研究机械系统振动一般规律，将振动系统简化为由一个质量和一个弹簧构成，称为质量弹簧系统。此系统在其平衡位置往复运动，因此其位置可由一个独立坐标完全确定，如图 17.1 所示，这样的力学模型称为单自由度系统。

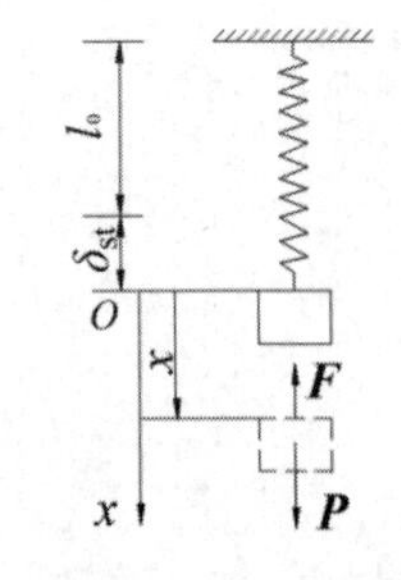

图 17.1　单自由度系统

2. 单自由度系统的自由振动微分方程

如图 17.1 所示，设重物的质量为m，弹簧的原长为l_0，弹簧的刚度系数为k，构成单自由度系统。O处为系统的平衡位置，重物受到重力$\boldsymbol{P}=m\boldsymbol{g}$和弹簧力作用而处于平衡状态，在平衡位置处弹簧的静伸长由平衡条件得

$$\delta_{st}=\frac{P}{k}=\frac{mg}{k} \tag{17-1}$$

为了研究方便，取重物的平衡位置 O 处为坐标原点，描述重物运动位置的变量为 x，且 x 轴铅垂向下为正，则重物运动到任意位置 x 时，弹簧力在 x 轴上的投影为

$$F_x = -k(\delta_{st} + x)$$

由式(9-4)，得重物的运动微分方程为

$$m\frac{d^2x}{dt^2} = P - k(\delta_{st} + x)$$

将式(17-1)代入上式得

$$m\frac{d^2x}{dt^2} = -kx \tag{17-2}$$

式(17-2)右端表示重物偏离平衡位置 x 时，将受到与偏离平衡距离成正比且与偏离方向相反的合力作用，此力称为恢复力 $\boldsymbol{F}_k$，恢复力也表示重物受到自重和弹簧力的合力。由此得单自由度系统无阻尼自由振动，即只在恢复力作用下的振动。

3. 微分方程的解答

将式(17-2)右边移到左边，并令

$$\omega_n^2 = \frac{k}{m} \tag{17-3}$$

得

$$\frac{d^2x}{dt^2} + \omega_n^2 x = 0 \tag{17-4}$$

式(17-4)称为单自由度系统无阻尼自由振动微分方程，是标准的二阶常系数齐次微分方程。其通解为

$$x = C_1\cos\omega_n t + C_2\sin\omega_n t \tag{17-5}$$

其中，C_1、C_2 为积分常数，由运动的初始条件确定。即

① $t=0$：令 $x = x_0$，则由式(17-5)得 $C_1 = x_0$；

② $t=0$：令 $\dot{x} = v_0$，则由式(17-5)得 $C_2 = \dfrac{v_0}{\omega_n}$。

若令

$$A = \sqrt{C_1^2 + C_2^2} \tag{17-6}$$

则

$$\tan\theta = \frac{C_1}{C_2}$$

则得单自由度系统无阻尼自由振动的运动方程为

$$x = A\sin(\omega_n t + \theta) \tag{17-7}$$

式(17-7)表示无阻尼自由振动为简谐振动，其运动曲线如图 17.2 所示。其中，A 为振幅，θ 为初相位角，$\omega_n t + \theta$ 为相位角，ω_n 为固有角频率(常称为固有频率)。

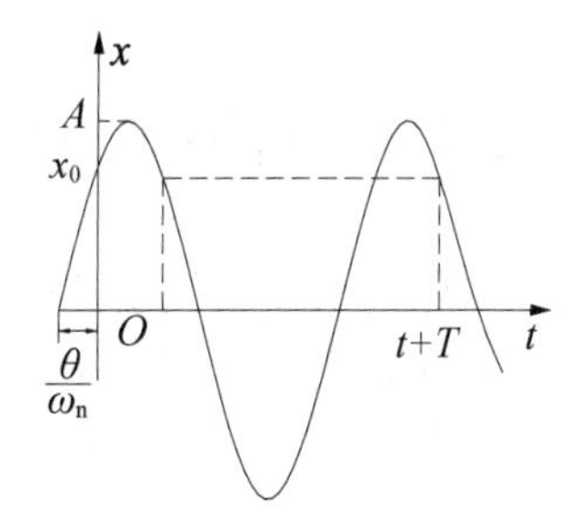

图 17.2　运动曲线 x-t 图

将积分常数 C_1、C_2 的值代入式(17-6)，得振幅和初相位角为

$$\begin{cases} A = \sqrt{x_0^2 + \dfrac{v_0^2}{\omega_n^2}} \\ \tan\theta = \dfrac{\omega_n x_0}{v_0} \end{cases} \tag{17-8}$$

从式(17-8)知，振幅和初相位角与运动初始条件有关。

无阻尼自由振动为简谐振动，它是一种周期运动。周期表示自由振动一次所需要的时间，以T表示。任意瞬时有

$$x(t) = x(t+T)$$

当经历一个周期时，相位角增加2π，有

$$[\omega_n(t+T)+\theta] - (\omega_n t + \theta) = 2\pi$$

于是得周期为

$$T = \frac{2\pi}{\omega_n} = 2\pi\sqrt{\frac{m}{k}} \tag{17-9}$$

振动频率表示每秒振动的次数，以f表示。即

$$f = \frac{1}{T} \tag{17-10}$$

则固有频率为

$$\omega_n = \frac{2\pi}{T} = 2\pi f = \sqrt{\frac{k}{m}} \tag{17-11}$$

即固有频率表示2π秒内振动的次数，单位为rad/s。固有频率是振动理论中重要的概念，它反映了振动系统的固有特性，是振动计算最重要的物理量之一。计算图 17.1 的固有频率，将$m = \dfrac{P}{g}$，$k = \dfrac{P}{\delta_{st}}$代入式(17-11)中，得

$$\omega_n = \sqrt{\frac{g}{\delta_{st}}} \tag{17-12}$$

式(17-12)表明，图 17.1 的简谐振动模型，计算其固有频率只需计算静伸长，即可求得。式(17-12)可以解释日常现象，例如将乘坐汽车的弹簧振子简化为单自由度系统，若满载时弹簧静压缩量比空载时大，则其固有频率低，人的感觉较舒服，反之则相反。

17.1.2 其他类型的单自由度系统

除了前面我们研究的质量弹簧系统以外，在工程实际中还有很多振动系统。例如扭振系统、摆振系统、多体系统等，这些系统的共同特点是具有相同形式的运动微分方程，其解答形式完全相同。

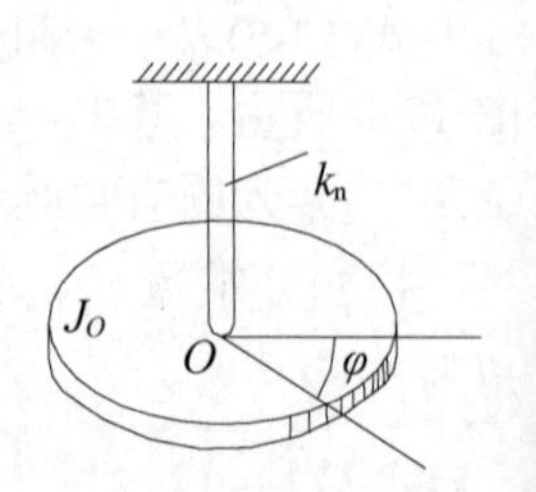

图 17.3　例 17.1 图

【例 17.1】如图 17.3 所示为一个扭振系统，其铅垂杆上端固定，下端有水平圆盘。已知扭杆的扭转刚度系数为k_n(单位：(N·m)/rad)，不计杆的质量，圆盘对转轴的转动惯量为J_O，初始

时圆盘对固定点的扭转角 $\varphi=\varphi_0$，角速度 $\omega=\omega_0$，试建立该扭振系统微分方程，并求解。

解： 在振动中，作用在圆盘上的恢复扭矩为 $M=-k_{\mathrm{n}}\varphi$，式中负号表示恢复扭矩的符号与扭转角的符号相反。由动量矩定理得刚体定轴转动微分方程为

$$J_O\ddot{\varphi}=-k_{\mathrm{n}}\varphi$$

令 $\omega_{\mathrm{n}}^2=\dfrac{k_{\mathrm{n}}}{J_O}$，$\omega_{\mathrm{n}}$ 为扭振系统的固有频率。则得扭振系统微分方程为

$$\ddot{\varphi}+\omega_{\mathrm{n}}\varphi=0$$

其通解为

$$\varphi=A\sin(\omega_{\mathrm{n}}t+\theta)$$

由初始条件得

$$A=\sqrt{\varphi_0^2+\frac{\dot{\varphi}_0^2}{\omega_{\mathrm{n}}^2}}$$

$$\tan\theta=\frac{\omega_{\mathrm{n}}\varphi_0}{\dot{\varphi}_0}$$

上述解答与前面质量振动系统的形式完全相同。

【例 17.2】 如图 17.4 所示为一个摆振系统，摆杆位于水平位置，一端固定，另一端连接一个钢球，下端与一个弹簧相连。杆重不计，钢球的质量为 m，摆对轴 O 的转动惯量为 J_O，弹簧的刚度系数为 k，尺寸如图。试求系统微小摆动时运动微分方程及其固有频率。

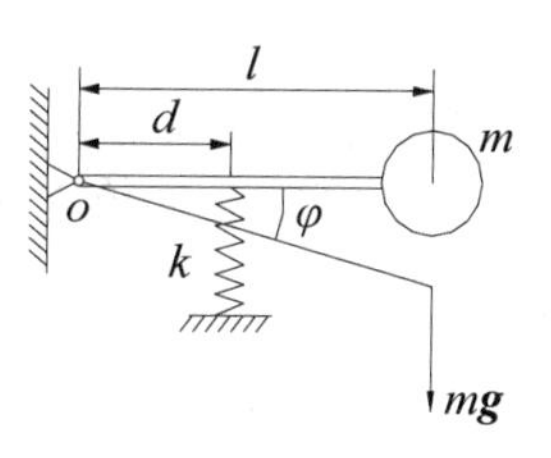

图 17.4　例 17.2 图

解： 设摆于水平位置时弹簧的静伸长为 δ_{st}，则由平衡条件

$$\sum_{i=1}^{n}M_O(F)=0\text{，}\quad k\delta_{\mathrm{st}}d-mgl=0$$

得静伸长为

$$\delta_{\mathrm{st}}=\frac{mgl}{kd} \tag{a}$$

以水平平衡位置为原点，设此系统微小摆动时的摆角为 φ，此时弹簧压缩量为 $\delta_{\mathrm{st}}+\varphi d$。则系统运动微分方程为

$$J_O\ddot{\varphi}=mgl-k(\delta_{\mathrm{st}}+\varphi d)d$$

将式(a)代入，并令 $\omega_{\mathrm{n}}=d\sqrt{\dfrac{k}{J_O}}$ 得

$$\ddot{\varphi}+\omega_{\mathrm{n}}\varphi=0 \tag{b}$$

其通解为

$$\varphi=A\sin(\omega_{\mathrm{n}}t+\theta)$$

固有频率为

$$\omega_{\mathrm{n}}=d\sqrt{\frac{k}{J_O}}$$

17.1.3　固有频率的计算

计算固有频率的方法有两种，一种是如前所述通过建立振动系统的运动微分方程确定固有频率，另一种是通过系统机械能守恒实现。计算较复杂的问题时后者比较方便。

在无阻尼振动中，系统仅受恢复力作用，若恢复力是势力，则系统为保守系统，系统机械能守恒。若设动能为T，势能为V，则有

$$T+V=\text{恒量}$$

如果取平衡位置为零势能点，则根据机械能守恒的原则，在系统位平衡位置时势能为零，而动能最大，此时的动能为该系统的机械能。反之，当系统消耗动能为零时，该系统获得最大的势能，此时的势能为该系统的机械能。即

$$T_{\max}=V_{\max} \tag{17-13}$$

利用上面的方法计算其固有频率。

【例 17.3】如图 17.5 所示为并联弹簧系统，设物块在重力$\boldsymbol{P}=m\boldsymbol{g}$的作用下做平移，两个弹簧的刚度系数分别为$k_1$、$k_2$。试求该系统的固有频率。若串联，则其固有频率又如何？

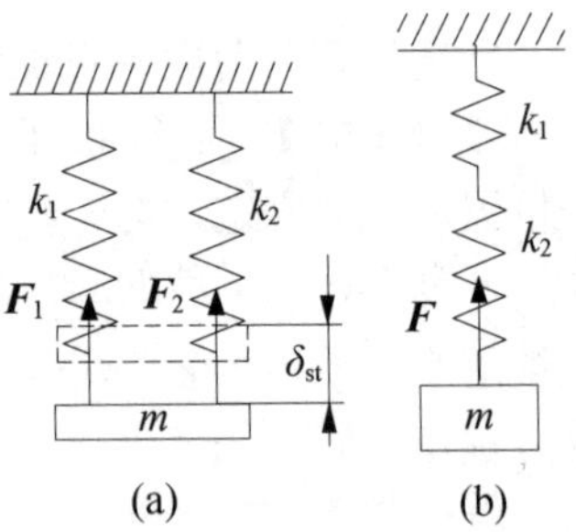

图 17.5　例 17.3 图

解： (1) 并联弹簧系统。

设弹簧的静伸长为δ_{st}，如图 17.5(a)所示，则两个弹簧的弹力为

$$F_1=k_1\delta_{st} \qquad F_2=k_2\delta_{st}$$

由平衡方程$\sum_{i=1}^{n}F_{yi}=0$，得

$$mg=F_1+F_2=(k_1+k_2)\delta_{st}$$

令$k_{eq}=k_1+k_2$。k_{eq}称为等效弹簧刚度系数。即当两个弹簧并联时，等效弹簧刚度系数等于两个弹簧刚度系数之和。则有

$$\delta_{st}=\frac{mg}{k_{eq}}$$

代入式(17-11)中，得并联弹簧无阻尼自由振动系统的固有频率为

$$\omega_n=\sqrt{\frac{k_{eq}}{m}}=\sqrt{\frac{k_1+k_2}{m}}$$

(2) 串联弹簧系统。

如图 17.5(b)所示，每个弹簧所受的力都等于物块的重量，则每个弹簧的静伸长为

$$\delta_{st1}=\frac{mg}{k_1} \qquad \delta_{st2}=\frac{mg}{k_2}$$

则两个弹簧的静伸长为

$$\delta_{st}=\delta_{st1}+\delta_{st2}=mg\left(\frac{1}{k_1}+\frac{1}{k_2}\right) \tag{a}$$

若设串联弹簧系统的等效弹簧刚度系数为k_{eq}，则有

$$\delta_{st}=\frac{mg}{k_{eq}} \tag{b}$$

式(a)和式(b)比较，得

$$\frac{1}{k_{eq}}=\frac{1}{k_1}+\frac{1}{k_2}$$

即当两个弹簧串联时，等效弹簧刚度系数的倒数等于两个弹簧刚度系数倒数之和。

$$k_{eq}=\frac{k_1k_2}{k_1+k_2}$$

代入式(17-11)中，得串联弹簧无阻尼自由振动系统的固有频率为

$$\omega_n=\sqrt{\frac{k_{eq}}{m}}=\sqrt{\frac{k_1k_2}{m(k_1+k_2)}}$$

【例 17.4】均质圆轮半径为r，质量为m，受轻微干扰后，在半径为R的圆弧轨道上往复无滑动地滚动，如图 17.6 所示，试求圆轮在平衡位置附近微小振动时的固有频率。

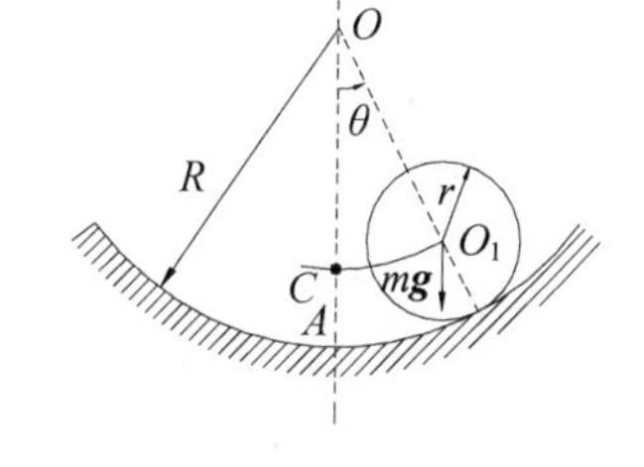

图 17.6　例 17.4 图

解：设在图示位置时，圆轮中心与圆弧中心连线OO_1与铅垂线OA的夹角为θ，则圆轮心的速度为

$$v_{O1}=(R-r)\dot{\theta}$$

由于圆轮在圆弧轨道上无滑动地滚动，则由运动学知识得圆轮的角速度为

$$\omega=\frac{R-r}{r}\dot{\theta}$$

则系统的动能为

$$\begin{aligned}T&=\frac{1}{2}J_{O1}\omega^2+\frac{1}{2}mv_{O1}^2\\&=\frac{1}{2}\left(\frac{1}{2}mr^2\right)\left[\frac{(R-r)}{r}\dot{\theta}\right]^2+\frac{1}{2}m\left[(R-r)\dot{\theta}\right]^2\\&=\frac{3}{4}m(R-r)^2\dot{\theta}^2\end{aligned} \tag{a}$$

取圆轮在圆弧轨道的最低位置C处为零势能点，则系统的势能为

$$V=mg(R-r)(1-\cos\theta)=2mg(R-r)\sin^2\frac{\theta}{2}$$

当圆轮在平衡位置附近微小振动时，$\sin\frac{\theta}{2}\approx\frac{\theta}{2}$，则上式为

$$V=\frac{1}{2}mg(R-r)\theta^2 \tag{b}$$

由于系统机械能守恒定理$T+V=$恒量，则由式(a)和式(b)得

$$\frac{3}{4}m(R-r)^2\dot{\theta}^2+\frac{1}{2}mg(R-r)\theta^2=C \tag{c}$$

式(c)两边对时间t求导，得运动微分方程为

$$\ddot{\theta}+\frac{2g}{3(R-r)}\theta=0$$

则圆轮在平衡位置附近微小振动时的固有频率为

$$\omega_{\mathrm{n}}=\sqrt{\frac{2g}{3(R-r)}}$$

另一个方法，由于系统为无阻尼简谐振动，则设其振动运动方程为

$$\theta=A\sin(\omega_{\mathrm{n}}t+\theta_0)$$

代入式(a)和式(b)中，得系统的最大动能和最大势能为

$$T_{\max}=\frac{3}{4}m(R-r)^2A^2\omega_{\mathrm{n}}^2,\qquad V_{\max}=\frac{1}{2}mg(R-r)A^2$$

则由系统机械能守恒定理$T_{\max}=V_{\max}$，得固有频率为

$$\omega_{\mathrm{n}}=\sqrt{\frac{2g}{3(R-r)}}$$

17.2　单自由度系统的有阻尼自由振动

前面讨论了无阻尼自由振动，由于系统处于机械能守恒，系统振幅是常数的简谐振动，则振动将永远没有衰竭。但事实上任何一种自由振动都要随着时间的推移其振幅将逐渐减少，直到振动停止。这说明振动系统除了受恢复力作用外，还受到影响振动阻力的作用，这种阻力常称为阻尼。产生阻尼的原因是多样的，例如介质阻尼、摩擦阻尼、黏性阻尼等。本节研究黏性阻尼。

黏性阻尼是指当振动速度不大时，由于介质黏性引起的阻力大小近似看成与速度的一次方成正比。设振动质点的速度为v，则黏性阻尼力(简称为阻尼力)为

$$\boldsymbol{F}_c=-c\boldsymbol{v} \tag{17-14}$$

其中，c为黏性阻尼系数(简称为阻尼系数)，它与振动物体的形状、大小、介质的性质有关，单位为(N·s)/m，负号表示阻尼力与运动速度相反。

有阻尼自由振动系统的力学模型如图 17.7(a)所示，它是由惯性元件(m)、弹性元件(k)和阻尼元件(c)组成。设物体的质量为m，物体受有恢复力$\boldsymbol{F}_k$和阻尼力$\boldsymbol{F}_c$的作用，弹簧的刚度系数为k，黏性阻尼系数为c。取平衡位置为坐标原点，x轴向下为正，如图 17.7(b)所示。于是有

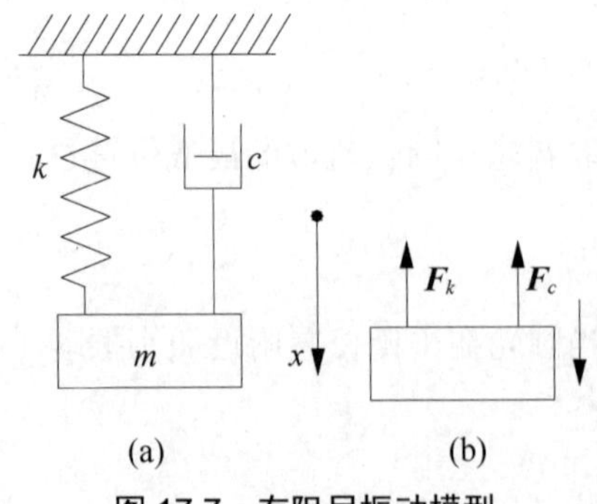

图 17.7　有阻尼振动模型

$$m\frac{\mathrm{d}^2x}{\mathrm{d}t^2}=-F_c-F_k$$

其中，恢复力大小$\boldsymbol{F}_k=kx$，阻尼力大小$F_c=cv=c\dot{x}$，代入上式得运动微分方程为

$$m\frac{\mathrm{d}^2x}{\mathrm{d}t^2}=-c\frac{\mathrm{d}x}{\mathrm{d}t}-kx$$

令 $\omega_{\mathrm{n}}^2=\dfrac{k}{m}$、$2n=\dfrac{c}{m}$，则得有阻尼自由振动微分方程为

$$\frac{\mathrm{d}^2x}{\mathrm{d}t^2}+2n\frac{\mathrm{d}x}{\mathrm{d}t}+\omega_{\mathrm{n}}^2x=0 \tag{17-15}$$

由微分理论，设其通解为

$$x=e^{rt}$$

代入式(17-15)，得特征方程为

$$r^2+2nr+\omega_{\mathrm{n}}^2=0 \tag{17-16}$$

解得特征根为

$$\begin{cases}r_1=-n+\sqrt{n^2-\omega_{\mathrm{n}}^2}\\ r_2=-n-\sqrt{n^2-\omega_{\mathrm{n}}^2}\end{cases}$$

式(17-15)的解为

$$x=C_1e^{r_1t}+C_2e^{r_2t} \tag{17-17}$$

上述解的特征根分为实根和虚根，其运动规律是不同的，下面按阻尼大小讨论。

17.2.1　小阻尼情况

当 $n<\omega_{\mathrm{n}}$ 时，阻尼系数 $c<2\sqrt{mk}$，特征方程(17-16)有两个共轭复数根，即

$$\begin{cases}r_1=-n+\mathrm{i}\sqrt{\omega_{\mathrm{n}}^2-n^2}\\ r_2=-n-\mathrm{i}\sqrt{\omega_{\mathrm{n}}^2-n^2}\end{cases}$$

其中，$\mathrm{i}=\sqrt{-1}$，并令 $\omega_{\mathrm{d}}=\sqrt{\omega_{\mathrm{n}}^2-n^2}$，则

$$x=Ae^{-nt}\sin(\omega_{\mathrm{d}}t+\theta) \tag{17-18}$$

其中，A、θ 为积分常数，由运动初始条件确定。ω_{d} 为有阻尼自由振动的固有频率。

设运动初始条件为 $t=0$：$x=x_0$，$\dot{x}=v_0$，求得

$$A=\sqrt{x_0^2+\frac{(v_0+nx_0)^2}{\omega_{\mathrm{d}}^2}} \tag{17-19}$$

$$\tan\theta=\frac{x_0\omega_{\mathrm{d}}}{v_0+nx_0} \tag{17-20}$$

式(17-18)为小阻尼衰减振动运动方程，其运动图线如图 17.8 所示。

从图中知，阻尼振动不再是等幅简谐振动，而是物体偏离平衡位置的两条曲线 $\pm Ae^{-nt}$ 间随时间衰减的振动。在小阻尼情况下，其运动特征如下。

(1) 振动的周期增大，频率减小。

由于振动的等时性，则仍把往复振动一次所需时间称为一个周期。即

$$T_{\mathrm{d}}=\frac{2\pi}{\omega_{\mathrm{d}}}=\frac{2\pi}{\sqrt{\omega_{\mathrm{n}}^2-n^2}} \tag{17-21}$$

或

$$T_{\mathrm{d}}=\frac{2\pi}{\omega_{\mathrm{n}}\sqrt{1-\left(\dfrac{n}{\omega_{\mathrm{n}}}\right)^2}}=\frac{2\pi}{\omega_{\mathrm{n}}\sqrt{1-\zeta^2}} \tag{17-22}$$

其中

$$\zeta = \frac{n}{\omega_{\rm n}} = \frac{c}{2\sqrt{mk}} \tag{17-23}$$

ζ 称为阻尼比。阻尼比是振动系统中反映阻尼特征的重要参数。在小阻尼情况下，$\zeta<1$。则由式(17-22)得振动的周期 $T_{\rm d}$、频率 $f_{\rm d}$ 和固有频率 $\omega_{\rm d}$ 与无阻尼自由振动的周期 T、频率 f 和固有频率 $\omega_{\rm n}$ 的关系为

$$T_{\rm d} = \frac{T}{\sqrt{1-\zeta^2}} \qquad f_{\rm d} = f\sqrt{1-\zeta^2} \qquad \omega_{\rm d} = \omega_{\rm n}\sqrt{1-\zeta^2}$$

由此可见，由于阻尼的存在，其振动周期增大，频率减小。但在空气中振动阻尼较小，对振动影响较小，例如钢结构的 $n=0.003\omega_{\rm n}$ 的～$0.024\omega_{\rm n}$，混凝土的 $n=0.016\omega_{\rm n}\sim0.048\omega_{\rm n}$，一般忽略，则有 $T_{\rm d}=T$、$f_{\rm d}=f$、$\omega_{\rm d}=\omega_{\rm n}$。

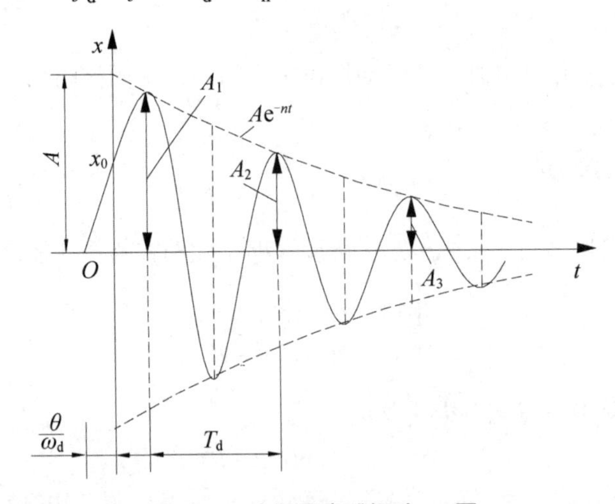

图 17.8　小阻尼衰减振动 x-t 图

(2) 振幅按几何级数衰减。

式(17-18)，有阻尼衰减为

$$A_{\rm d} = A{\rm e}^{-{\rm n}t}$$

设经过一个周期 $T_{\rm d}$，相邻两次振动的振幅为 A_i、A_{i+1}，则有

$$A_i = A{\rm e}^{-{\rm n}t_i}$$

$$A_{i+1} = A{\rm e}^{-{\rm n}(t_i+T_{\rm d})}$$

两次振动的振幅为 A_i、A_{i+1} 的比为

$$\frac{A_i}{A_{i+1}} = {\rm e}^{{\rm n}T_{\rm d}} \tag{17-24}$$

此比值称为衰减因数。对于确定的系统，n、$T_{\rm d}$ 为确定值，${\rm e}^{{\rm n}T_{\rm d}}$ 为恒量，可见振动的振幅按几何级数衰减。当 $\zeta=0.05$ 时，${\rm e}^{nT_{\rm d}}=1.37$，$A_{i+1}=\dfrac{A_i}{1.37}=0.73A_i$，即每次振动的振幅就减少 27%，经过 10 个周期振幅只有原来的 4.3%。

对式(17-24)两边取对数，得

$$\delta = \ln \frac{A_i}{A_{i+1}} = nT_{\mathrm{d}} \tag{17-25}$$

式中，δ 为对数衰减因数。

将式(17-22)和式(17-23)代入式(17-25)，得对数衰减系数与阻尼比间的关系为

$$\delta = \frac{2\pi\zeta}{\sqrt{1-\zeta^2}} \approx 2\pi\xi \tag{17-26}$$

其中，$\xi = \frac{1}{\sqrt{1-\zeta^2}}$。

可见，对数衰减系数与阻尼比之间相差 2π，对数衰减因数也是反映阻尼特征的重要参数之一。

17.2.2　大阻尼情况

当 $n > \omega_{\mathrm{n}}$ 时，阻尼系数 $c > 2\sqrt{mk}$，特征方程(17-16)有两个不等实根，即

$$\begin{cases} r_1 = -n + \sqrt{n^2 - \omega_{\mathrm{n}}^2} \\ r_2 = -n - \sqrt{n^2 - \omega_{\mathrm{n}}^2} \end{cases}$$

其解为

$$x = \mathrm{e}^{-nt}\left(C_1 \mathrm{e}^{\sqrt{\mathrm{n}^2-\omega_{\mathrm{n}}^2}\, t} + C_2 \mathrm{e}^{-\sqrt{\mathrm{n}^2-\omega_{\mathrm{n}}^2}\, t}\right) \tag{17-27}$$

其中，C_1、C_2 为积分常数，由运动的初始条件确定。

式(17-27)的振动图线如图 17.9 所示。从图可见，随时间的增长运动趋于平衡位置，不再有振动性质。

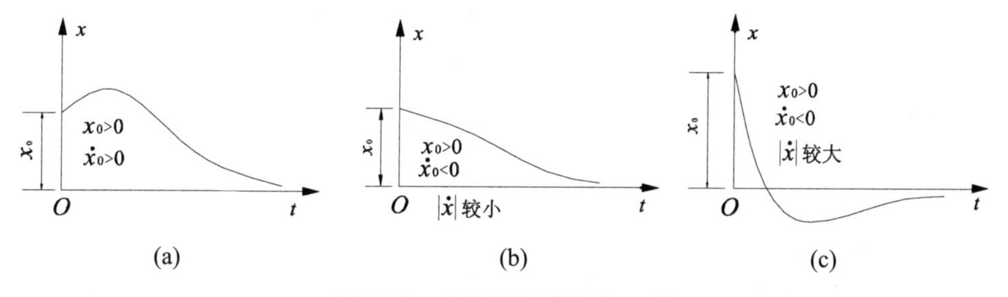

图 17.9　大阻尼衰减振动 x-t 图

17.2.3　临界阻尼情况

当 $n = \omega_{\mathrm{n}}$ ($\zeta = 1$)即 $c = 2\sqrt{mk}$ 时，称为临界阻尼状态。此时的阻尼系数为

$$c_{\mathrm{cr}} = 2\sqrt{mk} \tag{17-28}$$

在临界阻尼状态下，特征方程式(17-16)有两个相等的实根。即

$$r_1 = r_2 = -n$$

则式(17-15)的解为

$$x = e^{-nt}(C_1 + C_2 t) \tag{17-29}$$

其中，C_1、C_2为积分常数，由运动的初始条件确定。式(17-29)的运动图线如图 17.10 所示。可见运动最终也不具备振动性质。

【例 17.5】如图 17.11 所示的减震系统中，已知弹簧刚度系数$k=18000\text{N/m}$，质量$m=20\text{kg}$，阻尼系数$c=351.5(\text{N}\cdot\text{s})/\text{m}$。初始时系统在平衡位置，以初速度$v_0=0.127\text{m/s}$沿$x$正向运动。试求该系统衰减周期和对数衰减因数，以及振子离开平衡位置的最大距离。

解：(1) 该系统衰减周期和对数衰减因数。

系统的固有频率为

$$\omega_{\text{n}}=\sqrt{\frac{k}{m}}=\sqrt{\frac{18000}{20}}=30\ (\text{rad/s})$$

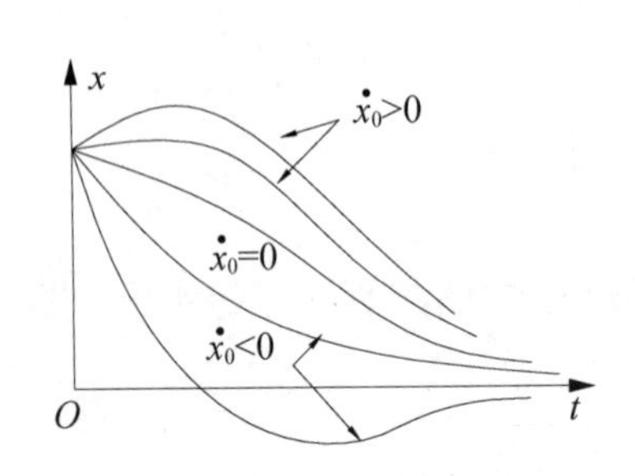

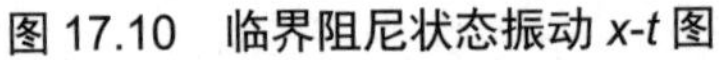
图 17.10 临界阻尼状态振动 x-t 图

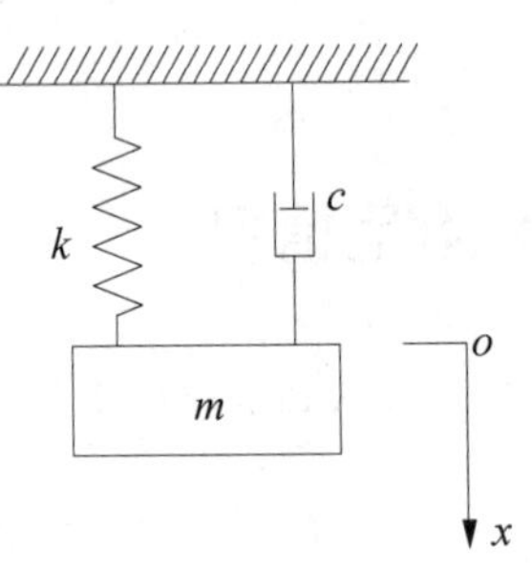

图 17.11 例 17.5 图

阻尼比为

$$\zeta=\frac{c}{2\sqrt{mk}}=\frac{351.5}{2\sqrt{20\times18000}}=0.293$$

则系统衰减周期由式(17-22)，得

$$T_{\text{d}}=\frac{2\pi}{\omega_{\text{n}}\sqrt{1-\zeta^2}}=\frac{2\pi}{30\sqrt{1-0.293^2}}=0.219\ (\text{s})$$

对数衰减因数由式(17-26)，得

$$\delta=\frac{2\pi\zeta}{\sqrt{1-\zeta^2}}=\frac{2\pi\times0.293}{\sqrt{1-0.293^2}}=1.925$$

(2) 求振子离开平衡位置的最大距离。

衰减振动的运动规律由式(17-18)，得

$$x=A\text{e}^{-nt}\sin(\omega_{\text{d}}t+\theta)=A\text{e}^{-\zeta\omega_{\text{n}}t}\sin(\sqrt{\omega_{\text{n}}^2-n^2}\ t+\theta)$$

其中，A、θ为积分常数，由运动初始条件确定。即$t=0$：$x=0$，$v_0=0.127\text{m/s}$，由式(17-19)和式(17-20)，并考虑式(17-23)得

$$A=\sqrt{x_0^2+\frac{(v_0+nx_0)^2}{\omega_{\text{n}}^2-n^2}}=\sqrt{0^2+\frac{(v_0+\zeta\omega_{\text{n}}\times0)^2}{\omega_{\text{n}}^2-(\zeta\omega_{\text{n}})^2}}=\frac{v_0}{\sqrt{\omega_{\text{n}}^2-(\zeta\omega_{\text{n}})^2}}$$

$$=\frac{0.127}{\sqrt{30^2-(0.293\times30)^2}}=4.43\times10^{-3}\,(\text{m})$$

则得衰减振动运动方程为

$$x = 4.43\times10^{-3}\mathrm{e}^{-0.293\times30t}\sin[\sqrt{30^2-(0.293\times30)^2}t+0]$$
$$=4.43\times10^{-3}\mathrm{e}^{-8.79t}\sin(28.68t)(\mathrm{m}) \tag{a}$$

式(a)对时间求导，并令其为零。即

$$4.43\times10^{-3}\mathrm{e}^{-8.79t}\left[-8.79\sin(28.68t)+28.68\cos(28.68t)\right]=0$$

得

$$\tan(28.68t)=\frac{28.68}{8.79}=3.26$$

$$28.68t=\arctan3.26=1.273$$

解得时间为

$$t=\frac{1.273}{28.68}=0.044(\mathrm{s}) \tag{b}$$

将式(b)代入式(a)，得振子离开平衡位置的最大距离为

$$x_{\max}=4.43\times10^{-3}\mathrm{e}^{-8.79\times0.044}\sin(28.68\times0.044)=2.88\times10^{-3}\,(\mathrm{m})$$

【例 17.6】一个重为 $P=5\mathrm{N}$ 的重物，挂于刚度系数为 $k=2\mathrm{N/cm}$ 的弹簧上，由于系统受黏性阻尼作用，重物经过 4 次振动后其振幅减到原来的 $\frac{1}{12}$。试求该系统的振动周期和对数衰减因数。

解：由题意知本题为小阻尼情况。

设某瞬时 t 振动的振幅为

$$A_1=A\mathrm{e}^{-nt}$$

经过 4 次振动后，其瞬时为 $t+4T_\mathrm{d}$ 时的振幅为

$$A_5=A\mathrm{e}^{-n(t+4T_\mathrm{d})}$$

又由于

$$\frac{A_5}{A_1}=\frac{1}{12}$$

则

$$\frac{A\mathrm{e}^{-n(t+4T_\mathrm{d})}}{A\mathrm{e}^{-nt}}=\frac{1}{12}$$

整理为

$$\mathrm{e}^{4nT_\mathrm{d}}=12$$

上式取对数，得

$$4nT_\mathrm{d}=\ln12 \tag{a}$$

则由式(17-25)得对数衰减因数为

$$\delta=\ln\frac{A_i}{A_{i+1}}=nT_\mathrm{d}=\frac{1}{4}\ln12=0.621$$

系统的振动周期由式(17-21)得

$$T_\mathrm{d}=\frac{2\pi}{\sqrt{\omega_\mathrm{n}^2-n^2}}=\frac{2\pi}{\sqrt{\frac{k}{m}-n^2}}=\frac{2\pi}{\sqrt{\frac{200\times9.8}{5}-n^2}}=\frac{2\pi}{\sqrt{392-n^2}} \tag{b}$$

式(a)、式(b)联立，求得系统的振动周期为

$$T_{\mathrm{d}} = 0.319(\mathrm{s})$$

17.3　单自由度系统的受迫振动

工程中的自由振动由于受到阻尼作用而逐渐衰减，直到最后完全停止。但工程中的持续振动系统除了受到恢复力和阻尼力作用外，还受到外加激振力的作用。此力对系统能量起到补充作用，补充了由于阻尼所消耗的能量，从而使系统不断地振动。常称这种外加激振力作用的振动为受迫振动。例如，弹性梁上的电动机由于转子的偏心，在转动时引起的振动等。

在工程中，激振力主要以周期性变化为主。简谐激振力是一种典型的周期性变化激振力，它是复杂激振作用的基础。简谐激振力随时间变化的表达式为

$$F = H\sin(\omega t + \varphi) \tag{17-30}$$

式中，H 为激振力的力幅，ω 为激振力的角频率，φ 为激振力的初相位角。

本节介绍在简谐激振力作用下的单自由度系统无阻尼受迫振动和有阻尼受迫振动。

17.3.1　单自由度系统的无阻尼受迫振动

1. 单自由度系统的无阻尼受迫振动微分方程及其解答

如图 17.12 所示的受迫振动系统，物块的质量为 m，物块受到的力有弹性恢复力 $\boldsymbol{F}_k$、激振力 $\boldsymbol{F}$。取物块平衡位置为坐标原点，坐标轴铅垂向下。各力在坐标轴上的投影如下。

恢复力 F_k：$F_k = -kx$

激振力 F：$F = H\sin(\omega t + \varphi)$

则质点运动微分方程为

$$m\frac{\mathrm{d}^2 x}{\mathrm{d}t^2} = -kx + H\sin(\omega t + \varphi)$$

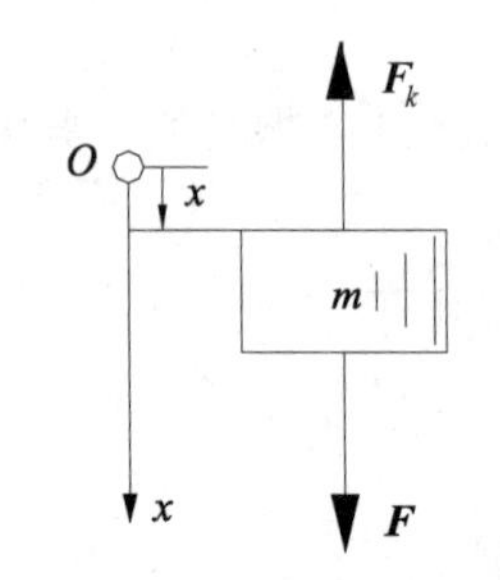

图 17.12　无阻尼受迫振动

令

$$\omega_{\mathrm{n}}^2 = \frac{k}{m}, \quad h = \frac{H}{m} \tag{17-31}$$

则得无阻尼受迫振动微分方程为

$$\frac{\mathrm{d}^2 x}{\mathrm{d}t^2} + \omega_{\mathrm{n}}^2 x = h\sin(\omega t + \varphi) \tag{17-32}$$

上式为标准的二阶常系数非齐次微分方程，其解由两部分组成，即

$$x = x_1 + x_2$$

其中，x_1 为式(17-32)微分方程的通解，x_2 为式(17-32)的特解。

通解由式(17-7)得

$$x_1 = A\sin(\omega_{\mathrm{n}} t + \theta)$$

设式(17-32)的特解为

$$x_2 = b\sin(\omega t + \varphi) \tag{17-33}$$

其中，b 为待定常数。将式(17-33)代入式(17-32)得

$$b = \frac{h}{\omega_n^2 - \omega^2} \tag{17-34}$$

则式(17-32)二阶常系数非齐次微分方程的全解为

$$x = A\sin(\omega_n t + \theta) + \frac{h}{\omega_n^2 - \omega^2}\sin(\omega t + \varphi) \tag{17-35}$$

由式(17-35)知，单自由度系统的无阻尼受迫振动由两部分组成：①由系统固有频率表示的自由振动；②由激振力频率表示的受迫振动。由于第一部分很快衰减消失，所以振动以第二部分为主，称为稳态振动。

2. 受迫振动的振幅

由式(17-35)知，受迫振动的频率等于激振力频率，其振幅的大小与运动的初始条件无关，而与系统的固有频率 ω_n 、激振力的力幅 H 、激振力的角频率 ω 有关。受迫振动的振幅与激振力频率的关系如下。

(1) 当 $\omega \to 0$ 时，激振力的周期为无穷大，此时激振力为一个恒力，没有振动现象，激振力下的振幅为静力 H 作用下的静变形。由式(17-34)有

$$b_0 = \frac{h}{\omega_n^2} = \frac{H}{K}$$

(2) 当 $0 < \omega < \omega_n$ 时，则由式(17-34)知 ω 越大，振动振幅 b 越大，即振幅 b 随着激振力的角频率 ω 单调上升，直到 ω 接近 ω_n ，振幅 b 为无穷大。

(3) 当 $\omega > \omega_n$ 时，则由式(17-34)知，振幅 b 为负值，表示受迫振动 x_2 与激振力方向相反。由式(17-33)知，当相位角加上(或减去)180° 时，激振力的频率 ω 增大，振幅 b 减少。当 $\omega \to \infty$ 时，振幅 $b \to 0$ 。

上述振幅 b 与激振力频率 ω 的关系用曲线表示，如图 17.13(a)所示为振动频率曲线，又称为共振曲线。为了表示成一般性质，取振幅 b 与激振力频率 ω 为无量纲量，如图 17.13(b)所示。

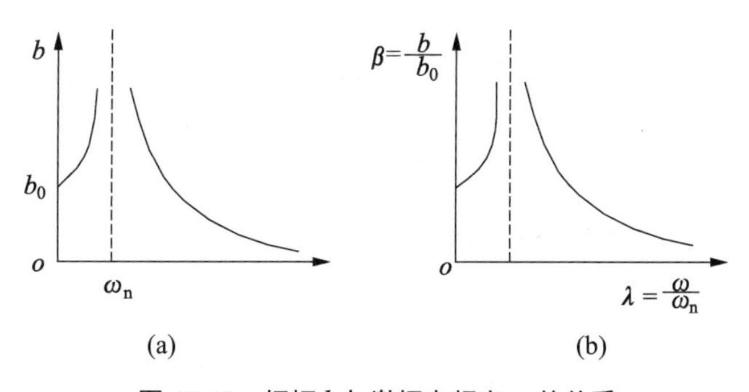

图 17.13 振幅 b 与激振力频率 ω 的关系

3. 共振解答

当 $\omega = \omega_n$ 时，激振力的频率等于系统的固有频率，此时理论上振幅 b 为无穷大，称这种现象为共振。

振动微分方程式(17-32)的特解为

$$x_2 = Bt\cos(\omega_n t+\varphi) \tag{17-36}$$

代入式(17-32)中得

$$B = -\frac{h}{2\omega_n}$$

则共振的受迫振动的运动方程为

$$x_2 = -\frac{h}{2\omega_n}t\cos(\omega_n t+\varphi) \tag{17-37}$$

其振幅为

$$b = \frac{h}{2\omega_n}t \tag{17-38}$$

由式(17-38)知共振时，受迫振动的振幅随时间增加而无限增大，其运动曲线如图 17.14 所示。

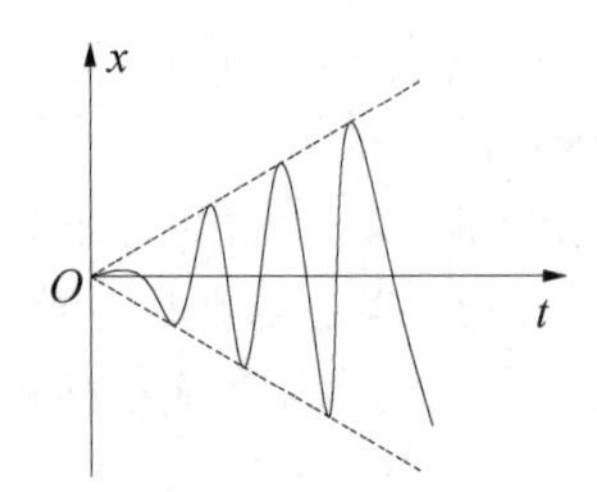

图 17.14　共振 x-t 图

事实上，当系统有阻尼时，共振的振幅为无限增大的情况出现的可能性较小，但为了防止共振现象的出现，激振力的频率不要接近系统的固有频率。

【例 17.7】 如图 17.15 所示一个长为l、质量为m的均质杆。其一端O铰支，另一端A水平悬挂在刚度系数为k的弹簧上。若在点A加一个激振力$F=F_0\sin\omega t$，其中激振力频率$\omega=\frac{1}{3}\omega_n$，$\omega_n$为固有频率，设杆在水平位置时处于平衡。试求系统的受迫振动规律。

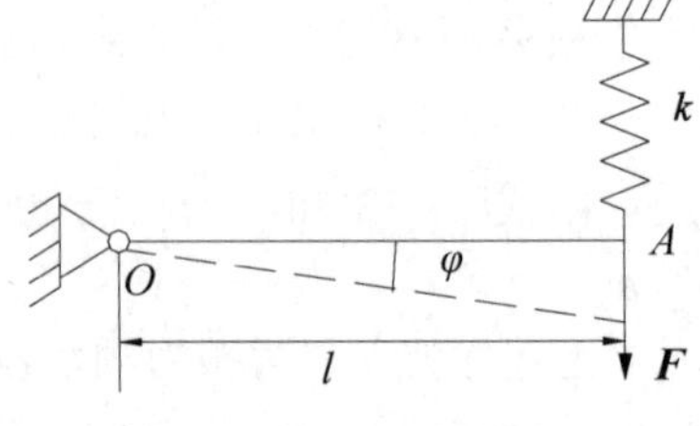

图 17.15　例 17.7 图

解：设杆任意瞬时的摆角为φ，以顺时针转动为正。建立系统的振动微分方程为

$$\frac{1}{3}ml^2\ddot{\varphi} = -kl^2\varphi + lF_0\sin\omega t \tag{a}$$

令　$$\omega_n^2 = \frac{kl^2}{\frac{1}{3}ml^2} = \frac{3k}{m},\quad h = \frac{F_0 l}{\frac{1}{3}ml^2} = \frac{3F_0}{ml} \tag{b}$$

将式(b)代入式(a)，得系统的受迫振动微分方程为

$$\frac{d^2\varphi}{dt^2} + \omega_n^2\varphi = h\sin\omega t \tag{c}$$

由式(17-35)的特解，得受迫振动运动方程为

$$\varphi = \frac{h}{\omega_n^2-\omega^2}\sin\omega t \tag{d}$$

将式(b)代入式(d)，注意$\omega=\frac{1}{3}\omega_n$，得

$$\varphi = \frac{\frac{3F_0}{ml}}{\frac{3k}{m}-\frac{3k}{9m}}\sin\omega t = \frac{9F_0}{8kl}\sin\omega t$$

【例 17.8】如图 17.16 所示，电动机的质量 $m_1 = 250\text{kg}$，由四个刚度系数为 $k = 30\text{kN/m}$ 的弹簧支持。在电动机转子上装有一个质量为 $m_2 = 0.2\text{kg}$ 的重物，距转轴 $e = 10\text{mm}$。已知电动机被限制在铅垂方向运动，试求(1)发生共振时的转速；(2)当转速 $n = 1000\text{r/min}$ 时，受迫振动的振幅。

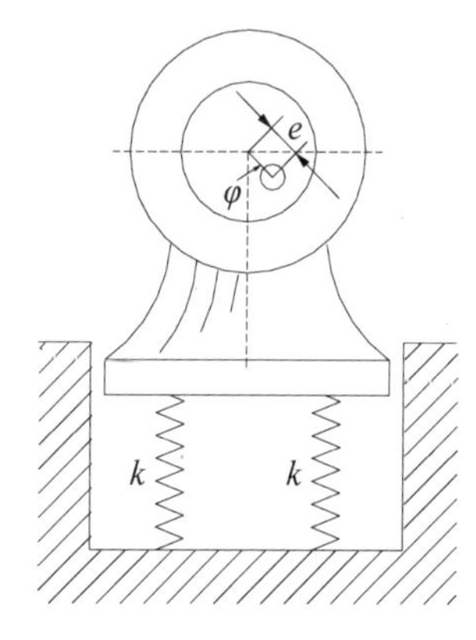

图 17.16　例 17.8 图

解： 将电动机与偏心重物看成一个质点系。由于电动机被限制在铅垂方向运动，则设电动机轴心在瞬时 t 相对其平衡位置 O 的竖向坐标为 x，偏心重物的坐标应为 $x + e\cos\omega t$，此时系统的恢复力为 $-4kx$。由质点系动量定理微分形式有

$$\frac{\mathrm{d}}{\mathrm{d}t}\left[m_1\frac{\mathrm{d}x}{\mathrm{d}t} + m_2\frac{\mathrm{d}}{\mathrm{d}t}(x + e\cos\omega t)\right] = -4kx$$

整理后为

$$(m_1 + m_2)\frac{\mathrm{d}^2 x}{\mathrm{d}t^2} + 4kx = m_2 e\omega^2\cos\omega t$$

令 $\omega_\mathrm{n}^2 = \dfrac{4k}{m_1 + m_2}$，$h = \dfrac{m_2 e\omega^2}{m_1 + m_2}$，则得系统运动微分方程为

$$\frac{\mathrm{d}^2 x}{\mathrm{d}t^2} + \omega_\mathrm{n}^2 x = h\cos(\omega t + \varphi)$$

固有频率为

$$\omega_\mathrm{n} = \sqrt{\frac{4k}{m_1 + m_2}} = \sqrt{\frac{4\times 30\times 10^3}{250 + 0.2}} = 21.9(\text{rad/s})$$

(1) 发生共振时，其转速为

$$n = \frac{60\omega_\mathrm{n}}{2\pi} = \frac{60\times 21.9}{2\pi} = 209(\text{r/min})$$

(2) 当转速 $n = 1000\text{r/min}$ 时，由式(17-34)得受迫振动的振幅为

$$b = \frac{h}{\omega_\mathrm{n}^2 - \omega^2} = \frac{m_2 e\omega^2}{4k - (m_1 + m_2)\omega^2} = \frac{0.2\times 10\times 10^{-3}\times\left(\dfrac{\pi\times 1000}{30}\right)^2}{4\times 30\times 10^3 - (250 + 0.2)\times\left(\dfrac{\pi\times 1000}{30}\right)^2}$$

$$= 8.4\times 10^{-6}\,\text{m} = 8.4\times 10^{-3}(\text{mm})$$

17.3.2　单自由度系统的有阻尼受迫振动

如图 17.17 所示有阻尼受迫振动系统，物块的质量为 m，物块受到的力有弹性恢复力 $\boldsymbol{F}_k$、激振力 $\boldsymbol{F}$、阻尼力 $\boldsymbol{F}_c$。取物块平衡位置为坐标原点，坐标轴铅垂向下。各力在坐标轴上的投影为

恢复力 $\boldsymbol{F}_k$： $F_k = -kx$

激振力 $\boldsymbol{F}$： $F = H\sin\omega t$

阻尼力 $\boldsymbol{F}_c$： $F_c = -c\dot{x}$

则质点运动微分方程为

$$m\frac{\mathrm{d}^2x}{\mathrm{d}t^2} = -kx - c\frac{\mathrm{d}x}{\mathrm{d}t} + H\sin\omega t$$

令

$$\omega_\mathrm{n}^2 = \frac{k}{m}，\quad h = \frac{H}{m}，\quad 2n = \frac{c}{m} \tag{17-39}$$

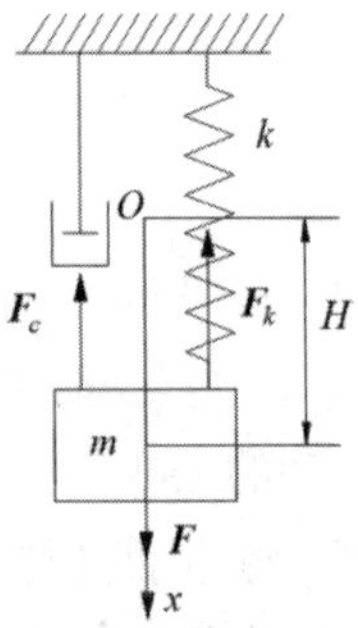

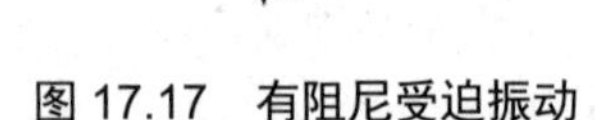

图 17.17　有阻尼受迫振动

则单自由度有阻尼受迫振动微分方程为

$$\frac{\mathrm{d}^2x}{\mathrm{d}t^2} + 2n\frac{\mathrm{d}x}{\mathrm{d}t} + \omega_\mathrm{n}^2 x = h\sin\omega t \tag{17-40}$$

上式为标准的二阶常系数非齐次微分方程，其解由两部分组成，即

$$x = x_1 + x_2$$

其中，x_1 为式(17-40)微分方程通解，x_2 为式(17-40)的特解。

由式(17-15)，并设 $n < \omega_\mathrm{n}$，则通解为

$$x_1 = A\mathrm{e}^{-nt}\sin(\omega_\mathrm{d} t + \theta)$$

设式(17-40)的特解为

$$x_2 = b\sin(\omega t - \varepsilon) \tag{17-41}$$

其中，b 为待定常数。将式(17-41)代入式(17-40)得

$$-b\omega^2\sin(\omega t - \varepsilon) + 2nb\omega\cos(\omega t - \varepsilon) + \omega_\mathrm{n}^2 b\sin(\omega t - \varepsilon) = h\sin\omega t$$

上式移项，整理为

$$\left[b(\omega_\mathrm{n}^2 - \omega^2) - h\cos\varepsilon\right]\sin(\omega t - \varepsilon) + (2nb\omega - h\sin\varepsilon)\cos(\omega t - \varepsilon) = 0$$

对任意时刻，上式有

$$b(\omega_\mathrm{n}^2 - \omega^2) - h\cos\varepsilon = 0 \tag{a}$$

$$2nb\omega - h\sin\varepsilon = 0 \tag{b}$$

联立式(a)和式(b)得

$$b = \frac{h}{\sqrt{(\omega_\mathrm{n}^2 - \omega^2)^2 + 4n^2\omega^2}} \tag{17-42}$$

$$\tan\varepsilon = \frac{2n\omega}{\omega_\mathrm{n}^2 - \omega^2} \tag{17-43}$$

于是式(17-40)的全解为

$$x = Ae^{-nt}\sin(\omega_\mathrm{d} t + \theta) + b\sin(\omega t - \varepsilon) \tag{17-44}$$

其中，A、θ 为积分常数，由运动的初始条件确定。

由式(17-44)知，单自由度有阻尼受迫振动由两部分组成：①右边第一项为衰减振动，即振动随时间的增加而迅速衰减，很快消失，又称为过渡过程(或称为瞬态过程)，如图 17.18(a)所示；②右边第二项为受迫振动，又称为稳态过程，如图 17.18(b)所示。两种振动叠加后不是周期振动，如图 17.18(c)所示。但这个过程是很短暂的，以后的运动系统保持稳态振动。

下面讨论这种稳态振动。

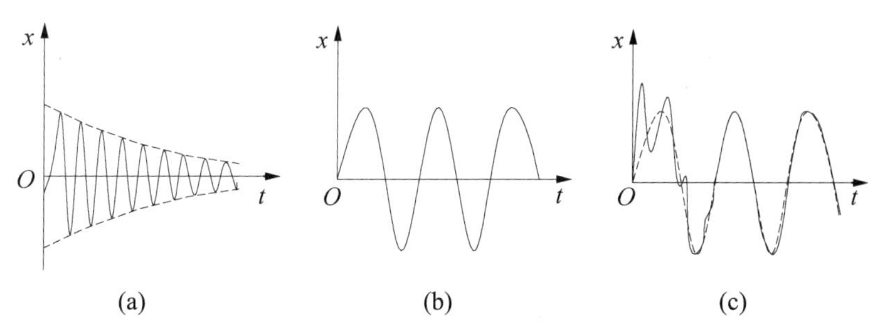

图 17.18 有阻尼受迫振动的分解

由式(17-41)表示的稳态振动为

$$x_2 = b\sin(\omega t - \varepsilon)$$

即受简谐激振力作用的受迫振动仍然是简谐振动。其振动频率等于激振力频率，物体的位移落后于激振力频率一个相位ε。振幅由式(17-42)确定，其振幅与激振力的振幅、激振力频率、振动系统的质量和弹簧刚度有关，而与运动初始条件无关。

为了表达受迫振动的振幅与上述诸多因素有关，采用无量纲形式表达，如图 17.19 所示。横坐标为频率比$s = \dfrac{\omega}{\omega_n}$，纵坐标为振幅比$\beta = \dfrac{b}{b_0}$。其中$b_0 = \dfrac{h}{\omega_n^2} = \dfrac{H}{k}$，阻尼比$\zeta = \dfrac{n}{\omega_n}$。则有

$$\beta = \frac{b}{b_0} = \frac{1}{\sqrt{(1-s^2)^2 + 4\zeta^2 s^2}} \tag{17-45}$$

$$\tan\varepsilon = \frac{2\zeta s}{1-s^2} \tag{17-46}$$

由式(17-42)知：

(1) 当$\omega \ll \omega_n$(即$\beta \to 1$，$b \to b_0$)时，阻尼对振幅的影响极小，此时可忽略阻尼的影响，看成无阻尼受迫振动。即可以理解为缓慢的交变激振力作用接近于静力作用。

(2) 当$\omega \to \omega_n$(即$s \to 1$，$\zeta \to 0$)时，振幅显著增大。

当$\omega = \sqrt{\omega_n^2 - 2n^2} = \omega_n\sqrt{1-2\zeta^2}$时，振幅$b$达到最大值$b_{max}$，此时频率$\omega$称为共振频率。振幅的最大值为

$$b_{max} = \frac{h}{2n\sqrt{\omega_n^2 - n^2}} = \frac{b_0}{2\zeta\sqrt{1-\zeta^2}}$$

当阻尼比$\zeta \ll 1$时，共振频率为$\omega = \omega_n$，振幅的最大值为$b_{max} \approx \dfrac{b_0}{2\zeta}$。

(3) 当$\omega \gg \omega_n$(即$s \gg 1$，$\beta \to 0$，$b \to 0$)时，阻尼对振幅的影响极小，此时可忽略阻尼的影响，看成无阻尼受迫振动。即可以看成当激振力频率很高时，物体由于惯性几乎来不及振动。

由式(17-41)知，物体的位移落后于激振力频率一个相位ε，ε称为相位差。根据式(17-46)绘出相位差与激振力频率关系图，如图 17.20 所示。从图中看出，相位差总是在 0～π 区间

变化，且为单调上升曲线。当共振时 $\dfrac{\omega}{\omega_{\mathrm{n}}}=1$，$\varepsilon=\dfrac{\pi}{2}$，阻尼不同的曲线都交于这一点。当越过共振区，随着激振力频率增加相位差趋于 π，则此时位移与激振力方向相反。相位差在共振区前后相差 $\dfrac{\pi}{2}$。

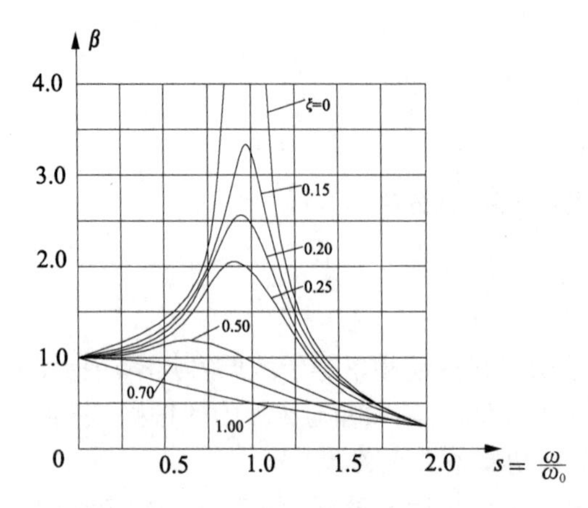

图 17.19　有阻尼受迫振动 β - s 图

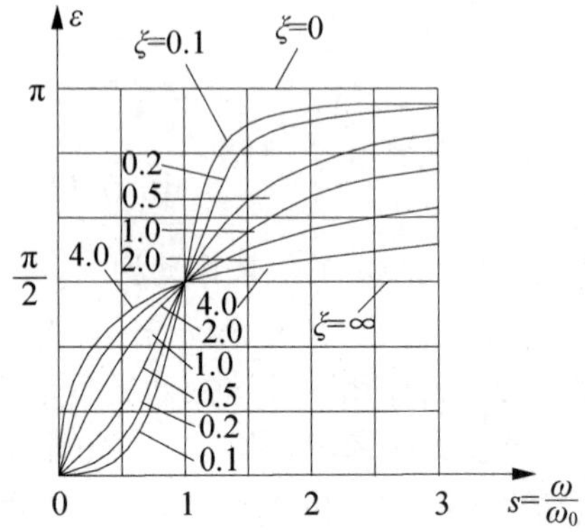

图 17.20　相位差与激振力频率关系 ε - ω 图

【例 17.9】如图 17.21 所示一个长为 l、质量为 m 的均质杆。其一端 O 铰支，另一端 A 水平悬挂在刚度系数为 k 的弹簧上。若在点 A 加激振力 $F=F_0\sin\omega t$ 和阻尼器，阻尼系数为 c，杆在水平位置平衡，试求①系统的振动微分方程；②固有频率；③当激振力频率 ω 等于固有频率 ω_{n} 时杆点 A 的振幅。

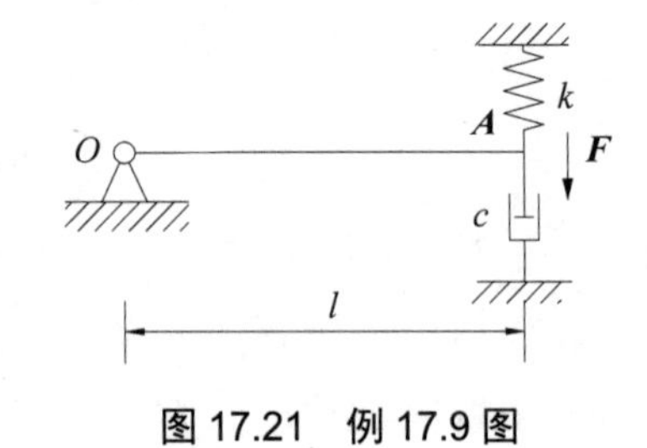

图 17.21　例 17.9 图

解：设杆任意瞬时的摆角为 φ，以顺时针转动为正。建立系统的振动微分方程为

$$\frac{1}{3}ml^2\ddot{\varphi}=-kl^2\varphi-cl^2\dot{\varphi}+lF_0\sin\omega t \tag{a}$$

令

$$\omega_{\mathrm{n}}^2=\frac{kl^2}{\frac{1}{3}ml^2}=\frac{3k}{m},$$

$$h=\frac{F_0 l}{\frac{1}{3}ml^2}=\frac{3F_0}{ml}, \tag{b}$$

$$2n=\frac{cl^2}{\frac{1}{3}ml^2}=\frac{3c}{m}$$

代入式(a)，得系统的受迫振动微分方程为

$$\frac{\mathrm{d}^2\varphi}{\mathrm{d}t^2}+2n\frac{\mathrm{d}\varphi}{\mathrm{d}t}+\omega_{\mathrm{n}}^2\varphi=h\sin\omega t \tag{c}$$

固有频率为

$$\omega_n = \sqrt{\frac{3k}{m}}$$

当 $\omega = \omega_n$ 时，由式(17-42)得杆摆角的振幅为

$$b = \frac{h}{2n\omega_n} = \frac{\frac{3F_0}{ml}}{\frac{3c}{m}\sqrt{\frac{3k}{m}}} = \frac{F_0}{cl}\sqrt{\frac{m}{3k}}$$

杆点 A 的振幅为

$$A = bl = \frac{F_0}{c}\sqrt{\frac{m}{3k}}$$

本 章 小 结

小结的具体内容请扫描右侧二维码获取。

习 题 17

17-1 是非题(正确的画√，错误的画×)

(1) 单自由度振动系统的固有频率的物理意义是系统在 2πs 内振动的次数，它与振动的初始条件有关。 (　　)

(2) 自由振动的初始条件是其位移和速度均为零。 (　　)

(3) 单自由度无阻尼振动系统的运动微分方程是二阶常系数齐次微分方程。 (　　)

(4) 单自由度无阻尼振动系统总可以通过等效质量和刚度简化为等效的质量弹簧系统。 (　　)

(5) 两个串联弹簧系统其等效刚度等于每个弹簧刚度之和。 (　　)

(6) 受迫振动的激振力频率与固有频率相等时其振幅巨大。 (　　)

(7) 增大阻尼可以抑制受迫振动的振幅。 (　　)

(8) 单自由度无阻尼振动系统的固有频率与运动的初始条件有关。 (　　)

(9) 单自由度无阻尼振动系统的振幅与运动的初始条件无关。 (　　)

(10) 单自由度无阻尼振动是简谐振动。 (　　)

17-2 填空题(把正确的答案写在横线上)

(1) 如图 17.22 所示的两个系统均为自由振动，图(a)的周期__________，图(b)的周期__________。

(2) 如图 17.23 所示的两个弹簧质量系统，质量和刚度均相同，图(a)的振幅________，图(b)的振幅__________。

(3) 在弹簧质量系统中，其恢复力总是指向__________位置的力。

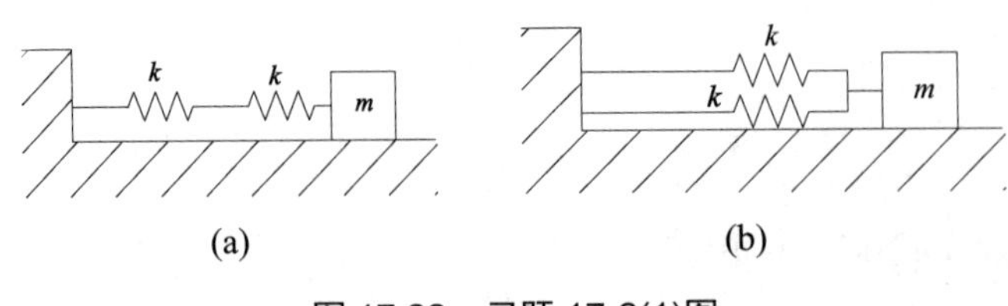

(a) (b)

图 17.22 习题 17-2(1)图

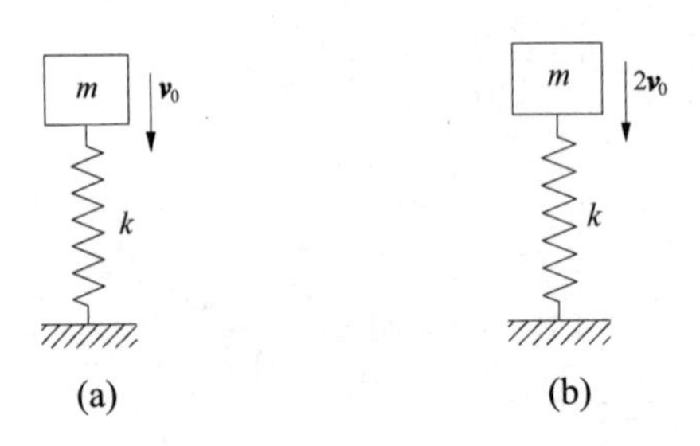

(a) (b)

图 17.23 习题 17-2(2)图

(4) 当干扰频率趋近于系统固有频率时，系统发生__________现象，同时干扰力的相位比受迫振动的相位超前____________。

(5) 在小阻尼情况下，阻尼使振动频率________，周期__________。

17-3 简答题

(1) 如图 17.24 所示的两个弹簧质量系统，质量、刚度及摆长均相同，问两个摆的固有频率是否相同？为什么？

(2) 如图 17.25 所示的弹簧质量系统，已知系统的质量为 m，刚度系数为 k，阻尼系数为 c，试问若给以不同的初始条件，在同一激振力 $F = H\sin\omega t$ 作用下所引起的稳态振动是否相同？为什么？

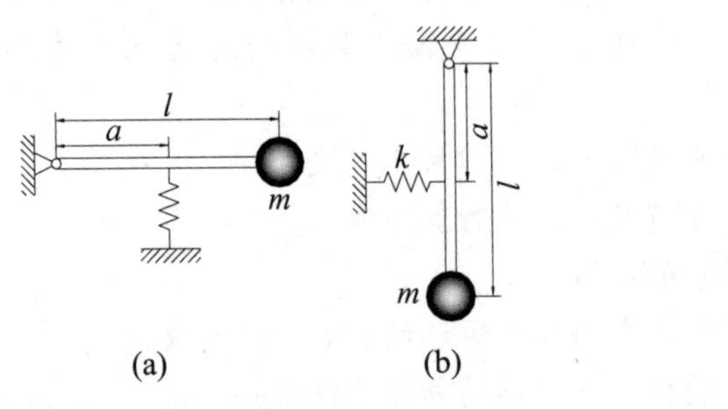

(a) (b)

图 17.24 习题 17-3(1)图

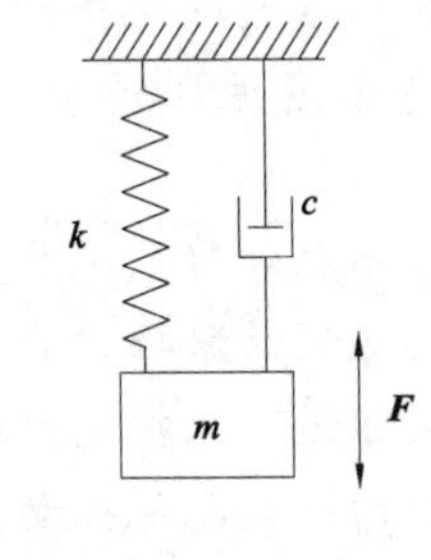

图 17.25 习题 17-3(2)图

(3) 在阻尼受迫振动中，什么是稳态过程？与刚开始的一段运动有什么区别吗？

(4) 在光滑的水平面上，两个质量均为 m 的质点由一个刚度系数为 k 的无重弹簧相连，若将两个质点拉开一段距离后同时放开，二者将发生振动，问其振动周期为多少？如上述两个质点的质量分别为 m_1、m_2，问发生振动吗？其振动周期又如何？

(5) 为什么阻尼对受迫振动的振幅只在共振频率附近影响较大，它使受迫振动的振幅减小吗？

17-4 计算题

(1) 如图17.26所示，两个弹簧的刚度系数分别为$k_1 = 5\text{kN/m}$、$k_2 = 3\text{kN/m}$，物块的质量为$m = 4\text{kg}$，试求物体自由振动周期。

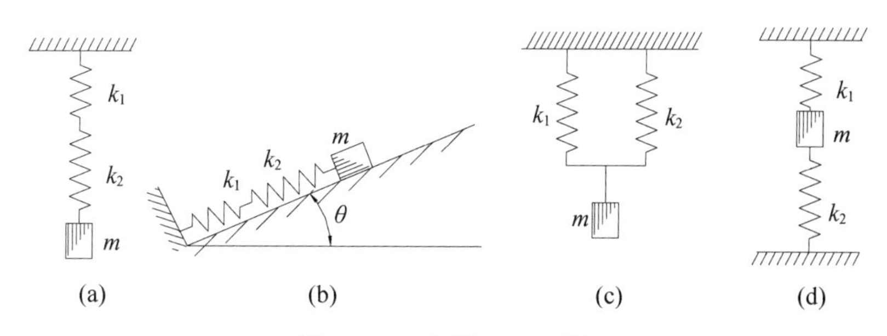

图17.26 习题17-4(1)图

(2) 质量为m的小车在斜面上自高度为h处滑下，而与缓冲器相撞，如图17.27所示。缓冲弹簧的刚度系数为k，斜面的倾角为θ。试求小车碰撞缓冲器后的自由振动周期与振幅。

(3) 一个盘子悬挂在弹簧上，如图17.28所示。当盘子上放质量为m_1的物体时，做微振幅摆动，测得周期为T_1；当盘子上换一个质量为m_2的物体时，测得周期为T_2。试求弹簧的刚度系数k。

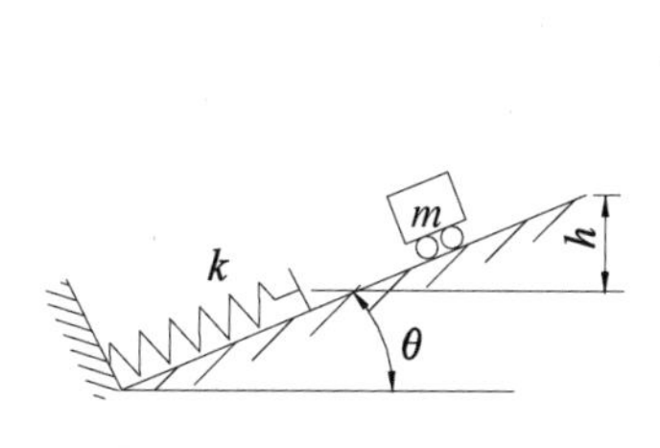

图17.27 习题17-4(2)图

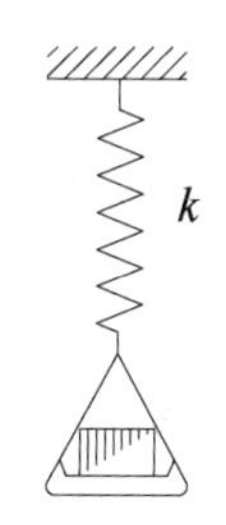

图17.28 习题17-4(3)图

(4) 如图17.29所示，质量为$m = 200\text{kg}$的重物在吊索上以等速度$v = 5\text{m/s}$下降。当下降时由于突然吊索被卡，此时吊索的刚度系数为$k = 400\text{kN/m}$，不计吊索的重量。试求重物振动时吊索的最大拉力。

(5) 如图17.30所示，一个小球的质量为m，紧系在完全弹性的线AB的中部，线长为$2l$。设线完全拉紧时的拉力大小为$\boldsymbol{F}$，当小球水平运动时，张力不变，不计线的重量。试证明小球做简谐振动，并求小球的振动周期。

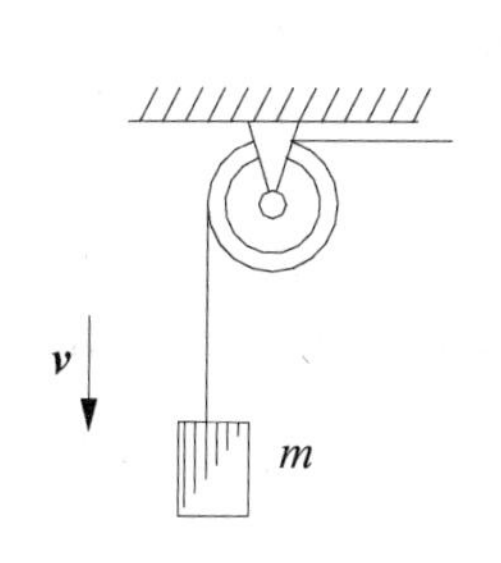

图17.29 习题17-4(4)图

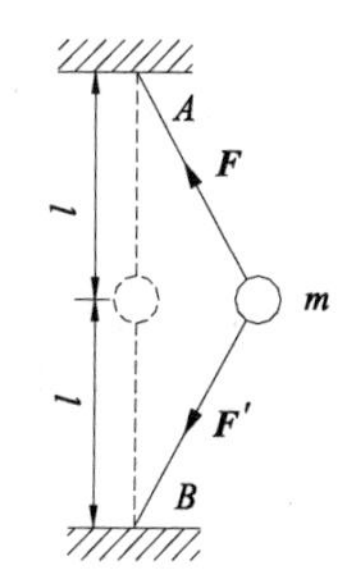

图17.30 习题17-4(5)图

(6) 均质杆 AB，质量为 m_1，长为 $3l$，B 端刚性连接一个质量为 m_2 的小球，杆 AB 在 O 处铰接，两个弹簧的刚度系数均为 k，如图 17.31 所示，试求系统固有频率。

(7) 质量为 m 的物体悬挂在如图 17.32 所示的结构中。杆 AB 的质量不计，两个弹簧的刚度系数分别为 k_1 和 k_2，又 $AC=a$，$AB=b$，试求物体自由振动的频率。

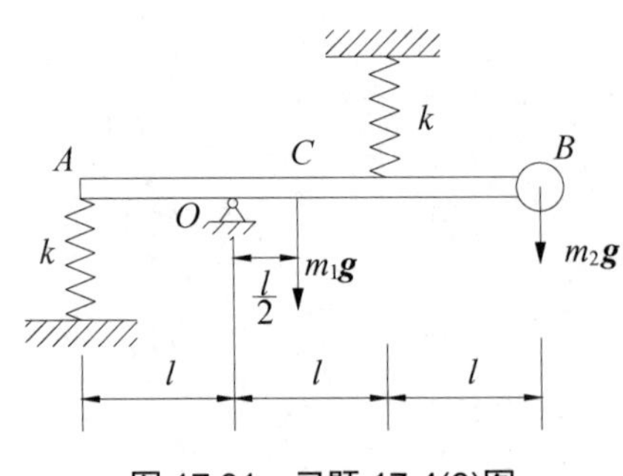

图 17.31　习题 17-4(6)图

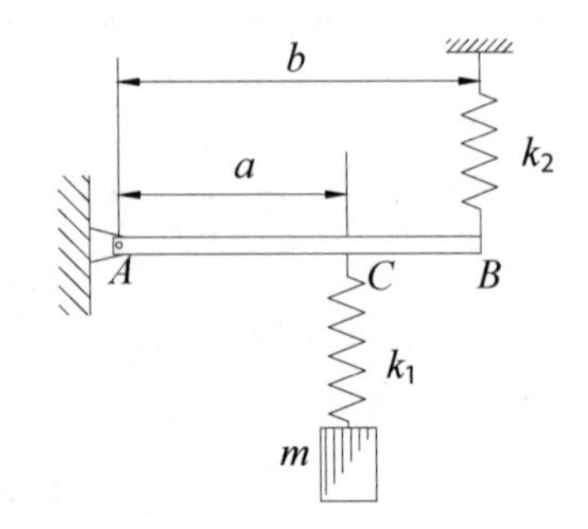

图 17.32　习题 17-4(7)图

(8) 如图 17.33 所示，均质碾子质量 $m=10\text{kg}$，半径 $r=0.25\text{m}$，在斜面上保持纯滚动，刚度系数 $k=20\text{kN/m}$，阻尼系数 $c=10(\text{N}\cdot\text{s})/\text{m}$。试求①无阻尼的固有频率；②阻尼比；③有阻尼的固有频率；④此阻尼系统自由振动的周期。

(9) 车轮上装置一个质量为 m 的物块 B，初始时车轮由水平路面进入曲线路面，并继续以等速 $\boldsymbol{v}$ 行驶。该曲线路面的曲线方程 $y=d\sin\dfrac{\pi}{l}x$，其坐标如图 17.34 所示。设弹簧刚度系数为 k。试求①物块 B 的受迫运动方程；②车轮 A 的临界速度。

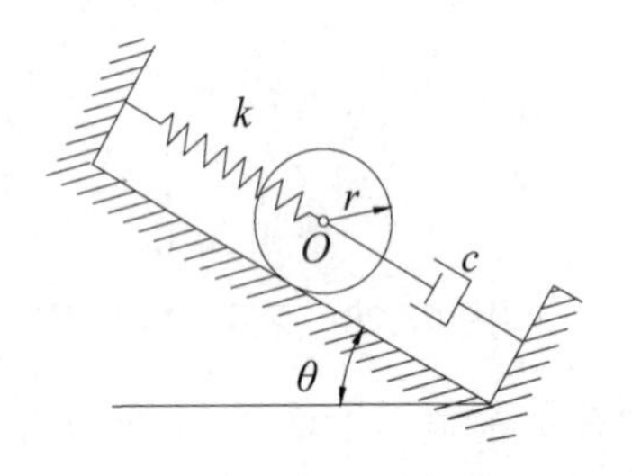

图 17.33　习题 17-4(8)图

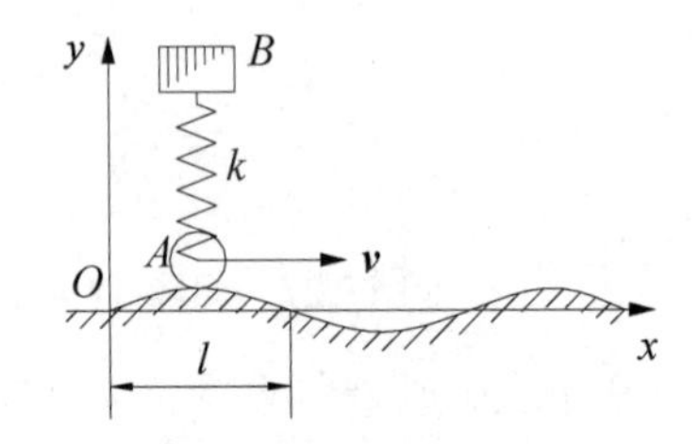

图 17.34　习题 17-4(9)图

(10) 图 17.35 所示为临界阻尼振动系统，弹簧的刚度系数 $k=2\text{N/cm}$，物体的质量 $m=2\text{kg}$。设物体的初位移 $x_0=2.5\text{cm}$，初速度 $v_0=-30\text{cm/s}$。试求物体经过平衡位置所需的时间 t 和离开平衡位置的最远距离 $x_{\max}$。

(11) 图 17.36 所示为一个质量阻尼弹簧系统，物块重为 $P=0.5\text{N}$，弹簧的刚度系数为 $k=2\text{N/cm}$。若系统自由振动，测得其相邻两个振幅比 $\dfrac{A_i}{A_{i+1}}=\dfrac{100}{98}$，试求系统的临界阻尼系数和阻尼系数。

(12) 机器上一个零件在黏滞油液中振动，施加一个幅值 $H=55\text{N}$、周期 $T=0.2\text{s}$ 的干扰力，可使零件发生共振，设此时共振振幅为 15mm，该零件的质量 $m=4.08\text{kg}$。试求阻尼系数 c。

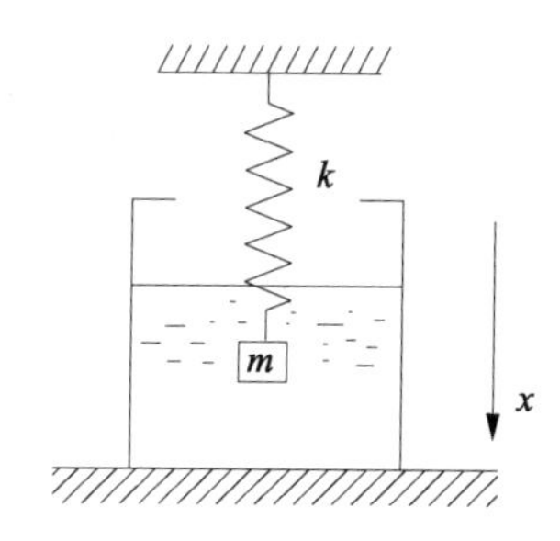

图 17.35　习题 17-4(10)图

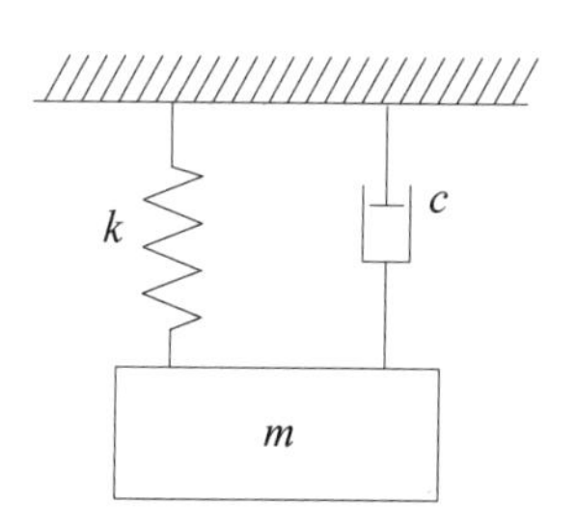

图 17.36　习题 17-4(11)图

附　录

本附录中包含的相关资料的具体内容请扫描以下几个二维码获取。

附录 A　物体的重心和质心的计算.doc

附录 B　刚体对轴的转动惯量的计算.doc

附录 C　主要符号表.doc

附录 D　有关术语中英文对照表.doc

参 考 文 献

[1] 刘巧伶，孔令凯. 理论力学[M]. 长春：吉林科学技术出版社，1998.

[2] 哈尔滨工业大学理论力学教研室. 理论力学：上册，下册[M]. 北京：高等教育出版社，2003.

[3] 贾书惠. 理论力学教程[M]. 北京：清华大学出版社，2004.

[4] 重庆建筑工程学院. 建筑力学(第一分册)[M]. 北京：高等教育出版社，1999.

[5] 重庆建筑工程学院. 理论力学[M]. 2 版. 北京：高等教育出版社，1999.

[6] 程靳. 理论力学学习与考研指导[M]. 北京：科学出版社，2004.

[7] 陈大堃. 理论力学[M]. 北京：高等教育出版社，1983.

[8] 董云峰，李妍. 理论力学[M]. 3 版. 北京：清华大学出版社，2015.

[9] 童桦. 理论力学学习指导[M]. 武汉：武汉工业大学出版社，2000.

[10] 刘敬莹. 理论力学学习辅导[M]. 北京：人民交通出版社，2001.

[11] 柳祖亭. 理论力学解题指导及习题[M]. 北京：机械工业出版社，2000.

[12] 范钦珊. 理论力学[M]. 北京：高等教育出版社，2000.

[13] 王铎，程靳. 理论力学解题指导及习题集[M]. 3 版. 北京：高等教育出版社，2005.

[14] 沈火明，张明，古滨. 理论力学基本训练[M]. 北京：国防工业出版社，2006.

[15] Meriam J L, Kraige L G.Engineering Mechanics: vol 1: Statics, Vol 2: Dynamics. New York: John Wiley & Sons Inc，1992.

[16] Bedford A, Fowler W. Engineering Mechanics: Statics, Dynamics. Reading, Massachusetts: Addison-Wesley Publishing Company, 1995.

[17] Beer F P, Johnston E R. Vector Mechanics for Engineers: Statics, Dynamics. Third SI Metric Edition. McGraw-Hill Companies, 1998.